工业和信息化部“十四五”规划教材
建设重点研究基地精品出版工程

FUNDAMENTALS OF AMMUNITION RELIABILITY ANALYSIS AND ENGINEERING
(2ND EDITION)

弹药可靠性分析与设计基础（第2版）

张树霞 李 强 杜 烨 李 皓 编著

北京理工大学出版社
BEIJING INSTITUTE OF TECHNOLOGY PRESS

内 容 简 介

本书针对弹药产品的特点，着重介绍了弹药可靠性分析与设计基础，使学习者通过理解弹药可靠性分析与设计的基本概念，掌握弹药可靠性分析与设计的基本思路、程序和方法；运用可靠性基本理论，并结合弹药产品的特点，进行弹药产品的可靠性分析与设计。

本书可作为弹药专业的本科生、研究生、工程硕士生教材，同时也适合从事弹药专业可靠性领域的工程技术人员和管理人员阅读参考。

图书在版编目（CIP）数据

弹药可靠性分析与设计基础 / 张树霞等编著.
2 版. -- 北京 ：北京理工大学出版社，2025. 4
ISBN 978-7-5763-5305-1

Ⅰ . TJ410.1

中国国家版本馆 CIP 数据核字第 2025BY2698 号

责任编辑：王玲玲　　**文案编辑**：王玲玲
责任校对：刘亚男　　**责任印制**：李志强

出版发行 / 北京理工大学出版社有限责任公司
社　　址 / 北京市丰台区四合庄路 6 号
邮　　编 / 100070
电　　话 / (010) 68944439（学术售后服务热线）
网　　址 / http://www.bitpress.com.cn

版 印 次 / 2025 年 4 月第 2 版第 1 次印刷
印　　刷 / 廊坊市印艺阁数字科技有限公司
开　　本 / 787 mm × 1092 mm　1/16
印　　张 / 17.5
字　　数 / 411 千字
定　　价 / 68.00 元

PREFACE

前言

党的二十大报告指出：把人民军队建成世界一流军队，是全面建设社会主义现代化国家的战略要求。武器装备是国家安全和民族复兴的重要支撑，是国际战略博弈的重要砝码。坚持机械化、信息化、智能化融合发展，加快武器装备可靠性建设，是提高人民军队打赢能力的重要保障。

可靠性定义为“产品在规定条件下和规定时间内完成规定功能的能力”。弹药是一种在高温、高压、高速、强冲击和特种环境下工作的特种装备，是军事行动的重要组成部分，直接关系到部队的战斗力，其可靠性的要求和定义也不同于普通产品，提高弹药产品的可靠性，必须从基础工作做起。由于常规弹药产品是机械、化工与电子等领域相结合的产品，可靠性研究的难度大。作者根据多年从事弹药工程研究的实践，并查阅了相关资料，编撰了本书。本书针对弹药产品的特点，着重介绍了弹药可靠性技术基础。本书有以下特色：

1. 以党的二十大精神为指引，全面贯彻党的教育方针，落实立德树人根本任务。凝练思政元素，通过“金句导入”“历史鉴入”“故事融入”等形式，引导读者树立“军工报国、科技强国”理想信念。

2. 在重视理论的基础上，更加重视弹药工程实践。紧密结合弹药工程实践的实例，对弹药可靠性技术进行了系统介绍。既阐述了弹药可靠性技术方面的理论和原则，又介绍了具体方法的应用，并结合多年的实践经验，通过弹药实例予以说明。

3. 针对弹药产品是长期贮存、瞬时使用的特点，对弹药的贮存，从失效分析、预计、评估等方面分别进行了介绍。

4. 在可靠性保障工作中，标准化是极为重要的。本书各章都结合具体内容，将国内重要的相关标准内容有机融入书中。

5. 为了提高实用性和可操作性，书中略去了一些公式的繁杂推导过程，把主要精力集中在解决问题的思路和方法上。在语言、构思等方面尽可能深入浅出，力求通俗化、标准化、工程化。

6. 在弹药产品研制过程中，可靠性设计是非常重要的工作之一，因此，本书编写了“弹药工程可靠性”章节，并给予了分析计算示例。

本书的宗旨是为初学者启蒙和应用打下基础，以弹药产品的可靠性为背景，既强调可靠性理论的完备和深入，又力图做到工程实用。本书主要作为弹药专业的本科生、研究生、工程硕士生教材，同时也可作为从事弹药专业研究和设计的工程技术人员与管理人员的参考书。

参加编写工作的有张树霞（第2、3、6、7章）、李强（第4、9、11章）、杜烨（第1、10章）、李皓（第5、8章）、胡瑞萍（第12章、附录），全书由张树霞统稿。在编写过程中，借鉴、引用和参考了一些优秀教材及诸多文献资料，在此一并向相关作者表示衷心的感谢！同时，也借此机会向所有关心、支持、帮助我们的同志表示真诚的谢意！

由于弹药可靠性技术仍在发展之中，加之作者水平有限，编写时间紧迫，书中难免有不妥之处，恳请有关专家和广大读者批评指正。

作　者

目录
CONTENTS

第1章
绪　论

> 可靠性工程：一门研究如何设计、开发和维护高可靠度、高安全度、高可用性的系统和服务的学科。以质量求生存，以创新求发展，以专业保要素，以品质赢信任。

1.1　可靠性工作

可靠性问题存在于人们的日常生活中，人们在选购商品时，除了对商品的外观及性能提出各种要求外，在很大程度上还要考虑商品的经久耐用问题，尽管人们并没有明确认识可靠性问题，但是其实这个“经久耐用”即为产品的可靠性问题。随着科学技术的发展，产品质量的含义也在不断地扩充。以前产品的质量主要指产品的性能，即产品出厂时的质量，而现在产品的质量已不仅仅局限于产品性能这一指标。目前，产品质量的定义是：满足使用要求所具备的特性，即适用性，这表明产品的质量首先是指产品的某种特性，这种特性反映着用户的需求。概括起来，产品质量特性包括性能、可靠性、经济性和安全性四个方面。在产品质量特性所包含的四个方面中，可靠性占主导地位。性能差，产品实际上是废品；性能好，也并不能保证产品的可靠性水平高。反之，可靠性水平高的产品在使用中不但能保证其性能的实现，而且故障发生的次数少，维修费用及因故障造成的损失也少，安全性也随之提高。由此可见，产品的可靠性是产品质量的核心，是生产厂家和用户努力追求的目标。

开展弹药产品可靠性工作的目标是确保新研和改型的产品达到规定的可靠性要求，保持和提高现役产品的可靠性水平，以满足产品战备完好性和任务成功性要求，降低对保障资源的要求，减少寿命周期费用。弹药可靠性设计和分析的目的是挖掘和确定产品潜在的隐患与薄弱环节，通过设计预防和设计改进，有效消除隐患和薄弱环节。

① 可靠性要求源于产品战备完好性、任务成功性并与保障系统及其资源等要求相协调，确保可靠性要求合理、科学并可实现。

② 可靠性工作必须遵循预防为主、早期投入的方针，把预防、发现和纠正设计、制造、元器件及原材料等方面的缺陷和消除单点故障作为可靠性工作的重点。采用成熟的设计和行之有效的可靠性分析、试验技术，以保证和提高弹药的固有可靠性。预防为主、早期投入，就是要从头抓起，从研制一开始就要进行产品可靠性设计，尽可能把不可靠因素消除在设计过程早期。

③ 在研制阶段，弹药可靠性工作必须纳入弹药的研制工作中，统一规划，协调进行。并行工程是实现综合协调的有效工程途径。

④ 必须遵循采用成熟设计的弹药可靠性设计原则，控制新技术在新研制弹药中所占的比例，并分析已有类似产品在使用可靠性方面的缺陷，采取有效的改进措施，以提高其可靠性。

⑤ 软件的开发必须符合软件工程的要求，对关键软件应有可靠性要求并规定其验证方法。

⑥ 采用有效的方法和控制程序，以减少制造过程对可靠性带来的不利影响，如利用故障模式及影响分析（FMEA）和故障树分析（FTA）等方法来保持设计的可靠性水平。

⑦ 尽可能通过规范化的工程途径，利用有关标准或有效的工程经验，开展各项可靠性工作，其实施结果应形成报告。

⑧ 必须加强对研制和生产过程中可靠性工作的监督与控制，严格进行可靠性评审，为转阶段决策提供依据。

⑨ 应充分重视使用阶段的可靠性工作，尤其是初始使用期间的使用可靠性评估和使用可靠性改进工作，以尽快达到使用可靠性的目标值。

⑩ 在选择可靠性工作项目时，应根据产品所处阶段、复杂和关键程度、使用（贮存）环境、新技术含量、费用、进度以及产品数量等因素对工作项目的适用性和有效性进行分析，以选择效费比高的工作项目。

1.2 质量管理与可靠性的关系

可靠性工作和质量管理的目的是设计、制造出品质优良的产品，由于两者的发展过程不同，其内容和范围也不相同。据日本学者说：至少在 1970 年前后两者还没有统一到一条轨道上来，这是因为两者起源不同。因此，质量管理和可靠性之间既有联系又有区别。

产品质量一般包括技术性能、使用寿命、可靠性、安全性、经济性等质量特性。这些质量特性对不同的产品的重要性并不完全相同，如对于弹药，则主要考虑性能、安全性和可靠性。性能指标是质量的最重要特性，如弹药的命中精度、射程及密集度、杀伤威力等，具体指标随产品而异。狭义的质量仅指其性能指标。

可靠性是指产品的耐用程度，是产品质量的重要指标之一，是时间领域内的主要质量指标。所以可靠性问题也是质量问题。

新阶段的一个重要标志是质量概念本身的扩展。产品质量是产品满足使用要求的特性总和。它不仅包括传统的、我们所熟悉的性能，如速度、射程、威力等，而且包括可靠性、维修性等。可靠性是武器装备的重要质量特性。由于质量概念的扩展，所追求武器产品的目标已由单纯的能力向效能转变，高质量的产品就是高效能的产品。质量管理新阶段的另一个重要标志是质量管理过程的扩展。质量管理已不单纯是生产过程的事，向前扩展到研制过程，向后延伸到使用过程，形成全寿命过程的质量管理。可靠性是产品的先天属性，是设计、生产、管理出来的，首先是设计出来的，因而必须从设计一开始就抓起，在设计时赋予，在生产中保证，在管理中发挥。产品这三种属性之间有其内在的联系，它们与产品的特性等综合构成了产品的质量特性。所以，在武器装备寿命周期内，加强可靠性设计应成为型号产品研制过程中质量保证的一个中心内容。

产品的技术性能与产品的可靠性是通过产品的设计所赋予的，是通过制造形成的，是通过全面质量管理来取得的。它们之间有着极为密切的关系。没有产品的技术性能，产品的可靠性就无从谈起。如果产品不可靠，就容易出故障，尽管其技术性能很先进，却得不到发挥，也满足不了使用要求。所以可靠性可以看作是产品性能的稳定性，没有这种稳定性，性能便会很快退化，丧失完成规定功能的能力，也就失去了性能的意义。

1. 目标不同

传统质量管理以制造过程的程序化、规范化为目标，试图通过使工序稳定来提高质量。而可靠性工程是研究消除故障的对策，要在论证和设计中就采取措施防止缺陷的发生。

2. 考虑的时间不同

质量管理更多考虑“今天的质量”，可靠性更多考虑“明天的质量”。

美国质量管理专家朱兰对质量管理的定义是“测量实际质量的结果，与标准值对比并以差异采取措施的调节管理过程”。可见，这里的质量概念没有考虑时间因素，控制的是产品出厂时合格或者不合格，至于出厂后是否发生故障，则不能保证。产品的技术性能是产品制成后交付使用前即出厂时（时间 $t=0$）的情况，出厂时，生产者关心的是废品率。所以日本把QC 控制的质量形象地称为 $t=0$ 时的质量，或今天的质量。而可靠性考虑的是产品在规定条件下在规定时间内完成规定功能的能力，考虑的是“规定时间”的质量，是产品在使用过程中的情况，是时间的函数，使用者关心的是瞬时失效率，所以又称 $t>0$ 时的质量，或明天质量。因为它能告诉使用者在产品出厂后的规定时间内的失效可能性有多大。

3. 基本功能不同

传统质量管理的基本功能是：

① 在制造阶段，要保证工艺技术条件可以达到，审定材料选择，审定公差，保证正确地更改图样，通过进行工序研究，使工艺过程符合技术要求。确定生产设备和各道工序的能力，执行工序检查和监督，调查失控的原因，并立即采取措施、评定生产工人的操作能力；准备要制造的零件、元件、部件和产品的管理图。

② 检验，包括工序检验、供应检验、最后检验和产品检验。要保证所有零部件都正确地装配，按正确的顺序，具有正确的配合位置；编制检验标准、手册、程序，检查偶然性缺陷原因、报告检验结果，采取纠正措施，处理不合格品。

③ 成品试验，评定其质量。

可靠性工程的基本功能是：

① 确定产品的可靠性和维修性指标。

② 为达到可靠性和维修性要求而进行的可靠性和维修性设计。

③ 进行定性和定量的可靠性分析。

④ 进行可靠性增长试验、鉴定试验和验收试验。

⑤ 评价产品的可靠性。

4. 获取的方法不同

产品的技术性能可通过具体的设备仪器测出来；而产品的可靠性是一下子测不出来的，它是通过试验分析，在调查研究等基础上，对有关的可靠性数据进行统计评估得到的。它说明的是一批产品，而不是说明某单个产品的可靠性水平。

5. 采用的工具不同

可靠性工程主要应用概率论和数理统计；质量管理使用的是样本均值管理图、因果图、相关图、排列图、批允许不良率等。

需要指出的是，军事装备是一类特殊的产品，不仅要求具有优良的性能，而且应有很高的可靠性和良好的维修性。特别是现代高技术武器装备，系统复杂、功能多、造价高昂，更要强调其高可靠性。

总之，质量管理和可靠性虽有侧重点或其他一些不同，但两者都是提高产品质量的重要手段，都是不可缺少的。

1.3 弹药可靠性

本书所要研究的弹药可靠性，主要指狭义的弹药。即载有一定装填物（炸药、烟火剂、照明剂、干扰剂、子弹药等）的主要以抛射方式完成一次射击所必需的全部零部件的总成及以火炸药、火炸药装置、烟火剂、烟火装置等达到对目标杀伤、爆破、纵火及照明等特殊作用的装置。按这个定义来说，弹药包括的范围比较窄。

弹药可靠性特点是，长期贮存、瞬时使用、不必维修；弹药的可靠性问题是一个非常重要的问题。弹药若不能安全可靠，不仅不能完成战斗任务，贻误战机，有时还会造成己方人员的伤亡；弹药的可靠性与其性能和安全性密不可分。

从弹药的分类和所实现的功能及其性能来看，无论其战术技术任务有何不同，有一点是相同的，这就是要求弹药在其寿命周期内任意时刻投入使用时，必须具有很高概率首发命中或首批覆盖的高可靠性。弹药的这一属性表明其可靠性又与其性能和安全性密不可分。随着科学技术的发展和可靠性技术的普及，人们已经将很大的精力投入可靠性研究之中。

现在，不仅是精确打击弹药，在许多普通弹药设计中也都把可靠性作为一个重要的指标来考虑。也就是说，可靠性已经与产品的性能、成本和效能等技术经济指标一起被作为评价产品好坏的主要指标。弹药产品的可靠性问题和其他军事装备的可靠性问题一样，是在产品设计研制、生产和使用过程中形成的。因此，作为一门综合技术，必须在弹药设计、研制、生产和使用过程中的每一个环节给予密切注意。

1.3.1 产品的寿命循环期

一个产品的可靠性与产品寿命循环期内的各种可靠性活动有关。为了达到可接受的现场可靠性，必须在产品投入现场使用前做大量的工作。这就需要从方案论证开始到产品报废处理为止的整个寿命循环期内有计划地开展可靠性活动。

一个产品的寿命循环期包括六个阶段：

① 方案论证（构思）阶段。在该阶段中，要发现和探索能满足规定要求的各种可能解决办法和初步草案，还包括拟定可靠性等级和对可靠性与成本的初步分析工作。

② 评审阶段。该阶段的工作主要是完善所提出的方案，进行必要的硬件研制、试验及对产品的可靠性进行初步评估。

③ 设计研制阶段。在该阶段中，要对产品及主要辅助设备进行设计、生产、试验及评估，包括建立可靠性模型，故障模式、影响及后果分析，电子元器件及电路的容差分析，贮备分析，可靠性数据采集与分析，制定元器件规划（控制元器件的选择与使用），进行可靠性分配与预计，实施可靠性增长试验，考虑功能试验和各种环境因素及维修对产品可靠性的影响，估计生产及现场使用的退化系数等。

④ 生产阶段。该阶段从批准生产直到最后产品的提交与接收为止。其工作内容为提出质量一致性检验方法，元器件的筛选规范，可靠性验证（包括早期生产产品的鉴定试验与最后生产批的抽样检验），还有确定耗损失效模式是否存在的耐久试验。

⑤ 使用阶段。在该阶段，我们应通过使用及维修、收集现场可靠性数据，来测定产品的现场可靠性，为改进设计及改进工作提供依据。

⑥ 报废处理阶段。

1.3.2 弹药可靠性工程的基本任务和内容

弹药可靠性工程所包括的内容很广，其基本任务概括起来有两点：确定产品可靠性和获得产品可靠性。在时间上，这两个基本任务是相互穿插在一起的。

确定产品可靠性就是通过各种途径，如各种预计、试验、系统分析等来确定产品的失效机理、失效模式以及各种可靠性特征量的数值或范围等。

获得产品可靠性就是通过产品的寿命循环期（包括仅存在于意识、图纸、计划、公式中的“虚”的产品时期和从产品生产、出厂到报费为止的“实”的产品时期），即从构思、审查、研制、生产、使用、维修等一系列活动中的各种获得并提高可靠性的各项措施，得到最优化的可靠性。

可靠性是衡量产品保持其功能的能力。丧失了功能，就是发生了故障。研究可靠性实际上是从研究故障着手的。一切可靠性活动都是围绕故障展开的，都是为了防止、消除和控制故障的发生。一切可靠性投资都是为了提高产品可靠性，降低可靠性方面的风险。所以，对在研制、试验和使用过程中出现的故障，一定要抓住不放，充分利用故障信息去分析、评价和改进产品的可靠性。

可靠性工程的重点是预防缺陷，及时发现故障；采取有效的纠正措施，防止故障再现。注意“抓早、抓全面、抓重点”。

“抓早”：在产品在方案论证阶段就开始抓，避免“先天不足”，防患于未然。

“抓全面”：抓好产品寿命周期的全过程，抓好与可靠性有关的方方面面，避免遗漏。

“抓重点”：针对产品的特点，重点抓好可靠性的薄弱环节，“好钢用在刀刃上”。

可靠性工程的基本内容是：

（1）可靠性管理

可靠性管理是从系统的观点出发，对装备寿命周期中各项可靠性活动进行规划、组织、协调与监督，以全面贯彻可靠性工作的基本原则，实现既定的可靠性目标。它包括制订可靠性计划和其他可靠性文件（如可靠性标准）；对承制方、转承制方和供应方的可靠性监督与控制；可靠性评审；建立故障报告、分析和纠正措施系统；建立故障审查组织；可靠性增长管理等。

（2）可靠性设计

可靠性设计是由一系列可靠性设计与分析工作项目来支持的，可靠性设计与分析的目的是将成熟的可靠性设计与分析技术应用到产品的研制过程，选择一组对产品设计有效的可靠性工作项目，通过设计满足订购方对产品提出的可靠性要求，并通过分析尽早发现产品的薄弱环节或设计缺陷，采取有效的设计措施加以改进，以提高产品的可靠性。它包括建立可靠性模型；进行可靠性分配；可靠性预计；故障模式、影响及危害度分析；故障树分析；潜在分析；电路容差分析；制定可靠性设计准则；元器件、零部件和原材料的选择和控制；确定可靠性关键产品；确定功能测试、包装、贮存、装卸、运输和维修对产品可靠性的影响；有限元分析、耐久性分析等。

（3）可靠性试验

可靠性试验的目的是发现产品在设计、材料和工艺方面的缺陷；确认是否符合可靠性定量要求；为评估产品的战备完好性、任务成功性、维修人力费用和保障资源费用提供信息。它包括环境应力筛选；可靠性研制试验；可靠性增长试验；可靠性鉴定试验；可靠性验收试验；可靠性分析评价；寿命试验等。

事实上，还有许多内容可作为可靠性工程的分支或与可靠性工程有关的边缘学科。例如，由组成系统的单元可靠性出发研究系统可靠性问题的系统可靠性；专门研究可靠性工程数学基础的可靠性数学；专门研究机械结构可靠性问题的机械工程概率设计；研究在人–机系统中，人为因素造成的系统失效及对应的人机工程与可靠性工程的关系；还有研究软件故障及对应的软件可靠性等。

1.3.3 弹药可靠性要求及参数体系

弹药可靠性要求应包括以下几个方面：

① 点火可靠：未出现不点火、异常点火及断续燃烧现象。

② 发火可靠：发火装置在规定的条件下和规定的时间内，完成规定发火功能。

③ 发射可靠：结构强度满足要求，药筒作用可靠，内弹道性能稳定，成功发射。

④ 飞行可靠：弹丸（战斗部）在达到目标或作用区的预定弹道上正常飞行，外弹道性能良好。

⑤ 终点作用可靠：弹丸（战斗部）击中目标或落入作用区后，完成规定的功能。

⑥ 作用时间可靠：弹药在规定的使用条件下，完成定时功能。

⑦ 装载可靠：弹药在规定的装载（如机载、舰载、车载等）条件下和规定的装载时间内，保持规定的功能。

⑧ 引信保险机构可靠，确保平时和射击安全。

⑨ 火工品和炸药在平时和射击时安全。

⑩ 贮存可靠：弹药在规定的贮存条件下和规定的贮存时间内，保持规定的功能。

⑪ 可靠贮存寿命：弹药在规定的贮存条件下，从开始贮存到保持可靠度不低于规定值的贮存时间。

弹药任务可靠度记为 R_M，可以用下列串联模式表示：

$$R_M = R_L \times R_F \times R_{IF} \tag{1-1}$$

式中 R_L——发射可靠度，决定发射可靠度大小的是底火、药筒和发射药或点火电路等；

R_F——飞行可靠度，决定飞行可靠度大小的是发动机（发射装药）、稳定装置等；

R_{IF}——终点作用可靠度，决定其大小的是战斗部、子弹药或弹丸等。

思考练习题

1. 简述产品质量特性包括的四个方面。
2. 简述质量管理与可靠性工程的联系。
3. 简述质量管理与可靠性工程的区别。
4. 简述弹药产品的可靠性特点。
5. 简述产品的寿命循环期的六个阶段。
6. 简述弹药可靠性工程的基本任务和重点。
7. 简述弹药可靠性工程的基本内容。
8. 简述弹药可靠性参数体系。

第 2 章
弹药可靠性管理

打仗没有弹药毫无办法（《邓小平文选第二卷》），弹药装备素有“战争之粮”之称，是军队战斗力的重要组成部分，是战士生命及战斗胜负的基本保障。

可靠性是产品在使用中显示出的一种特性，对于弹药系统来说，它既是一种技术特性，又是一种战术性能，直接影响弹药系统的作战能力及对后勤支援的要求，所以可靠性是弹药系统的重要战术技术指标。产品的可靠性是通过一系列工程活动，设计和制造到产品中去并在使用中显示出来的。所以，可靠性管理必须实施全过程或全寿命管理，其重点是研制阶段的设计、试验及生产阶段的生产活动。

可靠性管理的目的就是保证产品达到研制任务书规定的可靠性指标要求，并且保证产品在使用中不降低或不过多降低其固有可靠性。对于一个弹药系统来说，在方案阶段结束以前制定弹药系统研制和生产阶段的可靠性大纲是进行可靠性管理、实现可靠性目标的必要途径和有效方法。可靠性管理应有效地利用过去的经验，调查和预测订购方提出的可靠性要求，并将其吸收到研究设计中去，同时，在生产制造中保证实现在设计阶段所奠定的可靠性。

可靠性管理工作包括技术活动和管理活动两个方面。前者是在设计、研制和制造阶段使产品具有高的固有可靠性，并设法维持和提高使用可靠性的技术活动。后者是综合这些技术活动并进行及时管理使之迅速而又有效地实现的活动。两者必须紧密结合，就像人们常说的，技术与管理是一辆车上的两个轮子一样，缺一不可。有了完善的可靠性管理，可靠性技术才能得到充分的发挥；有了可靠性技术，可靠性管理才能有的放矢。国家军用标准 GJ B450A—2004《装备可靠性工作通用要求》，以法制手段强行规定了武器装备在研制和生产阶段必须进行的可靠性工作，并且规定在研制和生产合同中必须写入可靠性方面的条款。GJB 450A—2004《装备可靠性工作通用要求》是弹药系统达到可靠性指标的保证，为可靠性管理提供了依据和准则。弹药系统可靠性大纲是根据弹药系统的作战使命、战术技术指标、研制工作分工、经费情况等总的要求对通用大纲剪裁、调整而编制的，它可以反映弹药系统研制行政总指挥和总设计师对可靠性工作重视的程度和技术水平及管理水平的高低。弹药产品不同，对通用大纲剪裁和调整的内容也不同，形成的可靠性大纲也不一样，但是它们包括的可靠性管理的基本范围应当是一致的。

2.1　可靠性保障体系及管理

为了保障产品可靠性，必须对研制生产过程进行全面管理。设计、原材料、元器件、外协件、外购件、试验、制造、信息反馈的闭回路系统等各方面都要有明确规定的工作程序。只有建立并实施了整套明确的工作程序，也就是严格的科学管理制度，把一切环节都控制住，才可以保证产品的高可靠性。管理的首要问题或基本准则是预防为主，不在质量问题上打被动仗。

建立可靠性保障体系也就是为了把一切有关人员组织起来，通力合作，共同保证产品可靠性。开展可靠性工作必须有可靠性管理机构，而可靠性管理机构应当是有行政权力的机构。只有组织落实，才能贯彻弹药系统可靠性大纲，执行可靠性工作计划，开展可靠性工作。

1. 可靠性管理的目的及意义

从提高产品可靠性来看，设计是基础、制造是保证、试验是评价、使用是体现、管理是关键。可见为提高产品的可靠性水平决定了可靠性管理的必要性和重要性。具体来说，进行可靠性管理的必要性是：

① 为了使投入到可靠性工作上的人力、物力、财力和时间最大限度地发挥作用，并产生经济效益，必须进行有组织、有计划的可靠性管理。

② 管理不当也是产品不可靠的一个重要原因。据有关产品故障统计分析结果表明，约40%～60%的故障是由管理不善引起的，一旦加强了可靠性管理，就能明显提高产品可靠性水平。

③ 产品的可靠性涉及设计部门、制造厂、协作厂、用户等部门，企业内部涉及各个环节，从技术上看，涉及很多不同的技术领域，因此，想要把产品搞上去，不抓可靠性管理是不行的。

可靠性管理是实现产品可靠性的关键。美国人预言，“只有那些具有高可靠性的产品及其企业才能在今后的日益激烈的国际贸易竞争中幸存下来”，日本人则断言，“今后产品竞争的焦点是可靠性”。可靠性管理不仅是可靠性技术的保证，而且是企业重大技术经济决策的基础，在推行可靠性技术的同时，还要实现可靠性管理，这样才能确保产品质量和可靠性。

2. 建立可靠性管理机构

可靠性学科涉及许多不同的技术领域，需要各级领导重视并建立相应的可靠性组织机构。可靠性保障体系的组成包括设计和生产部门每一级领导人和全体成员以及企业的领导人，加上由企业的高级负责人领导的可靠性专业组织。各单位和各个人之间分工明确，并有明确规定的工作程序。后面这一点很重要。所谓保障体系，不是说只要有人就行了，各单位和各个人之间必须能按规定的工作程序自动化地互相配合工作，这样才能成为一个工作体系。

可靠性组织机构的主要任务是，贯彻、执行和制定可靠性标准和规范，编制可靠性规划，建立可靠性保障体系，组织可靠性设计、制造及可靠性管理的教育，对全部产品包括科研产品实施可靠性管理等。为了有效地进行可靠性管理，企业应配备足够的从事可靠性工作的人员，其中包括可靠性设计、可靠性试验、可靠性管理、可靠性数据处理和可靠性保障等方面的技术人员。他们既要熟悉产品的设计、制造和试验技术，又要掌握可靠性分析技术和数理统计知识。在可靠性组织机构中，一部分人员应来自产品的设计、制造和试验部门，给他们以必要的可靠性技术培训，另一部分则是受过可靠性系统教育的专业人员，他们应该熟悉产品。

可靠性工作涉及研制生产的各个方面，是十分复杂的工作。但是，人们① 不希望在质量问题上打被动仗；② 不能不计成本，而是考虑寿命周期费用，希望用最经济的方法；③ 不希望研制周期拖延十年八年无人负责，而希望在预定的研制周期内达到可靠性指标。为了解决这样的问题，于是人们建立有职有权的、从上到下的质量可靠性保障体系，实行科学管理。这是保障产品可靠性的必要条件。

3. 加强可靠性管理

可靠性管理机构的管理职能是计划、组织、监督、控制、指导可靠性工程活动，管理的对象是研制、试验、生产和使用过程中的与可靠性有关的全部工作。可靠性管理要贯穿弹药系统研制、试验、生产和使用的全过程，并且要自上而下地实施管理，从系统的观点出发，通过制定和实施一项科学的计划，去组织、监督和控制可靠性活动的开展，以保证用最少的资源实现用户所要求的产品可靠性。

（1）可靠性管理的内容、重点及方法

① 可靠性管理的内容包括设计时赋予产品要求的可靠性，生产时确保可靠性的实现，贮存时可能维持高的可靠性水平。可靠性管理涉及的面很广，它直接与设计部门、试制和生产部门、试验部门、质量管理部门、标准化部门、采购供应部门等有关，也与参加研制方面的人员有关。

② 可靠性管理的重点是从对可靠性要求的监控转向改进和保证可靠性目标的实现。

③ 可靠性管理的方法是运用反馈控制原理去建立一个管理系统，通过系统的有效运转，保证可靠性工作的顺利开展。

（2）可靠性管理的重要手段

可靠性管理的重要手段是计划、组织、监督和控制。

① 计划。开展可靠性管理首先要分析确定目标，选择达到可靠性要求必须进行的可靠性工作，制订每项工作实施要求，估计完成这些工作所需的资源。

② 组织。指定可靠性工作的总负责人和建立管理机构。要有一批专职的和兼职的可靠性工作人员，明确相互职责、权限和关系，形成可靠性工作的组织体系和工作体系，以完成计划确定的目标和工作。对各类人员进行必要的培训和考核，使他们能够胜任所承担的职责，完成规定的任务。

③ 监督。利用报告、检查、评审、鉴定和认证等活动，及时取得信息，以监督各项可靠性工作是否按计划进行。同时，利用转包合同、订购合同、现场考察、参加设计评审和产品验收等方法，对协作单位和供应单位进行监督。

④ 控制。通过制定和建立各种标准、规范和程序，指导和控制各项可靠性活动的开展。设立一系列检查、控制点，使研制与生产过程处于受控状态。建立可靠性信息要求，及时分析和评价产品可靠性状况，制订改进策略。

（3）可靠性管理的关键

可靠性管理的关键是各级领导对可靠性工作的高度重视，在思想上牢固树立起可靠性观念是产品质量极其重要的内容要求。各级领导要尊重科学，带头学习和运用可靠性管理知识。企业领导对产品的可靠性要有长远考虑和打算，对这项工作舍得在人力、物力和财力等资源上的投资。把近期任务与长期工作结合起来。对职工加强可靠性教育，树立其牢固的可靠性意识，自觉地开展可靠性活动。企业要有专管可靠工作的领导，对开展可靠性工作进行有效的监督和控制，把可靠性管理纳入全面质量管理的重要组成部分。

（4）标准化管理

可靠性设计有一个基本准则，即“简单就是可靠”。因此，必须加强标准化工作，尽量采用标准件，使零部件尽可能标准化、系列化。因可靠性工作是一种不断总结经验的工作。这些经验往往是付出相当的学费后才取得的（例如进行了一系列的试验或出现故障后造成若干损失），从而这些经验在一个部门的一个点上发现并总结出来后，就应该成为本部门的共同财富，使其他人、其他单位不要再为此付出学费。因此，可靠性的经验应随时形成本单位、本企业、本部门的标准、规范、条例及规章制度。领导应当把可靠性规范与标准，包括工作规范与工作标准看成可靠性工作的一件大事来组织制定并贯彻执行。

2.2 弹药产品可靠性大纲

2.2.1 弹药可靠性管理的特点

① 弹药可靠性管理具有很强的工程性，它要在时间和费用允许的条件下，研制出满足订购方需要的可靠产品。它要紧密结合具体的产品，离开工程实际谈不上什么管理。

② 在产品全寿命周期内，所有的可靠性活动必须是一个整体。弹药可靠性管理必须统一安排计划，各个不同的技术部门、单位内外、承制方与订购方、承制方与元器件和零件的供应厂家之间要相互合作，统一进行管理。

③ 以统计分析为手段，以故障分析为基础，不断地进行失效分析、现场数据及试验数据的统计分析，不断地进行技术情报交流及信息反馈，为改进和进一步提高产品可靠性提供科学依据。

④ 强调预先管理，可靠性技术要求早期投资，因为随着研制工作的进展，提高可靠性的努力所受的约束条件越多，资金的投资效益越差。若产品制造出来才发现可靠性问题，那么要改进往往就会“牵一发而动全身”，使研制人员左右为难，若不改，可靠性有问题，若改，体积、重量、进度要求、资金都有问题。

2.2.2 弹药产品可靠性大纲要求

弹药可靠性工作的开展，要以 GJB 450A—2004《装备可靠性工作通用要求》为基本依据，订购方根据产品的战术技术指标和费用、进度的目标要求，向承制方提出具体产品的可靠性大纲要求，包括产品定义、可靠性定量要求、可靠性定性要求以及基本的工作项目要求等。这些要求经双方商定后，应纳入合同的有关条款中。

1. 产品可靠性大纲的目标

开展可靠性工作的目标是确保新研和改型的弹药达到规定的可靠性要求，保持和提高现役弹药的可靠性水平，以满足系统战备完好性和任务成功性要求，降低对保障资源的要求，减少寿命周期费用。根据具体产品的特点及当前的技术水平，确定出具体产品的可靠性大纲目标，作为开展产品可靠性工作的方向。

2. 产品可靠性大纲的基本原则

① 大纲的工作项目及其要点可经剪裁确定，可靠性要求源于系统战备完好性、任务成功性并与维修性、保障系统及其资源等要求相协调，应根据产品的类型、技术要求、复杂程度、进度及经费等条件综合权衡，选择纳入可靠性大纲的工作项目，并和其他设计、研制和制造工作一起计划，密切协调，全面完成，确保可靠性要求合理、科学并可实现。

② 可靠性工作必须遵循预防为主、早期投入的方针，应把预防、发现和纠正设计、制造、元器件及原材料等方面的缺陷和消除单点故障作为可靠性工作的重点。要重视在研制早期对可靠性工程的投入计划，以免追加费用，延误进度。

③ 在研制阶段，可靠性工作必须纳入产品的研制工作，统一规划，协调进行。并行工程是实现综合协调的有效工程途径。

④ 必须遵循采用成熟设计的可靠性设计原则，控制新技术在新研产品中所占的比例，并分析已有类似产品在使用可靠性方面的缺陷，采取有效的改进措施，以提高其可靠性。

⑤ 软件的开发必须符合软件工程的要求，对关键软件应有可靠性要求并规定其验证方法。

⑥ 应采用有效的方法和控制程序，以减少制造过程对可靠性带来的不利影响，如利用统计过程控制、故障模式及影响分析和环境应力筛选等方法来保持设计的可靠性水平。

⑦ 尽可能通过规范化的工程途径，利用有关标准或有效的工程经验，开展各项可靠性工作，其实施结果应形成报告。

⑧ 必须加强对研制和生产过程中可靠性工作的监督与控制，严格进行可靠性评审，为转阶段决策提供依据。

⑨ 应充分重视使用阶段的可靠性工作，尤其是初始使用期间的使用可靠性评估和使用可靠性改进工作，以尽快达到使用可靠性的目标值。

⑩ 在选择可靠性工作项目时，应根据产品所处阶段、复杂和关键程度、使用（贮存）环境、新技术含量、费用、进度以及产品数量等因素对工作项目的适用性和有效性进行分析，以选择效费比高的工作项目。

3. 产品可靠性信息

产品可靠性信息包括弹药论证、研制、生产和使用期间产生的有关可靠性数据、报告及文件等。可靠性信息工作的主要要求有：

① 应明确规定在各阶段（包括论证、研制、生产、贮存及使用等）中有关可靠性数据、资料及文件的具体要求，并通过利用或完善现有的信息系统，建立故障报告、分析和纠正措施系统，有效地收集、记录、分析、处理和反馈可靠性信息。

② 建立可靠性信息系统，制订信息的收集、分析处理、反馈的程序和管理要求。

③ 明确订购方与承制方对可靠性信息应承担的责任。订购方与承制方相互提供的可靠性信息及其要求均应在相应的合同中明确。

4. 可靠性定量要求

可靠性定量要求是影响产品可靠性的关键，也是鉴定和验收产品的可靠性依据，应在合同中规定，并纳入承制方的有关技术文件。可靠性定量要求通常应包括任务可靠性要求和基本可靠性要求，还包括贮存可靠性和耐久性方面的要求。对于弹药系统来说，应有哪些可靠性指标，依据什么提出，如何论证，既是订购方要考虑的问题，也是研制方要考虑的问题。

在规定可靠性定量要求时，应明确相应的任务剖面、寿命剖面及故障判别准则。可靠性定量要求有三类：

（1）表示使用要求的系统可靠性参数

系统可靠性参数由订购方提出，并作为产品战术技术指标的组成部分之一，应以使用可靠性值表示（而不是固有可靠性值）。它根据产品类型选取，并用直接与战备完好性、任务成功性、维修人力费用和后勤保障费用等要求有关的指标规定。

鉴于弹药长期贮存，一次性使用，使用中工作时间短且不能进行维修的特点，故其系统可靠性参数可分为基本（固有）可靠性、任务可靠性、贮存可靠性和可靠贮存寿命等。而任务可靠性又包括发射可靠性、飞行可靠性及终点作用可靠性。

（2）用于产品设计和质量控制的基本的可靠性要求

系统可靠性参数，应通过任务分析、功能分析等分配、转化为分系统、组件、零件的设计要求，它反映了对承制方合同产品应达到的基本的可靠性要求。该要求的规定值和最低接收值是可以验证的。规定值是合同产品的设计指标，最低接收值是验证试验可以接受的可靠度下限。

（3）可靠性试验的置信水平、判断风险

为确认产品设计、生产是否符合可靠性定量要求，需进行可靠性鉴定试验和验收试验。这两项试验属统计试验，它的统计准则应由合同规定，其中重要的是置信水平和判断风险。无论是系统可靠性参数，还是用于产品设计和质量控制的基本可靠性要求，都是需要通过统计试验加以判决的。这种判决是以一定的置信水平和风险作出的。而可靠性试验的费用与置信水平、判断风险的选定是有关的，这也是提出可靠性定量要求时应考虑的重要因素。

确定可靠性定量要求的原则有：

① 在确定可靠性要求时，应全面考虑使用要求、费用、进度、技术水平及相似产品的可靠性水平等因素。

② 在选择可靠性参数时，应全面考虑产品的任务使命、类型特点、复杂程度及参数是否能且便于度量等因素。

③ 在满足系统战备完好性和任务成功比要求的前提下，选择的可靠性参数数量应尽可能最少且参数之间相互协调。

④ 基本可靠性要求应由系统战备完好性要求导出，协调权衡确定可靠性、维修性和保障系统及其资源等要求，以满足系统战备完好性要求。

⑤ 任务可靠性要求应由产品的任务成功性要求导出。

⑥ 在确定可靠性要求的过程中，应充分权衡基本可靠性和任务可靠性要求，以最终满足系统战备完好性和任务成功性要求。

⑦ 在确定可靠性要求时，必须同时明确故障判据和验证方法。

⑧ 订购方可以单独提出关键分系统和设备的可靠性要求，对于订购方没有明确规定的较低层次产品的可靠性要求，由承制方通过可靠性分配的方法确定。

5. 可靠性定性要求

如果某些产品可靠性要求难以规定定量指标、验证方法，就应该规定定性的可靠性要求和验收准则。可靠性定性要求是为获得可靠的产品，对产品设计、工艺、软件及其他方面提出的非量化要求，在这种情况下，应用故障模式、影响分析和故障树分析等方法，发现薄弱环节，并采用工程保证、生产质量保证等措施，降低致命故障发生的概率，保证产品的可靠性。

2.2.3 弹药产品可靠性大纲的制定

弹药产品可靠性大纲是将产品要求和为达到这一要求所进行的设计、试验、生产等一系列工作按一定的程序和要求编制而成的一套技术文件。它包括产品的可靠性及有关可靠性的使用说明、经剪裁确定的工作项目及实施要点，它是产品研制期间的可靠性工作计划制订的基本依据。

1. 制定弹药产品可靠性大纲的依据

承制方根据签订的合同要求或任务书要求、费用和进度情况，按 GJB 450A—2004《装备可靠性工作通用要求》的有关规定，制定具体产品的可靠性大纲。

GJB 450A—2004《装备可靠性工作通用要求》规定了产品可靠性大纲应包括要求确定、监督与控制、设计与分析、试验与评价以及使用阶段的评沽与改进等各项可靠性活动。可靠性工作项目分为五大类共 32 项，所规定的可靠性工作的通用要求和工作项目，是一个覆盖面很宽，原则上适用于所有系统和设备的高层次标准。由于具体产品的类型、重要程度、技术水平、经费及进度要求等各不相同，所以这些工作项目及其要点应根据特定产品的具体情况，在保证最基本的可靠性前提下进行剪裁而确定，以充分体现弹药的发展要以追求最大投资效益为目标的指导思想。

2. 弹药可靠性大纲制定的特点

弹药产品是机械、化工与电子相结合的产品，即非电子与电子相结合的产品。把激光、红外、毫米波、遥感技术等应用于弹药的情况下，这种结合就更加密切。GJB 450A—2004《装备可靠性工作通用要求》中规定的可靠性工作原则，基本上都适用于电子产品与非电子产品，但这两类产品的可靠性大纲还是有很大差别的。由于电子产品的可靠性工作开展早，发展快，从可靠性统计到失效物理、可靠性设计、可靠性试验及可靠性管理等，积累了丰富的经验，建立起了相当完整的理论。而非电子产品的可靠性目前还处在研究阶段，还没有统一的模式，特别是弹药还处于主要依靠工程经验的水平上。

① 充分利用工作中不断积累的经验。弹药是电子与非电子产品相结合的产品，但目前我国弹药的电子产品很少，绝大部分还是机械化的非电子产品。而机械化工的非电子产品的可靠性工作开展还存在一定的困难，因此，弹药产品可靠性大纲制定是一项艰巨而重要的工作。特别是弹药的可靠性工作才刚起步，可靠性指标体系尚未建立，检测手段更是缺少。但从弹药的特点和存在的问题来看，弹药的可靠性工作又急需开展，这只能在探索中逐步开展起来，在工作中不断积累经验，使之日益完善。

② 大纲制定需要有一些特殊方法和细节说明。弹药产品的可靠性工作基础较薄弱，标准化程度低，有关的数据及资料少，弹药品种繁多，形式各异等，这就要求制定大纲时有一些特殊方法和细节上的说明，才能保证可靠性工作顺利开展。

③ 可靠性预计一般主要依靠零部件的研制试验结果。现有的手册中一般没有材料性能和使用应力方面的失效率数据资料，主要依靠按预计要求进行的零部件研制试验结果进行可靠性预计。这就需要在可靠性大纲中做好可靠性分析与试验的安排工作，使它们协调起来，保证可靠性预计能充分利用研制过程产生的试验数据。

④ 弹药产品的可靠性工作与功能研制工作联系密切。应力–强度分析中的工作应力水平

与材料强度之间的裕值，虽然可以结合对材料性能与负载状态的考虑来估计，但对应力分析中的假设情况的估计和对失效模式主要因素的预计，现在都还不是根据任何标准化的方法，而是凭借对具体产品的设计与使用经验。因此，结构设计人员要利用有限元分析或其他手段间接地得出降额系数，而在推导降额系数和把这些系数化为失效率的过程中，需要功能设计人员掌握新的可靠性设计方法，并加强与可靠性分析人员的密切协同工作。

⑤ 大纲应强调故障模式、影响和危害性分析的及早应用和普遍应用。故障模式、影响及危害性分析的结果可确定可靠性的关健件和重要件，这正是产品设计的主要目标，是详细分析可靠性增长试验、可靠性鉴定试验、可靠性应力分析和保证安全性的主要对象。根据故障模式、影响和危害性分析的结果找出薄弱环节，有助于设计人员考虑在薄弱环节上采用冗余技术或其他技术措施。

⑥ 要特别注意可靠性工作计划内容。可靠性工作计划是描述各项可靠性工作之间的协调关系和按合同要求工作的方法。如果计划不周，方法不当，就会造成人力、物力及财力上的损失甚至使可靠性工作失败。由于弹药产品的可靠性工作还处于探索和研究中，缺乏经验和完整的程序，就特别需要注意大纲计划工作的内容。

⑦ 注意不适用的项目和需增加的项目。可靠性工作项目中，对非电子的弹药产品，306 工作项目“潜在通路分析”、307 工作项目“电路容差分析”两项不适用。但弹药产品中含有火炸药等化工元件，并且需要长期贮存，因此材料的相容性是一个重要问题，实际工作中也有过严重教训，所以需要增加相容性项目的要求。

⑧ 要高度重视贮存可靠性指标。弹药产品生产出厂后，一般要经 10～20 年的长期贮存，而且工作时间极短，一般在几十秒之内。弹药在贮存中要受环境的各种外界因素的影响，特别是受温度、湿度影响，使产品的可靠性降低。这种降低程度除与贮存条件有关外，更主要的是与产品的研制和生产有关。元件在贮存过程中，由于腐蚀、老化、吸湿导致产品失效等，大部分是由于设计上的缺陷和生产中控制不严造成的。所以，弹药产品在制定可靠性大纲时，要高度重视贮存可靠性指标设计的落实及生产上的保证。

2.3 产品可靠性的监督和控制

2.3.1 可靠性工作计划

可靠性大纲是研制部门根据弹药系统的总体技术方案、可靠性指标要求及经费情况在订购方配合下制定的研制过程中全部可靠性工作的总体规划。可靠性工作计划则是为落实大纲规定的目标和任务而制定的具体实施计划。可靠性工作计划视弹药系统的复杂程度和研制周期，可以在不同的研制阶段分别制定，也可以不分。对于不太复杂的系统，大纲和计划也可以是合二为一的。

可靠性工作计划是产品研制、生产、使用计划的一个重要组成部分，它包括为使产品达到预定的可靠性指标，即在研制、生产、使用各阶段的任务内容，进度要求，保障条件及为实现计划的组织、技术措施等内容。可靠性工作计划是可靠性管理的核心，是推行和贯彻可靠性工程技术的依据和法定文件。可靠性工作计划制订的基本原则是：

① 计划应包括从产品的早期设计开始到使用阶段的整个寿命周期。

② 制订实施各项任务的日程表，以便审查计划的进展情况。

③ 预计出执行各项任务所需的设备、经费及时间，明确负责人的职责和权限。

④ 定期检查计划执行情况，必要时可对计划进行补充和修正。

可靠性工作计划应包括的内容主要有三个：一是明确可靠性工作项目，并明确每项工作在什么时间开始，什么时候完成，由谁来完成，谁来配合，输入到何处等；二是对每项工作所需的设备、人力、经费予以估算并给予保证；三是明确每项工作的起迄点，规定检查点、评审点，以保证对计划执行情况的监控。

制订可靠性工作计划应注意四点：一是要遵守有关的国家标准、法规，乃至有关的方针、政策；二是尊重当前的管理体制、协作关系，甚至要尊重传统习惯，要符合国情；三是资源情况，要切合实际地安排经费、人力和时间；四是要与维修性、安全性和质量保证等协调一致，要纳入弹药系统的整个研制计划。

2.3.2 可靠性工作项目

确定可靠性工作项目要依据弹药系统的技术方案、复杂程度、自身的能力、水平以及可靠性工作经验和资源情况等。工作项目一经确定，就必须严格执行、按时完成并按计划进行检查、评审。

在 GJB 450A—2004《装备可靠性工作通用要求》中给出了“可靠性工作项目在各阶段的应用矩阵表”，说明了各工作项目的适用阶段，为初步选择工作项目提供了一般性的指导，比较符合弹药系统研制的实际情况，转摘见表 2－1。

① 实施可靠性工作的目的是实现规定的可靠性要求。可靠性工作项目的选取将取决于产品要求的可靠性水平、产品的复杂程度和关键性、产品的新技术含量、产品类型和特点、所处阶段以及费用、进度等因素。对一个具体的产品，必须根据上述因素选择若干适用的可靠性工作项目。订购方应将要求的工作项目纳入合同文件，并在合同“工作说明”中明确对每个工作项目要求的细节。

② 可靠性工作项目的选取取决于产品的可靠性要求，在确保实现规定的可靠性要求的前提下，应尽可能选择最少且有效的工作项目，即通过实施尽可能少的工作项目实现规定的可靠性要求。

表 2－1 工作项目重要性系数分析矩阵

工作项目	加权系数（1～5）							乘积[①]	重要性系数[②]
	复杂程度	关键性	产品类型及特点	新技术含量	使用环境	所处阶段	……		
101									
102									
…									

① 乘积＝各因素加权系数的连乘。

② 重要性系数：假设乘积值最大的工作项目的重要性系数为 10（或 20、30），则

$$\text{其他工作项目的重要性系数}=\frac{\text{该工作项目乘积}}{\text{最大乘积}}\times 10\text{（或 20、30）}$$

③ 工作项目的费用效益是选择工作项目的基本依据，一般应该选择那些经济而有效的工作项目。为了选择适用的工作项目，应对工作项目的适用性进行分析，可采用表 2-2 所列的方法，得出各工作项目的重要性系数。重要性系数相对高的工作项目就是可选择的适用的项目。

表 2-2　可靠性工作项目应用矩阵表

序号	工作项目编号	工作项目名称	论证阶段	方案阶段	工程研制与定型阶段	生产与使用阶段
1	101	确定可靠性要求	√	√	×	×
2	102	确定可靠性工作项目要求	√	√	×	×
3	201	制定可靠性计划	√	√	√	√
4	202	制定可靠性工作计划	△	√	√	√
5	203	对承制方、转承制方和供应方的监督与控制	△	√	√	√
6	204	可靠性评审	√	√	√	√
7	205	建立故障报告、分析和纠正措施系统	×	△	√	√
8	206	建立故障审查组织	×	△	√	√
9	207	可靠性增长管理	×	√	√	○
10	301	建立可靠性模型	△	√	√	○
11	302	可靠性分配	△	√	√	○
12	303	可靠性预计	△	√	√	○
13	304	故障模式、影响及危害性分析	△	√	√	△
14	305	故障树分析	×	△	√	△
15	306	潜在通路分析	×	×	√	○
16	307	电路容差分析	×	×	√	○
17	308	制定可靠性设计准则	△	√	√	○
18	309	元器件、零部件和原材料的选择与控制	×	△	√	√
19	310	确定可靠性关键产品	×	△	√	○
20	311	确定功能测试、包装、贮存、装卸、运输和维修对产品可靠性的影响	×	△	√	○
21	312	有限元分析	×	△	√	○

续表

序号	工作项目编号	工作项目名称	论证阶段	方案阶段	工程研制与定型阶段	生产与使用阶段
22	313	耐久性分析	×	△	√	○
23	401	环境应力筛选	×	△	√	√
24	402	可靠性研制试验	×	△	√	○
25	403	可靠性增长试验	×	△	√	○
26	404	可靠性鉴定试验	×	×	√	○
27	405	可靠性验收试验	×	×	△	√
28	406	可靠性分析评价	×	×	√	√
29	407	寿命试验	×	×	√	△
30	501	使用可靠性信息收集	×	×	×	√
31	502	使用可靠性评估	×	×	×	√
32	503	使用可靠性改进	×	×	×	√
符号说明：√ 适用；　○ 仅设计更改时适用；　△ 根据需要选用；×不适用						

④ 表2-2中需要考虑的因素可根据具体情况确定，如产品的复杂程度、关键性、新技术含量、费用、进度等。每一因素的加权系数通过打分确定（取值为1～5），一般地，对复杂的产品，大多数可靠性工作项目的加权系数取值为4～5，对于不太复杂的产品，加权系数可取1～3。对于弹药系统的关键产品，故障模式、影响及危害性分析、故障树分析、相容性分析等工作项目加权系数一般取5。确定了考虑因素并选取了加权值后，将每一个工作项目的加权值连乘，然后按表2-2中的方法计算每一工作项目的重要性系数。

⑤ 考虑的因素和加权系数的取值，与参与打分的专家水平及经验有关。虽然得到的重要性系数带有一定的人为性，但表示了一种相对的，且经过权衡的结果。利用表2-2得到的工作项目重要性系数为订购方提出工作项目要求提供了依据。

2.3.3 对承制方、转承制方和供应方的监督与控制

由于弹药是一个复杂的系统，是由不同类型的分系统、零部件和元器件组成的，承制单位不可能研制、生产所有系统的组成部分，有一部分元器件和零部件是靠转承制方和供应方提供的。要保证整个弹药系统的可靠性，就要求对承制方的可靠性工作，对转承制方协作研制的分系统和设备，对供应方提供的元器件、零部件和原材料的可靠性提出要求并进行监控。

① 对承制方的可靠性工作实施监督与控制是订购方重要的管理工作。在弹药的研制与生产过程中，订购方应通过评审等手段监控承制方可靠性工作计划进展情况和各项可靠性工作项目的实施效果，以便尽早发现问题并采取必要的措施。

② 为保证转承制产品和供应品的可靠性符合弹药系统的要求，承制方在签订转承制和供应合同时，应根据产品可靠性定性、定量要求的高低及产品的复杂程度等提出对转承制方和

供应方监控的措施。

③ 承制方在拟定对转承制方的监控要求时，应考虑对转承制方研制过程的持续跟踪和监督，以便在需要时及时采取适当的控制措施。在合同中应有承制方参与转承制方的重要活动（如设计评审、可靠性试验等）的条款，参与这些活动能为承制方提供重要信息，为采取必要的监控措施提供决策依据。

④ 在转承制合同中提出有关转承制方参加承制方故障报告、分析和纠正措施系统的条款，是承制方保持对转承制产品研制过程监控的重要手段。承制方及时了解转承制产品研制及生产过程出现严重故障的原因分析是否准确、纠正措施是否有效，才能对转承制产品最终是否能保证符合可靠性要求做到心中有数，并在必要时采取适当措施。

⑤ 订购方对转承制产品和供应品的直接监控要求应在相关的合同中明确，例如订购方要参加的转承制产品的评审等。

⑥ 元器件与原材料的监督和控制。把产品的可靠性搞上去要一头抓设计，一头抓基础。元器件、原材料的可靠性是产品可靠性的基础。设计部门在选用元器件、原材料时，必须先收集汇总足够多的现场情报数据或进行必要的可靠性试验，在此基础上选定元器件、原材料比较可靠的规格型号及生产厂。对元器件、原材料的入库要进行严格的抽样检查。要对元器件、原材料提出可接受质量水平的要求，然后选用适当的抽样方案保证。

2.4 可靠性设计评审

弹药系统的固有可靠性主要取决于设计，可靠性设计评审是为实现弹药系统的可靠性指标和可靠性大纲要求的重要管理环节。设计评审的目的是及早发现设计缺陷，降低设计风险，减少或避免重复设计，防止主管设计者的主观错误。

2.4.1 可靠性设计评审的组织工作

设计评审是订购方同时也是研制方进行设计监控的方法之一。设计评审的重点是新方案、新技术、新工艺、新器材的应用和可靠性风险较高的环节。参加设计评审的人员除产品设计的主管总师、质量师、工艺师、设计师、经济师、生产单位技术人员和标准化、营销、计划人员外，主要是非本设计单位的同行专家、订购方和研制方以及有关方面和领导机关的代表，因此设计评审具有相当的权威性，是订购方作出接受或拒绝设计、继续研制或终止合同决策的重要依据。但是设计评审并不改变原有的技术责任，最终技术决策仍由原设计者承担技术责任。

评审的主要目的是在分析产品技术标准、使用环境和要求的基础上，对设计依据、设计概念、设计方法和设计结果进行全面、深入、细致的分析和审查，评定设计是否符合技术指标和可靠性要求，审核可靠性方案是否合理，有无考虑不周，分析计算是否正确，元器件和原材料选用是否恰当，可靠性技术运用是否得当，试验是否充分，结果是否理想等问题，并提出修改设计意见，促进设计工作的细化，提高设计工作的正确性。

设计评审进行的方法，对于某一弹药系统或某一设计单位可以有一套自己的程序，但评审前必须把评审大纲、内容、日程等预先告知参加评审的专家和代表，如果时间充裕，能在评审前就有反馈意见，则更有利。

2.4.2 可靠性设计评审的主要内容

为了使可靠性设计评审做到既及时又细致深入，通常评审工作可分段进行：

➢ 确定基本方案时（方案研究阶段）
➢ 完成系统设计时（方案验证阶段）
➢ 完成设计图样时（工程研制阶段）
➢ 投入批生产之前（设计定型时）
➢ 生产定型阶段

在不同的设计阶段，设计评审内容的重点和要求也不相同。产品的技术性能与产品可靠性是不可分割的，在进行可靠性设计评审时，一般评审项目为：

① 设计是否满足合同规定的功能、技术性能指标、可靠性指标要求。
② 质量保证体系及可靠性保证大纲及其实施情况。
③ 所采用的标准、设计技术规范等有关法规及执行情况。
④ 故障模式、影响及危害性分析，检查设计和制造中的隐患。
⑤ 设备运行情况及环境适应性（尤其是极端环境下的工作能力）。
⑥ 可靠性技术应用情况、当前可靠性预测值和已达到的可靠性水平。
⑦ 确定影响可靠性的关键项目，以及可靠性关键件和重要件的确定与监控。
⑧ 发现和确定设计上的缺陷，提出改进可靠性、维修性、使用性及安全性的措施。
⑨ 试验计划、要求及试验结果。
⑩ 研制计划进度的协调性、设计技术、研制经费分配、寿命周期及它们之间的最佳权衡。
⑪ 其他有关事项。

2.4.3 不同阶段的可靠性设计评审

评审阶段的划分和评审的重点内容应以系统的大小、产品的复杂程度、设计的规模和难易程度等因素为依据做适应实际情况的变动，不应不顾客观实际而强求一律。

1. 方案研究阶段的评审

是在总体方案完成之后进行的。重点评审设计思想、总体技术方案的先进性、正确性和可行性，可靠性结构模型和数学模型，可靠性和维修性指标的可达性，技术措施的正确性和有效性，以及研制周期，元器件、原材料计划，试验计划和研制费用，产品成本的估计分析等。

2. 方案验证阶段的评审

是在电路设计和结构设计基本结束，关键技术已得到解决，原理样机或初样试制完成而即将转入试验时进行。重点评审可靠性设计技术在电路和结构设计中的应用，元器件选用情况，关键技术、关键件清单及关键技术与关键件解决程度，可靠性设计报告等。

3. 工程研制阶段的评审

是在图纸设计和试样研制完成，技术设计阶段结束之后进行。重点评审可靠性设计准则的贯彻，整个技术设计阶段的可靠性和维修性工程活动的情况，前期评审报告的变动情况，性能试验及环境适应性试验和试验样机试验情况，设计更改意见及应进行的补充试验情况，可靠性指标分配和预计情况，应力分析、失效分析、故障模式、影响及危害性分析和故障树分析的情况等。其结论作为能否转入设计定型阶段的依据之一。

4. 设计定型时的评审

是在全套设计文件及图纸资料整理、定型样机验收试验、环境试验、可靠性鉴定试验合格之后进行的。重点评审设计定型样机的战术技术指标及可靠性水平是否达到了研制任务书规定要求，产品的最终规范、设计的成熟性和可靠性以及其他各项试验结果的评定，试验中所发生的故障分析和处理措施等。其评审结论作为设计定型的依据之一。

5. 生产定型阶段的评审

是在试生产结束转入生产定型前进行的。重点评审产品的可生产性、元器件的供货情况、生产过程中的质量控制措施、产品质量的稳定性和一致性以及试生产阶段的试验情况等。

2.4.4　评审的实施程序

各阶段的评审活动一般可按下列程序进行：

1. 评审前的准备工作

① 准备评审文件。收集与该阶段评审内容有关的各种资料、文件、试验报告、零件清单、设计图纸和样机实物等。

② 分别对所收集的软件和硬件进行预审。为了切实搞好评审工作，根据所研制设备的复杂程度和承制单位质量保证体系的建立情况，评审组认为有必要进行预审时，在正式评审前会同产品可靠性主管设计师、产品主管设计师、军代表进行抽样性预审，以便发现问题，解决问题，弥补不足，充分做好正式评审前的准备工作。

③ 准备工作结束后，承制单位将评审文件提前一个约定时间送到全体评审组成员。第一、四次评审由承制单位向领导机关主管业务部门申请，由主管业务部门下发通知召开评审会。

2. 评审会

① 由承制单位作可靠性设计、试验、分析的有关报告。

② 评审组成员提出询问和质疑、承制单位有关设计师进行答辩。

③ 评审组成员审查有关文件、图样资料。

④ 讨论有分歧的问题，指出不足之处和改进意见。

⑤ 评审组研究和讨论评审结论，并作出书面评审结论报告。

2.5　可靠性数据管理

可靠性信息包括有关可靠性数据、报告及文件等。可靠性管理的一项重要内容是收集、整理分析、贮存和应用可靠性数据。定量的可靠性需要数据。可靠性数据是定量研究产品可靠性的重要基础，可靠性设计、可靠性试验和可靠性管理都离不开可靠性数据。一切反映产品质量及可靠性的试验、检验、测试数据都应该搜集起来，数据的散失是极大的浪费。数据有两类：一类是原始数据，如失效报告，这不仅仅是数字；另一类是经过统计分析的数据。后一类数据也就是现成的可靠性数据，使用时要注意是否适合具体场合。

所有设计工作的目标都是使弹药能够成功或正常的工作，但是，成功的工作并不能够提供大量改进弹药的依据。反之，故障却能够提供许多信息，能够表明应当在哪些方面进行改进或者按照什么进行设计。从故障分析获得的信息反馈是产品不断向前发展的主要依据之一。

1. 数据收集及应用的目的

① 根据数据提供的信息，改进产品的设计、制造工艺，提高产品的固有可靠度，并为新产品的研制提供信息。

② 为分析产品贮存性能，收集生产中的有关数据、现场数据、试验数据，并将它们进行分析比较，再应用到包括可靠性试验在内的质量保证规划中去。

③ 为产品的可靠性指标评估、寿命评估提供必要的信息。

④ 证实弹药系统满足其可靠性要求。

⑤ 查明弹药系统的缺陷，以便为制订纠正措施提供依据。

⑥ 建立故障档案，以便进行比较和用于预计。

此外，可靠性数据可以用来提供有关后勤保障方面的信息，还可以用来更好地估计零件（元器件）和部件的性能降低及消耗特性的要求。根据这些信息，可以控制经常发生的故障，还可以对为保证设备具有预期可靠性水平作出估计。

2. 收集可靠性数据的范围

收集数据的范围应包含使用环境、工作应力、可靠性成本、产品失效的情况及使用维修等方面的数据。

3. 可靠性数据的来源

可靠性数据的来源贯穿于产品的设计、制造、试验及使用维修的整个过程，包括：

① 厂内故障报告、分析和纠正措施系统。

② 可靠性试验验证数据。

③ 转承制方的数据。

④ 现场数据。

⑤ 信息中心的质量和可靠性数据库。

重要的是，要使数据准确、真实，以便使根据这些数据作出的结论具有高的可信度。不完整和不准确的数据必然导致数据失去可信性或是导致作出错误的结论。在上述来源中，①和②通常是最准确、最完整的，但往往缺乏真实性；④一般来说是最真实的，但经常缺乏完整性和准确性。因此，不能只靠这些来源中的某一项就对产品的可靠性作出结论，应综合各方面的数据来系统地对产品的可靠性进行评估。

2.5.1 数据的收集

数据是可靠性工作人员开展工作的基础。只有足够的数据才能证明所设计的弹药是否符合可靠性要求，才能对新设计的弹药进行可靠性预计，因此，必须设法收集各种有关可靠性方面的数据，并经过分析处理，使之成为决策的工具。数据信息的收集要在产品的寿命周期内持续不断地进行，并保证其及时性、准确性和完整性。

1. 可靠性数据的特点

可靠性是用概率或时间描述的产品特性，是一批产品的平均值，它不像产品的性能参数是一个确定的物理量，只要通过一次观测即可确定。可靠性只有通过对全部产品的工作全过程进行长期连续观测才能估计确定。数据量越大，估计的统计量精度越高。由于评价可靠性需要的数据量极大，这就要求对可靠性数据进行全面的收集和积累，零星的、残缺不全的数据是无法对弹药的可靠性进行评估的。

对弹药进行可靠性试验所得到的数据，可用来对弹药的可靠性进行评估。有些时候，对弹药进行可靠性试验是不现实或不经济的，然而通过对同类弹药试验和使用的观测结果进行收集和积累是可以对弹药的可靠性进行评价的。所以，对各种试验及使用数据的收集和积累是非常必要的，远比可靠性试验经济、可行。

弹药研制过程是一个不断改进的过程，是一个可靠的增长过程，其中产生和积累了各种各样的数据，它们庞大而复杂。数据的不确切性要求收集数据时进行一系列工程分析，例如故障有早期故障和偶然故障，有关联故障和非关联故障，有致命故障和非致命故障之分，等等。故障统计和分析的不准确对可靠性估计值影响极大，例如，在对某一种弹药进行可靠性评定时，统计到的故障数约 10 个，而经分析剔除不适用部分后，可能只剩 2 个。数据分析和判别的不准确性对可靠性估计值的影响，远远超过使用不同统计方法造成的差别。所以，只有数据准确，统计方法才能发挥作用。

可靠性数据的全面性、大量性和不确切性要求人们对数据进行系统的收集、认真的研究和科学的管理。有了完整、准确的可靠性和维修性数据，才能进行可靠性评定，而对老产品的可靠性评定结果又是对新产品进行可靠性预计的依据。只有借助可靠性预计提供的信息，才能进行可靠性指标的合理分配，建立定量的可靠性和维修性目标，把可靠性和维修性设计到产品中去，可靠性的改进及可靠性控制工作的开展才有科学依据。所以，数据是可靠性研究的基础，数据工作的好坏，是衡量可靠性活动深入程度的重要标志。

2. 可靠性和维修性数据的分类

要做好数据的收集工作，必须清楚数据的产生和分类。

可靠性数据产生的阶段分为设计阶段、生产阶段和使用阶段。设计阶段的可靠性研究及试验和验证产生的数据，只能用于分析产品初始可靠性、故障模式和可靠性增长的规律，不宜用这个阶段的数据进行可靠性评定，因为此时的设计尚不成熟，技术状态变化较大。生产阶段弹药产品数量大大增加，这一阶段有两种试验：一种是为了暴露设计、生产缺陷而进行的试验，如应力筛选试验、老炼等；另一种是验收试验。一般可靠性评定不用老炼试验的数据，只用验收试验的数据，对比较成熟的产品，老炼数据也可以用于可靠性评定。使用阶段的产品处于实际使用环境中且数量较多，是可靠性评定的主要数据来源。但由于产品分散使用，给数据收集工作带来一定困难。

可靠性数据形式主要有三种量：一是时间量，即产品的整个履历，包括设计日期、投产日期、装调日期、出厂日期、累积贮存时间、累积工作时间、故障阶段等；二是故障数据，故障不仅要记录，而且要进行分析，如故障发生时间、地点、条件、故障部位、故障现象描述、故障影响、故障原因等；三是主要性能数据、各种条件下历次测试结果，可用来分析产品性能的批一致性、对时间的稳定性和对环境的适应性。

可靠性数据按变动特点，可分为固定数据和动态数据。固定数据包括产品组成、结构和特征。动态数据主要指历次测试、使用的时间、故障记录和产品履历等。

可靠性数据按在弹药系统中所处层次，可分为零部件级、系统级和整体级。在弹药的研制、生产和使用过程中，弹药是一个独立的单位，数据较多，如果把弹药的可靠性数据收集完整、准确，它所使用的零部件及配套设备的数据也就随之统计出来了，所属系统的可靠性分析也就有了基础。

3. 数据收集的途径

可靠性数据的来源贯穿于弹药设计、制造、试验和使用的整个过程，也就是从原材料和元器件的供应到实际使用的所有方面。总的来说，可靠性数据可以从两个方面得到：一个是实验室进行的可靠性试验，另一个是从弹药实际使用中得到。从实验室得到的数据叫试验数据，而从实际使用中得到的数据叫使用数据。从这两个方面得到的数据各有所长，但互为补充，缺一不可。

试验数据的收集一般比较完善，设计人员可根据事先的要求和目的，记录所需的数据。现场数据的收集一般有两种方法：一种是对使用人员发报表，让其逐项填写，然后定期回收；另一种是培训一批专业人员编制调查纲目，有计划、有目的地深入用户进行调查，按统一格式进行数据的收集。不管用哪种方式收集数据，应注意的问题都是共同的。首先为保证数据的准确性，一定要保证收集到的数据的真实性。对于试验数据，从试验设计开始就要对弹药的环境条件、样品的抽样数及试验时间、测试周期认真考虑。对于使用数据，必须明确所收集数据的用途。例如，对于新研制的弹药，为了提高系统的可靠性，应尽快收集系统的故障数据，以便找出原因，采取措施，消除故障。

4. 数据收集内容

（1）数据收集应遵循的原则

① 产品数据收集的范围和项目应与数据管理任务相一致。

② 应在产品全寿命期的各阶段内全面收集可靠性数据。

③ 数据收集项目应按管理目标和任务要求，并根据实际条件，权衡考虑其必要性和可行性，在全面规划后加以确定，但需保证管理目标所必需的最低限度的数据。

④ 应统筹考虑在数据管理各层次上数据收集的协调性，避免数据的重复收集。

（2）数据收集的类别与项目

质量与可靠性数据信息分为A类数据信息和B类数据信息。在产品的论证、研制、生产、使用等过程中产生的质量与可靠性数据及报告等属于A类数据信息，A类数据信息经过汇总、分析、整理后形成的在一定范围内具有指导意义的报告、手册等属于B类数据信息。

数据收集的项目有：

① 产品性能、可靠性指标。

② 可靠性要求的分配和预计结果。

③ 产品环境应力筛选和老炼试验数据。

④ 产品寿命、可靠性试验数据。

⑤ 产品贮存数据。

⑥ 产品使用可靠性数据。

⑦ 重大和多发性故障的分析、纠正措施及改进效果方面的数据。

⑧ 配套产品的已知可靠性数据。

（3）A类数据信息内容

① 产品论证、研制、生产中的数据信息。

a. 战术技术指标、研制任务书及合同中规定的质量与可靠性参数及其指标。

b. 可靠性大纲、维修性大纲、安全性大纲、质量保证大纲及其评审报告。

c. 可靠性、维修性指标的分配和预计结果。

d. 故障模式、影响分析或故障模式、影响及危害性分析报告。

e. 有关保障性的分析报告。

f. 故障报告、分析和纠正措施及其效果。

g. 关键件和重要件清单。

h. 设计定型与生产定型时产品的质量与可靠性分析报告。

i. 性能试验、环境试验、耐久性试验、可靠性及维修性试验等结果与分析报告。

j. 可靠性增长计划及实施情况。

k. 功能测试、包装、贮存、装卸、运输及维修对产品质量与可靠性的影响。

l. 严重异常、一般异常质量与可靠性问题，分析、处理及其效果。

m. 设计质量、工艺质量和产品质量评审结果及首件鉴定情况。

n. 质量审核报告。

o. 对关键件、重要件和关键工序质量控制情况。

p. 不合格品分析、纠正措施及其效果。

q. 外购件（含元器件、原材料）、外协件质量复验报告。

r. 产品的改进与改型情况。

s. 产品验收及例行试验合格率。

t. 质量成本分析报告。

u. 其他有关信息。

② 产品使用、退役中的信息。

a. 产品的使用状况。

b. 故障报告、分析、纠正措施及其效果。

c. 可靠性增长情况。

d. 维修时间、工时、费用及其他维修性信息。

e. 产品的贮存信息。

f. 产品的检测信息。

g. 产品的使用寿命信息。

h. 严重异常、一般异常质量与可靠性问题、分析、处理及其效果。

i. 产品的改装及其效果。

j. 产品在退役、报废时的质量与可靠性状况。

k. 综合保障情况、存在问题及分析。

l. 产品质量与使用可靠性的综合分析报告。

m. 其他有关信息。

（4）B 类信息内容

① 可靠性数据手册。

② 产品故障模式手册。

③ 重大故障案例等。

2.5.2 数据的分析处理

数据的分析处理就是对收集来的数据进行加工和分析，对收集到的数据信息，应按一定的原则和程序对不同来源的数据信息进行审查、分析，并编写质量与可靠性数据信息报告，以获得对提高或保持弹药产品质量与可靠性具有评价和指导作用的信息。

1. 数据信息的审查

对所收集的数据信息，应逐项进行审查，以保证数据信息的准确性和完整性。对错误或不符合要求的数据信息，应向信息提供单位提出质疑或要求重新提供。

2. 数据信息的分析

应根据其任务和数据信息的需求确定弹药产品的质量与可靠性数据信息分析内容、需评价的参数和分析方法，制定质量与可靠性数据信息分析指导文件。

3. 分析要求

进行数据信息分析处理时，应满足如下要求：

① 对产品的质量与可靠性状况应定期或适时做统计与工程分析，不断评价有关产品的质量与可靠性水平和发展趋势，找出存在的主要问题和薄弱环节，并提出改进建议。

② 定期或适时对弹药的质量与可靠性进行综合分析，做出全面评价，找出存在的主要问题，并提出相应的建议。

③ 对严重异常质量与可靠性数据信息，在其相应事件发生后，应及时、确切地弄清事件的现象和影响后果。

4. 数据剔除

数据剔除一般是对同一母体中区别于其他样本的个别异常数据的剔除。根据异常数据剔除的方法，可分为工程剔除法和统计剔除法。对于用统计法检出的异常数据，一般要分析产生的工程或物理方面的原因后方可剔除。

① 工程剔除法是指在考虑了多方面的影响因素后，用人为的方法剔除那些与应得数据不符的异常数据。在试验中，成败与否，有无干扰，环境是否相同，设备有无故障，人员是否有失误等，都可能使取得的数据不准确。在数据分析时，根据其影响大小，剔除异常数据。

② 统计剔除法是指用数理统计和概率论的方法，剔除那些与分布参数相差较远的数据。剔除这样的数据，有利于提高数据分析的精度，使实际分布更能反映母体的分布情况。用这种方法，还易找出那些在数据检查时未发现的已填错的数据。

2.5.3 建立可靠性数据库

可靠性信息包括论证、研制、生产和使用阶段有关可靠性的数据、资料和文件，那么只靠一个个基层单位是不可能将弹药系统的可靠性信息收集全的。此外，数据是很宝贵的，是靠花大量人力和物力通过可靠性试验得到的，因此，每一个基层单位既不可能对所有元器件、零部件都做可靠性试验，事实上也没有必要。这就要建立交换和传递的手段。同时，可靠性数据必须长期积累，不断更新，否则就难以找出统计规律。

建网建库是一项涉及面很广，工作量很大，需要一定投资的工程，可以考虑“先建网，后建库，边使用，边开发，试点先行、不断完善”的方法，经过一定的努力初步建成。在建网建库还没有开始的时候，一定不能等待，企业、研究所、学校和各研制项目组一定要加强可靠性信息的管理，制定相应的管理办法。

① 要设立可靠性数据信息员岗位，管理本单位的可靠性信息。各项目研制的可靠性工作机构要管理好本项目的可靠性信息，并把项目的可靠性信息报送本单位的信息员。

② 制定信息收集、传递、反馈、分析、处理、归档等管理细则。

③ 制定可靠性资料卡和数据表。这样既填写方便，又不易遗漏，使数据规范，便于贮存和应用。

④ 收集、分析、处理和积累可靠性试验数据、现场使用数据及有关的可靠性报告、文献，包括国外的可靠性标准、规范。

2.5.4　数据的传递与反馈

数据的传递和反馈，可使产品质量信息传递到各部门，通过反馈，改进产品质量，从而达到提高产品可靠性、增加可用性的目的。因此，数据的传递和反馈是使整个数据系统运行起来必不可少的手段。数据的收集、交换与反馈是通过数据的传递来实现的。采用有效的传递方式并按预定的正确流向进行数据传递，是保证数据有效性的必要条件。

① 数据的传递方式，目前一般以表格、软盘和网络三种方式进行。

② 数据的传递流向：

a. 各用户将使用数据按表格形式或有关约定，提交给数据中心。

b. 各有关配套的产品企业将其企业内试验等有关数据提交给数据中心。

c. 数据中心将通过各种渠道收集的数据进行分析、处理，并将处理结果提供给有关单位。

d. 对影响弹药工作的重要、多发性故障或需引起重视的重大质量问题，数据中心及时向有关部门发出通报。

2.6　生产阶段的可靠性管理

设计为可靠性奠定基础，制造保证可靠性实现。两者共同决定了产品出厂时的固有可靠性。设计所决定的产品设计可靠性，由于在制造过程中有可能引入各种不可靠的因素，如材料、外购件、加工工艺、检验设备等方面的问题，会使设计的可靠性发生退化，降低产品的固有可靠性。因此，必须重视制造阶段的可靠性管理。生产阶段可靠性管理的目的是掌握、控制和评价产品在加工、装配、搬运、保管和运输过程中影响可靠性的因素，以保证产品固有可靠性的实现。

1. 生产阶段的可靠性分析

生产阶段可分为六个分阶段：元器件、原材料采购阶段，零部件生产阶段，产品的半成品阶段，产品的成品阶段，分系统成品阶段，系统成品阶段。提交军检验收通常是各阶段完成及进行必要试验时进行，一般军检项目都是由军事代表和企业管理机构商定的比较关键的项目。

经常遇到的情况是批量生产弹药产品的可靠性和质量不如定型阶段试验样机的，而且有时降低很多，究其原因，有两个方面：

① 研制阶段的样机生产和验收是由设计单位负责的，如果质量和可靠性不好，将直接影响设计方案，影响试验效果，影响定型时的指标评定，乃至直接影响设计、生产单位直至国家部、委级机关的经济利益和其他切身利益，因此能自上而下一丝不苟地管理、检查、监督。这样做当然能保证产品质量和可靠性的要求，至少能达到研制任务书规定的指标，而且在评定中采取有利的技术措施和方法，可能超过规定的指标。到了生产阶段，上述利害关系不仅

没有了，而且倒过来了。生产过程中质量和可靠性工作做得越多，越要多花钱、多费工时、多消耗能源，在已定价的情况下，将会减少利润和产值，影响生产计划的完成，因此对质量和可靠性工作的要求可能不那么严格了，其结果当然是质量和可靠性降低。

② 元器件早期失效和原材料缺陷。在研制阶段，为了保证产品质量和可靠性，使试验成功率提高，对元器件、原材料都进行严格筛选，大都进入了稳定期，排除了缺陷。生产阶段为了降低成本，可能降低筛选标准或不筛选，这样做产生两种结果：一种是企业试验和测试中暴露了一部分问题，排除后交付部队，到了部队仍处在早期失效期；另一种是在企业没有暴露，全部带到部队。这两种结果都给部队使用带来了极大的困难，有的甚至刚到部队不久就又返厂修理。

显然，第一方面是人为的因素，要解决它，就必须做人的工作，牢固树立“军工产品，质是第一”的观念。或者采取切合实际的经济措施。目前还未能把质量、可靠性与浮动价格调到恰当比例。

第二方面主要是技术上的因素，也有人的因素。技术上的问题可以采用生产可靠性管理和检验分析来解决，或用整个生产过程的可靠性和质量控制来解决，并为整个生产过程的可靠性措施提供依据。

2. 生产阶段可靠性管理的主要项目

弹药系统定型后，从研制阶段转到批量生产阶段，管理体制发生了重大变化。研制阶段以总设计师为首的技术指挥系统已不再起主要作用，除重大技术问题由原设计部门负责外，生产上的技术、行政管理完全由企业的经理、总工程师、部室、生产单位及工艺技术人员负责。相应的质量和可靠性问题也由企业的经理、总工程师、检验部门和质量管理机构负责，军队方面由驻企业军代表负责。这个阶段的质量和可靠性管理工作主要项目有：

① 质量控制计划。即标准的质量控制工作，包括防止可靠性水平下降的方法，入厂检验、工序试验和成品试验程序，环境应力筛选，对工艺流程、拒收率和检验效率的监控等。

② 外购件、外协件控制。

③ 定期全面检查产品生产情况，包括原材料、元器件及设计上和工艺上存在的问题。

④ 失效反馈、分析与改正制度。将在生产或试验中发现的故障信息反馈给设计部门。

⑤ 关键项目控制。

⑥ 产品技术状态管理。在研制中经过多次修改的产品设计最后达到满意的性能和可靠性，这时为了确保其性能和可靠性不被破坏，人们合理地要求此后生产中的技术状态保持不变，而实行状态冻结。但是实际情况是复杂的。此后的技术状态由于原材料、元器件、外购件、生产设备和工艺更新等原因不可能是绝对不变的，这样就不能要求绝对冻结技术状态，但应在试验成功后确定一个技术状态的“基线”，从而实行技术状态的管理，以保证技术状态受到控制。

⑦ 对设计更改项目应进行“修改可靠性模型，调整可靠性分配和预测值，故障模式、影响及危害性分析，应力分析”等。

⑧ 验收试验。

⑨ 可靠性鉴定试验，测定失效率。

针对生产阶段质量和可靠性管理工作的主要项目，其工作内容有：

① 建立完整的质量和可靠性保证体系，如组织机构、岗位责任制、质量记录等，以保证

可靠性目标的实现。

② 根据定型时设计部门提供的可靠性和维修性管理要求、生产规范等，制定生产管理阶段可靠性、维修性和质量保证大纲及程序，确定生产过程的环境管理要求。

③ 参与生产订货合同的协商和签订，并在合同中规定质量和可靠性条款（含优质优价问题）及交付界面。

④ 参与生产计划的制订并提出质量和可靠性计划，与生产计划一并下发执行。

⑤ 参加审查并会签生产工艺文件，与军代表协商确定军检验收项目和军检验收细则。

⑥ 制定各分阶段可靠性试验（如应力筛选、可靠性验证、验收试验）大纲并参加试验，进行数据管理、关键件和重要工艺检验。

⑦ 参加生产阶段的评定和产品技术状态、检验工作的评审工作。

⑧ 进行各生产阶段的分析检验和验收，生产质量和可靠性的分析和评审。

⑨ 提出工程更改（如工艺、工装更改）意见并监督实施。

⑩ 采用先进的设备和工艺，确保产品制造质量。

⑪ 建立严格的原材料、零部件和元器件的入厂检验制度。

⑫ 对主要外购、外协件，供应厂家必须进行质量评审，订货合同应有可靠性指标和检验抽样方案。

⑬ 建立严格的检验、筛选、试验、调试规范和制度。

⑭ 建立严格的工具、量具和测试仪器的管理制度。

⑮ 应有完备的可靠性技术文件，包括产品的技术标准、工艺规范，对原材料和外购件的要求，完整的仪器设备装校、检验规程、使用说明等。

⑯ 加强包装、保管、运输的管理。

⑰ 对工作人员进行严格的培训并进行理论和操作考核。

⑱ 进行靶场批检试验（这个试验主要是可靠性试验）。

⑲ 统计生产中特别是批检试验中的故障，按定型技术条件进行可靠性评定和质量认证，决定交付产品状态和补充加工及检验项目，记入产品档案与产品一起交付部队。

⑳ 向产品设计部门提供产品质量、可靠性和维修性信息。

第3章
可靠性基本概念和参数体系

精于细节，匠于心间，打造行业精品，助力中国智造。

3.1 可靠性基本概念

3.1.1 可靠性

根据国家军用标准《可靠性维修性术语》(GJB 451A—1998)，可靠性的定义是：产品在规定的条件下和规定的时间内，完成规定功能的能力。

根据可靠性的定义，产品可靠性高低表示在规定条件下，规定时间内，完成规定功能的可能性大小。从数学的观点来看，其表示一种概率。某个产品究竟什么时间发生失去完成规定功能的能力而失效是不能确知的，只能借助于数理统计的方法加以估计。

根据可靠性的定义，可以确定产品的可靠性。这样在设计和制造时，就可以用数学的方法来计算和预测产品的可靠性，用试验的方法来评定产品的可靠性。

产品可靠性首先是与“规定的条件”分不开的，任何产品研制的时候都是根据规定的使用条件进行的。使用条件包括工作条件（如功能模式、操作方式、负载条件、工作能源、维修条件等）和环境条件（如温度、湿度、气压、振动等）。同一种产品在不同的工作条件和环境条件下可靠性是不同的。因此，评定一种产品可靠性时，必须明确其所处的工作条件和环境条件。

其次，产品可靠性与“规定的时间”有密切的关系。产品的可靠性是时间的函数，随着时间的推移，产品的可靠性会越来越低，通常在设计产品时要考虑产品的使用期、保险期或有效期等。规定时间的长短又随着产品对象的不同与使用目的不同而异（如各种炮弹、火箭弹要求在发射、飞行、作用过程中的几十秒内可靠，而雷达装备运行时间则长得多）。

最后，产品可靠性与“规定的功能”有密切关系。规定功能通常是指产品的主要性能指标和技术要求，如弹丸的威力、最大射程、射击密集度等是产品完成规定任务作用的保证。判断产品是否具有规定的功能，往往用其规定的性能指标作为考核判据。

从实践中看，有的产品虽能工作，但不能完成规定功能；有时出现局部故障，但尚能完成一定的功能。产品的可靠性，可以针对产品完成的某一种功能而言，也可以针对多种功能的综合而言。因此，在具体进行可靠性分析研究时，首先必须对产品在什么情况下叫作不可靠，在什么情况下叫作失效，有一个明确的规定。也就是说，要对产品故障的失效判据标准加以规定，合理地给出“故障判据”。

综上所述，在研究产品的可靠性问题时，必须牢牢掌握可靠性的三大要素，即时间、条件、功能；建立一个基本观点，即统计概率的观点。

还应该特别指出，从使用的角度来看，在基本性能指标达到使用要求的前提下，产品最重要的指标就是可靠性指标。

3.1.2 寿命剖面

寿命剖面是产品从制造到寿命终结或退出使用这段时间内所经历的全部事件和环境的时序描述，它包含一个或几个任务剖面。通常把产品的寿命剖面分为后勤和使用两个阶段，如图3-1所示。

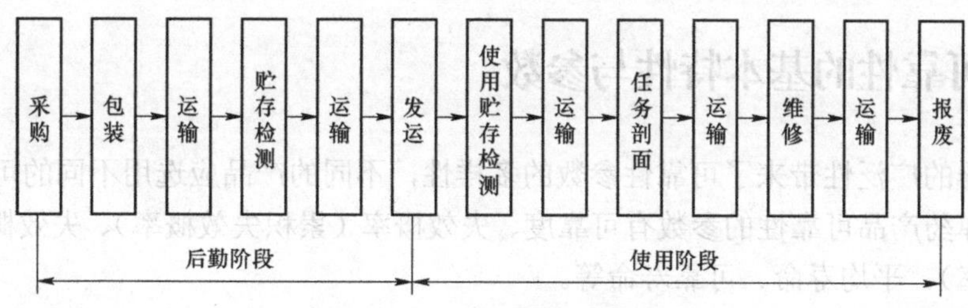

图3-1 寿命剖面内事件

即某产品从其在工厂被用户接收到其最后报废的整个过程（例如从工厂到完成使命的过程）有关的各种事件和状态的充分描述。这涉及寿命期中的每一重大事件，如运输、库存、试验和检验、备用或待命状态、运行使用及任务剖面（包括其他可能的事件）。寿命剖面描述的是每一事件的延续情况、各种环境条件和工作方式。在规定寿命剖面时，一般应明确以下几个方面：

① 产品在工作、维修、运输和贮存过程中所经受的环境。对环境的描述可以是叙述性的，但在可能时应尽量使用环境剖面图。

② 产品的动力条件，主要指产品正常工作时动力源的情况。

③ 产品的负载条件，包括输入信号特性。

④ 产品的使用和维修条件，包括：

- 产品的操作方式和程序以及人–机界面、人因可靠性等；
- 典型任务阶段内产品的使用状况；
- 产品的维修保障方案。

⑤ 产品的工作时间与顺序或任务剖面图。在可能的情况下，应采用任务剖面图的方式描述产品的工作时间与顺序。对于在任务的不同阶段，以不同的工作模式进行工作，或者只有当条件要求时才使用某些分系统的复杂产品，应对下一层次产品规定工作时间与顺序要求。如果不能确切地规定工作时间与顺序，则需要规定在任务时间范围内成功的工作概率。

3.1.3 任务剖面

任务剖面是产品在完成规定任务这段时间内所经历的事件和环境的时序描述。任务剖面一般应包括：

① 产品的工作状态。

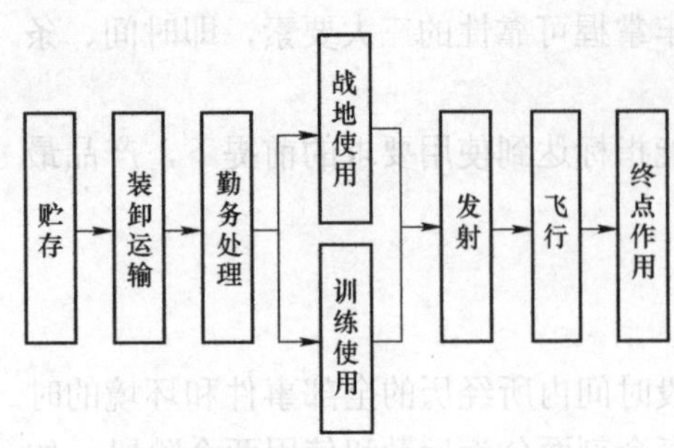

图 3-2　弹药产品的任务剖面

② 维修方案。

③ 产品工作的时间与顺序。

④ 产品所处环境（外加的与诱发的）的时间与顺序。

⑤ 任务成功或致命故障的定义。

弹药产品的任务剖面如图 3-2 所示。

寿命剖面和任务剖面在产品战术技术指标论证时就应提出。精确而完整地确定产品的任务事件和预期的使用环境，是进行正确的产品可靠性分析设计的基础。

3.2　可靠性的基本特性与参数

常规兵器的广泛性带来了可靠性参数的多样性，不同的产品应选用不同的可靠性参数。常用的衡量弹药产品可靠性的参数有可靠度、失效概率（累积失效概率）、失效概率密度、失效率（故障率）、平均寿命、可靠寿命等。

3.2.1　可靠度

可靠度是指产品在规定的条件下，在规定的时间内，完成规定功能的概率。概率是用数量来表示的，所以是定量化的描述。因它与时间有关，常记作 $R(t)$，一般以 $R(t)$ 表示可靠度函数。

假定规定的时间为 t，产品的寿命为 ξ，如果某一产品的寿命 ξ 比规定的时间 t 要大（$\xi>t$），换句话说，就是某产品的寿命比规定的时间长，称此产品在规定的时间 t 内能够完成规定的功能。

在一批产品中，各个产品的寿命有可能是 $\xi>t$，也有可能是 $\xi\leqslant t$。因此，这是一个随机事件，产品可靠度的定义可以用如下公式表示：

$$R(t)=P\{\xi>t\} \tag{3-1}$$

如果 N 个产品从开始工作到 t 时刻的失效数为 $n(t)$，当 N 足够大时，产品在该时刻的可靠度可近似地用它的失效频率表示：

$$R(t)=\frac{N-n(t)}{N}\approx\frac{N(t)}{N} \tag{3-2}$$

当 N 足够大时，$\frac{N-n(t)}{N}$ 趋于 $\frac{N(t)}{N}$。$R(t)$描述了产品在(0, t）时间段内完成的概率。

产品的可靠度是时间的函数，随着时间的增长，产品的可靠度会越来越低，它介于 1 与 0 之间，即 $0\leqslant R(t)\leqslant 1$，它的时间曲线如图 3-3 所示。

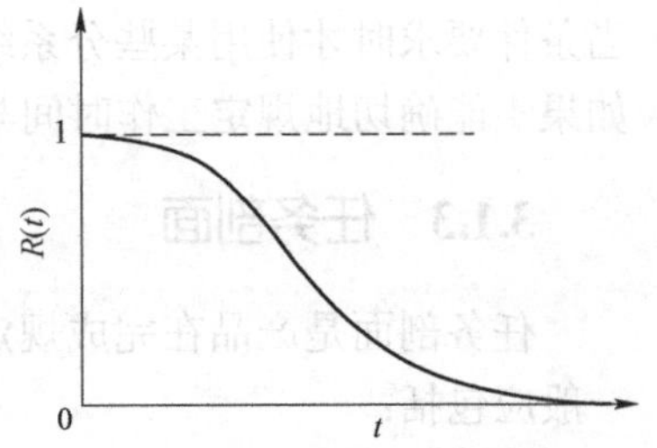

图 3-3　可靠度与时间关系

3.2.2　失效概率

失效概率也叫累积失效概率或不可靠度（性），是指产品在规定的条件下在规定时间 t 以前失效的概率，也就是寿命这一随机变量（$\xi \leqslant t$）的分布函数，记为 $F(t)$，由概率论知

$$F(t)=P\{\xi \leqslant t\} \tag{3-3}$$

在实际数据处理中，失效概率 $F(t)$的近似值为

$$F(t) \approx \frac{n(t)}{N} \tag{3-4}$$

由式（3-2）与式（3-4）相加得

$$R(t)+F(t)=\frac{N-n(t)}{N}+\frac{n(t)}{N}=1 \tag{3-5}$$

$R(t)$与 $F(t)$是对立事件，其概率之和应为 1。

产品的失效概率是随着时间的增长而加大的，它是介于 1 与 0 之间的数。它的时间曲线如图 3-4 所示。

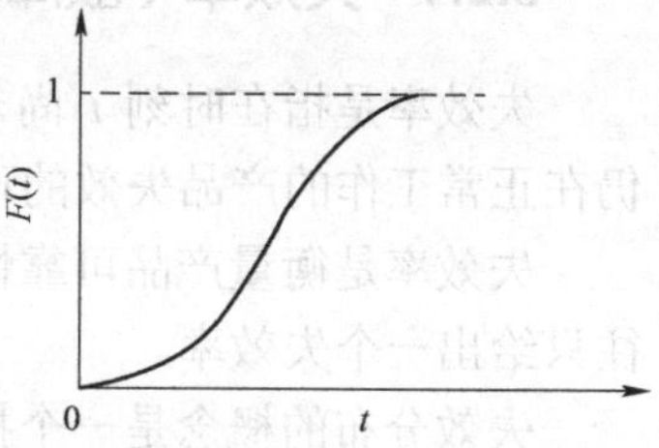

图 3-4 失效概率与时间关系

3.2.3 失效密度

失效密度（失效概率密度）是指产品在 t 时刻的单位时间内发生失效的概率，是累积失效概率对时间的变化率，用来描述在 0～+∞的整个时间轴上的分布情况，说明产品（或部件）在各个时刻失效的可能性，是寿命这一随机变量的密度函数，记作 $f(t)$。$f(t)$是累积失效概率 $F(t)$的微商（时间的变化率），如 $F(t)$连续，则

$$f(t)=\frac{\mathrm{d}[F(t)]}{\mathrm{d}t} \tag{3-6}$$

即

$$F(t)=\int_0^t f(t)\mathrm{d}t \tag{3-7}$$

用来描述在 0～+∞的整个时间轴上的分布情况，说明产品（或部件）在各个时刻失效的可能性。

$$f(t)=\frac{F(t+\Delta t)-F(t)}{\Delta t}=\frac{\dfrac{n(t+\Delta t)}{N}-\dfrac{n(t)}{N}}{\Delta t}=\frac{\Delta n(t)}{N\Delta t}$$

式中 $\Delta n(t)$——（t，$t+\Delta t$）时间间隔内失效的产品数。

可靠度函数可表示为：

$$R(t)=1-F(t)=1-\int_0^t f(t)\mathrm{d}t$$

$$R(t)=\int_t^{\infty} f(t)\mathrm{d}t \tag{3-8}$$

$$f(t)=-\frac{\mathrm{d}[R(t)]}{\mathrm{d}t} \tag{3-9}$$

显然 $R(0)=1$，而 $R(\infty)=\lim R(t)=0$，以及产品开始处于完好状态，而最终都要失效。

累积失效概率、可靠度与失效密度函数三者的关系可用图 3-5 来表示。

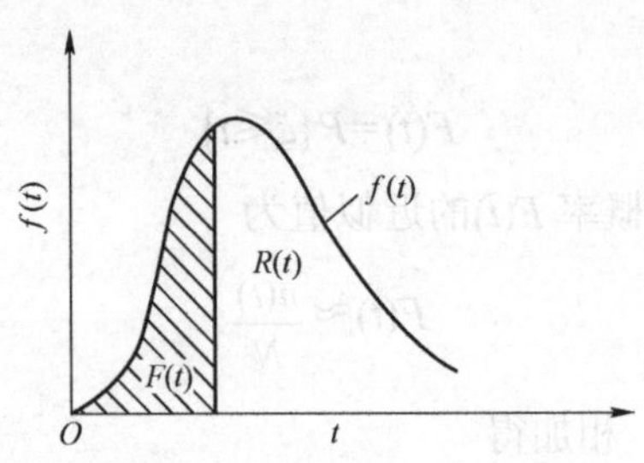

图 3-5　$F(t)$、$R(t)$、$f(t)$三者的关系

3.2.4　失效率（故障率）

失效率是指在时刻 t 尚未失效的产品在单位时间内失效的概率，它用来描述在各个时刻仍在正常工作的产品失效的可能性，失效率是时间 t 的函数，记为 $\lambda(t)$，称为失效率函数。

失效率是衡量产品可靠性的一个重要特征量。在许多资料上，一些产品的可靠性指标往往只给出一个失效率。

失效分布的概念是一个描述产品失效规律的重要概念，但在可靠性工作中，对于使用者来说，有时更关心的是正常工作的产品到 t 时刻后的单位时间内有多少比率的产品会失效。正如大家习惯用出生率、死亡率、发病率等统计指标分别表示人类的出生、死亡及发病程度一样，在可靠性工作中，也经常用失效率这个概念来表征产品发生故障的程度。

把产品在 t 时刻后的单位时间内失效的产品数和相对于 t 时刻还在工作的产品数的百分比值，称为产品在该时刻的瞬时失效率 $\lambda(t)$，习惯上称为失效率。

产品的失效率是一个条件概率，它表示在产品工作到 t 时刻的条件下，单位时间内的失效概率。

假定 N 个产品的可靠度为 $R(t)$，那么产品从 t 时刻到 $t+\Delta t$ 时刻的失效数为 $NR(t)-N\cdot R(t+\Delta t)$，又由于产品在 t 时刻正常工作的产品数为 $NR(t)$，则瞬时失效率可用下式表示：

$$\lambda(t)=\frac{N[R(t)-R(t+\Delta t)]}{NR(t)\cdot\Delta t} \tag{3-10}$$

当 N 足够大且 $\Delta t\to 0$ 时，利用极限的概念，就能化为如下公式：

$$\lambda(t)=-\frac{R'(t)}{R(t)} \tag{3-11}$$

将式（3-11）两边取积分，得

$$\int_0^t\lambda(t)\mathrm{d}t=-\int_0^t\frac{R'(t)}{R(t)}\mathrm{d}t=-\int_0^t\frac{\mathrm{d}(\ln R)}{\mathrm{d}t}\mathrm{d}t=-\ln R(t)\Big|_0^t=-\ln R(t)$$

所以

$$R(t)=\mathrm{e}^{-\int_0^t\lambda(t)\mathrm{d}x} \tag{3-12}$$

当 $\lambda(t)=\lambda$ 是常数时，即在指数分布时，有

$$R(t)=\mathrm{e}^{-\lambda t}$$

可靠度 $R(t)$、失效概率 $F(t)$、失效密度 $f(t)$、失效率（故障率）$\lambda(t)$之间的变换关系见表 3-1。

表 3-1 可靠性主要特征值间的变换关系

求特征量	原特征量			
	$R(t)$	$F(t)$	$f(t)$	$\lambda(t)$
$R(t)$	相等	$1-F(t)$	$1-\int_0^t f(t)\mathrm{d}t$	$\mathrm{e}^{-\lambda t}$
$F(t)$	$1-R(t)$	相等	$\int_0^t f(t)\mathrm{d}t$	$1-\mathrm{e}^{-\lambda t}$
$f(t)$	$-\dfrac{\mathrm{d}[R(t)]}{\mathrm{d}t}$	$\dfrac{\mathrm{d}F(t)}{\mathrm{d}t}$	相等	$\lambda\mathrm{e}^{-\lambda t}$
$\lambda(t)$	$\dfrac{-R'(t)}{R(t)}$	$\dfrac{F'(t)}{1-F(t)}$	$\dfrac{f(t)}{1-\int_0^t f(t)\mathrm{d}t}$	相等
注：本表是以指数分布为例表示的参数关系。				

3.2.5 平均寿命

产品寿命这一随机变量的平均值称为平均寿命，记作 θ，也常记作 t_{MTTF}，是产品失效前的平均时间。由概率论关于随机变量的数学期望的定义，有

$$t_{\mathrm{MTTF}}=\theta=\int_0^{\infty}tf(t)\mathrm{d}t=\int_0^{\infty}t\mathrm{d}[F(t)]=\int_0^{\infty}t\mathrm{d}[R(t)]=\int_0^{\infty}R(t)\mathrm{d}t \tag{3-13}$$

对于一些产品，如整机或电子系统，出了故障应进行修理或更换失效元器件，修复后又可投入正常使用，这些产品叫作可修复产品。平均寿命就要用平均无故障工作时间 t_{MTBF} 表示，这时

$$t_{\mathrm{MTBF}}=\sum_{i=1}^{N}\frac{t_i}{N} \tag{3-14}$$

式中 t_i——第 i 台设备无故障工作时间；

N——产品的数量。

3.2.6 可靠寿命

在可靠性寿命特征中，除了平均寿命外，尚有可靠寿命、中位寿命和特征寿命。

可靠寿命的定义为：给定的可靠度所对应的时间。

$$R(t_r)=r \tag{3-15}$$

当 $r=0.5$ 时，t_r 称为产品的中位寿命；当 $r=1/\mathrm{e}$ 时，称为产品的特征寿命。

上面介绍的每一个可靠性参数仅能反映产品可靠性的一个方面、一部分信息，它们都不能全面、完整地反映产品可靠性的全貌和全部信息。在工程应用中，要根据情况描述信息，选择适当的参数。例如，对于火炮、电子装备等整机来说，往往给出平均故障前工作时间（或次数、周期）。一般引信、弹药则往往需要用产品的可靠度来描述。

3.3 弹药可靠性参数选择和指标确定

产品的可靠性指标是进行产品可靠性设计的奠基石和出发点。大多数产品的可靠

性指标是由使用方提出的，在产品研制任务书中明确提出了可靠性指标要求。绝大多数使用方提出可靠性指标时，有的参照国内外同类型产品的可靠性指标，有的基于提升正在使用或研制的产品性能。在确定具体产品的可靠性指标时，要考虑影响因素、原则和方法。

3.3.1 产品在寿命期内的可靠性变化规律

通过大量的试验和使用情况所获得的数据表明，大多数产品的故障率曲线与人的死亡率曲线很相似。这条曲线两端高，中间低，形状有点像澡盆，所以又叫作“浴盆”曲线，如图3-6所示。

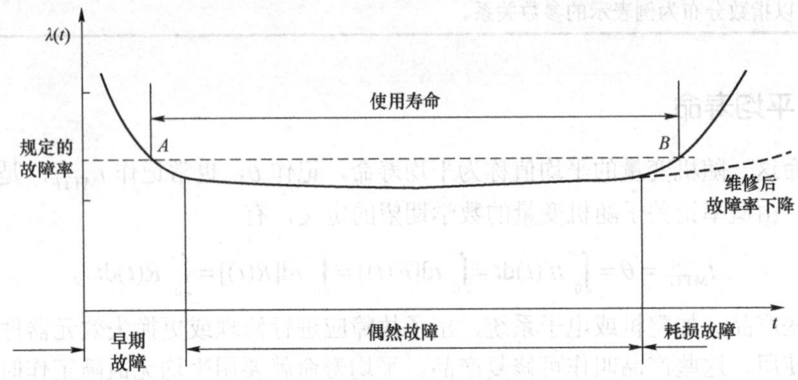

图3-6 产品典型的故障曲线

由于产品故障机理不同，从图3-6所示的曲线可以看出，产品的故障率随时间的变化大致可以分为三个阶段，即早期故障期、偶然故障期和耗损故障期。

1. 早期故障期

早期故障期出现在产品刚开始工作的一段时期，它的特点是产品的故障率较高，但随着工作时间的增长而迅速下降。

早期故障的原因，往往是产品设计不当、材料缺陷、生产工艺的质量不良、检验有误、安装调整不当等。这类故障一般应在产品调整期予以充分暴露，找出不可靠的原因，通过对设计、原材料及工艺加强质量控制和严格检查、加强工艺筛选及早期应力老化等可靠性试验、改进设计等手段，使故障率稳定。例如：固体燃料火箭发动机的点火药量，由于计算上的错误，不能使发动机很好地点火，就要重新计算并做试验验证。让产品在适当条件下工作或贮存一段时间，可以减少或剔除早期失效产品，使产品的寿命进入偶然故障期。有时也将这一阶段称为老炼期、调整期、运转期和试用期等。

2. 偶然故障期

偶然故障期是指产品在早期故障期之后耗损故障期出现之前的这一段时期。

在产品投入使用一段时期后，产品的故障率可降到一个比较低的水平，偶然故障期的特点是故障率低并且稳定，往往可以近似地把故障率看成一个常数，故障率与时间无关或随时间的增加而略有降低。这一阶段是产品最良好的工作阶段，因为这一阶段的时间较长，所以也叫作“使用寿命期”。

偶然故障期的故障是随机性质的，故障原因可以看作在某一时刻，产品累积的应力超过了产品的强度。在此阶段内，故障率是由一些难以确定、不可预测的偶然因素所致，多半是不可避免的环境应力超过了产品的设计强度。对于合理设计和制造的产品，这一阶段时间很长。通常产品可靠性指标所需求的就是这一阶段，是产品的有用寿命期。有时也将这一阶段称为最佳应用期。一般产品在使用前必须达到偶然故障期。

3. 耗损故障期

耗损故障期出现在产品的使用后期，由于长期的磨损或疲劳，使产品性能下降，造成故障事件迅速增加。它的故障特点刚好与早期故障相反，在这一阶段到来时，故障率明显上升，是随工作时间增加而上升的。耗损故障的产生是由于老化、疲劳、磨损、腐蚀等材料的物理与化学变化，致使产品的大部分元器件相继故障。元器件的故障是由全局性的原因造成的，说明产品的损伤已很严重，寿命即将终止。所以这一阶段被称为衰老期、老化期。

预防耗损故障的办法是进行预防性检修，定期更换接近耗损期的元器件，不让它工作到耗损故障阶段。积极的办法是努力发展长寿命的元器件，以延长产品的使用寿命期。随着技术水平的提高，不少元器件的寿命也大大延长，如高质量的电阻器与电容器，其平均寿命可达百万小时以上，全密封继电器的动作次数可达百万次以上，显像管的寿命可达一万小时。而一般设备的工作期限为几年至十几年，它的寿命期限要比那些元器件的寿命短得多。因此，在工作期限内可以不必担心这些元器件耗损期对产品可靠性的影响。但是，对于寿命较短的元器件（如光电管、化学电源等），在产品设计时，就要制定一套预防性检修及更换措施，不等那些元器件工作到耗损期就提前更换，以保证设备的可靠性。

以上介绍了产品故障的三个时期，在一般情况下，产品的故障率与时间的关系是符合“浴盆”曲线的，但并不是所有产品都有这三个故障期，有的产品只有其中的一个或两个故障期，某些质量低劣的产品的偶然故障期很短，甚至在早期故障期之后紧跟着就进入耗损故障期。对这样的产品，进行任何可靠性筛选也仍然是不可靠的。

为了提高产品的可靠性，掌握产品的故障规律是非常重要的。只有对产品的故障规律进行全面的了解，才能采取有效措施提高产品的可靠性。

3.3.2 确定弹药可靠性参数的基本依据

1. 弹药产品的任务要求和工作条件

不同任务要求、不同工作条件的弹药产品，其可靠性参数选取的侧重点有所不同。通常弹药产品的任务要求和工作条件的随机性变化很大，可能有不相同的任务要求和工作环境。这就是选择有代表性的几个模型情况，通过分析，画出弹药产品的寿命剖面和任务剖面图（也可用文字、表格描述），较详细地描述任务剖面各阶段的任务要求、工作内容、工作环境、持续时间等情况，制定出致命故障的判断准则。这些情况都是可靠性参数选定的依据。

2. 弹药产品的结构特点

应当详细了解弹药产品（或部件）的主要结构，根据可靠性参数的特殊性，针对不同的结构特点选定弹药产品的可靠性参数。常规弹药产品是机械、化工与电子相结合的产品，机械系统的故障原因主要是磨损、变形、断裂、腐蚀等，机械系统常通过强度、应力分析进行可靠性设计。化学系统要考虑化学过程可能是不可逆的，主要涉及污染、安全、贮存等问题。对于电子产品，开展可靠性研究较早，许多基本电子元器件可靠性参数都可从手册上查到，其可靠性预测较易采用元器件计数预测法。在主要工作阶段，随机故障是主要的，故障率通常为常数。总之，对不同结构的弹药产品（或部件）选定可靠性参数时，要考虑产品结构的特殊性。

3. 同类产品的数据和经验

要着重分析同类产品可靠性方面的优缺点，特别是针对存在的缺陷问题提出改进措施。有了这些数据和资料，就比较容易利用相似类比法确定研制弹药的可靠性参数数值。

4. 有关的标准和规定

有关可靠性的国家标准和国家军用标准，在参数选定中要认真执行或认真参照执行。标准也为参数选定提供了依据。另外，还要参照使用部队或上级机关颁发的有关弹药产品管理条例、战术技术勤务条例等规定，它们不但提供弹药产品未来的任务要求、工作环境情况，还提供了管理方法、编制制度等方面的情况，这些都是参数选定的重要依据。

3.3.3 确定弹药可靠性参数的原则

参数选定的好坏，关系到弹药产品能否正常发挥其军事效能。因此，参数的选定应当遵循先进性、可行性、实用性和完整性等原则。

1. 要体现参数指标的先进性

选定的可靠性参数指标，应能反映弹药产品水平的提高和科学技术水平的发展。对于新研制的弹药产品，其可靠性要求应在原型弹药产品的基础上有所提高。有些弹药在国内尚无原型机可供参考，应当充分吸取国外同类弹药产品的可靠性工作经验，参考借鉴国外同类型弹药产品的可靠性参数指标。

2. 要体现参数指标的可行性

参数指标的可行性是指，在一定的技术、经费、研制周期的约束条件下，实现预定指标的可能程度。在确定指标时，必须考虑经费、进度、技术、资源、国情等背景，即在需要与可能之间进行权衡，以处理好指标先进性和可行性的关系。特别是对于国内尚没有的、填补弹药系列空白的产品，参数指标应当成为促进弹药产品的发展，提高装备质量的动力。在参数指标选定时，要充分考虑可靠性的增长，随着研制工作的展开，不断制定又不断完成可靠性增长的阶段目标，使弹药产品的可靠性满足选定的指标要求。指标的选定要留有供增长的裕度。考虑到可靠性参数指标增长的阶段性，常常对于研制生产的各个阶段分别提出不同的最低要求“门限值”和希望达到的“目标值”。门限值和目标值的相差量及各阶段的增长量，应根据不同弹药产品的历史经验数据和实际增长的可能性综合考虑。对于缺乏历史经验数据的新研制弹药产品，门限值和目标值可以相差大些，而对于可靠性情况掌握比较多的弹药产品，门限值和目标值的差别应当小些。少数弹药产品也可以只有一个相同的指标值。

3. 要体现参数指标的实用性

参数指标实用性是指，该参数指标应能够在研制和生产过程中进行检验评估。为了做到这一点，参数指标可分为“使用参数”和“合同参数”。使用参数反映使用单位的要求，是弹药产品使用过程中必须保证达到的指标；合同参数则应当是能够在研制生产中进行检验评估的，该参数应当写入订购方与承制方的任务合同中，并为双方认可。

4. 要体现参数指标的完整性

参数指标的完整性是指，要给参数指标明确的定义和说明，以分清其边界和条件，否则只有单独的名词和数据，是很难检验评估的，也是没有实际意义的。为了做到参数的完整性，必须明确以下问题：

① 给出参数的定义及其量值的计算方法。

② 明确给出弹药产品的任务剖面和寿命剖面，所给参数指标适于哪个（或几个）任务剖面。

③ 明确故障判据准则，哪些故障应当统计，哪些不算故障可不统计。例如，若需评价弹药产品的基本可靠性，则应统计弹药的所有寿命单位和所有故障，而不局限于发生在任务期间的故障，也不局限于只危及任务成功的故障。若需评价弹药的任务可靠性，则统计那些在任务期间影响任务成功的故障。

④ 必须给出验证方法。若在研制生产阶段验证，则必须明确试验验证方案和依据的标准、规范及有关参数（如承制方风险、订购方风险、置信度等）。若采用将性能试验、环境应力试验、耐久性试验与可靠性试验相结合的方法进行验证评估，则应明确如何收集和处理有关的数据。

⑤ 明确是哪一阶段应达到的指标。

⑥ 明确是目标值还是门限值。

5. 以满足使用要求为原则

因为设计出来的产品是为了使用的，所以可靠性指标应以保证或基本保证使用要求为原则，在这个基础上不断提高。根据我国的实际情况，有时生产方是有困难的，但是生产方必须做出努力。要坚决防止设计试制出来的产品合格但却不能用的现象发生。

6. 在满足一定的先进性和使用要求的前提下，要尽可能地降低成本

军用产品、尖端科学产品，以满足任务需要为重点，兼顾成本和工程进度。对于民用产品而言，既要满足一定的可靠性要求，同时也要着眼于降低成本。民用产品往往数量大，使用面广，产品如果没有可靠性，就没有市场，企业也就没有经济效益。

7. 根据所研制产品的使用条件的不同确定可靠性指标的高低

一般对于不可修复产品，如火箭弹、炮弹等一次性使用的产品，都要求高可靠性指标。对于可修复的通信、雷达、军用仪器等产品，既要求较高的可靠性，还希望保证一定的维修性，以便产品在使用过程中有较高的有效度。民用产品既要保证可靠性，也要考虑经济效益，在此基础上确定适当的可靠性指标。

8. 以满足试制周期的要求为原则

当某个可靠性指标目标值与要求的试制周期发生矛盾时，在基本满足使用要求的前提下，为了满足政治和经济的需要，应当以满足试制周期的要求为原则。当然，如果试制周期要求不合理，没有给予可靠性研究与设计所需的基本时间，则不能为了满足试制周期而降低质量与可靠性要求，粗制滥造，以致最终造成浪费。

9. 当某个可靠性指标目标值与试制费用发生矛盾时，以保证质量和可靠性指标为原则

试制一项产品就像建筑一座楼房一样，是“百年大计”，决不能因为经济上的某些暂时困难而降低可靠性要求。但是，也不能单纯强调指标的先进性而不惜耗资万贯。总之，试制费用必须满足研制出保证在现场使用中能顺利完成规定功能的可靠性目标值所需要的全部费用。

3.3.4 确定弹药可靠性参数的方法

确定可靠性指标的方法为：根据使用方提出的可靠性要求，以及研制对象的用途不同，选择适当的可靠性特征量，确定产品的可靠性指标，即产品可靠性特征量的目标值。确定参数的基本方法应该从两方面着手：一方面，从弹药的任务要求和工作条件出发，来确定参数指标，即考虑指标的必要性；另一方面，要从弹药产品的具体结构、元器件原有的可靠性情况，以及当前的设计、工艺水平出发来确定参数指标，即考虑参数指标的可行性。由此求得必要性和可行性的统一，再在可行的参数指标方案中综合权衡，以弹药产品的军事效能最高和费用最省为目标确定参数指标的大小。

① 从弹药产品的任务要求和工作条件出发确定参数指标。

这是按照参数选定的基本依据中的第一项来分析弹药的任务要求、工作条件，确定典型的任务剖面和故障判据准则，从而确定参数指标。

② 从弹药产品的具体结构出发预测参数指标。

从弹药产品的具体结构出发，根据可靠性逻辑关系建立可靠性模型，采用可靠性工作中预测的方法，来确定参数指标的可能值。

③ 参数指标的选定。

为了使可靠性参数指标的必要值和可行值相一致，需要对参数指标进行综合权衡，合理搭配，从中选择最佳的参数方案。综合权衡包括以下三方面：一是在不同的结构方案和设计方案之间权衡；二是在可靠性要求和战斗性能要求之间权衡；三是在要求的各种指标和费用消耗之间进行权衡。但是，总的方法还是进行效能费用分析，选取效费比最大的参数指标方案，也可以用价格分析的方法来选取最佳的设计方案。

④ 对于不可修复产品，可以平均寿命（或首次失效前平均工作时间）为指标。

3.3.5 可靠性参数指标的论证

1. 可靠性指标论证考虑的因素

（1）考虑产品的使用条件

产品的使用条件不同，可靠性要求也不同。同一产品在不同的使用条件下，失效情况也不一样。所以，在进行可靠性指标论证时，一定要考虑产品的使用条件。使用时的环境条件越恶劣，要求产品的可靠性越高。但是，也不是将使用时环境条件规定得越苛刻越好。如果将产品使用时的环境条件估计（或预测）得太恶劣，不仅增加了产品的复杂性，提高了成本，有时甚至是画蛇添足；如果把产品使用的环境条件估计得太好，则必然会造成产品工作时的实际可靠性低于所论证的可靠性指标，甚至满足不了使用方要求。同时，指标论证时，还应对产品实际使用中的工作条件的变化进行预测。

（2）考虑人的因素

人为误差是产品可靠性的重要因素之一。引起人为误差的原因有操作不熟练、工具设备不良、安装方式不当、人为活动引起的污染、人情绪的波动、身体素质的好坏、文化程度的高低等。所以，在指标论证和可靠性设计中，要充分考虑到人的因素对产品可靠性的影响。

（3）考虑维修能力

使用方维修能力对产品的使用可靠性及有效度有很大影响。所谓维修能力，包括维修用工具和设备的数量与精度、维修人员的数量及技术水平、维修时间的长短、维修备件的数量和质量水平、维修交通工具的种类与速度等。一般情况下，维修能力越差，对产品的可靠性要求越高。

（4）参考正在使用中的同类型产品的可靠性水平

一般情况下，即使是研制新型号产品，也不会是从零开始，往往是在以往使用的产品的基础上提出更高、更完善的性能、功能及可靠性要求。所以，在进行产品的可靠性指标论证时，一定要继承正在使用中的同类产品可靠性方面的优点，同时，分析和研究提高可靠性的措施，以及所能提高的程度。

2. 可靠性指标论证的内容

确定一个产品可靠性指标时，应从以下几个方面进行论证。

（1）指标的先进性

可靠性指标是否先进已成为评价产品先进程度的重要内容。所谓指标的先进性，就是指新设计的产品的可靠性指标是否等于或高于国际国内同类型产品的可靠性指标。当然，对可靠性指标的先进性应从广义的角度理解，不仅要看指标目标值的大小，还要看花费的研制费用的多少，是否体积小、质量小，维修性能好不好等，全面地进行评价。从使用的角度看，可靠性指标是否先进，是决定一个产品生命力的主要因素，所以，应在统筹兼顾的前提下，最大限度地提高产品的可靠性。

（2）指标的可行性

除了论证指标的先进性外，还必须仔细研究其可行性。也就是研究实现指标的各种方案、措施、步骤以及保证指标实现的具体细节。此外，还要以充足的论据和事实从理论上和实践上阐明这样一个指标的合理性和可行性。总之，可靠性指标的先进性要建立在广泛的科学基础之上。指标有先进性而缺乏可行性，那么，这个先进的指标必然落空。

（3）指标的可能性

指标的可能性就是它的可实现性。有时，尽管指标是先进的，也是可行的，但当前实现指标的基本条件尚不具备，那也枉然。所以，论证可靠性指标时，一定要重视现实条件的调查分析研究，使指标有稳妥的实现基础。

（4）指标的经济性

产品的可靠性指标受研制经费的制约。产品的可靠性指标越高，保证指标实现所采取的措施就越多，那么，花费的设计、研制时间和费用也就越多。所以，论证可靠性指标时，要使指标的实现建筑在可靠的经济基础上。

（5）指标实现的时间性

可靠性指标实现的时间性是指产品研制周期对可靠性指标的约束。设计和研制一种产品都有一定的时间要求，因此，可靠性的确定就要考虑在规定的研制周期内能够实现这个目标。如果确定产品的某个可靠性指标值既有先进性，又有实现的可能性，各方面都很满意，但是需要十年以至更长的设计试制周期，那么这样的指标也是没有价值的。

（6）用户的维修能力及产品的维修性

从使用的角度看，确定可靠性指标的高低与产品的维修性及用户的维修能力有密切关系。一般产品的维修性越差，要求的可靠性指标越高。用户的维修能力强，对可靠性指标的要求可以适当放松一些；如果用户的维修能力差，为了保证现场使用要求，可靠性指标要求就高。

（7）其他方面

产品的可靠性指标还受到体积、重量和能耗的约束。例如，导弹和飞机用的各种设备，不能为了提高可靠性而增加体积重量，否则就会影响飞行速度。又如，背负式通信设备，通常是由人背负使用的，不可能为了提高可靠性而采取更多的设计技术，体积和重量也不能扩大，否则就背不动，影响战斗力。

3.3.6 弹药可靠性指标确定的要求和参数选择

1. 弹药组成及特点

弹药的种类繁多，主要包括炮弹、枪弹、火箭弹、信号弹、航空炸弹、深水炸弹等。弹药随种类不同，其组成也有不同，一般包括引信、战斗部、药筒、发射药（推进剂）、底火（点火具）等。弹药属于长期贮存一次使用的产品，弹药的配套件如引信、火工品、火药、炸药等，也是一次使用的产品。随着作战模式、作战需求的发展，以及信息技术的发展和运用，弹药的样式、复杂程度、作用信息途径等方面都在发生不断变化，因此，需要根据弹药的实际情况开展论证工作，提供适合不同弹药特点的可靠性参数和要求。

2. 弹药作战任务需求

（1）一般要求

① 弹药参数选择和指标确定必须在保证其安全性的前提条件下进行。一般应反映弹药战备完好性、任务成功性、保障费用三个方面的要求。

②弹药可靠性参数和指标的需求论证由订购方在论证阶段完成，其可行性论证由承制方在方案阶段完成，经评审后，分别作为制定战术技术要求、签订合同和编制研制任务书的依据。

③ 与武器系统配套的弹药，其可靠性参数选择和指标确定应与武器系统的可靠性参数和指标协调一致。

④ 在提出弹药的可靠性参数和指标要求时，应明确相应的任务剖面、寿命剖面、失效判别准则和验证方法等。

⑤ 在提出弹药可靠贮存寿命要求时，要根据预期的技术水平、贮存条件、相似产品的贮存寿命等并结合验证方法综合权衡后提出。

（2）作战使用需求

不同种类的弹药产品，其作战使用需求也不同，需要根据实际情况提出适合不同种类弹药产品的作战使用需求。

3. 使用方案

（1）寿命剖面

寿命剖面是装备从制造到寿命终结或退出使用这段时间内，所经历的与可靠性有关的全部事件和环境的时序描述。主要事件有装卸、运输、贮存、检测、维修、部署、任务剖面等；环境的时序描述应包括每个事件的持续时间、顺序、环境和工作方式等。

（2）任务剖面

任务剖面是对预期在产品的使用寿命周期内出现的，对该产品寿命发挥的能力有影响的重大操作、时间、功能、状况和非环境参数的时序描述。

（3）环境剖面

产品应被设计成能够在使用或作战环境生存并发挥作用。因此，应明确弹药全寿命周期过程中可能遇到的恶劣运输、贮存、使用和保障环境。环境剖面应以适当的时间顺序，阐述与任务剖面所定义的重大操作、时间、功能、状况和非环境参数等相关的具体自然环境和诱发环境。

4. 故障（失效）判断准则

故障：弹药在贮存、运输条件下，出现的不符合规定状态并且需要进行维修的事件均记为故障。如使用性能降低导致不能满足战技指标要求、脱漆、防护油脂变质等。

失效：导致弹药瞎火、膛炸、早炸、掉弹、半爆、不能解脱保险或不炸等不能使其发挥正常功能的事件均记为失效。

5. 参数选择

弹药可靠性参数选择表见表 3-2。

表 3-2　弹药可靠性参数选择表

序号	参数名称	类型		适用范围									验证方法	验证时机
		使用参数	合同参数	炮弹	火箭弹	枪弹	信号弹	航空炸弹	深水炸弹	引信	火工品	火药炸药		
1	任务可靠度 R_M	√		○	○	○	○	○	○	○	○	○	分析评估	设计定型
2	作用可靠度 R_{FU}		√	☆	☆	☆	☆	☆	☆	☆	☆	☆	试验验证	设计定型
3	发射可靠度 R_L		√	○	○	○		○	○				试验验证	设计定型
4	飞行可靠度 R_F		√	○	○	○		○	○				试验验证	设计定型
5	终点作用可靠度 R_{IF}		√	○	○			○	○				试验验证	设计定型
6	瞎火率 λ_0	√	√	○	○			○	○	○			试验验证	设计定型
7	贮存可靠度 R_S		√	○	○	○	○	○	○	○	○	○	分析验证	使用阶段
8	可靠贮存寿命 L_{RS}	√	√	☆	☆	☆	☆	☆	☆	☆	☆	☆	分析验证	使用阶段
9	仓库维护间隔期	√	√	○	○	○	○	○	○	○	○	○	分析验证	使用阶段
10	使用前准备时间	√	√	○	○	○	○	○	○	○	○	○	分析验证	部队试验
注：☆——优先选用参数；○——选用参数；√——参数类型。														

表 3-2 中各参数说明如下：

（1）任务可靠度

产品在规定的任务剖面内完成规定功能的能力。任务可靠度检验可以只检验作用可靠度，或者分别检验发射可靠度、飞行可靠度和终点作用可靠度。

（2）作用可靠度

弹药在规定的使用条件下，完成从抛射（发射、布设、投放）至终点作用规定功能的概率。该指标采取试验验证的方法进行验证。

（3）发射可靠度

弹药在规定的发射条件下，成功发射的概率。该指标采取试验验证的方法进行验证，不合格判据为：在发射过程中，弹药不能正常飞离炮口判为发射不合格。

（4）飞行可靠度

弹药成功发射后，在达到目标或作用区的预定弹道上正常飞行的概率。该指标采取试验验证的方法进行验证。当弹药的射击距离或射击密集度满足不了战技指标的要求时，则判为不合格。

（5）终点作用可靠度

弹药击中目标或落入作用区后，完成规定功能的概率。该指标采取试验验证的方法进行验证。当弹药的毁伤效能未达到战技指标要求时，则判为不合格。

（6）瞎火率

弹药中具有独立功能的部件在抽样检验中出现的瞎火数与总样本数之比。其计算公式见式（3–16）。

$$\lambda_0 = n/N \tag{3-16}$$

式中 n——抽样检验中出现的瞎火数；

N——抽样检验总样本数。

该指标采取试验验证的方法进行验证。

（7）贮存可靠度

弹药在规定的贮存条件下和规定的贮存时间内，保持规定功能的概率。该指标采取分析验证的方法进行验证。分析验证时，由订购方制定评审准则，经承制方同意后作为验证评定标准，由订购方组织验证。

（8）可靠贮存寿命

弹药在规定的贮存条件下，从开始贮存到保持可靠度不低于规定值的贮存时间。该指标采取分析验证的方法进行验证。分析验证时，由订购方制定评审准则，经承制方同意后作为验证评定标准，由订购方组织验证。

（9）仓库维护间隔期

弹药在仓库贮存过程中进行正常维护的平均间隔时间。该指标采取分析验证的方法进行验证。分析验证时，由订购方制定评审准则，经承制方同意后作为验证评定标准，由订购方组织验证。

（10）使用前准备时间

弹药从包装状态拆去包装转变为使用状态的平均时间。该指标采取分析验证的方法进行验证。分析验证时，由订购方制定评审准则，经承制方同意后作为验证评定标准，由订购方组织验证。

6. 合同参数

使用参数任务可靠度对弹药而言是综合性参数，需要转化为合同参数——作用可靠度。而作用可靠度通常以发射可靠度、飞行可靠度和终点作用可靠度来描述，其计算公式见式（3–17）。

$$R_{FU} = R_L \times R_F \times R_{IF} \tag{3-17}$$

式中 R_{FU}——作用可靠度；

R_L——发射可靠度；

R_F——飞行可靠度；

R_{IF}——终点作用可靠度。

发射可靠度、飞行可靠度和终点作用可靠度本身既是使用参数，也是合同参数，使用参数瞎火率、可靠贮存寿命、仓库维护间隔期、使用前准备时间本身也是合同参数，无须转换。

7. 参数选择和指标确定的工作内容

（1）使用需求分析

应重点分析弹药预期的作战任务、使用和保障条件对可靠性的需求。

① 任务分析。

在分析弹药的任务要求时，应明确以下两点：

——作战使用或训练使用；

——终点使用形式（如杀伤、爆破、穿甲、破甲、照明、烟幕或纵火等）。

② 使用和保障条件分析。

在进行使用和保障条件分析时，应根据弹药特点，考虑以下几点：

——装卸、运输、贮存、训练及作战使用的弹药必须首先保证安全；

——终点作用是弹药的最基本使用要求；

——区别弹药是独立使用还是与武器装备配套使用；

——弹药的使用环境范围广、差别大，如海上、空中、陆地使用等；

——长期贮存后使用；

——单独研制的引信、火工品、火药、炸药等应以任务要求或技术条件为依据。

（2）相似产品信息的收集与分析

在确定弹药的可靠性参数时，应参考相似产品。

① 收集相似产品在设计、试验、使用过程中可靠性的数据和信息。

② 对相似产品的现状、存在的问题、可靠性的薄弱环节、研制周期与费用等进行分析，并作为确定弹药可靠性参数及指标的依据。

（3）寿命剖面与任务剖面描述

① 寿命剖面描述。

应详细说明弹药从制造到作战（训练）使用或报废所经历的与可靠性有关的事件及其环境、持续时间和时序。弹药寿命剖面按时序描述，一般有交付、装卸、运输、贮存、战地（训练）贮备、战地（训练）使用、退出使用或报废等事件。

② 任务剖面描述。

任务剖面描述包括以下内容：

——根据使用需求分析，选择一个或多个典型的任务剖面。

——按时序详细描述任务剖面中所经历的有关事件和环境。重点是作战使用、训练使用中对可靠性影响较大的事件和环境、持续时间等。

——弹药的作战（训练）使用任务剖面中，通常是发射、飞行、终点作用事件对可靠性影响较大，必须明确其环境及各种约束条件。

——制定明确详细的失效判别准则（如早炸、瞎火、半爆等）。

（4）参数确定

在完成上述（1）、（2）、（3）三条工作的基础上，按“弹药可靠性参数选择表”选定可靠性参数。

（5）指标确定

① 确定弹药的可靠性指标时，应在满足使用要求的前提下，尽可能提高弹药的使用效能和降低寿命周期费用。

② 综合考虑弹药的性能指标、保障能力、经费、进度、采用成熟技术的程度及可行的验证方法等，权衡后确定可靠性指标。

3.3.7 弹药可靠性参数选择和指标确定应用示例

以破甲弹可靠性参数选择和指标确定应用为例。

1. 作战使用需求分析

（1）任务

破甲弹主要配用于反坦克火炮或反坦克火箭筒，以高温、高速的金属射流来穿透坦克和其他装甲车辆的装甲，达到破坏车内设施、装备及杀伤其人员的目的。要求破甲弹直射距离远、破甲威力大或穿透的装甲厚、射击密集度高、贮存性能好。为此，要求新研制破甲弹应能对付某型的装甲目标，并且作战效能好、费用低，从而满足作战和训练的需要。

（2）使用和保障要求

破甲弹使用和保障要求有以下几点：

① 全弹在装卸、运输、贮存、勤务处理等环节应保证安全。

② 配用于直接瞄准打击装甲武器的弹药，对任务可靠度要求尽可能高。

③ 要保证在射击过程中的安全，尽可能减少瞎火（不发火）、迟发，不允许膛炸和早炸等现象发生。

④ 满足所配用火炮的使用和保障要求。

⑤ 试验条件应按国家军用标准的有关规定执行。

2. 寿命剖面和任务剖面

破甲弹寿命剖面方框图如图3－7所示，破甲弹任务剖面方框图如图3－8所示。

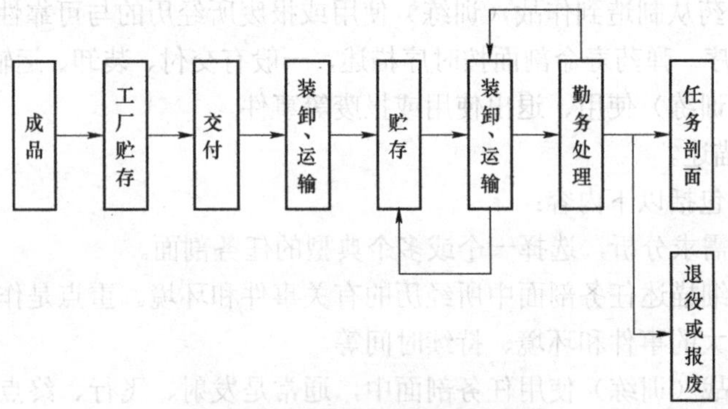

图3－7 破甲弹寿命剖面方框图

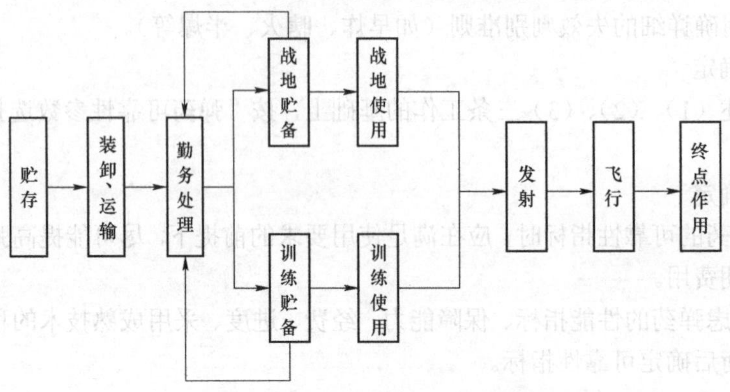

图3－8 破甲弹任务剖面方框图

3. 可靠性参数选择和指标确定

（1）使用参数选择和指标确定

1）性能要求

破甲弹性能要求如下：

① 直射距离不小于 1 000 m。

② 射击的千米立靶密集度不大于 0.30 m×0.30 m。

③ 对均质装甲的动破甲穿透率不小于 0.90（180 mm/65°）。

④ 在规定的贮存条件下，贮存期不少于 15 年。

⑤ 使用环境温度为−40～+50 ℃。

2）使用参数选择

根据使用需求分析，按照表 3−2 选择如下可靠性使用参数：

① 任务可靠度。

② 可靠贮存寿命。

3）使用指标确定

根据相似产品的可靠性资料以及使用和保障要求等，综合权衡后，确定如下指标：

① 任务可靠度为 0.8。

② 可靠贮存寿命 15 年（其任务可靠度不低于 0.75）。

（2）合同参数选择和指标确定

1）合同参数选择

将使用参数任务可靠度转化为合同参数作用可靠度。而作用可靠度通常以发射可靠度、飞行可靠度和终点作用可靠度来描述。

作用参数可靠贮存寿命也是合同参数，无须转换。

2）合同指标确定

① 作用可靠度。

根据实践经验，将作用可靠度 0.8 进行分配：发射可靠度为 0.99，飞行可靠度为 0.98，终点作用可靠度为 0.83。

② 可靠贮存寿命。

因为可靠贮存寿命也是合同参数，所以合同指标为 15 年。在 15 年内，作用可靠度不低于 0.75。

4. 不合格判据和验证方法

（1）不合格判据

1）发射可靠度

在发射过程中，破甲弹不能正常飞离炮口判为发射不合格。

2）飞行可靠度

当破甲弹的直射距离或射击密集度满足不了性能要求时判为不合格。

3）终点作用可靠度

瞎火或未穿透判为不合格。

（2）验证方法

破甲弹的可靠性指标验证方法为试验验证。

注：本例中的产品和可靠性指标具体数据均为假设，不供引用。

3.4　弹药可靠性常用的概率分布

产品的寿命是一个随机变量，事先并不能知道，但它有一定的取值范围，服从一定的统计分布。如能知道它的分布规律，可靠性数据的处理就很容易，所以知道产品的寿命分布很重要。

分布的类型很多，要确定产品的寿命服从何种分布并不容易。一般有两种方法：一种方法是根据其物理背景来确定，即产品的寿命分布与产品大的类型（如电子类、机械类）关系不大，而与其所承受的应力情况、产品的内在结构及其物理、化学、机械性能有关，与产品发生失效时的物理过程有关。通过失效分析，证实产品的失效机理与某种类型分布的物理背景相接近时，可由此确定它的失效分布。另一种方法是通过寿命试验及使用情况，获得产品的失效数据，用统计推断的方法来判断它属于何种分布。要想了解和研究产品的可靠性，就必须掌握相关的产品失效概率分布。

在弹药可靠性实践中，常用的失效分布形式有两点分布、二项分布、指数分布、正态分布和威布尔分布等，下面分别就这几种失效分布所对应的可靠性特征量进行讨论。

3.4.1　两点分布

有许多随机现象只有两个可能结果：成功与失败。如射击是否命中目标、抽样检查、试验等。这类问题理论上可概括为（0，1）分布。通常关心的可能结果对应数值1，其对立事件对应数值 0，因只有两个可能取值，即 0、1，所以称为（0，1）分布，又称两点分布。如果把两种可能出现的事件分别表示为 A 和 $\overline{A}$，令它们发生的概率分别为

$$\begin{cases} P(\overline{A}) = p \\ P(A) = q = 1 - p \end{cases} \tag{3-18}$$

式中　p——成功的概率；

　　　q——失败的概率。

两点分布的均值为 $\mu=p$，方差为 $\sigma^2=p(1-p)$。

3.4.2　二项分布

当一种试验只有两种可能的结果，且这种结果不受时间限制时，这种试验就叫成败型试验。如发射一枚火箭弹只可能有成功和失败两种结果。虽然火箭弹本身有其系统可靠性的计算方法，其成功概率和贮存期有关系，但它随贮存时间的变化是较慢的，而且在发射火箭弹时，其有效与否往往用成败型模型来评价。这样就要用到二项分布。

现在独立地重复做 n 次试验，若随机变量取值为 $\overline{A}$ 的事件（抽到的产品是次品）是 K 次，其概率为

$$P\{\xi=K\} = \mathrm{CK}\ np^K q^{n-K},\ K=0,1,2,\ \cdots,\ n \tag{3-19}$$

则称随机变量 ξ 服从二项分布 $b(n,p)$。显然

$$P\{\xi=K\}>0,\ K=0,1,2,\ \cdots,\ n$$

$$\sum_{K=0}^{n} C_n^K p^K q^{n-K} = (p+q)^n = 1$$

随机变量 ξ 取值为 $\overline{A}$ 的次数小于或等于 K 次的累计分布函数为

$$F(K) = P\{\xi \leqslant K\} = \sum_{i=0}^{K} C_n^i p^i q^{n-1} \quad (3\text{–}20)$$

其均值 μ 与方差 σ^2 分别为

$$\begin{cases} \mu = E(\xi) = \sum_{K=0}^{n} K \cdot P\{\xi = K\} = np \\ \sigma^2 = D(\xi) = \sum_{K=0}^{n} \left[K - E(\xi)\right]^2 \cdot P\{\xi = K\} = npq \end{cases} \quad (3\text{–}21)$$

二项分布是一种离散型分布，常用于弹药、引信等的破甲、穿甲、发火可靠性和导弹的飞行可靠性等概率计算。

例：有 10 个部件进行可靠性试验，在规定时间 T 内只允许一个部件失效。已知在规定时间 T 时的不可靠度为 8.7%，则通过试验的概率是多少？

解：记 i 为失效部件数，已知 $n=10$，$K=1$，$p=0.087$，由式（3–20），得

$$\begin{aligned} F(i) &= \sum_{i=0}^{K} C_n^i p^i q^{n-i} = \sum_{i=0}^{1} C_{10}^i (0.087)^i (1-0.087)^{10-i} \\ &= C_{10}^0 (0.087)^0 (1-0.087)^{10-0} + C_{10}^1 (0.087)^1 (1-0.087)^{10-1} \\ &= 0.078\,6 \end{aligned}$$

3.4.3 指数分布

指数分布可能是可靠性工程最重要的一种分布，也是一种单参数分布。当系统工作进入浴盆曲线的偶然故障期后，系统的故障率基本接近常数，其对应的故障分布函数为指数分布。在可靠性理论中，指数分布是最基本、最常用的分布，适用于失效率 $\lambda(t)$为常数的情况。

1. 失效概率密度函数 $f(t)$

$$f(t)=\lambda e^{-\lambda t} \ (0 \leqslant t < \infty,\ 0 < \lambda < \infty) \quad (3\text{–}22)$$

2. 累积失效概率函数 $F(t)$

$$F(t)=1-e^{-\lambda t} \ (0 \leqslant t < \infty) \quad (3\text{–}23)$$

3. 可靠度函数 $R(t)$

$$R(t)=1-F(t)=e^{-\lambda t} \quad (3\text{–}24)$$

4. 失效率函数 $\lambda(t)$

$$\lambda(t)=\frac{f(t)}{R(t)}=\frac{\lambda e^{-\lambda t}}{e^{-\lambda t}}=\lambda \quad (3\text{–}25)$$

5. 平均寿命 θ

$$\theta=\frac{1}{\lambda} \tag{3-26}$$

指数分布均值为 $\mu=\frac{1}{\lambda}$，方差为 $\sigma^2=\frac{1}{\lambda^2}$。

指数分布在可靠性试验中是一种很重要的分布，它计算简单，参数估计容易，故障率具有可加性，在非单次使用的产品特别是电子产品的试验中得到广泛使用。

指数分布的性质：

① 指数分布的失效率 λ 等于常数。

② 指数分布的平均寿命 θ 与失效率 λ 互为例数。

③ 指教分布"无记忆性"。即故障分布为指数分布的系统的失效率，在任何时刻都与系统已工作过的时间长短没有关系。

指数分布在一定条件下还可以用来描述大型复杂系统的故障间隔时间的分布。这些条件是：一是系统由大量电子元器件构成（由不同类型的单元构成），各元器件（单元）相互独立，互不影响；二是任何一个元器件（单元）的失效都将引起整个系统的失效；三是元器件（单元）失效后可立即更换或修复，更换修复的时间可以忽略。那么，当系统经过了较长的工作时间后（超过早期失效期），其故障间隔时间近似地服从指数分布。如反坦克导弹的发控系统、火炮的指控系统、复合侦察装备的光电系统等，其故障间隔的时间都可以近似地认为是服从指数分布的。

例：某系统的故障前平均工作时间是 10 h，在 3 h 的任务期间，该系统不发生故障的概率是多少？

解：由 $R(t)=\mathrm{e}^{-\lambda t}$，得

$$R(3)=\mathrm{e}^{-\lambda t}=\mathrm{e}^{-\frac{1}{\theta}t}=\mathrm{e}^{-\frac{3}{10}}=0.74$$

3.4.4 正态分布

正态分布是统计学理论及应用中最重要的分布，这是因为在工程上，诸如工艺误差、测量误差、射击误差等许多特性和其平均值之间的差别，差不多都可用正态分布近似描述，因而用得异常广泛。

若产品某特性 x 的概率密度为

$$f(x)=\frac{1}{\sigma\sqrt{2\pi}}\exp\left[-\frac{(x-\mu)^2}{2\sigma^2}\right]\quad(-\infty<x<+\infty) \tag{3-27}$$

则称 x 服从参数为 μ 和 σ 的正态分布，记为 $x\sim N(\mu,\sigma^2)$。μ、σ 分别称为位置参数和尺度参数，也称均值和标准差。

令 $Z=\frac{x-\mu}{\sigma}$，就可将式（3-27）化成标准形式，这时标准随机变量 Z 的分布密度函数为

$$\Phi(Z)=\frac{1}{\sigma\sqrt{2\pi}}\mathrm{e}^{\frac{-Z^2}{2}}\quad(-\infty<Z<+\infty)\tag{3-27a}$$

分布函数为

$$\Phi(Z)=\frac{1}{\sigma\sqrt{2\pi}}\int_{-\infty}^{Z}\mathrm{e}^{-\frac{\mu^2}{2}}\mathrm{d}\mu=\varphi\left(\frac{x-\mu}{\sigma}\right)\tag{3-28}$$

$$\int_0^{\infty}\varphi(\mu)\mathrm{d}\mu=\frac{1}{\sqrt{2\pi}}\int_{-\infty}^{Z}\mathrm{e}^{-\frac{\mu^2}{2}}\mathrm{d}\mu=\frac{1}{2}$$

$$\Phi(-x)=1-\Phi(x)$$

式中 $\Phi(x)$——标准正态分布函数，有表可查。

正态分布的有关可靠性数量特征：

$$R(t)=\int_{\frac{t-\mu}{\sigma}}^{\infty}\frac{1}{\sqrt{2\pi}}\mathrm{e}^{-\frac{x^2}{2}}\mathrm{d}x=1-\phi\left(\frac{t-\mu}{\sigma}\right)\tag{3-29}$$

$$F(t)=\int_0^{\frac{t-\mu}{\sigma}}\frac{1}{\sqrt{2\pi}}\mathrm{e}^{-\frac{x^2}{2}}\mathrm{d}x=\phi\left(\frac{t-\mu}{\sigma}\right)\tag{3-30}$$

$$\lambda(t)=\frac{f(t)}{R(t)}=\frac{\frac{1}{\sigma\sqrt{2\pi}}\mathrm{e}^{\frac{1}{2}\left(\frac{t-\mu}{\sigma}\right)^2}}{\int_{\frac{t-\mu}{\sigma}}^{\infty}\frac{1}{\sqrt{2\pi}}\mathrm{e}^{\frac{x^2}{2}}\mathrm{d}x}=\frac{\phi\left(\frac{t-\mu}{\sigma}\right)\sigma^{-1}}{1-\phi\left(\frac{t-\mu}{\sigma}\right)}\tag{3-31}$$

式中 $\phi\left(\frac{t-\mu}{\sigma}\right)$——标准正态分布概率密度函数值，可由 $\frac{f(x)}{\sigma}$ 计算出。

$$E(\xi)=\mu$$

$$D(\xi)=\sigma^2$$

$$t_r=Zp\cdot\sigma+\mu\tag{3-32}$$

当式中 Zp 为所要求的可靠度为 r 时，所对应的正态分布分位点值，其关系为

$$r=1-\Phi\left(\frac{t_r-\mu}{\sigma}\right)=1-\Phi(Zp)\tag{3-33}$$

正态分布的失效率与 μ、σ^2 值无关，随时间呈上升趋势，成递增型。

例：人们发现电动发电机的寿命服从正态分布，其 $\mu=300$ h，$\sigma=40$ h。试求当任务时间为 156 h 时，发电机的可靠度是多少？

解：已知发电机寿命服从 $N(300, 40^2)$，则

$$R(156)=1-\phi\left(\frac{t-\mu}{\sigma}\right)=1-\phi\left(\frac{156-300}{40}\right)=1-\phi$$

$$=1-[1-\phi(3.6)]=1-1.591\ 1^{-4}=0.999\ 841$$

因此，发电机工作 156 h 的可靠度为 0.999 841。

3.4.5 威布尔分布

威布尔分布在可靠性理论中是适用范围较广的一种分布，它能全面地描述浴盆失效概率曲线的各个阶段。当威布尔分布中的参数不同时，它可以蜕化为指数分布和正态分布。大量实践说明，某一局部失效或故障所引起的全局机能停止运行的元件、器件、设备、系统等的寿命服从威布尔分布，特别金属材料的疲劳寿命（如疲劳失效、轴承失效）都服从威布尔分布。

威布尔分布中含有三个参数：形状参数 m、尺度参数 η、位置参数 δ，这三个参数通常是由试验确定的。

1. 失效概率密度函数

$$f(t)=\frac{m}{\eta}\left(\frac{t-\delta}{\eta}\right)^{m-1}\mathrm{e}^{-\left(\frac{t-\delta}{\eta}\right)^{m}} \tag{3-34}$$

2. 累积失效概率函数

$$F(t)=1-\mathrm{e}^{-\left(\frac{t-\delta}{\eta}\right)^{m}} \tag{3-35}$$

3. 可靠度函数

$$R(t)=\mathrm{e}^{-\left(\frac{t-\delta}{\eta}\right)^{m}} \tag{3-36}$$

4. 失效率函数

$$\lambda(t)=\frac{m}{\eta}\left(\frac{t-\delta}{\eta}\right)^{m-1} \tag{3-37}$$

三个参数（形状参数 m、尺度参数 η、位置参数 δ）的意义：

（1）形状参数 m

威布尔分布的失效概率密度曲线、累积失效概率曲线、可靠度曲线以及失效率曲线的形状都随 m 值的不同而不同，所以把 m 称为形状参数。

当 $m=1$ 时，$f(t)$曲线为指数曲线。

当 $m=3$ 时，$f(t)$曲线已接近正态分布。通常 m 为3～4 时，即可当作正态分布。

（2）位置参数 δ

位置参数 δ 决定了分布的出发点。当 m、η 相同，δ 不同时，其失效概率密度曲线是完全相同的，所不同的只是曲线的起始位置有所变动。

（3）尺度参数 η

当 m 和 δ 值固定不变，η 值不同时，其失效概率密度曲线的高度和宽度均不相同。

威布尔分布在可靠性分析中得到广泛应用，它特别适用于疲劳、磨损等故障模式。在故障趋势分析中的图估法就是利用威布尔概率推断出威布尔分布的有关参数。

思考练习题

1. 可靠性的定义是什么？

2. 可靠性定义中包括的三要素是什么？

3. 可靠性定义中规定的条件包括哪方面的条件？

4. 寿命剖面的定义是什么？

5. 通常把产品的寿命剖面分为哪两个阶段？

6. 任务剖面的定义是什么？

7. 任务剖面一般包括几个方面？

8. 简述可靠度 $R(t)$、失效概率 $F(t)$、失效密度 $f(t)$、失效率（故障率）$\lambda(t)$、平均寿命 θ、可靠寿命的含义。

9. $R(t)$与 $F(t)$是什么事件？其概率之和为多大？

10. 产品的失效率随时间的变化大致可以分为哪三个阶段？

11. 简述“浴盆”曲线中各个失效期的时间、特点、原因。

12. 弹药产品可靠性参数选择和指标确定的工作内容包括哪些方面？

第 4 章
可靠性模型的建立

大国工匠张新停，为国铸剑把关人：在吹起的气球上放一张白纸，张新停操控锋利的钻头开始在白纸上钻孔。白纸逐渐被划出一个圆孔，气球却依然完好无损。20 多年来，张新停凭着这种扎实的基本功，制作了近万件特殊的测量工具，给多种型号的弹药把关。合膛规是一种非常精密的测量工具，对每发弹药进行最后的把关。一旦它的尺寸出现偏差，没有检测出不合格的弹药，后果不堪设想。除了合膛规，张新停还制作了近万件构思精巧、形状各异、大大小小的测量工具，用来检测弹药零部件的精度。在他的计量单位里，没有毫米，只有千分之一毫米。现代化战争要求弹药有更远的射程、更有效的威力、更好的精度，正是张新停精湛的工艺，保证了弹药质量的一致性和可靠性，也大大提高了生产线的效率。

4.1　概述

可靠性这一术语，在可靠性工程中是经常遇到的。对产品进行可靠性分析工作，在整个可靠性理论与实践中占有非常重要的地位。随着科学技术的发展，产品的复杂程度越来越高，而产品越复杂，则其发生故障的可能性就越大。因此，迫使我们必须提高对零部件可靠度的要求。假如各零部件的可靠度都等于 99.9%，那么，由 40 个零部件组成的串联产品其可靠度约等于 96%，而由 400 个零部件组成的串联产品的可靠度约等于 67%。某些复杂产品包括成千上万个零部件，那么，为了保证产品的高可靠度，对零部件的可靠度就得提出更高的要求。这样，一方面，由于对零部件可靠度提出过高的要求，而零部件的生产又受到材料及工艺水平的限制，很可能无法达到过高的可靠度指标；另一方面，也将导致产品本身十分昂贵，万一产品失效，将会在人力和物力上造成巨大损失，甚至会引起严重后果。这种情况就使产品的可靠性问题显得特别突出，迫使我们不得不给予应有的重视和研究。

4.1.1　产品的定义

产品是由若干部件（子产品、元器件）相互有机地组合起来，可以完成某种工作任务的具有一定输入、输出特性的工作总体。

产品与部件（子产品、元器件）的区分是相对的，每一个产品对于它所从属的更大产品来说，又称为分产品；对于大产品来讲，它的各个子产品本身又可以单独成为一个产品，这个产品又可以分出若干部件。由于研究的范畴和对象都不同，因而对产品的定义也就不同。例如，由雷达、指挥仪、火炮、火箭弹组成的系统，它的每一个单元本身又可以自成产品。如果把火箭弹作为产品来定义，那么它的部件就是引信、战斗部、发动机、稳定装置等。因此，火箭弹对火控系统来讲，它是子产品，但对引信、战斗部来讲，它又是产品。弹药可靠性技术工作很重要的一项内容就是对弹药产品进行可靠性分析，因而首先弄清弹药产品的定义是非常必要的。

4.1.2 可靠性模型

建模是用于估计所设计产品是否符合规定可靠性要求的一种方法。可靠性模型是为预计或估算产品的可靠性所建立的可靠性框图和数学模型。它包括基本可靠性模型和任务可靠性模型。建模的目的是对产品进行可靠性分析，特别是进行可靠性预计。建立产品可靠性模型的目的是用于定量分配、估算和评估产品的可靠性。基本可靠性预计是为了估计由于产品不可靠导致的对维修与后勤保障的要求。任务可靠性预计是估计产品在执行任务过程中完成其规定功能的概率。当同时进行这两种预计时，可为判明特别需要强调和关注的方面提供依据，并为权衡不同设计方案的费用效益提供依据。

建模应该在研制阶段的早期进行，以便于设计评审，并为产品可靠性分配及拟定改正措施的优先顺序提供依据。当产品设计条件、环境要求、应力数据、失效率数据、工作模式发生重要变更时，应当及时修正可靠性模型和重做可靠性预计。

产品的功能框图和可靠性框图是两个不同的概念，但往往被人们所混淆。产品的功能框图是表示产品各单元之间的功能关系，而产品的可靠性框图是表示产品各单元的故障如何导致产品故障的逻辑关系。建立可靠性模型的基本信息来自功能框图。

产品的结构关系、功能关系及可靠性逻辑关系各有不同的概念。在对产品进行可靠性分析，建立可靠性模型时，一定要弄清产品的结构关系、功能关系及可靠性逻辑关系，然后才能画出可靠性框图。

4.1.3 基本可靠性模型和任务可靠性模型

基本可靠性定义：产品在规定条件下无故障的持续时间或概率。基本可靠性模型包括一个可靠性框图和一个相应的可靠性数学模型，用于估计产品及其组成单元引起的维修及后勤保障要求。产品中任一单元（包括贮备单元）发生故障后，都需要维修或更换，故而可以把它看作度量使用费用的一种模型。基本可靠性模型是一个全串联模型，即使存在冗余单元，也都按串联处理。所以，贮备元件越多，产品的基本可靠性越低。

当合同中的可靠性指标为基本可靠性平均失效间隔时间时，则建立全串联的可靠性模型。基本可靠性模型不能直接用来估计任务可靠性，只有分析得知在产品既没有冗余又没有代替工作模式情况下，基本可靠性模型才能用来估计产品的任务可靠性，基本可靠性模型和任务可靠性模型才一致。

基本可靠性模型的详细程序应该达到产品规定的分析层次，以获得可以利用的信息，而且失效率数据对该层次产品设计来说能够作为考虑维修和后勤保障要求的依据。

任务可靠性的定义：产品在规定的任务剖面中完成规定功能的能力。任务可靠性模型包括一个可靠性框图和一个相应的数学模型，是用于估计产品在执行任务过程中完成规定功能的概率，描述完成任务过程中产品各单元的预定作用，用于度量工作有效性的一种模型。产品中贮备单元越多，则其任务可靠性越高。

一个复杂的产品往往有多种功能，但其基本可靠性模型是唯一的，即由产品的所有单元（包括冗余单元）组成的串联模型。任务可靠性模型则因任务不同而不同，既可以建立包括所有功能的任务可靠性模型，也可以根据不同的任务剖面（包括任务成功或致命故障的判断准则）建立相应的模型，任务可靠性模型一般是较复杂的串-并联或其他模型。

在建立基本可靠性模型和任务可靠性模型时，需要在人力、物力、费用和任务之间权衡。例如，在某设计方案中为了提高其任务可靠性而大量采用贮备元件，则其基本可靠性必然降低，即需要许多人力、设备、备件等来维修这些贮备单元。在另一设计方案中，为减少维修及保障要求而采用全串联模型（无贮备单元），则其任务可靠性必然较低。设计者的责任就是要在不同的设计方案中利用基本可靠性模型和任务可靠性模型进行权衡，在一定的条件下得到最合理的设计方案。

4.1.4 建立产品可靠性模型的程序

在建立可靠性模型时，应该按照对产品了解的程度，尽可能全面表述产品性能要求。就建立基本可靠性模型来说，产品的定义是简单的，即构成产品的所有单元（包括冗余或代替工作的单元）建立串联模型。然而就建立任务可靠性模型来说，情况比较复杂，首先要有明确的任务剖面、任务时间、故障判据以及执行任务过程中所遇到的环境条件和工作应力。对于有冗余或代替工作模式的复杂多功能产品更是如此。

1. 定义产品

根据可靠性定义，产品完成任务的可靠性要求必须包括：

—规定产品性能

应该规定每种状态下的失效判据。譬如在 3.3.7 节的示例中，破甲弹具有发射、飞行、终点作用的功能，就要规定发射、飞行、终点作用这三种状态下的失效判据。

——规定条件

规定在执行任务过程中，产品各单元所遇到的环境和工作应力。还应规定各单元的占空因数或工作周期及后勤周期。占空因数是单元工作时间与总任务时间之比。工作周期应当描述预期的持续时间，以及从产品分配给操作者直至损坏或返回后勤的某时间周期及在这个期间内的系列事件。后勤周期应当描述维修、运输、贮存等事件的预期持续时间及顺序。

—规定任务时间

必须对产品工作的时间做出明确的定量规定，这是有重要意义的。对于在任务的不同阶段，以不同的工作模式进行工作，或者只有在必要条件下才使用某些分产品的复杂产品来说，要给每下级单元规定工作时间要求。如果不能确切地规定工作时间，则需要规定在任务期限内成功地工作的概率。

——定义产品单元的可靠性变量

可靠性变量是用来描述任务可靠性框图中每个单元完成其功能所需要的时间、周期或事件。

（1）确定产品的任务

有的产品可以用于完成多项任务。例如，一架军用飞机可以用于侦察、作战或者截击任务。如果用不同飞机分别完成这些任务，就可以用每一项任务或飞机的单独任务可靠性模型来分别处理。如果用同一架飞机完成所有这些任务，就可以按功能处理这些任务，或者拟定一个能够包括所有功能的产品可靠性模型。对每一项任务也可能有不同的可靠性要求和模型。

（2）确定任务剖面

任务剖面是对“某特定任务从开始到完成这段时间内发生的事件和所处环境的描述”。例如，弹药产品主要有两个典型的任务剖面：安全任务剖面和作用任务剖面。一个复杂的产品往往有多种功能，其基本可靠性模型是唯一的，而任务可靠性模型则因任务的不同而变更。既可以建立包括所有功能的任务可靠性模型，也可以根据不同的任务和任务剖面建立其相应的可靠性模型。例如，弹丸在弹药安全任务剖面内要保证其射击中不发生膛炸、早炸及全弹道飞行正常等，其安全任务可靠性框图中必定包含弹丸。在完成其作用任务时，要求飞行中强度应满足要求，并爆炸完全，所以，在作用任务可靠性框图中也应包含弹丸。

（3）确定工作模式

为清楚起见，对功能工作模式及代替工作模式做以下规定：

功能工作模式：一种功能工作模式执行一种特定的功能。例如，在雷达产品中，搜索和跟踪必定是两种功能工作模式。

代替工作模式：当产品能以多种方法完成某一特定功能时，它就是具有代替工作模式。例如，用高频发射机发射的信息通常可以用超高频发射机发射，作为一种代替工作模式。

把确定任务功能和确定工作模式联系起来，例如，产品任务是同时传输实时数据和贮存数据，它必须有两台发射机，并且不存在冗余或代替工作模式。而对于有两台发射机但不要求同时传输实时数据和贮存数据的产品来说，则存在冗余或代替工作模式。

在拟定数学模型之前，必须先规定要求，并编写出一个文字说明，说明完成任务需要的条件。任务可靠性框图则是说明完成任务需要什么的一种图形。如果要求不是单一的，可能需要拟定几个任务可靠性模型，以适应不同的要求。

（4）确定故障判据

确定任务可靠性的故障判据是指影响产品任务完成的故障。应该确定和找出导致任务不成功的条件和影响任务不成功的性能参数及参数的界限值。

（5）确定寿命剖面

寿命剖面应全面描述从产品接收至它退出使用期的所有事件和环境。这个剖面描述每一事件预期的时间间隔、环境、工作模式。虽然任务可靠性模型应当考虑与寿命周期有关的整个后勤与工作周期，但最重要的是任务剖面和环境剖面。

1）任务剖面说明与产品特定的使用过程有关的事件和条件

一个复杂的产品往往有多种功能，任务可靠性模型则因任务的不同而变更，既可以建立包括所有功能的任务可靠性模型，也可以根据不同的任务和任务剖面建立其相应的可靠性模型。为了恰当地描述产品的多重或多阶段任务能力，需要有多重或多阶段任务剖面。例如，弹药系统主要有两个典型的任务剖面：安全任务剖面和作用任务剖面。

任务剖面需要说明产品的占空因数或工作时间长度。考虑到有占空因数的可靠度计算方法如下：

如果认为单元不工作时的失效率可忽略，则可用占空因数修正失效率。

适用于恒定失效率单元的指数分布公式：

$$R_s = \mathrm{e}^{-\lambda t} = \mathrm{e}^{-\lambda Td} \tag{4-1}$$

式中 t——单元工作时间；

T——产品工作时间；

d——占空因数，$d=t/T$。

如果单元不工作时的失效率与工作时的不同，可使用下列公式：

$$R_s = R_{s1} \times R_{s2} = \mathrm{e}^{-[\lambda_1 Td + \lambda_2 T(1-d)]} \tag{4-2}$$

式中 R_{s1}——工作时的可靠度；

R_{s2}——不工作时的可靠度；

λ_1——工作时期间的失效率；

λ_2——不工作期间的失效率。

2）环境剖面描述与操作、事件或功能有关的特定的固有和诱导环境（标称的和最坏的情况）

产品可能不止用于一种环境。例如，某一特定产品可能用于地面、船和飞机环境中。某一特定任务可能由几个工作阶段组成，每个阶段有其相应的特定主导环境。

在建立任务可靠性模型时，应考虑环境条件的影响。

① 当产品用于不同的环境条件时，其任务可靠性模型都相同，但在不同的环境条件下，产品各个单元的失效率不同，则用不同的环境因子去修正其失效率。

② 当产品为完成某个特定任务需分为几个工作阶段，而各工作阶段的环境条件均不相同时，可按每个工作阶段建立任务可靠性模型做出预计，然后将结果综合到一个总的任务可靠性模型中去。

例如对于某榴弹，可以分别建立发射周期前、发射周期内、安全距离内和对目标作用四个工作阶段的任务可靠性模型，并分别计算出它们的任务可靠度，最后算出某榴弹的任务可靠度 $R(t)$。

2. 建立产品可靠性框图

在完全了解产品定义后，应通过简明扼要的直观办法表现出产品在每次使用能完成任务的条件下，所有单元之间的相互依赖关系，这就是建立产品可靠性方框图。方框图表示了完成任务时所参与的单元，每一方框代表着单元的功能及可靠性值，在计算产品可靠性时，每一方框都必须计算进去。为了编制可靠性框图，需要深入地了解产品任务及使用过程中的要求。

（1）框图的标题和任务

每个可靠性框图应该有一个标题，该标题包括产品的标志、任务说明或使用过程要求的有关部分。

现以 A_1、B_1、C_1、D_1、E_1 分别代表燃烧室、火药装药（固体推进剂）、点火装置、喷管、挡药板的安全可靠性事件，每个事件的发生概率分别用 $P(A_1)$、$P(B_1)$、$P(C_1)$、$P(D_1)$、$P(E_1)$ 代表。从可靠性逻辑关系来讲，这五个单元呈串联关系，如图 4-1 所示。

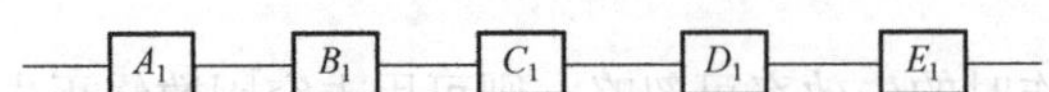

图 4-1 固体火箭发动机部件安全可靠性框图

（2）限制条件

每个可靠性框图应该包括所有规定的限制条件。这些限制条件影响框图表达形式的选择、用于分析的可靠性参数或可靠性变量，以及建立框图时所用的假设或简化形式。这些条件一旦被确定下来，就应该在整个分析过程中遵守。

（3）方框的顺序和标志

框图中的方框按一个逻辑顺序排列。这个顺序表示产品操作过程中事件发生的次序，每个方框都应该加以标志。对只包含少数几个方框的框图，可以在每个方框内填写全标志；对含有许多方框的框图，应该将统一的编码标志填入每个方框。统一标志产品应能保证将可靠性框图中的方框追溯到可靠性文件中规定的相应硬件（或功能）而不致发生混淆。编码应以单独一张清单加以规定。

（4）方框代表性和可靠性变量

可靠性框图的绘制应该使产品中每一个单元或功能都得到表现。每一个方框应该只代表一个功能单元。所有方框应该按需要以串联、并联、贮备或其他组合方式进行连接。应给每个方框确定可靠性变量。

（5）未列入模型单元

产品中没有包括在可靠性模型里的硬件或功能单元，必须以单独的一张清单加以规定，对没有列入可靠性模型的每项工作单元，应该说明理由。

（6）方框图中的假设

在绘制可靠性框图时，应采用：

1）技术假设

技术假设对每一个产品或每一种工作模式来说，可能是不同的。技术假设应按规定的条件加以确定。一般假设适用于所有可靠性框图。若可靠性框图采用的一般假设已经得到引证，就不需要再列出对可靠性框图规定的一般假设。

2）一般假设

① 产品及其组成单元只有“故障”与“正常”两种状态，不存在第三种状态参数。

② 在分析产品可靠性时，必须考虑方框所代表的单元或功能的可靠性特征值。

③ 产品的所有输入在规范极限之内，即不考虑由于输入错误而引起产品故障的情况。

④ 用框图中一个方框表示的单元或功能失效，就会造成整个产品的失效，有代替工作模式的除外。

⑤ 就失效概率来说，用一个方框表示的每一单元或功能的失效概率是相互独立的。

⑥ 当软件可靠性没有纳入产品可靠性模型时，应假设整个软件是完全可靠的。

⑦ 当人员可靠性没有纳入产品可靠性模型时，应假设人员完全可靠，而且人员与产品之间没有相互作用问题。

3. 建立相应的数学模型

产品可靠性模型要表示出产品及其单元之间的可靠性逻辑关系和数量关系，这就需要对已建好的可靠性框图建立相应的数学模型。用数学式表达各单元的可靠性与产品可靠性之间的函数关系，以此来求解产品的可靠性值。

建立产品可靠性模型的程序见表 4–1。

表 4-1　建立产品可靠性模型的程序

<table>
<tr><th colspan="3">建模步骤</th><th>说　明</th></tr>
<tr><td rowspan="6">定义产品</td><td>（1）确定任务和功能</td><td rowspan="2">功能分析</td><td>产品可能具有多项功能并用于完成多项任务，每一项任务所需要的功能可能不同。应进行功能分析，针对每项任务建立可靠性模型</td></tr>
<tr><td>（2）确定工作模式</td><td>确定特定任务或功能下产品的工作模式以及是否存在替代工作模式</td></tr>
<tr><td>（3）规定性能参数及范围</td><td>故障定义</td><td>确定和找出影响任务不成功的性能参数及参数的界限值。例如某火箭发动机，在+15 ℃的最大推力是 27 kN，那么导致火箭发动机在+15 ℃的最大推力小于 27 kN 的单一的或综合的硬件或软件故障就构成任务故障</td></tr>
<tr><td>（4）确定物理界限与功能接口</td><td rowspan="2">故障定义</td><td>确定所分析产品的物理界限和功能界限，如尺寸、重量、材料性能极限、安全规定、人的因素限制等；与其他产品的连接关系功能接口，如人-机关系，以及与控制中心、功率源等的关系</td></tr>
<tr><td>（5）确定故障判据</td><td>确定和列出构成任务失败的所有判别条件。故障判据是建立可靠性模型的重要基础，必须预先予以确定和明确</td></tr>
<tr><td>（6）确定寿命剖面及任务剖面</td><td>时间及环境条件分析</td><td>从寿命剖面中可以获得在完成任务过程中产品可能经历的所有事件的发生时序、持续时间、工作模式和环境条件，最重要的是，可以获得任务剖面和环境剖面。当产品具有多任务、任务分为多阶段时，应采用多种多阶段任务剖面进行描述。
任务剖面说明与产品特定的使用过程有关的事件和条件。
环境剖面描述与操作、事件或功能有关的特定的固有和诱导环境。产品可能不止用于一种环境。
当产品为完成某个特定任务需分为几个工作阶段，而各工作阶段的环境条件均不相同时，可按每个工作阶段建立任务可靠性模型做出预计，然后将结果综合到一个总的任务可靠性模型中去</td></tr>
<tr><td rowspan="4">建立可靠性框图</td><td colspan="2">（7）明确建模任务</td><td>包括产品标志、建模任务说明</td></tr>
<tr><td colspan="2">（8）建立产品可靠性框图</td><td>依照产品定义，采用方框图的形式直观地表示出在执行任务时所有单元之间的相互依赖关系。在建立方框图时，应明确每个方框的顺序并标志方框。每个方框应只代表一个功能单元。在每个方框内，可填写全标志或编码标志。标志应能保证将可靠性框图中的方框追溯到可靠性文件中规定的相应硬件（或功能）而不致发生混淆</td></tr>
<tr><td colspan="2">（9）确定限制条件</td><td>限制条件影响框图表达形式的选择、用于分析的可靠性参数或可靠性变量，以及建立框图时所用的假设或简化形式</td></tr>
<tr><td colspan="2">（10）确定未列入模型的单元</td><td>给出没有包含在可靠性方框图中的所有硬件和功能清单，并予以说明</td></tr>
<tr><td>确定数学模型</td><td colspan="2">（11）系统可靠性数学模型</td><td>对已建好的可靠性框图建立相应的数学模型，以表示出产品及其组成单元之间的可靠性逻辑关系和可靠性数量关系</td></tr>
</table>

4. 建模工作的注意事项

① 随着产品设计阶段向前推移，诸如产品环境条件、设计结构、应力水平等信息越来越多，产品定义也应该被不断修改和充实，从而保证可靠性模型的精确程度不断提高。

② 应尽早建立可靠性模型，即使没有可用的数据，通过建模也能提供需采取管理措施的信息。例如，可以指出某些能引起任务中断或单点故障的部位。

③ 可靠性模型的建立应在初步设计阶段进行，并为产品可靠性分配及拟定改进措施的优先顺序提供依据。随着产品设计工作的进展，可靠性框图应不断修改完善，设计工作从粗到细地展开，可靠性框图也可随之按级展开，越画越细。

4.2　典型可靠性模型

可靠性数学模型应该随着产品结构、性能、任务要求、试验信息和使用条件等方面的更改而修改。可靠性数学模型的输入与输出应和产品的分析模型的输入与输出要求保持一致。产品的可靠性模型主要包括串联系统、并联系统、混联系统、贮备系统、复杂系统等可靠性模型，典型的可靠性模型分类如图 4-2 所示。

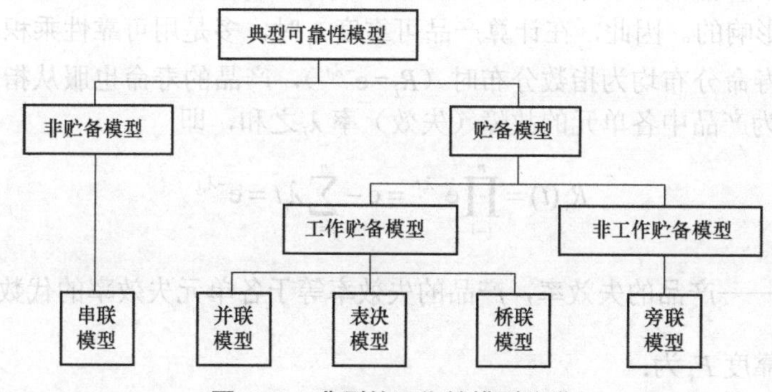

图 4-2　典型的可靠性模型分类

4.2.1　串联模型

1. 串联模型的可靠性框图

组成产品的所有单元中，任一单元的失效都会导致整个产品失效的模型叫作串联模型。或者说，只有当所有单元都正常工作时，产品才能正常工作的模型叫作串联模型。串联模型是最常见和最简单的模型之一，其可靠性框图如图 4-3 所示。

图 4-3　串联模型的可靠性框图

2. 串联模型的可靠度计算

设 A 表示产品正常工作的事件，A_i 表示第 i 个分产品正常工作的事件。由于串联模型是只有当所有单元都正常工作时产品才能正常工作的模型，因而有 A 事件发生等于 $A_1, A_2, \cdots, A_n$ 事件同时发生。即

$$A=A_1\times A_2\times\cdots\times A_n$$

根据概率计算的基本法则，就可得到串联模型可靠度表达式：

$$R_s=P(A)=P(A_1\times A_2\times A_n\times\cdots) \tag{4-3}$$

式中 R_s——产品的可靠度；

$P(A)$——产品正常工作的概率。

假如产品中各单元是相互独立的，则

$$P(A)=\prod_{i=1}^{n}P(A_i) \tag{4-4}$$

即有

$$R_s(t)=\prod_{i=1}^{n}R_i(t) \tag{4-5}$$

式中 $R_s(t)$——产品的可靠度；

$R_i(t)$——单元的可靠度。

这就是常用的可靠性乘积法则：串联模型的可靠度等于各独立单元的可靠度的乘积。

在弹药产品中，各单元（零部件）大多数是独立的，从可靠性逻辑关系来讲，各单元的失效概率是互不影响的。因此，在计算产品可靠度 λ_i 时，多是用可靠性乘积法则来处理。

当各单元的寿命分布均为指数分布时（$R_i=\mathrm{e}^{-\lambda_i t}$），产品的寿命也服从指数分布，产品故障（失效）率 λ_s 为产品中各单元的故障（失效）率 λ_i 之和，即

$$R_s(t)=\prod_{i=1}^{n}\mathrm{e}^{-\lambda_i t}=\mathrm{e}-\sum_{i=1}^{n}\lambda_i t=\mathrm{e}^{-\lambda_s t} \tag{4-6}$$

式中 $\lambda_s=\sum_{i=1}^{n}\lambda_i$——产品的失效率，产品的失效率等于各单元失效率的代数和。

产品的不可靠度 F_s 为：

$$F_s(t)=1-R_s=1-\mathrm{e}^{-\lambda_s t}$$

当 $\lambda_s t<0.1$ 时，$\mathrm{e}^{-\lambda_s t}\approx 1-\lambda_s t$，误差$<0.005$。

所以

$$F_s(t)=\lambda_s t=\sum_{i=1}^{n}\lambda_i=\sum_{i=1}^{n}F_i(t) \tag{4-7}$$

式（4-7）表示串联模型的不可靠度在指数分布时近似地等于各单元的不可靠度之和。

从式（4-6）可见，产品的可靠度是各单元可靠度的乘积，单元越多，产品的可靠度越小。在产品设计时，为提高串联模型的可靠性，可从以下三方面考虑：

① 尽可能减少串联单元数目。

② 提高单元可靠性，降低其故障率。

③ 缩短工作时间。

4.2.2 并联模型

1. 并联模型的可靠性框图

组成产品的所有单元都失效时，才会导致产品失效的模型叫作并联模型。或者说，只要

有一个单元正常工作时，产品就能正常工作的模型叫作并联模型。并联模型的可靠性框图如图 4–4 所示。

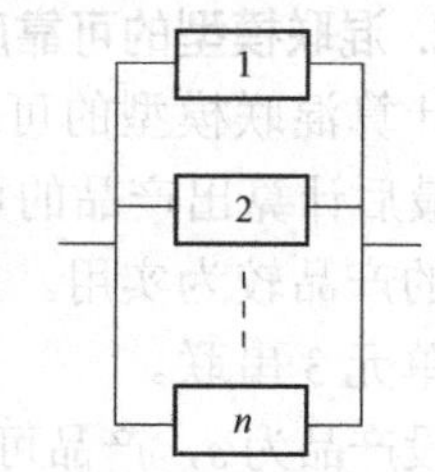

图 4–4 并联模型的可靠性框图

对于串联模型来说，单元数目越多，产品可靠度就越低，因此在设计上要求结构越简单越好。然而，对于任何一个高性能的复杂产品，即使是简单的设计，也需要为数众多的元器件。为了提高产品的可靠度，一个办法是提高元器件的可靠度，但又需要很高的成本，有时甚至高到不可能负担的地步。另一个办法就是贮备，增加产品中部分或全部元器件作为贮备，一旦某一元器件发生失效，作为贮备的元器件仍在工作。这样，由于某一元器件失效而不致产品发生故障，只有当产品中贮备元器件全部发生失效的情况下，产品才发生故障，这样的产品就称为“工作贮备产品”。并联模型属于工作贮备产品的一种情况。

2. 并联模型的可靠度计算

对于并联模型而言，如果各个单元相互独立，根据并联模型的定义和各单元的独立性，有

$$F=F_1\times F_2\times\cdots\times F_n$$

$$P(F)=P(F_1)\times P(F_2)\times\cdots\times P(F_n)$$

式中 F——产品发生失效的事件；

F_n——第 n 个单元失效的事件；

$P(F)$——产品发生失效的概率。

由于 $P(F)=1-R$，则有

$$P(F_i)=1-R_i$$

故

$$R(t)=1-\prod_{i=1}^{n}(1-R_i) \tag{4-8}$$

如果各单元的可靠度相同，则有

$$R=1-(1-R_1)^n \tag{4-9}$$

由于可靠度是一个小于 1 的正数，从上述结果不难看出，并联模型的可靠度大于每个单元的可靠度。而且，并联的单元个数越多，产品的可靠度越高。这种情况与串联模型恰好相反，正是这个基本事实，使人们想到用并联的方法来提高产品的可靠度。

当各单元寿命分布为指数分布且可靠度相同时，产品的可靠度按式（4–10）计算。

$$R_s=1-(1-\mathrm{e}^{-\lambda_s t})^n \tag{4-10}$$

4.2.3 混联模型

1. 混联模型的可靠性框图

工程产品并非是单纯串联和单纯并联模型，也有串、并或并、串等混合模型，把若干个串联模型或并联模型重复地再进行串联或并联，就能得到更复杂的可靠性结构模型，称这个模型为混联模型。混联模型的可靠性框图如图 4–5 所示。

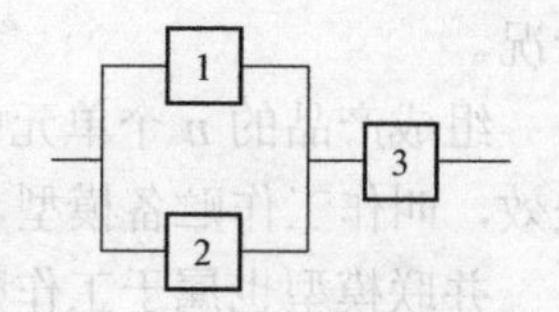

图 4–5 混联模型的可靠性框图

2. 混联模型的可靠度计算

计算混联模型的可靠度，要对其混联模型中的串联和并联模型的可靠度进行合并计算，最后计算出产品的可靠度。混联模型的可靠度通常采用等效产品进行，对于并不十分复杂的产品较为实用。以常见的图 4-5 所示并串联产品为例，单元 1 和单元 2 先并联，再与单元 3 串联。

设产品为 s，产品可靠度为：

$$R_s=[1-(1-R_1)(1-R_2)]R_3$$

如果各单元的可靠度相同，则产品可靠度为：

$$R_s=2R^2-R^3 \tag{4-11}$$

例： 如图 4-6 所示的混联模型，已知 $R_1=R_3=R_5=0.8$，$R_2=R_6=0.9$，$R_4=0.7$，求该混联模型的可靠度。

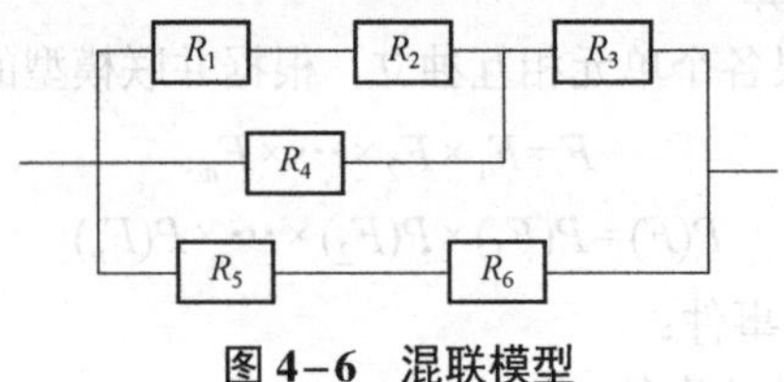

图 4-6　混联模型

解： 在混联模型中，首先分析简单的串联和并联部分，把它们联合，用相应的等效单元代替。

串联部分：R_1 与 R_2，R_5 与 R_6，R_{124} 与 R_3 分别用下式来表示：

$$R_{12}=R_1R_2,\quad R_{56}=R_5R_6,\quad R_{1243}=R_{124}R_3$$

并联部分：R_{12} 与 R_4，用下式来表示：

$$R_{124}=1-(1-R_1R_2)(1-R_4)$$

该混联模型的可靠度：

$$\begin{aligned}R_s&=1-(1-R_{1243})(1-R_{56})\\&=1-(1-R_{124}R_3)(1-R_5R_6)\\&=0.727\,1\end{aligned}$$

4.2.4　贮备模型

当采用串联模型的设计不能满足设计指标要求时，可采用贮备模型的设计方式来提高可靠性水平。所谓贮备模型，就是把几个单元（部件或元器件）当成一个单元来用，从这个角度来说，也就是备用或冗余问题。贮备模型可以分为工作贮备模型和非工作贮备模型两种情况。

组成产品的 n 个单元中，不失效的单元个数不少于 r（r 介于 1 和 n 之间），产品就不会失效，叫作工作贮备模型，又称 r/n 表决模型。

并联模型也属于工作贮备模型。当 $r=1$ 时，$1/n$ 表决模型就是并联模型。

在表决产品中，“三中取二”是一种最常用的多数表决产品。

2/3 表决模型是一种三个单元并联，只需要两个单元正常工作的模型，如图 4-7 所示。

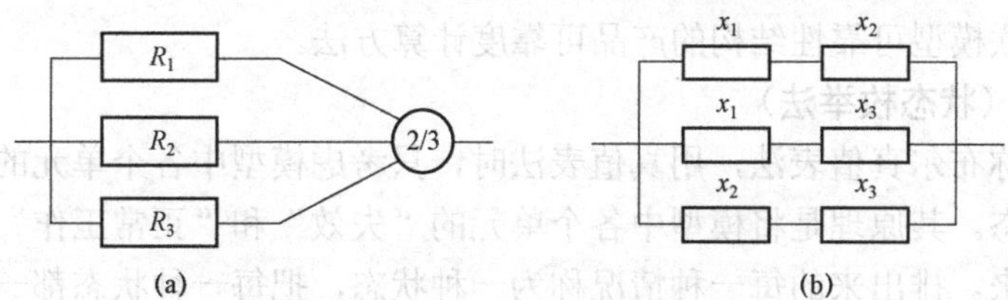

图 4-7 2/3 表决模型可靠性框图

（a）2/3 产品图；（b）2/3 可靠性框图

设 3 个单元为 A_1、A_2、A_3，产品可靠为 A_s。A_s 表示在 3 个单元中有 2 个以上单元完好的状态的可靠度。表示为

$$A_s = A_1A_2A_3 \cup \overline{A_1}A_2A_3 \cup A_1\overline{A_2}A_3 \cup A_1A_2\overline{A_3} \tag{4-12}$$

式中 $\overline{A}$——失效状态，即 $\overline{A}=1-A$。

该模型的可靠度计算式可用布尔代数真值表法求得。

$$\begin{aligned} R_s &= R_1R_2R_3+(1-R_1)R_2R_3+R_1(1-R_2)R_3+R_1R_2(1-R_3) \\ &= R_1R_2+R_1R_3+R_2R_3-2R_1R_2R_3 \end{aligned}$$

或

$$\begin{aligned} R_s &= R_1R_2R_3+F_1R_2R_3+R_1F_2R_3+R_1R_2F_3 \\ &= R_1R_2R_3\left(1+\frac{F_1}{R_1}+\frac{F_2}{R_2}+\frac{F_3}{R_3}\right) \end{aligned} \tag{4-13}$$

当 $R=R_1=R_2=R_3$ 时，有

$$R_s = 3R^2-2R^3 \tag{4-14}$$

当单元的寿命为指数分布时，有

$$R_1 = \mathrm{e}^{-\lambda_1 t}\text{；}\ R_2 = \mathrm{e}^{-\lambda_2 t}\text{；}\ R_3 = \mathrm{e}^{-\lambda_3 t}$$

则

$$\begin{aligned} R_s &= \mathrm{e}^{-\lambda_1 t}\mathrm{e}^{-\lambda_2 t}+\mathrm{e}^{-\lambda_1 t}\mathrm{e}^{-\lambda_3 t}+\mathrm{e}^{-\lambda_2 t}\mathrm{e}^{-\lambda_3 t}-2\mathrm{e}^{-\lambda_1 t}\mathrm{e}^{-\lambda_2 t}\mathrm{e}^{-\lambda_3 t} \\ &= \mathrm{e}^{-(\lambda_1+\lambda_2+\lambda_3)t}(\mathrm{e}^{\lambda_1 t}+\mathrm{e}^{\lambda_2 t}+\mathrm{e}^{\lambda_3 t}-2) \end{aligned} \tag{4-15}$$

当 $\lambda=\lambda_1=\lambda_2=\lambda_3$ 时，有

$$R_s = 3\mathrm{e}^{-2\lambda t}-2\mathrm{e}^{-3\lambda t} \tag{4-16}$$

$$\lambda_s(t)=\frac{f_s(t)}{R_s(t)}=\frac{6\lambda(1-\mathrm{e}^{-\lambda t})}{3-2\mathrm{e}^{-\lambda t}} \tag{4-17}$$

4.2.5 桥联模型

前面介绍了串联、并联、混联及贮备模型的可靠性框图和可靠度计算方法，但有些模型并不是由简单的串联、并联产品组合而成的（如桥式逻辑框图），桥联模型的可靠性框图如图 4-8 所示。其数学模型的建立较为复杂，因此不能用前面介绍的方法去计算模型可靠度。

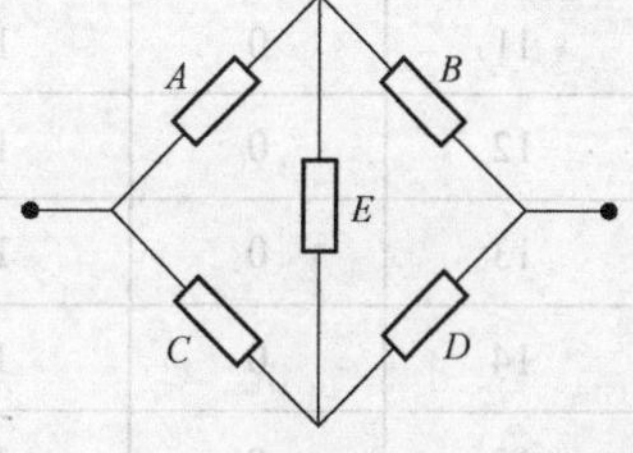

图 4-8 桥联模型的可靠性框图

下面讨论桥联模型可靠性结构的产品可靠度计算方法。

1. 真值表法（状态枚举法）

真值表法又称布尔真值表法，用真值表法时，只考虑模型中各个单元的“失效”和“正常工作”两个状态。其原理是将模型中各个单元的“失效”和“正常工作”的所有可能搭配情况一一排列出来。排出来的每一种情况称为一种状态，把每一种状态都一一排列出来，因此又叫状态枚举法。每一种状态都对应着模型的“失效”和“正常工作”两种情况，最后把所有模型失效的状态和正常工作的状态分开，然后对模型进行可靠度计算。

若模型中有 n 个单元，每个单元都有两种状态（即失效和正常工作）。那么，n 个单元所构成的模型共有 2^n 种状态，并且每种状态都是互不相容的。它们或者对应着模型成功状态，或者对应着模型失效状态，可用真值表形式列出。

现以图 4-8 桥联模型为例，说明真值表法计算桥联模型可靠度的步骤及方法。

桥联模型共有 5 个单元，每个单元失效状态用“0”表示，正常工作状态用“1”表示，模型总共有 $2^5=32$ 种状态，把这 32 种状态以表格的形式列出，见表 4-2。

其中：

产品正常工作记为 $S(i)$，i 表示保证产品正常工作的单元个数；

产品失效记为 $F(j)$，j 表示引起产品失效的单元个数。

表 4-2　状态枚举计算表

状态编号	单元工作状态					模型状态	概　率
	A	B	C	D	E		
1	0	0	0	0	0	$F(5)$	
2	0	0	0	0	1	$F(4)$	
3	0	0	0	1	0	$F(4)$	
4	0	0	0	1	1	$F(3)$	
5	0	0	1	0	0	$F(4)$	
6	0	0	1	0	1	$F(3)$	
7	0	0	1	1	0	$S(2)$	0.003 36
8	0	0	1	1	1	$S(3)$	0.030 24
9	0	1	0	0	0	$F(4)$	
10	0	1	0	0	1	$F(3)$	
11	0	1	0	1	0	$F(3)$	
12	0	1	0	1	1	$F(2)$	
13	0	1	1	0	0	$F(3)$	
14	0	1	1	0	1	$S(3)$	0.030 24
15	0	1	1	1	0	$S(3)$	0.007 84

续表

状态编号	单元工作状态					模型状态	概 率
	A	*B*	*C*	*D*	*E*		
16	0	1	1	1	1	*S*(4)	0.070 56
17	1	0	0	0	0	*F*(4)	
18	1	0	0	0	1	*F*(3)	
19	1	0	0	1	0	*F*(3)	
20	1	0	0	1	1	*S*(3)	0.030 24
21	1	0	1	0	0	*F*(3)	
22	1	0	1	0	1	*F*(2)	
23	1	0	1	1	0	*S*(3)	0.013 44
24	1	0	1	1	1	*S*(4)	0.120 96
25	1	1	0	0	0	*S*(2)	0.003 36
26	1	1	0	0	1	*S*(3)	0.030 24
27	1	1	0	1	0	*S*(3)	0.007 84
28	1	1	0	1	1	*S*(4)	0.070 56
29	1	1	1	0	0	*S*(3)	0.013 44
30	1	1	1	0	1	*S*(4)	0.120 96
31	1	1	1	1	0	*S*(4)	0.031 36
32	1	1	1	1	1	*S*(5)	0.282 24

设单元 *A*、*B*、*C*、*D*、*E* 的可靠度分别为 R_A=0.8，R_B=0.7，R_c=0.8，R_D=0.7，R_E=0.9。计算每一种状态发生的概率，然后填入表内。

单元为 0 状态时，以（$1-R_i$）代入。单元为 1 状态时，以 R_i 代入。

例如，表 4-2 中 7 号状态发生的概率为：

$$P(\overline{A}\ \overline{B}\ CD\overline{E})=0.2\times0.3\times0.8\times0.7\times0.1=0.003\ 36$$

将表中“产品状态”栏内所有 *S*(*i*)的概率值相加即可得到产品的可靠度：

$$R_s=0.003\ 36+0.030\ 24+\cdots+0.282\ 24=0.866\ 88$$

如果表中“模型状态”栏内 *F*(*j*)状态的个数少于 *S*(*i*)状态的个数，则可以先计算产品的不可靠度 F_s，然后由 $R_s=1-F_s$ 计算模型的可靠度。

真值表法计算可靠度的原理简单，容易掌握，但是当 *n* 较大时，计算量过大，此时要借助于电子计算机进行计算。另外，真值表法只能求出模型在某时刻的可靠度，而不能求解作为时间函数的可靠度函数。

2. 全概率分解法

模型中任一单元正常事件与其逆事件（单元失效）一起，构成完备事件组。利用概率论中的全概率公式，将非串并联的复杂模型分解简化，经多次分解简化后，可将复杂模型简化成简单的串并联模型，从而计算出模型的可靠度。这个分解过程称为全概率分解。

全概率分解法的原理是先选出模型中的主要单元，然后把这个单元分成“正常工作”与“失效”两种状态，再用全概率公式计算产品的可靠度。现仍以图4-8所示的桥联模型为例，说明全概率分解法计算桥联模型可靠度的步骤及方法。

设被选出的单元为x，其可靠度为R_x，其不可靠度为$F_x=1-R_x$。

模型可靠度按下式计算：

$$R_s=R_x\times R(S|R_x)+F_x\times R(S|F_x) \tag{4-18}$$

式中 $R(S|R_x)$——在单元x可靠的条件下，产品能正常工作的概率；

$R(S|F_x)$——在单元x不可靠的条件下，产品能正常工作的概率。

这种方法的关键一环在于选择和确定x单元，如果能做到巧妙地选择x单元，这个方法比布尔真值表法更为简单有效。

在图4-8所示桥联模型中，选择单元E作为x，E正常工作时与E失效时的可靠性框图如图4-9所示。图4-9（a）所示为E正常工作状态时的产品等效可靠性框图；图4-9（b）所示为E失效状态时的模型等效可靠性框图。由图4-9可以看出，等效可靠性框图把桥联模型变成了简单的串并联产品，简化了计算。

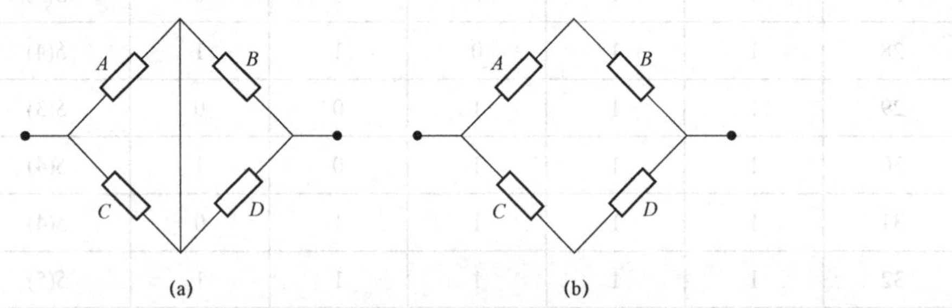

图4-9 桥式产品等效可靠性框图

$R(S|R_x)$为x可靠条件下产品的正常工作概率，由图4-9（a）可以看出，这是由单元A、C并联，B、D并联，然后串联起来的产品。故

$$R(S|R_x)=(1-F_A\times F_C)(1-F_B\times F_D)$$

$R(S|F_x)$为x失效条件下产品的正常工作概率，由图4-9（b）可以看出，这是由单元A、B串联，C、D串联，然后并联起来的产品。故

$$R(S|F_x)=R_A\times R_B+R_C\times R_D-R_A\times R_B\times R_C\times R_D$$

把上述结果代入式（4-18），得

$$R_s=R_E(1-F_A\times F_C)(1-F_B\times F_D)+F_E(R_A\times R_B+R_C\times R_D-R_A\times R_B\times R_C\times R_D)$$

由对立事件$R(t)+F_A=1$，以及可靠度假设数据可得

$$F_A=0.2,\ F_B=0.3,\ F_C=0.2,\ F_D=0.3,\ F_E=0.1$$

$$R_s=0.9\times(1-0.2\times0.2)\times(1-0.3\times0.3)+$$

$$
\begin{aligned}
&0.1\times(0.8\times0.7+0.8\times0.7-0.8\times0.7\times0.8\times0.7)\\
&=0.9\times0.96\times0.91+0.1\times(0.56+0.56-0.313\,6)\\
&=0.866\,88
\end{aligned}
$$

这个结果与布尔真值表法求出来的结果是一致的。这个方法看来很简单，但有两点需要注意：首先，x 单元要选择适当，必须是模型中最主要的并且是与其他单元联系最多的单元，只有这样，才能简化计算，更重要的是，只有这样，才能得出正确的结果。其次，对于很复杂的混联产品，这种方法也不方便，因为除了被选择的单元外，剩下的模型仍然是很复杂的，仍不能简单地计算出它的可靠度，这样，使用全概率分解法就比较困难了。

4.3 弹药产品可靠性模型

一般弹药产品的可靠性指标分为安全性、作用可靠性与贮存可靠性三大指标，它的每一个部件也同样存在安全性指标、作用可靠性指标和贮存可靠性指标。

对弹药产品的安全性指标，主要考虑其弹药产品发射周期前、发射周期内和安全距离内的安全性问题；对弹药产品作用可靠性指标，一般以可靠度表示，主要考虑弹药的威力、密集度、精度和发火可靠性等指标。对弹药产品贮存可靠性指标，一般以贮存寿命表示，主要考虑贮存后安全性(一般用失效率表示)和贮存后作用可靠性(一般以可靠度表示)，如图 4-10 所示。

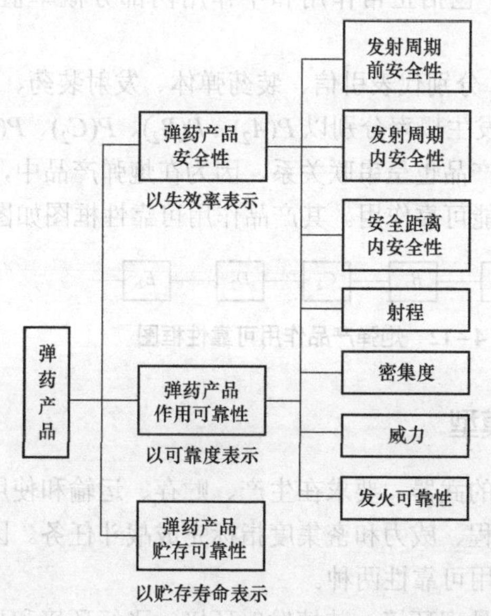

图 4-10 火炮发射的弹药产品可靠性框图

例如，引信早炸、点火具过敏或自发火等就属于弹药产品的安全性问题。引信瞎火、点火具不发火、发射药点不燃等则属于作用可靠性问题。弹药产品贮存后电子元器件失效、机构中零部件生锈及发射药受潮变质等则属于贮存可靠性问题。实际上，贮存可靠性指标也主要体现在安全性和作用可靠性方面。对于弹药产品贮存可靠性问题，将在以后章节中专门讲述。因此，弹药产品及零部件的失效问题可分成安全性失效和作用可靠性失效两种情况。也就是说，弹药产品的失效状态分为两态，再加上正常工作状态，共为三态。处理三态的问题不像处理两态问题（成功和失败）那样简单，在这里多采用按工作时期分别研究，把多态问题变成两态问题来处理。例如，引信瞎火这种失效模式，对弹药作用可靠性来讲，它是失效状态，而对于弹药安全性来讲，它属于不失效（安全）状态。依此类推。这样，就可以把多态问题变成两态问题去处理，弹药产品中的多个零部件在其安全可靠性框图中呈串联关系。这就是说，任何一个零部件发生安全性失效，都将会导致整个弹药产品不安全。

4.3.1 炮弹的可靠性模型

如果把普通炮弹作为一个产品来研究，那么它的部件就是引信、装药弹体、发射装药、药筒（包）、点火具五个部分。现以 A_1、B_1、C_1、D_1、E_1 分别代表引信、装药弹体、发射装药、药筒（包）、点火具的安全可靠性事件，每个事件的发生概率分别用 $P(A_1)$、$P(B_1)$、$P(C_1)$、$P(D_1)$、$P(E_1)$代表。从可靠性逻辑关系来讲，这五个部件呈串联关系。因为在炮弹产品中，任何一个部件失效，都将导致整个炮弹产品失效。其产品安全可靠性框图如图 4-11 所示。

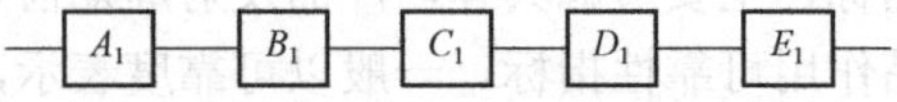

A_1 — B_1 — C_1 — D_1 — E_1

图 4-11 炮弹产品安全可靠性框图

这里应该注意的是，各部件的安全可靠性概率（即安全可靠度）不等于该部件的正常作用概率，因为安全可靠度中包括正常作用和不作用两部分概率值，不作用的单元也是安全的。

如果以 A_2、B_2、C_2、D_2、E_2 分别代表引信、装药弹体、发射装药、药筒（包）、点火具的作用可靠性事件，每个事件的发生概率分别以 $P(A_2)$、$P(B_2)$、$P(C_2)$、$P(D_2)$、$P(E_2)$代表。从可靠性逻辑关系来讲，这五个分产品也呈串联关系。因为在炮弹产品中，任何一个部件作用失效，都将导致整个炮弹产品不能可靠作用。其产品作用可靠性框图如图 4-12 所示。

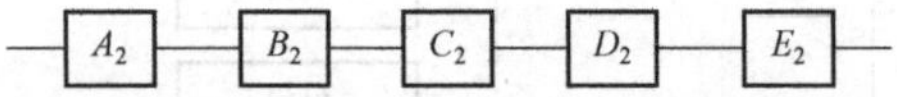

A_2 — B_2 — C_2 — D_2 — E_2

图 4-12 炮弹产品作用可靠性框图

4.3.2 火箭弹的可靠性模型

火箭弹作为一种具有毁伤性的武器，要求在生产、贮存、运输和使用过程中安全可靠，在战场发射时，能够按预定的射程、威力和密集度指标完成战斗任务。因此，火箭弹的可靠性问题一般分为安全可靠性和作用可靠性两种。

火箭弹的规定条件是指勤务处理环境、装填发射环境、飞行环境和目标特征等。这些环境条件包括振动、冲击等力学环境和温度、湿度等气象环境条件。

火箭弹是一次性使用的产品，其贮存时间远远大于使用时间，所以说是长期贮存瞬时使用的产品。因此，火箭弹只有贮存寿命而无使用寿命问题。虽然火箭弹的使用时间很短，但贮存时间以及贮存、运输等勤务处理及环境条件对其作用的可靠性有很大影响。例如，火箭发动机中的固体推进剂、点火产品在贮存期间，可能由于其化学安定性不良、药剂与包覆、隔热或金属材料不相容、密封性能不好等原因，导致火箭发动机无法正常工作。因此，在分析火箭弹的作用可靠性时，除了考虑导致失效的设计错误、材料和工艺缺陷外，还必须考虑贮存、使用过程中的可靠性功能退化的因素。

如果把火箭弹作为一个独立产品来研究，引信、战斗部、火箭发动机和稳定装置可以看作是火箭弹的部件。对各个部件来讲，又分别由它们的零件组成。例如，固体火箭发动机部件是由燃烧室、火药装药（固体推进剂）、点火装置、喷管、挡药板等零件组成的。从火箭弹的使用要求及各部件的功能来分析，当四个部件中的任一个失效时，都将导致整个火箭弹产品失效，因此，从可靠性逻辑关系来讲，这四个部件呈串联关系。

研究火箭弹产品的安全可靠性和作用可靠性指标时，必然涉及各部件的安全性和作用可靠性指标，必须弄清楚各部件的某种失效状态对产品的安全可靠性和作用可靠性的影响。例如，引信瞎火这种失效模式，对火箭弹的作用可靠性来讲是失效状态，但对于安全性来讲，它属于不失效状态。

现以 A_3、B_3、C_3、D_3、E_3 分别代表燃烧室、火药装药（固体推进剂）、点火装置、喷管、挡药板的安全可靠性事件，每个事件的发生概率分别以 $P(A_3)$、$P(B_3)$、$P(C_3)$、$P(D_3)$、$P(E_3)$ 代表。从可靠性逻辑关系来讲，这 5 个单元呈串联关系。其火箭发动机部件安全可靠性框图如图 4-13 所示。

可以利用串联产品的可靠度计算方法求出火箭发动机部件的安全可靠度。

火箭发动机部件的作用可靠性框图如图 4-14 所示，它也是一个串联模型，如果以 A_4、B_4、C_4、D_4、E_4 分别代表燃烧室、火药装药（固体推进剂）、点火装置、喷管、挡药板的作用可靠性事件，每个事件的发生概率分别以 $P(A_4)$、$P(B_4)$、$P(C_4)$、$P(D_4)$、$P(E_4)$表示。

图 4-13　火箭发动机部件安全可靠性框图　　图 4-14　火箭发动机部件作用可靠性框图

应该注意，各部件的安全可靠性概率（即安全可靠度）不等于该分产品的正常作用概率（即作用可靠度），因为安全可靠度中包括正常作用和不作用两部分的概率值，不作用的单元也是安全的。

4.3.3　子母火箭弹的可靠性模型

子母火箭弹作为一种大面积有效杀伤武器，是当前常规弹药发展中最活跃的高技术领域之一。它可以有效地打击敌纵深机械化部队的第二梯队和供应补给线，毁伤敌坦克群，封锁毁伤敌机场和重要军事设施，其作战效能远远优于整体弹战斗部的作战效能。如果把子母火箭弹作为一个产品来研究，那么其工作过程所经历的事件的预期目标是发动机点火、发射与飞行正常、战斗部适时开舱、子弹均匀抛撒并作用可靠。子母火箭弹的功能框图如图 4-15 所示。

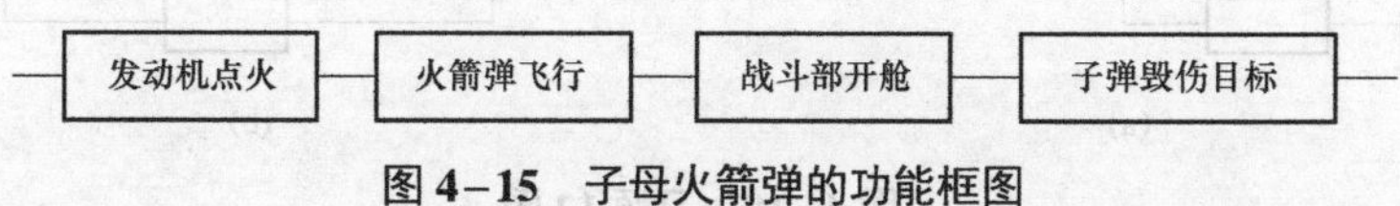

图 4-15　子母火箭弹的功能框图

子母火箭弹构成一个串联产品，其可靠性框图如图 4-16 所示。

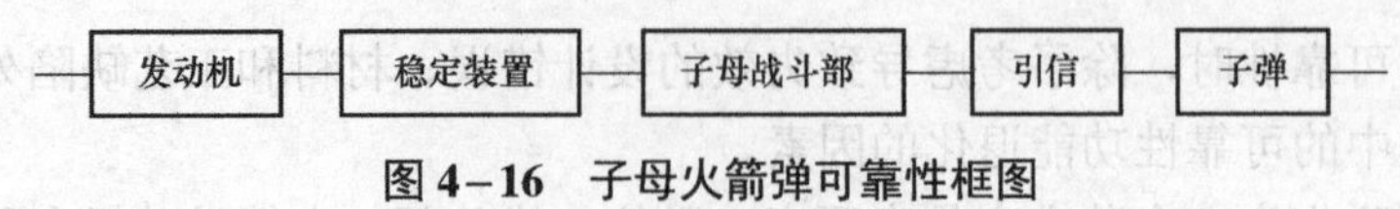

图 4-16　子母火箭弹可靠性框图

思考练习题

1. 简述建模的目的。

2. 可靠性模型包括哪两个模型？

3. 简述产品的功能框图和可靠性框图的区别。

4. 什么是基本可靠性模型？什么是任务可靠性模型？

5. 在建立基本可靠性模型和任务可靠性模型时，需要在什么之间进行权衡？

6. 基本可靠性模型和任务可靠性模型只有在什么情况下才一致？

7. 简述建立产品任务可靠性模型的基本程序。

8. 弹药产品的可靠性从哪三方面考虑？

9. 试求图 4-17 所示的可靠性框图的产品可靠度。已知 $R_1=0.8$，$R_2=0.6$，$R_3=0.7$，$R_4=0.85$，$R_5=0.9$，$R_6=0.85$，$R_7=0.8$，$R_8=0.9$，$R_9=0.85$。

10. 如图 4-18 所示，已知各单元工作相互独立，可靠度分别为 $R_A=R_B=0.7$，$R_C=R_D=0.8$，$R_E=0.90$，试用全概率分解法求产品可靠度。

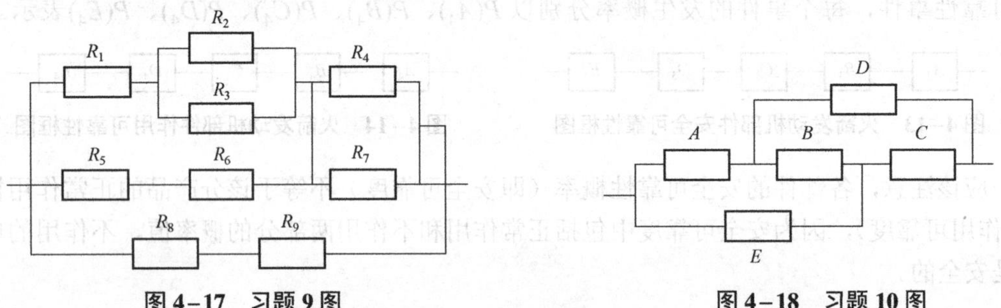

图 4-17　习题 9 图　　图 4-18　习题 10 图

11. 某产品由 5 个单元串联组成，各单元工作是相互独立的，其可靠度分别为 $R_1=0.991\,8$，$R_2=0.987\,6$，$R_3=0.999\,5$，$R_4=0.979\,6$，$R_5=0.975\,0$，求产品的可靠度。

12. 试求图 4-19（a）和图 4-19（b）所示产品的平均寿命。假设 A、B、C 各单元均服从指数分布，失效率 $\lambda_1=\lambda_2=2\times10^{-3}\ \text{h}^{-1}$，$\lambda_3=1\times10^{-4}\ \text{h}^{-1}$。

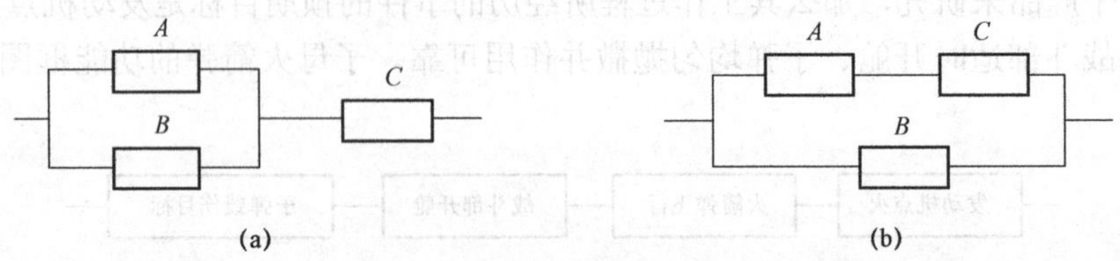

图 4-19　习题 12 图

13. 针对你所熟悉的产品（如手机、自行车、小家电等）建立其基本可靠性模型和任务可靠性模型。

第 5 章 失效模式、影响及危害性分析

《中国制造 2025》有三段话与可靠性有关系：一是加强可靠性设计、试验、验证技术的研究和应用；二是推广先进的在线故障预测与诊断技术及后勤系统；三是国产关键产品可靠性指标达到国际先进水平。

5.1 概述

产品可靠性分析是利用归纳、演绎的方法对产品可能发生的失效（或故障）进行研究，以研究失效的原因、后果和影响及严重程度，从而为产品设计提供改进建议。可靠性分析的对象就是失效或失效事件。分析的方法很多，最常用的方法是失效模式、影响及危害性分析（FMECA）和失效树分析（FTA）。

失效模式、影响及危害性分析（Failure Modes and Effects Criticality Analysis，FMECA）。是分析产品中每一产品所有可能产生的失效模式及其对产品造成的所有可能影响，并按每一个失效模式的严重程度及其发生概率予以分类的一种归纳分析方法。

如果不做危害性分析，则称为失效模式与影响分析（Failure Modes and Effects Analysis，FMEA）。

危害性分析（Criticality Analysis，CA）就是按每一失效模式的严酷度类别及失效模式的发生概率所产生的影响对其划等分类，以便全面地评价各种可能的失效模式的影响。危害性分析是失效模式与影响分析的补充和扩展，没有进行失效模式与影响分析，就不能进行危害性分析。

FMECA 是用一般归纳的方法来完成产品可靠性或安全性的定性分析，就是在产品设计过程中，通过对产品各组成单元潜在的各种失效模式及其对产品功能的影响进行分析，并把每一个潜在失效模式按它的严酷程度予以分类，提出可以采取的预防改进措施，以提高产品可靠性的一种设计分析方法。

5.1.1 分析的方法

进行失效模式、影响及危害性分析时，要明确约定层次、任务、产品、功能、失效模式、失效原因、任务阶段、工作方式、失效的局部影响和高层次影响及最终影响、失效检测方法、严酷度类别、补偿措施等内容。分析的两种基本方法是硬件法和功能法，至于采用哪一种方法，取决于设计的阶段、复杂程度和可利用信息的多少。对复杂产品进行分析时，可以考虑

综合采用硬件法与功能法。

1. 硬件法

这种方法根据产品的功能对每个失效模式进行评价，用表格列出各个产品，并对可能发生的失效模式及其影响进行分析。各产品的失效影响与部件及产品功能有关。当产品可按设计图纸及其他工程设计资料明确确定时，一般采用硬件法。硬件法比较严格，适用于从零件级开始分析，再扩展到产品级，即自下而上进行分析，也可以从任一层次开始向任一方向进行分析，它是根据产品的功能对每个失效模式进行评价。

2. 功能法

这种方法认为每个产品可以完成若干功能，而功能可以按输出分类。使用这种方法时，将输出一一列出，并对它们的失效模式进行分析。当产品构成不能明确确定时（如在产品研制初期，各个部件的设计尚未完成，得不到详细的部件清单、产品原理图及产品装配图），或当产品的复杂程度要求从初始约定层次开始向下分析，即自上而下分析时，一般采用功能法。也可以在产品的任一层次开始向任一方向进行。功能法比硬件法简单，故可能忽略某些失效模式。

5.1.2 分析的基本步骤

进行产品的失效模式、影响及危害性分析，一般按图 5-1 所示的步骤进行。

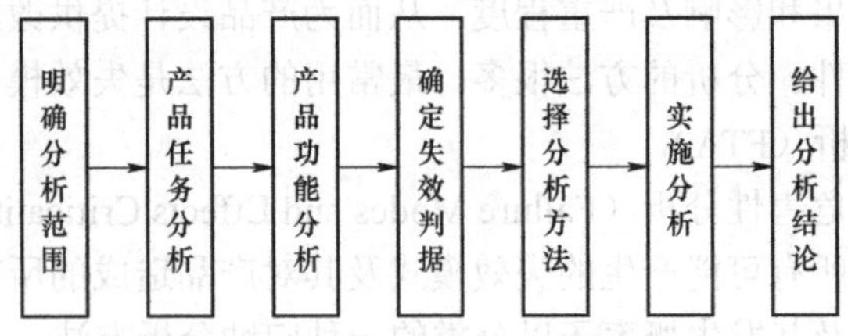

图 5-1 FMECA 步骤

1. 明确分析范围

根据产品的复杂程度、重要程度、技术成熟性、分析工作的进度和费用约束等，确定产品中进行 FMECA 的零部件范围。复杂产品通常具有层次性结构，随着产品设计的进展，产品的层次划分方式也是不同的。一般情况下，在设计的早期按产品的功能划分层次关系，随着设计的深入，则既可按产品的功能也可按产品的结构划分层次关系，因此，FMECA 既可以基于功能层次关系进行，也可以基于结构层次关系进行。

2. 产品任务分析

描述产品的任务要求及产品在完成各种任务时所处的环境条件。应规定产品的环境剖面，用于描述每一任务和任务阶段所预期的环境条件。如果产品不止在一种环境条件下工作，还应对每种不同的环境剖面加以规定。应采用划分的环境阶段来确定应力-时间关系、故障检测方法和补偿措施的可行性。产品的任务分析结果一般用任务剖面来描述。

3. 产品功能分析

分析明确产品中的零部件在完成不同的任务时所应具备的功能、工作方式及工作时间等。按照功能对每项任务进行说明，该说明确定应完成的工作及为完成特定功能而工作的功能模式。当不止一种方法用来完成某特定功能时，应规定替换的工作方式。

4. 确定失效判据

分析与制定判断产品及产品中零部件正常与失效的准则。

5. 选择分析方法

根据分析的目的和产品的研制阶段，选择相应的 FMECA 方法，制定 FMECA 的实施步骤及实施规范。

6. 实施分析

在具体的分析中，FMECA 分析包括失效模式影响分析（FMEA）和危害性分析（CA）两个步骤。

7. 给出分析结论（FMECA 输出）

根据失效模式影响分析和危害性分析的结果撰写分析报告。FMECA 报告中应包括产品定义、产品的原理图、功能方框图、可靠性方框图、FMEA 表格、CA 表格、危害性矩阵图等。报告中还应有一个总结，以反映研制方根据分析所做的结论和建议，总结中也要列出一张经 FMECA 工作而剔除的零部件清单以及每个零部件被剔除的原因。找出产品中的缺陷和薄弱环节，并制定和实施各种改进与控制措施，以提高产品（或功能、生产要素、工艺流程、生产设备等）的可靠性（或有效性、合理性等）。

5.2 失效分析

失效分析是当发生失效后通过对产品的结构、使用和技术文件等进行逻辑系统的研究，以鉴别失效模式、确定失效原因和失效机理的过程。失效分析可以减少和预防产品同类失效现象重复发生，提高产品质量和减少经济损失；为产品的设计、制造等提供信息，为可靠性工程打好基础。

我国军用标准 GJB 450 在可靠性设计及评价一节中指出，FMECA 是找出设计上潜在缺陷的手段，是设计审查中必须重视的资料之一，规定实施失效模式、影响及危害性分析是设计者和承制方必须完成的任务。

5.2.1 基本概念

1. 故障

产品不能执行规定功能的状态。预防性维修或其他计划性活动或缺乏外部资源的情况除外。故障通常是产品本身失效后的状态，但也可能在失效前就存在。（GB/T 3187—1994）

对可修复的产品来说，产品丧失规定的功能称为故障。对不可修复的产品来说，产品丧失规定的功能称为失效。（GJB 451—1990、GJB/Z 91—1997）

2. 故障模式

相对于给定的规定功能，故障模式即故障产品的一种状态。（GB/T 3187—1994）

故障模式是指元器件或产品故障的一种表现形式，一般是能被观察到的一种故障现象。例如，炮弹的瞎火、早炸，弹簧的折断，活动零件的运动受阻，线路的短路、断路，机械零件的被腐蚀，火工品的受潮变质等。

3. 失效机理

引起产品或元器件失效的物理、化学和生物等变化的内在原因。（GJB 451—1990）

引起失效的物理、化学或其他的过程。（GB/T 3187—1994）

4. 故障原因

直接导致失效或引起性能降低进一步发展为失效的那些物理或化学过程、设计缺陷、工艺缺陷、零件使用不当或其他过程。（GJB 1391—1992）

引起失效的设计、制造或使用阶段的有关事项。（GB/T 3187—1994）

5. 失效分析

发生失效后，通过对产品的结构、使用和技术文件等进行的逻辑产品的研究，以鉴别失效模式，确定失效原因和失效机理的过程。（GJB 451—1990、GJB/Z91—1997）

6. 故障影响

故障模式对产品的使用、功能或状态所导致的结果。故障影响一般分为局部的、高一层次的和最终影响三级。（GJB 451—1990）

7. 严酷度

故障模式所产生后果的严重程度。严酷度应考虑故障造成的最坏的潜在后果、并应根据最终可能出现的人员伤亡、产品损坏或经济损失的程度来确定。（GJB 1391—1992）

8. 危害度

对某种故障模式的后果及其出现频率的综合度量。（GJB 451—1990）

5.2.2 失效分析在可靠性工程中的地位

产品的可靠性需要靠构成产品的所有零部件的可靠性来保证，而零部件的可靠性又需要由方案、设计、材料、制造、试验等诸多环节来决定。需要有一个闭环的质量反馈体系，将上述诸环节中的不可靠因素暴露并揭示出来并反馈到相应的环节，以便采取有效的改进措施。失效分析是这个反馈体系中重要步骤。无论上述环节中哪一环节出现不可靠因素，都会在不同程度上影响零部件乃至产品的可靠性。对这许多环节应做全面的考虑，但其中最重要和起主导作用的环节是设计。因此，从可靠性的角度来说，产品的可靠性是设计出来的。这是因为设计者不仅要根据产品的要求对零部件的结构进行强度的计算、加工精度的选定，还需要确定材料、工艺形式、检验标准、试验条件以及合格判据等。上述事项当中存有任何差错或考虑不周，都将带来不可靠因素。各种试验都是考查和暴露不可靠因素的机会，而失效分析则具体揭示造成不可靠的原因，以便纠正。失效分析在可靠性工程中的作用可以归纳为以下几个方面。

① 为设计提供正确的理论根据和设计思想。

② 为合理选材和选择元器件提供依据。

③ 为改进工艺指明方向。

④ 指导各种可靠性试验条件的选取。

⑤ 在处理工程问题时，为决策提供科学依据。

⑥ 为可靠性设计积累宝贵的信息资料。

5.2.3 失效分析的思路

失效分析是通过分析找出引起失效的原因，是从事件的结果推导事件发生原因的过程。任何事件的发生都有其多种内在的和外在的原因，而且各种原因又互相制约或促进。失效分析只有将诸多原因中最主要的原因抓住，才便于采取有效的对症下药的改正措施。失效分析人员进行失效分析时，最主要的客观依据就是失效的零部件残骸，这些残骸往往是受到严重损伤的，这就给失效分析造成很大的困难。因此，失效分析人员除应具备一定的专业知识以外，还必须有正确的思路、科学的方法和必要的条件。

在失效分析工作中，应切实注意以下事项：

1. 建立整体观念

失效的零部件都是产品的一部分，它的失效与整个产品或产品工作状态有密切的关系。在进行失效分析时，对分析的对象需要从时间及空间上都有整体的观念，既需要了解分析对象的历史，包括设计、选材、制造、工艺、装配、测试、使用、维修等，也需要了解零部件在产品中的作用、所有应力状态、与其他零部件之间的相互关系等。切忌片面地、孤立地研究和处理问题。往往有这种情况，一个零件的损坏是由与其有联系的零件性能发生变化所带来的后果，如果不能整体地分析问题，就会得出错误的结论。

2. 分析问题切忌主观片面

产品的失效是客观矛盾的结果，失效分析的责任是找出导致失效的主要因素。由于事物的复杂性，任何主观臆断都会造成分析的错误。失效分析人员必须善于做调查研究、尊重各方面的各种意见，善于从不同的意见中归纳和抓住最本质的问题。要重视对失效现象的现场观察，尊重客观事实。在进行分析时，分析人员必须有自己的设想和初步判断，但应客观地对待自己的设想和判断，要虚心听取不同的见解。当发现自己的设想和判断需要修正时，应毫不迟疑地进行修正。可以说整个失效分析的过程就是不断完善和修正自己的设想的过程。

3. 重视宏观分析，不片面追求微观

分析工作应由宏观到微观、由整体到局部。例如断口分析，首先需要从宏观上确定出断裂的源区，然后才能从微观上进一步确定断裂的性质。因此，用眼睛、放大镜和立体显微镜来观察和分析是非常重要的步骤，可以提供最丰富的信息。

4. 粗细结合，分段进行

在产品的研制工作中，经常会出现各种失效事件。对出现的这些问题往往需要迅速处理，这就需要尽快得出分析结果。但是要彻底地找到失效的真正原因并非易事。为了解决这个矛盾，首先要在短时间内回答必须尽快回答的问题，然后在较长时间内找出失效原因。

5. 爱护失效残骸，做好残骸分析

残骸是失效信息的载体，因此保护残骸（尤其是断口）和利用残骸非常重要。残骸分析是失效分析的核心，分析时应注意以下事项：

① 制定全面、细致的分析程序。先做非破坏性的观察和测试。在进行破坏性分析前，要注意试样的切取分配以及分析顺序，切勿使有用的信息丢失。

② 分析前做好充分的准备工作。

③ 分析时，既要注意“蛛丝马迹”，又要抓住主要矛盾。这需要知识、经验、判断力加正确的思维。

6. 失效分析过程

随着失效产品类型及失效的情况不同，进行失效分析的过程也不相同，因此无法给出一个适合一切情况的万能的分析程序。失效分析从过程上来说，似乎是从结果求原因的逆向过程，但由于失效结果和原因具有双重性，因此，失效分析可以从原因入手，也可以从结果入手，还可以从失效的某个过程入手。为了便于思考，给出失效分析所需遵循的一般过程。

（1）接受任务

在接受任务时，应该尽可能多地了解有关分析对象的情况，明确它在整个产品中的作用和重要性以及从总体上对失效分析的要求，例如进度要求、需要回答的问题等。

（2）掌握原始资料及数据

接受任务以后，首先需要进行深入、细致的调查研究。调查的内容应包括：

① 背景资料：有关设计、制造、工艺、材料、试验、使用、维修、操作人员等方面情况。确定要分析的产品（部件或零件）及其功用、使用条件（环境、应力、时间等）、设计资料（图纸、说明书）、材质、加工工艺及使用情况等。

② 失效现场及失效过程：失效现场应尽量保护好，对现场中的任何“蛛丝马迹”都不要遗漏。详细了解失效过程，对各种有关的试验和使用记录、测试的参数、试验线路、使用的仪器、环境条件等，都应做认真的调查，确定失效现象记录、照片、实物等，在现场调查的基础上记下失效的部位、形状、大小等。

③ 资料调查：收集国内外有关案例资料，这项工作甚为重要，但因失效分析工作往往时间紧迫，很少有时间查阅大量文献，因而做好平日的文献积累和计算机检索工作非常重要。

（3）观察及检测

在进行了必要的调查研究之后，就应着手对失效零部件进行观察、分析与检测。这是失效分析最核心的环节，因而应给予格外的注意。在进行这项工作之前，应做周密的计划，务必在失效残骸进行解剖或有破坏性的测试之前能获取尽可能多的有关失效过程和性质的信息。在制订计划时，必须遵守以下原则。

① 先进行非破坏性、对原始状态无损伤的观察和分析，再进行有破坏性的观察和分析。还应注意，前面的观察和分析不应对后面的分析结果产生影响。

② 由表及里，先宏观后微观。

（4）判断失效模式

根据原始资料分析制定失效的模式。

（5）研究失效机理

根据上述情况，结合结构、材质、使用情况及有关设计、制造等经验，分析失效的机理，找出失效的原因。

（6）证实分析

通过上述一系列调查和分析，失效分析人员对失效的模式、机理和原因可以做出判断和初步结论，但是对其正确性往往还需要经过失效的再现性试验来验证，通过有关试验分析，证明所做失效机理的分析是否正确、属实。设计再现性试验时，试验条件应与实际失效时的工况相符（注意：并不是相同），但对失效机理关系不密切的条件可以省略，以便更集中反映工况与失效机理的因果关系。

（7）结论及反馈

通过以上分析和试验，可以对失效机理做出结论、提出改进的措施意见并反馈到有关的研制环节。

（8）提出预防措施

在失效模式及机理的分析判定中，可以提出消除失效的措施及建议。这些建议可能属于设计、材料、工艺、使用等方面。

（9）注意观察新的失效因子

在对产品进行了改进及采取了预防产生失效的措施后，又可能带来新的失效因子、新的失效模式和失效机理，这需要进一步不断分析。

在进行失效研究时，应注意以下原则：

① 及时发现失效。当产生失效后，要及时、及早发现，这样才有利于准确判定失效模式、分析失效原因及机理。

② 数据资料、实物要真实。失去真实性的记录会给分析带来差错，甚至导致错误。失效表面要保护好，不能造成二次性破坏或污染。数据不能臆测，不要轻易下结论，要尊重事实真相。

5.2.4 失效的分类

失效的分类可根据其原因、性质、程度、产生的速度、发生的时间、机理以及失效产生的后果等对失效进行分类，详见表 5–1。

表 5–1 失效分类

序号	分类原则	失效名称	定义
1	失效原因	误用失效	不按规定条件使用产品而引起的失效
		本质失效	在规定条件使用，由产品本身固有弱点而引起的失效
		独立失效	不是由另外一个产品失效而引起的失效
		从属失效	由于另外一个产品失效而引起的失效
2	失效程度	完全失效	产品的性能超过某种确定的界限，以致完全丧失规定功能的失效
		部分失效	产品的性能超过某种确定的界限，但没有完全丧失规定功能的失效
3	失效可否预测	突然失效	通过事前的测试或监控不能预测到的失效
		渐变失效	通过事前的测试或监控可以预测到的失效
4	失效产生速度	突变失效	突然完全的失效
		退化失效	渐变而部分的失效
		间歇失效	产品失效后，不经修复而在限定的时间内能自行恢复功能的失效
5	失效危害程度	致命失效	可能导致人员伤亡或经济重大损失的失效
		严重失效	可能导致产品完成规定功能能力降低的产品组成单元的失效
		轻度失效	不致引起产品完成规定功能能力降低的产品组成单元的失效
6	产品工作期	早期失效	产品由于设计、制造上缺陷等原因而发生在工作早期的失效
		偶然失效	产品正常使用中由于一些偶然的原因发生的失效
		耗损失效	产品由于老化、磨损、损耗、疲劳等原因而发生的失效

5.2.5 失效的判据

要判定产品是否失效，必须先确定失效判据——失效判定标准。正确、合理地确定失效判据是很重要的，因为它是失效分析和可靠性研究的前提之一。不同的产品、不同的工况、不同的失效模式，失效判据也不一样，所以很难做到统一标准。一般地讲，对某个产品失效的判据，是在产品具有使用功能情况下，按产品的主要性能指标来判定的，这些指标又是产品可接受的性能。判定功能失效，有时是很明显的，这时判据容易确定，有时需根据具体情况，由不同产品、不同工况制定失效判据。

5.3 失效模式和失效机理

所谓失效模式，即为失效的表现形式。这种表现形式是可以通过人的感官或测量仪器、仪表观测到的失效形式。彻底分清产品的失效模式是很重要的，因为失效模式是进行失效分析的基础，也是可靠性研究的基础。失效模式、影响及危害性分析本质上就是建立在失效模式清单基础上的，失效模式也是故障树分析方法的基础之一。

在工程实际中，零件、部件的失效模式并不是固定不变的，它与材质、设计、制造、贮存、使用、维护、工作环境等因素有关，这种现象称为失效模式的不定性。为研究、解决失效模式不定性问题，人们不但要注意研究失效零部件本身，还需要考虑与其有关的产品、使用维护条件以及由设计直到产品最终失效的中间的各个环节的情况，从而更加有效地进行产品的质量信息反馈，以便很好地确定失效模式。

对一个产品来讲，其组成的基础是零部件，所以，产品的失效主要是由零部件失效引起的，因此，研究零部件失效，分析其失效模式，是研究一个产品失效的基础。在描述产品的失效模式时，要尽量以零部件失效模式来表征，只有在难以用零部件失效模式进行描述或无法确认是某一零部件发生失效时，才可用产品本身的失效模式进行描述。

5.3.1 失效模式的分类

一般来讲，可以把失效模式分为损坏、退化、松脱、失调、堵塞或渗漏、功能及其他七种类型。

① 损坏型失效模式。包括裂痕、裂纹、破裂、裂开、断裂、碎裂、弯坏、扭坏、变形过大、塑性变形、拉伤、卡死、烧坏、烧断、击穿、磨损、点蚀、蠕变、剥落、短路、开路、断路、错位等。

② 退化型失效模式。包括老化、变色、变质、表面防护层脱落、浸蚀、腐蚀、正常磨损等。

③ 松脱型失效模式。包括松旷、松动、脱开、脱掉、脱焊等。

④ 失调型失效模式。包括间隙不适、流量不当、压力不当、电压不适、电流不适、行程不当、响度不适等。

⑤ 堵塞或渗漏型失效模式。包括不畅、堵塞、渗油、渗水、漏油、漏水、漏气、漏风、漏电等。

⑥ 功能型失效模式。包括功能不正常、性能不稳定、性能下降、性能失效、启动困难、运动滞后、运动干涉、转向过渡、转向沉重、转向不回位、分离不彻底、分离不开、流动不

畅、指示不准、参数输出不准、失调、抖动、温升过高、漂移、接触不良、有异响等。

⑦ 其他型失效模式。上述六个方面不能包括的失效模式，比如润滑不良。

5.3.2 失效机理

研究失效时，人们首先要得到失效的真实情况，比如失效出现的部位、发生的时间、失效的模式、失效的原因、失效产生的后果（影响）、失效排除的办法等。

失效模式分析只说明了产品将以什么模式发生失效，并未说明产品发生失效的原因。为了提高产品的可靠性，还必须分析产生每一失效模式的所有可能原因。分析失效原因一般从两个方面着手：一方面是导致产品功能失效或潜在失效的产品自身的物理、化学或生物变化过程等直接原因；另一方面是由于其他产品的失效、环境因素和人为因素等引起的间接失效原因。直接失效原因又称为失效机理。

正确区分失效模式与失效原因是非常重要的。失效模式是可观察到的失效表现形式，而直接失效原因描述的是由于设计缺陷、质量缺陷、元部件误用和其他失效过程而导致失效的机理。失效原因随所研究的产品不同而不同，而且与设计、制造、装配、材料及应力等均有关系，又可以根据化学作用、物理作用、机械作用及热的作用对失效机理进行分类。若以应力（广义应力指机械上应力、电压、环境应力）和时间作为失效的外因，由外因引起失效的内因，即导致失效的化学、物理、机械过程，即失效机理。产生失效时，均以一定的失效模式表现出来。

5.4 失效模式及影响分析

失效模式及影响分析（FMEA）的实施一般通过填写 FMEA 表进行，常用的 FMEA 表形式见表 5-2。表 5-2 给出了 FMEA 的基本内容，可根据分析的需求对其进行增补和删减，设计不同的 FMEA 表形式。

表 5-2 失效模式及影响分析表

初始约定层次　　　　任　务　　　　审核　　　　第　页共　页

约定层次产品　　　　分析人员　　　　批准　　　　填表日期

代码	产品或功能标志	功能	失效模式	失效原因	任务阶段与工作方式	失效影响			失效检测方法	补偿（预防）措施	严酷度类别	备注
						局部影响	高一层次影响	最终影响				

5.4.1 分析的依据

进行 FMEA 前，必须熟悉整个要分析的产品情况，包括产品结构方面的、产品使用维护方面的以及产品所处环境等方面的资料。具体来说，应获得并熟悉以下信息。

1. 技术规范与研制方案

技术规范与研制方案通常阐明了各种产品失效的判据，并规定了产品的任务剖面以及对产品使用、可靠性和维修性方面的设计和试验要求，通常还包括工作原理图和功能方框图，它们表明了产品成功工作所需执行的全部功能，可知道产品各个零部件的特性、功能和零部件之间的连接及在整个产品中的位置和作用。那些说明产品功能顺序所用的时间方框图和图表，有助于确定应力–时间关系及各种失效检测方法和改进措施应用的可行性。

2. 设计方案论证报告

设计方案论证报告通常说明了对各种设计方案的比较及与之相应的工作限制，它们有助于确定可能的失效模式及其原因。

3. 有关产品所处环境资料

环境资料包括自然环境和电磁环境。前者又可分为气候环境和力学环境。

4. 设计数据和图样

设计数据和图样通常确定了执行各种产品功能的零部件及其结构，通常从产品级开始直至产品的最低一级零件，对接口功能进行了详细描述。设计数据和图样一般包括功能方框图或可用来绘制可靠性框图的简图。

5. 可靠性数据

为了确定可能的失效模式，需要对产品及产品的可靠性数据进行分析。一般来说，最好利用可靠性试验所得到的数据。当没有试验数据时，可以采用对类似产品在相似使用条件下所进行的试验和由使用经验获得的可靠性数据。

5.4.2 FMEA 的实施

1. 约定层次的划分

复杂产品通常具有层次性结构，随着产品设计的进展，产品的层次划分方式也是不同的。一般情况下，在设计的早期，按产品的功能划分层次关系，随着设计的深入，则既可按产品的功能也可按产品的结构划分层次关系，因此，FMEA 既可以基于功能层次关系进行，也可以基于结构层次关系进行。在进行 FMEA 之前，应首先规定 FMEA 从哪个层次开始到哪个层次结束，这种规定的 FMEA 层次称为约定层次。一般将最顶层的约定层次称为初始约定层次，最底层的约定层次称为最低约定层次。

约定层次的划分应当从效能、费用、进度等方面进行综合权衡。在产品的不同研制阶段内，由于 FMEA 的目的或侧重点不同，因而约定层次的划分不必强求一致。即使在同一研制阶段，由于组成产品的复杂性，在约定层次的划分上也不必完全相同，应依据组成产品的实际情况确定约定层次。例如，对于由较多设计成熟、具有较好的继承性和经过了良好的可靠性、维修性、安全性验证的产品，其约定层次可划分得粗而少；反之，对任何新设计的或虽有继承性但其可靠性、维修性、安全性水平未经验证的产品，其约定层次要划分得多而细，并做认真、详细的分析。值得指出的是，约定层次划分得越多、越细，进行 FMECA 的工作量越大。

在进行 FMEA 时，表 5–2 中的“初始约定层次”处填写处于初始约定层次中的产品名称，“约定层次产品”处则填写 FMEA 表中与正在被分析的对象紧邻的上一层次。

2. 任务

表 5–2 中“任务”处填写“初始约定层次”产品所需完成的任务。若初始约定层次具有不同的任务，则应分开填写 FMEA 表。对于弹药产品的任务，通常用任务剖面来描述，若在进行 FMEA 之前初始约定层次产品已存在预定义的任务剖面，则在“任务”处可填写任务剖面的代号。

3. 代码

为了使每一失效模式及其与相应的方框图内标志的产品功能关系一目了然，填写被分析产品的代码。对每一产品的每一失效模式采用一种编码体系进行标识。

4. 产品或功能标志

分析对象的名称，是指在分析表中记录被分析产品或产品功能的名称。原理图中的符号或设计图纸的编号可作为产品或功能的标志。

5. 功能

应给零部件所执行的功能编写一个简要说明，简要描述产品所具有的主要功能。这个说明既要包括零部件的固有功能，也要包括其有关接口部件的相互关系。

6. 失效模式

根据失效模式分析的结果简要描述该零部件所有可能的失效形式。具体分析产品的失效模式时，要考虑到一切可能存在的隐患，如：

——功能上不符合技术条件的要求；

——启动工作过早；

——该工作时不工作；

——该停止时不停止；

——在工作过程中失效；

——工作时断时续；

——工作性能下降；

——各种接口（热学的、机械的、物理的、化学的）发生变化。

弹药产品常见的典型失效模式有折断、裂缝、变形、变质、尺寸超差、漏气、锈蚀、运动受阻、传火道堵塞、瞎火、膛炸、炮口炸、卡膛、弹道炸等。

7. 失效原因

根据失效原因分析结果简要描述每一失效模式的所有失效原因。对于同一个失效模式，可能由几个独立的原因造成，应把这些原因分别写出，包括直接导致失效或引起其品质降低进一步发展为失效的物理或化学过程、设计缺陷、零件使用不当或其他过程。还应考虑相邻约定层次的失效原因。

8. 任务阶段与工作方式

对发生失效的任务阶段和工作模式的简要说明。如火箭弹某零部件失效的发生是在发射周期前、发射周期内或在弹道飞行过程中。

9. 失效影响

根据失效影响分析的结果，简要描述每个假设的失效模式对产品工作、功能或状态所引起的各种后果。假设某零件是产品–部件–单元中的一个零件，那么该零件的失效模式对单元的影响称为局部影响，对部件的影响称为对高一层次的影响，对产品的影响称为最终影响。

分析失效影响时，应考虑任务目标，以及人员和产品的安全性等。要考虑哪些非关键部分的失效可能造成关键部分失效，哪些原始失效（一次失效）可能造成严重的从属失效（二次失效）。要考虑到失效后果可能是由双重失效造成的。

10. 失效检测方法

即检测人员用于检测失效的方法。如目测、各种测量仪表、化验、化学分析、光学分析、射线分析、自动传感装置、报警装置等。

失效检测一般分为事前检测与事后检测两类，对于潜在失效模式，应尽可能设计事前检测方法。

11. 补偿（预防）措施

针对各种失效模式及影响提出可能的补偿（预防）措施。可以是设计上的补偿措施，也可以是操作人员的应急补救措施。补偿措施随分析对象不同而异，一般地讲，可以从材质改进、结构改进、参数修正、工艺方法改进、使用等方面着手。如防错装、漏装的措施，监视及报警装置，工艺改进措施，质量保证措施，可替换的工作方式，增加冗余产品，改进使用环境等。

12. 严酷度类别

根据失效影响确定每一失效模式及产品的严酷度类别。严酷度类别是给产品失效造成的最坏潜在后果规定一个量度。可以将每一失效模式和每一被分析的产品按损失程度进行分类。严酷度一般分为四类，当产品或失效模式不能按所表述的四类进行分类时，可按类似的损失程度进行表述，在征得订购方批准后，可将其列入 FMEA 基本规则。

Ⅰ类——灾难性的：会引起人员死亡或产品毁坏。

Ⅱ类——致命（严重）的：会引起人员的严重伤害、重大经济损失或导致任务失败的产品严重损坏。

Ⅲ类——临界（一般）的：会引起人员的轻度伤害、一定的经济损失或导致任务延误或降级的产品轻度损坏。

Ⅳ类——轻度的：不足以导致人员伤害、一定的经济损失或产品损坏的失效，但它会导致非计划性维护或修理。

确定每一失效模式和产品的严酷度类别的目的在于为安排改进措施提供依据。最优先考虑的是消除Ⅰ类和Ⅱ类失效模式。

13. 备注

本栏主要记录对其他栏的注释和补充说明。如对改进设计的建议、异常状态说明等。

5.5 危害性分析

危害性分析（CA）是在完成失效模式及影响分析（FMEA）的基础上进行的分析。

危害性分析有定性分析和定量分析两种方法。究竟选择哪种方法，应根据具体情况决定。在不能获得产品技术状态数据或失效率数据的情况下，可选择定性的分析方法。若可以获得产品的这些数据，则应以定量的方法计算并分析危害度。

1. 定性分析法

当失效资料没有或较少时，可按各个失效模式发生的概率占总失效概率的比率的大小分成不同等级，以估计失效模式的危害度。发生规律的等级规定如下：

① A 级：经常发生，比率大于 0.2。

② B 级：有时发生，比率为 0.2～0.1。

③ C 级：偶然发生，比率为 0.1～0.01。

④ D 级：很少发生，比率为 0.01～0.001。

⑤ E 级：极少发生，比率小于 0.001。

2. 定量分析法

在具备产品的技术状态数据和失效率数据的情况下，零部件结构资料和失效资料可利用时，采用定量分析的方法，可以得到更为有效的分析结果。

定量分析法主要是计算失效模式的危害度 C_m 和产品的危害度 C_r。为计算 C_m 和 C_r，需要介绍两个基本参数，即失效模式频数比 α 和失效影响概率 β。

（1）失效模式频数比 α

失效模式频数比 α 是产品失效表现为确定的失效模式的百分比。如果考虑某产品所有（N 个）可能的失效模式，则这些失效模式所对应的各失效模式频数比 α_j（$j=1, 2, \cdots, N$）之和将等于 1。

（2）失效影响概率 β

失效影响概率 β 是指假定某失效模式已发生时，导致确定的严酷度等级的最终影响的条件概率。某一失效模式可能产生多种最终影响，分析人员不但要分析出这些最终影响，还要进一步指明该失效模式引起的每一种最终失效影响的百分比，此百分比即为失效影响概率 β。这多种最终影响的 β 值之和应为 1。即在进行失效影响分析过程中，分析人员如果不能确定地说明某种失效模式肯定产生一种最终影响，则必须给出产生该失效影响的 β 值，同时应进一步分析说明还可能产生其他何种影响及其 β 值。在这种情况下，β 代表了某一失效模式可能产生的对产品的多重失效影响。因此，β 值的确定代表了分析人员对产品失效过程的掌握程度，也代表了分析人员的水平。

3. 危害度

危害度是对某种失效模式的后果及其出现频率的综合度量。根据严酷度类别和失效模式的概率等级综合考虑，危害度分如下四级：

1 级——I_A

2 级——I_B，II_A

3 级——I_C，II_B，III_A

4 级——I_D，II_C，III_B，IV_A，III_E，I_E，II_D，III_C，IV_B，IV_D，IV_E，II_E，III_D，IV_C

其中，I_A 的含义是严酷度为 I 类且概率等级为 A 级，其余依此类推。

5.5.1　危害性分析的实施

危害性分析（CA）的实施与失效模式及影响分析（FMEA）的实施一样，均采用填写表格的方式进行，分为填写危害性分析表格和绘制危害性矩阵两个步骤。一种典型的危害性分析表见表 5–3。

表 5-3 危害性分析表

初次约定层次	任　务	审核	第　页 共　页
约定层次	分析人员	批准	填表日期

代码	产品或功能标志	功能	失效模式	失效原因	任务阶段与工作方式	严酷度类别	失效概率等级或失效数据源	失效率 λ_P	失效模式频数比 α_j	失效影响概率 β_j	工作时间 t	失效模式危害度 C_{mj}	产品危害度 C_r	备注
1	2	3	4	5	6	7	8	9	10	11	12	13	14	15

1. 危害性分析表格

表 5-3 给出了 CA 的基本内容，可根据分析的需要对其进行增补和删减。

表 5-3 中第 1～7 栏中的内容与 FMEA 表中的内容相同，可把 FMEA 表中对应栏的内容直接填入危害性分析表中。

2. 失效概率等级或失效数据源

当进行定性分析方法时，即以失效模式发生概率来评价失效模式时，第 8 栏应列出失效模式发生概率的等级，不考虑第 9～14 各栏内容，可直接绘制危害性矩阵；如果使用失效率数据来计算危害度，则应列出计算时所使用的失效率数据的来源。

3. 失效率 λ_P

可通过可靠性预计得到。如果是从有关手册或其他参考资料查到的产品的基本失效率（λ_b），则可以根据需要用应力系数（π_A）、环境系数（π_E）、质量系数（π_Q），以及其他系数来修正工作应力的差异，即

$$\lambda_P=\lambda_b(\pi_A \cdot \pi_E \cdot \pi_Q \cdot \pi_n) \tag{5-1}$$

应列出计算 λ_P 时所用到的各修正系数。

4. 失效模式频数比 α_j

失效模式频数比一般可根据失效率原始数据或试验及使用数据统计得出，在缺少统计数据时，也可以由分析人员根据产品功能分析评估得出。

5. 失效影响概率 β_j

失效影响概率 β_j 是分析人员根据经验判断得到的，它是产品以某一失效模式 β_j 发生失效而导致产品任务丧失的条件概率。β_j 的值通常可按表 5-4 的规定进行定量估计。

表 5-4 失效影响概率估计值

失效影响	失效影响概率值
实际丧失	$\beta_j=1$
很可能丧失	$0.1<\beta_j<1$
有可能丧失	$0<\beta_j\leqslant 0.1$
无影响	$\beta_j=0$

6. 工作时间 t

工作时间 t 可以从产品定义导出，通常以产品每次任务的工作小时数或工作循环次数表示。

7. 失效模式危害度 C_m

失效模式危害度 C_m 是产品危害度的一部分。对给定的严酷度类别和任务阶段而言，产品的第 j 个失效模式危害度（C_{mj}）可由下式计算：

$$C_{mj}=\lambda_P \cdot \alpha_j \cdot \beta_j \cdot t \tag{5-2}$$

式中　C_{mj}——产品的第 j 个失效模式危害度；

λ_P——产品失效率；

α_j——第 j 个失效模式频数比；

β_j——第 j 个失效影响概率；

t——产品工作时间。

8. 产品危害度 C_r

一个产品的危害度 C_r 是指预计将由该产品的失效模式造成的某一特定类型（以产品失效模式的严酷度类别表示）的产品失效数。就某一特定的严酷度类别和任务阶段而言，产品的危害度 C_r 是该产品在这一严酷度类别下的各失效模式危害度 C_{mj} 的总和。C_r 可按下式计算：

$$C_r=\sum_{j=1}^{n} C_{mj}=\sum_{j=1}^{n} \lambda_p \cdot \alpha_j \cdot \beta_j \cdot t \tag{5-3}$$

式中　n——该产品在相应严酷度类别下的失效模式数。

5.5.2　危害性矩阵

绘制危害性矩阵图的目的是比较每个失效模式的危害程度，进而为确定改进措施的先后顺序提供依据。危害性矩阵是在某一特定严酷度级别下，产品各个失效模式危害程度或产品危害度相对结果的比较。

危害性矩阵图的绘制，以等距离表示严酷度类别（Ⅰ、Ⅱ、Ⅲ、Ⅳ）为横坐标，以产品危害度 C_r 或失效模式危害度 C_m（当采用定量分析法时）或失效概率等级（A、B、C、D、E）（当采用定性分析法时）为纵坐标，如图 5-2 所示。其做法是：先按产品危害度 C_r 或失效模式危害度 C_m 的值或概率等级，在纵坐标上查到对应的点，再在横坐标上选取代表其严酷度类别的直线，并在直线上标注产品或失效模式的位置，从而构成产品或失效模式的危害性矩阵图。在危害性矩阵图上，可得到产品或各失效模式危害性的分布情况。

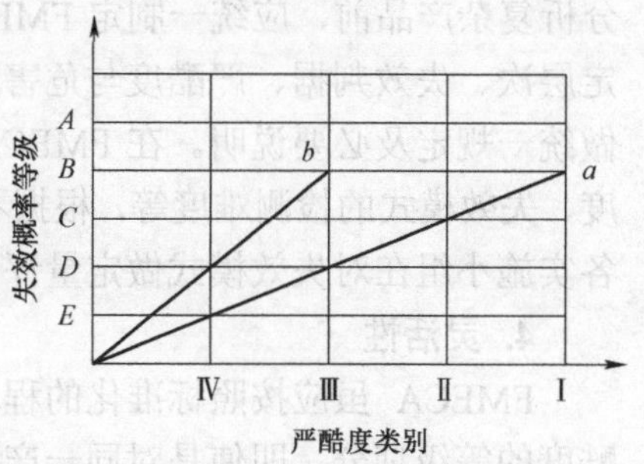

图 5-2　危害性矩阵

在这样构成的一个危害性矩阵图平面内，从所标记的失效模式分布点向原点作连线，连线距离越长，其危害性越大，越需尽快采取改进措施（当采用定性分析时，大多数分布点是重叠在一起的，此时只能按区域分析）。从图 5-2 中可以看出，将失效模式 a 和失效模式 b 做比较，a 点比 b 点连线距离越长，a 点的危害程度比 b 点的越严重，应先对 a

点采取措施。

5.6 应用 FMECA 的注意事项

FMECA 作为失效分析的一种有力手段，在可靠性工作中发挥了巨大的作用。然而，有时在实际工程应用中，由于诸多原因，却有流于形式的倾向。如把 FMECA 当作形式上的工作、没有认真分析和没有采取有效纠正措施、设计完成后再补作 FMECA、FMECA 的分析不深入等。

FMECA 虽是有效的可靠性分析方法，但并非万能。它不能代替其他可靠性分析工作。特别应注意，FMECA 一般是静态的单一因素分析方法，在动态分析方面还不完善。若对产品实施全面的分析，还应与其他分析方法相结合。

为了完成有效的、高水平的 FMECA，必须注意以下事项：

1. 时间性

FMECA 应与设计工作结合同步进行，尤其应在设计的早期阶段就开始进行 FMECA，在可靠性工程师的协助下，由产品设计人员来完成，同时，必须与设计工作保持同步。FMECA 适用于产品研制的整个过程，并且随产品设计的深入而细化。FMECA 的结果应作为进一步设计的参考，在设计中加以改进。FMECA 的有效与否很大程度上取决于分析及纠正是否及时，FMECA 应在产品研制的评审之前提供有用的信息，否则它就是不及时的和没有作用的。由于费用和进度的限制，要求把可以利用的资源用于它们可以发挥最大经济效益的地方，所以，尽早利用 FMECA 的结果具有重要意义，它可以减少对费用和进度的影响，有助于及时发现设计中的薄弱环节，并为安排改进措施的先后顺序提供依据。

2. 层次性

对产品研制的不同阶段，应进行不同程度、不同层次的 FMECA，分析层次取到什么程度合适，应因情况不同而不同。也就是说，FMECA 应及时反映设计、工艺上的变化，并随着研制阶段的展开而不断补充、完善和反复迭代。

3. 规范性

FMECA 分析中应加强规范化工作，以保证产品 FMECA 的分析结果具有可比性。开始分析复杂产品前，应统一制定 FMECA 的规范要求，结合产品特点，对 FMECA 中的分析约定层次、失效判据、严酷度与危害度定义、分析表格、失效率数据源和分析报告要求等均应做统一规定及必要说明。在 FMECA 分析之前，常将失效模式的发生概率、失效模式的严酷度、失效模式的检测难度等，根据不同产品划分成实用的等级，确定评定标准。若没有标准，各实施小组在对失效模式做定量评定时，就不能用共同的标准找出重点失效模式。

4. 灵活性

FMECA 虽应按照标准化的程序进行，但在某些方面也体现出它的灵活性。失效模式严酷度的等级划分，即使是对同一产品，产品层次的 FMECA 和零件层次 FMECA 不同，也应采用分别划分评定标准的方法。若从产品的 FMECA 起到零件的 FMECA 止用同一评定标准进行分析，对失效模式的评价就会发生混乱，不同层次上的严酷度也就模糊不清了。

5. 有效性

FMECA 工作应由产品设计人员完成，即贯彻“谁设计、谁分析”的原则，这是因为设计人员对自己设计的产品最了解。

6. 跟踪性

应对 FMECA 的结果进行跟踪与分析，以验证其正确性和改进措施的有效性。这种跟踪分析的过程，也是逐步积累 FMECA 工程经验的过程。一套完整的 FMECA 资料，是各方面经验的总结，是宝贵的工程财富，应当不断积累并归档，以备查阅参考。

5.7　失效模式及影响分析示例

本节以弹药产品中的小口径常规杀爆火箭弹为例，说明失效模式及影响分析的过程和基本概念。某型杀爆火箭弹的结构如图 5-3 所示。

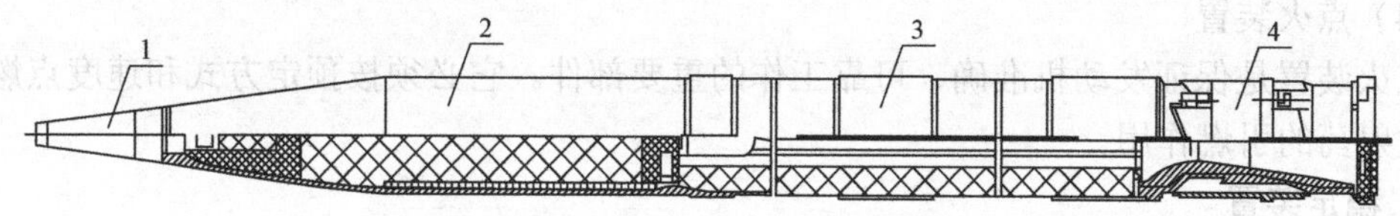

1—引信；2—战斗部；3—发动机；4—稳定装置。

图 5-3　某型杀爆火箭弹的结构示意图

火箭弹在作战使用中必须具备有安全可靠性。安全性包括火箭弹在贮存、运输、装填、发射、飞行等各阶段必须确保安全。常规杀爆火箭弹一般由引信、战斗部、发动机和稳定装置组成。发射时，首先装定引信，接通炮上电源，电流经火箭炮导电触头、导电片、电点火头、喷管、定向钮、火箭炮定向器、电源形成回路。电点火头发火，引燃传火具中的点火药，在燃烧室内形成一定的温度和压力后，点燃发射药装药，这个时候会产生很多的高温高压气体，这些气体会从喷管流出，然后将导电盖冲掉，这时的反作用力就是推动火箭弹的推力，定向管使火箭弹做低速旋转，出炮口后，火箭弹的尾翼展开，产生稳定力矩维持火箭弹飞行稳定，之后火箭弹主动段结束，然后就是惯性飞行，直到击中目标，引信起爆，战斗部爆炸，产生冲击波和破片毁伤目标。

1. 引信

引信的作用是引爆炸药装药，触发引信位置在战斗部顶端，目标触发后引爆；非触发引信则是由物理场的作用而引爆。

2. 战斗部

战斗部是体现火箭弹战斗作用的主要部件。杀爆火箭弹的战斗部由炸药装药、战斗部壳体、预制破片等构成。战斗部被引爆后，战斗部壳体和预制破片破碎，形成具有一定动能的杀伤破片，对目标进行毁伤。

3. 发动机

发动机为火箭弹的飞行提供动力，使其达到一定的速度和转速。它的作用是产生推动火箭弹向前运动的推力。

（1）燃烧室

燃烧室是发动机的主要零件。其在燃烧室内装配发射药，并使发射药在其内腔燃烧。燃烧室是在高温、高压条件下工作的。另外，燃烧室又是连接其他零件的主体。为了保证燃烧室的安全和工作可靠性，对其要求有：具有足够的力学强度和刚度；具有很好的连接可靠性；密封性好等。

（2）火箭发射药

火箭发射药提供发动机产生推力的能源，影响火箭弹的射程。为保证产品完成任务，对发射药的一般要求是：发热量和比冲高；密度大；具有良好的燃烧性能和力学特性；化学安定性好；抗老化性能好；相容性好。

（3）喷管

喷管是发动机结构中最关键的部件。由于喷管在发动机工作过程中始终受到高温、高压燃气流的冲刷作用，必须采取措施，减少喷管喉部的烧蚀、避免内弹道性能的改变、保证喷管结构的完整性。

（4）点火装置

点火装置是保证发动机准确、可靠工作的重要部件。它必须按预定方式和速度点燃，完成对发射药的引燃作用。

4. 稳定装置

稳定装置是保证火箭弹稳定飞行的关键部件。其主要零件尾翼的结构形状和尺寸，不但对飞行稳定性有重要的影响，而且对射程和密集度都有较大的影响。其结构要简单，有较好的空气动力外形，尽量减少阻力损失，增大射程，必须具有足够的刚度和强度，防止飞行过程中的断裂、变形。

某小口径火箭弹工作失效模式及影响分析见表5–5。

表5–5　某小口径火箭弹工作失效模式及影响分析

初始约定层次　　某火箭弹产品

约定层次　　某火箭弹工作

<table>
<tr><th rowspan="2">代码</th><th rowspan="2">零部件名称</th><th rowspan="2">功能</th><th rowspan="2">故障模式</th><th rowspan="2">故障原因</th><th rowspan="2">任务阶段</th><th colspan="3">故障影响</th><th rowspan="2">严酷度类别</th></tr>
<tr><th>局部影响</th><th>高层影响</th><th>最终影响</th></tr>
<tr><td>1</td><td>点火系统</td><td>点燃发动机装药</td><td>迟发火、不发火、断续燃烧</td><td>点火电路受损</td><td>发射过程</td><td>点不着发射药</td><td>发射失效</td><td>任务失败</td><td>Ⅱ</td></tr>
<tr><td>2</td><td>发动机燃烧室</td><td>贮存火箭发射药的容器</td><td>断裂、烧穿、过热</td><td>强度不足、壳体质量不合格</td><td>飞行过程</td><td>飞行异常</td><td rowspan="2">发动机爆炸、近弹</td><td rowspan="3">任务失败危及我方人员安全</td><td>Ⅰ</td></tr>
<tr><td>3</td><td>燃烧室装药</td><td>提供飞行动力</td><td>有裂纹、气泡等缺陷</td><td>装药缺陷、机械损坏</td><td>发射或飞行过程</td><td>燃烧时破碎</td><td>Ⅰ</td></tr>
<tr><td>4</td><td>喷管</td><td>扩张火药气体形成推力</td><td>壳体裂纹</td><td>材料不符合要求</td><td rowspan="2">飞行过程</td><td>过热变形</td><td>近弹</td><td>Ⅰ</td></tr>
<tr><td>5</td><td>稳定装置</td><td>稳定飞行姿态</td><td>翼片断裂或变形</td><td>强度不足、材料缺陷、外力冲击</td><td>飞行异常</td><td>全弹失稳</td><td>近弹、任务失败</td><td>Ⅰ</td></tr>
</table>

续表

代码	零部件名称	功能	故障模式	故障原因	任务阶段	故障影响			严酷度类别
						局部影响	高层影响	最终影响	
6	发动机零件	提供火箭弹飞行动力	弹簧断裂、密封性不好，松动	弹簧强度不足、工艺问题	飞行过程	飞行异常	飞行异常		Ⅰ
7	燃烧室包覆层	包覆药面、起隔热作用	隔热涂层裂纹、剥落、鼓包、壳体裂纹	工艺问题	发射或飞行过程	燃烧室变形或爆裂	发动机爆炸、近弹	任务失败危及我方人员安全	Ⅰ
8	火箭发动机	提供火箭弹飞行动力	燃烧时间及推力不合格	推进剂老化变质	飞行过程	推力异常	弹道异常		Ⅰ
9	战斗部壳体	贮存火箭弹炸药的容器	尺寸、重量超差	加工、装配问题		摆差过大	全弹摆差过大	近弹	Ⅱ
10	战斗部装药	毁伤目标	炸药的安定性不好	装药缺陷、贮存失效	作用过程	不能正常工作	毁伤功能部分失效		Ⅱ
11	战斗部	毁伤目标	战斗部装药爆炸不完全	起爆药柱密度过大、药中混入杂质、起爆药或炸药受潮	终点作用	任务失败	任务失败	完不成任务	Ⅱ
12	火箭弹	精准毁伤目标	地面密集度不达标	火炮状况，操作、气象条件等	终点作用	任务失败	任务失败		Ⅱ

思考练习题

1. 失效模式、影响及危害性分析是一种什么归纳分析方法？
2. 简述失效模式、影响及危害性分析的目的。
3. 简述失效、失效模式、失效机理、失效原因、失效分析、失效影响、严酷度、危害度的基本概念。
4. 简述 FMEA 的两种基本方法。
5. 自下而上进行 FMEA 是哪种方法？
6. 严酷度分为几类？最优先考虑的是消除哪两类失效模式？
7. 完成你所使用手机（或计算机）的失效模式与影响分析。

第 6 章
弹药贮存可靠性分析

中新网石家庄 2000 年 9 月 5 日消息：解放军总装备部弹药研究权威机构公布，中国军方“贮存弹药可靠性工程与质量保障体系研究”课题，经几代科研人员历时 40 年的不懈努力，取得一系列重大创新和突破性研究成果。

弹药在贮存期间，受到环境应力的作用，使弹药的各种组件发生腐蚀、老化、分解等变质现象，致使弹药产品的性能退化，可靠度降低，由环境应力和时间双重因素诱发失效。根据弹药不同于其他装备的最主要的结构上的特点，其装药组件和机械零件是贮存失效研究的重点。

弹药的长时间贮存和任务工作时间极短，决定了弹药贮存可靠性的重要性。贮存失效，一是使用时弹药不能完成其规定的功能，如发射时瞎火、弹着目标不爆炸等；二是可能影响弹药的安全性，使弹药在勤务处理或使用中发生搬运炸、膛炸或炮口炸等。这种变质失效使弹药的贮存可靠性降低。对弹药进行贮存失效分析，是为了掌握弹药贮存阶段的可靠性变化规律和弹药的质量，并视情况采取相应的技术保障措施及管理决策，延缓弹药质量变化速度，延长弹药的可靠贮存寿命。

6.1 弹药可靠性

弹药可靠性主要由三方面构成，即固有可靠性、使用可靠性和贮存可靠性。

1. 弹药固有可靠性

弹药固有可靠性指弹药出厂时在理想的使用条件下使用时的弹药可靠性。出厂时的弹药尚未受到来自贮存环境中各种因素的影响，在理想的使用条件下使用则可排除使用条件可能对弹药完成规定功能产生的影响，所以，弹药固有可靠性反映了弹药的初始可靠性水平。

2. 弹药使用可靠性

弹药使用可靠性指弹药在规定的使用条件下使用时，按预定程序完成各种规定功能的能力。因弹药属一次性使用的产品，其工作时间是一相对固定的时间区域，所以一般可靠性概念中的“规定时间”对弹药的使用可靠性没有意义，这是弹药使用可靠性的一个重要特点。

3. 弹药贮存可靠性

弹药贮存可靠性指弹药在规定的贮存条件下和规定的贮存时间内，保持规定功能不变的能力。弹药贮存可靠性是构成弹药可靠性的重要组成部分，是影响弹药总体可靠性水平的一个重要方面，加之弹药具有长期贮存的特点，使贮存可靠性在弹药可靠性中处于更为突出的地位。

① 弹药的规定功能是指根据使用目的而赋予弹药的各种功能，主要有保证安全和可靠作用两方面的若干项具体功能。

② 弹药的贮存条件主要指弹药贮存空间的自然条件，如存放环境中的温度、湿度和人为环境条件，如运输、搬装过程中的冲击、振动等。弹药的贮存条件可能有多种不同情况，如仓库存放和阵地存放、公路运输和铁路运输等。但这些不同存放和运输情况都是符合有关标准或规范规定的，所谓规定的，可以是几种不同的贮存条件。

③ 弹药的贮存时间一般指弹药生产完成后，从出厂开始至贮存到某一时刻的时间间隔。有些情况下贮存时间则要从某一弹药零件甚至部件的出厂时间开始计算。一般来说，弹药零件的生产时间都先于全弹的装配时间，部分火工零件、发射药生产时间可能更早。这样，当以这些零件或装药的功能为主要研究对象时，贮存时间的计算就应从相应零部件的出厂时间开始。

从弹药贮存可靠性定义不难看出，弹药贮存可靠性主要反映弹药在长期贮存过程中抵御贮存环境中各种因素的影响，保持自身的各项功能不变的能力。弹药的这种能力越强，则其贮存可靠性越好，反之，则越差。换言之，在相同的贮存条件下和贮存时间内，弹药功能的变化越小，则弹药的贮存可靠性越好；同理，在相同的贮存条件下，弹药功能发生某一变化所用的时间越长，也说明弹药的贮存可靠性越好。

同弹药的固有可靠性、使用可靠性一样，弹药贮存可靠性也是由弹药的设计和生产赋予的一种固有特性，一经设计并完成生产，弹药即具有了自身所特有的贮存可靠性水平。在相同的贮存条件和贮存时间内，不同的弹药具有不同的贮存可靠性，这反映了不同弹药在设计水平和生产能力方面的差异。而同种弹药在不同的贮存条件下或不同的贮存时间内，在保持自身功能不变的能力上所表现的差异，则并不表示弹药所固有的贮存可靠性发生了变化。由此可见，弹药贮存可靠性是弹药内在的、固有的一种属性，它只随不同的弹药而不同，贮存条件、贮存时间只是用来度量弹药贮存可靠性好坏的参数，而不是决定弹药贮存可靠性的因素，弹药的贮存可靠性主要取决于弹药的设计水平和生产能力。由于不同弹种的设计水平不同，其贮存可靠性可能会有较大差异。而同种弹药中的不同个体，当生产的工艺条件基本相同时，其贮存可靠性通常不存在显著性差异。因此，在研究弹药贮存可靠性时，可以将一批弹药，甚至整个弹种，当作一个母体看待。

弹药贮存可靠性是弹药的固有属性，但在长期贮存过程中，各种环境因素在对弹药功能产生影响的同时，也可能使弹药的某些内在的、决定弹药贮存可靠性的特性发生变化。例如，由于长期贮存使弹药失去原有的密封性能等，进而改变弹药的贮存可靠性。弹药贮存可靠性的这种变化与弹药功能随贮存条件和贮存时间的变化有本质区别，二者切不可混为一谈，前者变化的结果通常会加速或延缓后者的变化。

弹药固有可靠性、贮存可靠性和使用可靠性分别反映了弹药可靠性的三个不同侧面，其中固有可靠性只反映设计水平和生产能力对弹药可靠性的影响，如由于设计不合理，设计的弹药本来就不能完成预定功能，或由于生产问题而没有实现设计意图，这里并不包含贮存和使用对弹药可靠性的影响。贮存可靠性侧重反映弹药承受贮存环境中各种因素影响的能力，也就是经设计和生产在出厂时具备各项规定功能的弹药，在贮存过程中保持原有的功能不变的能力。具有相同固有可靠性的弹药，如果贮存可靠性不同，那么在相同的贮存条件下贮存相同时间后，将具有不同的可靠性水平；使用可靠性则主要反映弹药满足使用条件的特性或在规定的使用条件下完成规定功能的能力。具有相同固有可靠性和贮存可靠性的弹药，由于使用可靠性不同，则完成预定功能的能力也不相同。由此可见，弹药固有可靠性、贮存可靠性和使用可靠性分别对弹药设计生产、贮存和使用的三个不同阶段的可靠性进行了描述，三者既有区别，又互相联系，共同构成了弹药可靠性这一弹药总体特性，缺一不可。

尽管贮存可靠性和使用可靠性主要反映的是弹药承受贮存环境和使用条件作用的能力，但与固有可靠性一样，这种能力同样是由弹药的设计和生产赋予的一种内在属性，而与贮存环境和使用条件无关。例如：弹药中某一火工零件的贮存性能主要取决于其中装药的性能以及装药与周围零件材料的相容性等因素，这些因素同样是由弹药的设计和生产确定的，也就是说，是设计和生产赋予了这一火工零件一定的贮存可靠性。

6.2 弹药贮存可靠性参数和指标

弹药贮存可靠性定义为：弹药在规定贮存条件下无失效的持续时间或概率。无失效是指无安全性失效和无作用失效，无失效的持续时间是指弹药的贮存安全和贮存可靠寿命；无失效的概率是指弹药不发生安全失效的概率及可靠作用的概率。弹药在贮存以后仍要求能完成其规定功能，同时，在贮存期间要求弹药保持良好的技术状态。基于上述分析，我们认为弹药的贮存可靠性参数应包括贮存期限、贮存可靠寿命和贮存安全寿命等。在给出定量指标的同时，还应明确贮存条件和失效判据。

弹药的装运、贮存属于弹药寿命剖面内的一个阶段，从军队接收弹药后，即认为此阶段开始，直到贮存期限终止。此阶段的规定条件，主要是指装卸、运输时的环境条件和仓库中的环境条件。

弹药贮存可靠性是构成弹药可靠性的一个组成部分，它侧重反映弹药的贮存性能，而弹药贮存性能好坏则直接关系弹药的战备完好性和保障维修性，换句话说，对长期贮存中的弹药：一方面，要求能保持较高的可靠作用能力，保证随时投入使用时能满足作战要求；另一方面，要求弹药保持这一能力的时间足够长，这不仅可延长弹药战备保障的时间，而且不必为频繁更换弹药而节省费用。由此可见，评价弹药贮存可靠性的好坏需用两方面的参数，一是反映战备完好性的参数，如贮存可靠度；二是与战备保障费用有关的参数，如可靠贮存寿命。

6.2.1 弹药贮存可靠性参数

1. 贮存可靠度

我们用弹药贮存可靠度作为评价弹药贮存可靠性的参数，它侧重反映弹药的战备完好性。弹药贮存可靠度是指弹药在规定的贮存条件下和规定的贮存时间内，保持弹药各项预定功能不变的概率，是对弹药贮存可靠性的度量。

由以上定义可知，当一种弹药的贮存可靠性基本确定时，弹药的贮存可靠度主要与贮存条件和贮存时间有关。换言之，弹药的贮存可靠度可表示为贮存条件和贮存时间的二元函数。

$$R_s(t)=f(C_i,t) \tag{6-1}$$

式中　$R_s(t)$——弹药贮存可靠度；

C_s——各种贮存条件；

t_s——贮存时间。

对同一种弹药来说，弹药的贮存可靠性是基本确定的，通过在某种规定贮存条件下和某一规定时间内弹药的贮存可靠度高低，可反映这种弹药的贮存可靠性水平。改变贮存条件或贮存时间，弹药的贮存可靠度会随之变化，通过这种变化又可反映弹药受贮存条件和贮存时间影响的程度。对不同的弹药而言，在相同的贮存条件下和贮存时间内，弹药有不同的贮存可靠度，这恰恰反映了不同弹药贮存可靠性水平的不同。由此可见，弹药贮存可靠度是重要的贮存可靠性参数之一。

从理论上讲，给出了弹药贮存可靠度的定义之后，就可对弹药的贮存可靠性进行评价，但结合弹药的实际情况就会发现，由定义给出的弹药贮存可靠度在实际中很难操作。众所周知，弹药是一次性使用的军事装备，它的大部分功能只能作用一次，既不能重复使用，又不能重复检测，这样就不可能像其他产品那样，通过多次检测或实际使用考核来观察弹药在整个寿命期内不同时间的可靠度。例如，若在出厂时安排测试，虽可判定弹药的固有可靠度，却无法进一步了解在贮存过程中的可靠度变化。同样，若在贮存过程中进行检测，则只能知道弹药在检测时的状态，若已发生失效，一般很难区分是固有失效还是由于贮存引起的失效。另外，由于受检测手段和使用条件的限制，检测和使用等原因引起的失效常常混杂在一起，所以，当将贮存一定时间的弹药投入使用或在进行试验时，所取得的失效信息中，既包含固有失效，又包含贮存失效，还可能包含使用失效。这样，专门研究弹药的贮存可靠度随贮存时间和贮存条件的变化就变得十分困难，为此，需对弹药的贮存可靠性参数做一定转化，首先我们引入弹药工作可靠度的概念。

弹药工作可靠度是指弹药在规定的贮存条件下贮存到某一时间，在规定的使用条件下使用时完成各项规定功能的概率。不难看出，弹药的工作可靠度综合反映了弹药所具备的可靠工作的能力，记作 $R(t)$，则

$$R(t)=R_0R_s(t) \tag{6-2}$$

式（6-2）中的 R_0 称为固有工作可靠度，表示弹药出厂时的实际工作可靠度，是一个完全由弹药的设计和生产决定的常数，通常可通过相关的试验来确定。$R_s(t)$即是由式（6-2）所表示的弹药贮存可靠度。当 $t=0$ 时，$R_s(t)=1$，$R(t)=R_0$；当已知 R_0，并通过试验或实际使用确定了 $R(t)$时，即可由式（6-2）求出 $R_s(t)$。即

$$R_s(t)=R(t)/R_0 \tag{6-3}$$

弹药的贮存可靠性越好，则 R_s 越大（越接近于1），$R(t)$越接近于 R_0，弹药的工作可靠度主要由其固有工作可靠度决定；相反，弹药的贮存可靠性越差，则 R_s 越小，弹药的工作可靠度也随之减小。因此，改善弹药贮存可靠性，提高贮存可靠度是提高弹药工作可靠度的一项重要措施，尤其是当弹药的固有工作可靠度 R_0 较高时更是如此。

另外，从部队对弹药的使用和管理情况看，专门研究 $R_s(t)$也无实际意义，因为通常是以工作可靠度 $R(t)$而不是贮存可靠度 $R_s(t)$的大小来作为弹药使用保障和质量分级的依据。弹药的贮存可靠寿命也是由 $R(t)$确定的。

以上给出了弹药贮存可靠度、弹药工作可靠度等可靠性参数，但这些参数还不能与相应的可靠度指标相结合。因为弹药具有安全性和各种作用功能，不同的弹药功能在弹药中所处的地位和重要程度不同，对相应功能的可靠性要求也就不同，因此，只笼统地给出弹药贮存可靠度、弹药工作可靠度等参数，仍无法确定对各项弹药功能具体的可靠性要求，这就要求这些可靠性参数与具体的弹药功能相对应。对应于弹药安全功能的可靠性参数有弹药安全工作可靠度，考虑实际应用时的方便，通常以弹药安全系统失效概率表示；对应各项作用功能的可靠性参数有各种作用可靠度，如发射可靠度、飞行可靠度、终点作用可靠度等。

2. 贮存可靠寿命

在贮存期内，弹药的贮存可靠度是一个变量，能否在较长时间内保持规定的可靠度，直接关系到弹药的保障能力和费用。为此，引入另一贮存可靠性参数——弹药贮存可靠寿命。

贮存可靠寿命指在规定的贮存条件下，弹药从开始贮存到给定可靠度时所对应的时间。这一指标应该包括作用可靠度 R、对应的贮存时间 T 及置信水平 γ。

弹药贮存可靠寿命从另一角度对弹药的贮存可靠性进行了描述，弹药贮存可靠寿命越长，则说明弹药贮存可靠度变化越缓慢，也即弹药抵御环境影响的能力越强，贮存可靠性越好。

显然，弹药贮存的环境条件也是评价弹药贮存可靠性的一个重要参数，相对于不同的环境条件，弹药的贮存可靠度和贮存可靠寿命都将不同。然而我们通常并不将其当作一个独立的指标，而是作为一个条件将其隐含于另两个指标之中，也就是说，凡论及弹药的贮存可靠度和贮存可靠寿命时，一定要首先明确对应的贮存条件。

规定的贮存条件包含两种情况：一是库存条件，二是阵地贮存条件。因此，应分别规定这两种条件下贮存可靠寿命指标。在确定这一指标时，一方面，要参照现有相似产品的贮存可靠寿命，根据新研产品的特点，采取类比分析法提出合理要求；另一方面，既要考虑我国的研制水平、生产技术和设备能力，又要保证满足国防建设的需要。

3. 贮存安全寿命

贮存安全寿命是指在规定贮存条件下，弹药从开始贮存到出现致命失效所对应的时间。由于弹药是一种特殊产品，一旦出现安全失效，就会造成严重的人身伤亡和巨大经济损失，甚至会造成不良的政治后果。因此，弹药的贮存安全寿命要远大于弹药的贮存可靠寿命。在确定弹药贮存安全寿命指标时，应分别规定弹药及其部件的贮存安全寿命大于贮存可靠寿命的时间。这个时间间隔应根据我国弹药产品的特点，确保在正常操作下，弹药在装卸、运输、贮存、使用、销毁等过程中的安全。安全失效概率因其极小，无法用抽样检验的方法进行考核，所以应对每次出现的安全失效事故进行记录，认真查找原因，通过实际事故率和已使用数的统计去估计贮存安全寿命和安全失效概率。

4. 贮存条件和失效判据

贮存环境条件对弹药的贮存可靠寿命和贮存安全寿命有很大影响。同一批弹药，分别在库内和野外贮存，其贮存寿命有很大差异。即使都贮存在库内，由于贮存地区不同，其贮存寿命也有明显不同。在规定弹药的贮存寿命指标时，订购方应明确其贮存环境条件。对于库存弹药，考虑到我国地域辽阔，环境条件极为复杂，不可能规定弹药在统一条件下的贮存寿命。因此，可以选择某一地区某一贮存环境作为标准，其他地区的环境条件采取等效方法处理（如寻求环境因子），这样可以使贮存寿命指标在不同贮存环境条件下得以变通或转化，以利于对贮存寿命指标的考核。对于阵地贮存弹药，因阵地贮存条件非常恶劣，其失效机理与库存弹药不一定相同，所以对阵地贮存弹药应单独明确其贮存条件。在规定贮存条件的同时，还应明确贮存可靠性指标的考核条件、标准和失效判据。过去对新研制弹药只规定贮存年限，没有规定其考核条件、标准和判据，新研制产品能否达到规定贮存年限，无法考核，致使贮存可靠性这一重要质量指标得不到保证。因此，在规定贮存可靠性指标时，必须同时规定相应考核条件、标准和失效判据。

6.2.2　弹药贮存可靠性指标

可靠性指标是开展可靠性设计的基础和依据，通常由订购方提出，经与承制方协商后，以合同的形式明确下来。这项工作在新型弹药装备的设计研制中已开始起步，并在不断发展完善。

1. 确定弹药贮存可靠性指标的基本原则

确定弹药可靠性指标的原则，概括起来，就是以战时对弹药的要求为依据，同时兼顾具体指标实现的可能性，综合平衡二者的关系。具体应考虑以下因素。

① 弹药是一次性使用、以爆炸等形式直接攻击目标的军事装备。要达到保存自己、消灭敌人的目的，必须具有较高的工作可靠度。另外，战时弹药消耗量很大，对于一个国家来说，两次战争之间的时间一般较长，所以又必须有相当数量的弹药进行长期贮存，以满足和平时期转入战时及战争初期的需要。即使在战时，也要为大战役准备、贮存（有时是野外贮存）大量弹药，因此，弹药又必须具有较长的可靠贮存寿命。

② 弹药是一种战时消耗很大的常规作战物资。因为量大，占整个军事装备费用的比例就大，所以应该尽量降低单发弹药的价格。这与尖端武器、高科技武器那样对单发价格的要求不同。由于受费用限制，弹药的工作可靠度就不能要求过高，贮存寿命也不能过长。

③ 要考虑已有的相似弹种的可靠性水平，结合研制中的具体弹种的特点及与老弹种的差别，确定可达到的可靠性水平。

④ 在平时和战时对弹药安全性、可靠性的要求有时是不同的。平时，不使用就不会造成伤亡；战时，尽管知道一些弹药不十分安全可靠，但在没有更安全、更可靠的弹药时还得使用，否则将无法满足作战需要。

⑤ 安全功能与作用功能是弹药的两类不同的功能，对弹药安全功能和作用功能的可靠性指标有不同要求，而且相差甚远。

2. 弹药贮存可靠性指标的确定

（1）弹药安全功能贮存可靠性指标的确定

把弹药在对目标作用前的所有环节上，如运输、搬运、装卸、贮存、勤务处理、射击等，不发生提前作用的能力称为弹药的安全性。弹药安全功能可靠性常用安全功能失效概率来表示，它是指弹药从生产出厂到射击后预定解除保险程序完成前，安全功能失效数与所有试验、使用过的弹药总数之比。对安全功能可靠性指标的要求很高，一般在百万分之一的数量级。

（2）作用功能贮存可靠性指标的确定

作用功能贮存可靠性指标是决定弹药可否继续贮存和使用的重要依据，通常用工作可靠度下限 R_L 表示，当弹药的实际工作可靠度下限值低于 R_L 时，即认为不能满足使用要求。对弹药工作可靠度下限 R_L 的确定，目前尚无统一的标准。在确定某一弹种的作用功能可靠性指标时，还应考虑以下因素：

① 弹药的使用特点。每种弹药在使用上都有一定的特点，在确定可靠性指标时，必须予以考虑。如枪弹、手榴弹、单兵反坦克弹药等都属近战武器用弹药，能否保证可靠作用，直接涉及战士的生命安全，因而对其可靠度的要求应相应提高；再如高炮弹药，对付的目标是高速运动的飞机，不仅战机不易捕捉，而且敌机对我方的威胁较之地面目标要大得多，加上高炮榴弹在不能击中目标时，一旦自毁系统失效，还可能对我方阵地造成损失，因而对其可靠度的要求也应相对提高。

② 原材料和生产技术水平。有些弹药应该具有较高的可靠性，但由于目前可供使用的原材料还不能满足长期贮存的要求，或在产品及包装的生产工艺方面不能获得满意的效果，致使对贮存可靠度的要求不能过高。

3. 弹药贮存可靠寿命

确定弹药贮存可靠寿命也应遵循以上讨论的各项原则，即要从战备的需要出发尽量要求延长可靠贮存寿命，同时，又要考虑弹药的更新换代周期和设计生产的成本。在仓库条件下贮存，一般规定为10～25年。结构复杂或因增设新的功能而采用新材料、新技术，使贮存可靠性下降的新弹种以及因特殊需要不得不使用贮存性能较差的化学药剂的特种弹药（如发烟弹、照明弹等）可向10年靠拢，一般的弹药应向20年靠拢，甚至可以更长。对应野战贮存条件，由于贮存条件相对恶劣，贮存可靠寿命可规定得短些，但必须满足战备需要的最低要求，如进行一次战役的时间或再次补给的间隔时间，一般在最恶劣的条件下贮存1年应仍能满足使用要求。

4. 一般定量要求

① 可靠贮存寿命指标：10～25年，其作用可靠度下限值不小于0.85，验证置信度不小于0.70。

② 贮存环境条件：贮存环境温度为年平均20 ℃，库房温度月平均应在−20～+30 ℃范围，贮存环境湿度为年平均相对湿度75%，库房相对湿度月平均应在40%～95%范围。

③ 对不能满足上述两条的弹药，其贮存可靠性定量要求由订购与承制双方协商确定。

5. 一般定性要求

① 弹药及其零部件应具有良好的防潮性、防腐性、抗老化性和相容性等。

② 弹药内包装应具有良好的密封、防潮、防霉、防盐雾、防虫等性能，外包装强度应满足贮存过程中正常装卸、运输、堆码等所承受的各种环境应力的作用。

6.3 弹药的贮存环境

弹药贮存的环境条件是一项重要的弹药贮存可靠性参数，是影响弹药贮存可靠度和贮存寿命的主要因素。离开了确定的贮存条件，便无法对弹药的贮存可靠性做出正确评价。因此，研究弹药贮存可靠性，必须研究弹药的贮存条件。如弹药贮存需经过哪几个主要过程；在贮存的各阶段，弹药的贮存环境条件是什么；各种贮存环境条件对弹药贮存有实际影响的各种环境应力的类型、大小和作用方式等。

6.3.1 环境因素对弹药贮存的影响

典型的弹药贮存剖面如图6-1所示。

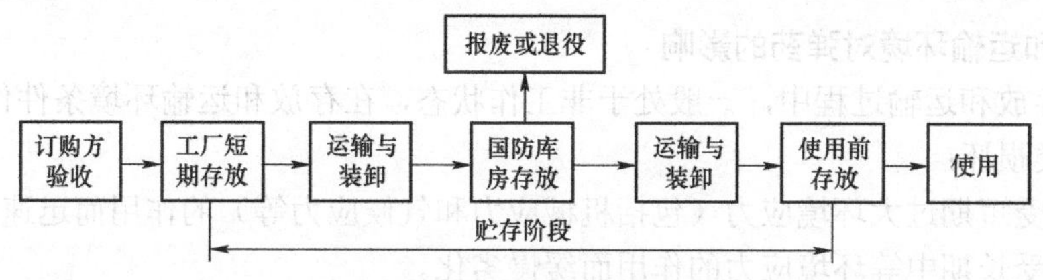

图 6-1　典型的弹药贮存剖面

从弹药贮存剖面可以看出，弹药贮存包括存放、装卸与运输。

弹药贮存的基本形式是存放，通常包括国防库房存放、工厂短期存放和使用前存放。

各种类型的弹药以铁路和公路运输方式为主，在贮存期内要经受多次的装卸与运输。

1. 存放和运输环境的构成

弹药在存放和运输过程中可能经受机械、气候、化学活性物质、机械活性物质以及生物等环境条件，分别包括以下几个主要因素。

① 机械环境条件：振动、冲击、稳态加速度和静负载等因素。

② 气候环境条件：温度（低温、高温和温度变化）、湿度、太阳辐射、低气压、风、雨、雪、雹和雾等因素。

③ 化学活性物质条件：盐雾、二氧化硫、硫化氢、氮的氧化物、臭氧和氮等因素。

④ 机械活性物质条件：沙和尘等因素。

⑤ 生物环境条件：霉菌、白蚁和啮齿动物等因素。

2. 弹药在存放、各种运输方式中的主要环境因素

表 6-1 列出了弹药在存放、运输过程中经受的主要环境因素。

表 6-1　弹药贮存各阶段的主要环境因素

阶段名称	主要贮存环境因素														
	高温	低温	高湿度	大气压力	太阳辐射	淋雨	气雾	冰雹	盐雾	霉菌	大气污染	沙尘	振动	冲击	加速度
库房存放	A	A	A	C	O	O	O	O	C	B	C	C	C	B	O
公路运输	B	B	B	O	C	B	B	B	O	O	O	C	A	A	C
铁路运输	B	B	B	O	C	C	C	B	O	O	O	C	A	A	C
船　运	C	C	B	O	C	C	B	O	B	O	O	O	B	C	C
空　运	B	B	O	C	O	C	A	C	O	O	O	C	B	B	B
注：A—最重要的；B—重要的；C—次要的；O—不存在的。															

在运输过程中，有害的环境因素很多，但在大多数情况下，实际起作用的只有一部分因素，不少因素在某些特定环境中不存在或是不太严酷，或是条件适中，不会产生重大影响。在这些环境因素中，振动和冲击对弹药运输的影响最大，高低温、高湿度和太阳辐射影响次之，化学活性物质、机械活性物质和生物环境条件对某些产品或长时间的运输也有影响。哪种因素影响较大，视运输方式、运输的具体时间和具体地点而定。

3. 存放和运输环境对弹药的影响

弹药在存放和运输过程中，一般处于非工作状态，在存放和运输环境条件作用下，弹药可能发生两类损坏：

① 因经受短期过大环境应力（包括机械应力和气候应力等）的作用而迅速损坏。

② 因经受长期中等环境应力的作用而缓慢劣化。

存放和运输环境条件中，各环境因素对弹药的主要效应见表 6-2。

表 6-2　各环境因素对弹药的主要效应

类别	环境因素	主要效应
气候环境条件机械环境条件	低温	参数变化、物理收缩、脆化、强度降低、结冰、黏度增大、机械应力、开裂
	高温	参数变化、热老化（包括氧化、结构变化和化学反应）、物理膨胀、软化、熔化和升华、黏度降低、蒸发、绝缘损坏、强度降低、化学反应加快
	温度变化	结构变化或损坏、物理膨胀或收缩、机械应力、凝结或软化、密封破坏、涂层脱落或开裂、绝缘损坏
	高相对湿度	表面吸湿、体积吸湿、绝缘损坏、化学反应（腐蚀、电触）、生物和微生物活动加速
	低相对湿度	干燥、脆化、粒化、开裂、蒸发加速
	低气压	膨胀、漏气、密封破裂、空气的抗电强度降低、散热困难
	太阳辐射	各部件以不同速率膨胀或收缩造成应力、老化、褪色、涂层起泡、脱落、强度降低
	风	施加风力、破坏结构、加速低温影响
	雨	冲蚀表面、吸水、增强化学反应、变色、促进腐蚀与霉变、改变大气电学特性
	水浸	金属腐蚀、材料溶解变质、增加压力、变色
	冰雹	破损、侵蚀、机械变形
	雪或冰	机械性负荷、机械损坏、吸水、温度冲击
	振动	结构变形、损坏、紧固件松动、触点短/断路、材料疲劳失效、瞬时失效、加速磨损
	冲击	结构变形、损坏、破裂、触点短/断路、机械失效、位移
	稳态加速度	结构变形、损坏、阀位移、触点短/断路
	静压力	结构变形、损坏
	摇摆	横向滑移、碰撞
化学活性物质条件	盐雾	腐蚀、接触不良、绝缘性变坏、加速氧化、造成机械故障
	腐蚀性大气	腐蚀、表面劣化、造成机械故障、绝缘降低、接触不良
	臭氧	剧烈氧化、脆化、电气强度降低、裂纹、变色

续表

类别	环境因素	主要效应
机械活性物质条件	沙、尘	磨损、侵蚀、阻塞、隔热、产生静电、促进霉菌生长
生物环境条件	霉菌	金属腐蚀、造成导电通路、破坏玻璃光学性能、降低绝缘性能
	啮齿动物	损坏结构、造成机械或电气故障、传播疾病

在实际存放和运输中，各环境因素并不是单个孤立存在的，往往是若干因素同时存在并互相作用，造成综合影响。在对环境进行分析时，必须考虑各种环境因素相互作用的可能影响。环境因素的综合，可能增强或减弱各因素的效应，也可能相互无关，必须特别注意因素综合增强作用的情况。表 6-3 列出了成对环境因素的相互作用。

如高温和湿度同时作用，会提高湿气的浸透速度和腐蚀影响；低温和低压同时作用，会加速密封漏气；太阳辐射和高温相结合时，太阳辐射造成的温升加剧了高温的影响；低温下的振动和冲击比常温下的振动和冲击更易使构件损坏；适宜的温度和霉菌相结合会加速霉变。

表 6-3 成对环境因素的相互作用

高温和湿度 高温将提高湿气浸透速度。高温提高湿气的锈蚀影响	高温和低压 当压力降低时，材料的放气现象增强，温度升高，放气速度增大。因此，这两种因素起相互强化的作用	高温和盐雾 高温将增大盐雾所造成锈蚀的速度
高温和太阳辐射 增大对有机材料的影响	高温和霉菌 霉菌和微生物生长需要一定的高温。但温度在 71 ℃以上时，霉菌和微生物不能发展	高温和沙尘 沙尘的磨蚀作用由于高温而加速
高温和臭氧 温度从约 150 ℃开始，臭氧减少。在约 270 ℃以上，通常压力下，臭氧不能存活	高温和冲击振动 这两种因素相互强化对方的影响，塑料和聚合物要比金属更容易受这种综合条件的影响	高温和爆炸空气 温度对爆炸空气的点燃影响很小，但作为一种重要的因素，空气-水蒸气比确有影响
低温和低压 会加速密封等的漏气	低温和湿度 湿度随温度的降低而减小。但低湿会造成湿气冷凝，如果温度更低，还会出现霜冻和结冰现象	低温和盐雾 低温可以降低盐雾的侵蚀速度
低温和太阳辐射 低温将减少太阳辐射的影响，反之亦然	低温和霉菌 低温可以减小霉菌作用。在 0 ℃ 以下，霉菌现象呈不活动状态	低温和沙尘 低温可以增加沙尘的浸透性
低温和臭氧 在较低温度下，臭氧影响减小，但随着温度的降低，臭氧的浓度增大	低温和爆炸空气 低温对爆炸空气的影响极小。但是，它对作为一种重要因素的空气-水蒸气比则有影响	低温和冲击振动 低温会强化冲击和振动影响，但是，这只是在非常低温度下的一种考虑

续表

湿度和霉菌 湿度有助于霉菌和微生物的生长，但对它们的影响无促进作用	湿度和低压 温度可以增大低压影响，特别对电子或电气设备更是如此。影响的程度取决于温度	湿度和盐雾 高湿度可以冲淡盐雾浓度，但它对盐的侵蚀作用没有影响
湿度和振动 将增大电气材料的分解速度	湿度和沙尘 沙尘对水具有自然的附着性，因而这种综合可增大磨蚀作用	湿度和太阳辐射 湿度可以增大太阳辐射对有机材料的侵蚀作用
低压和加速度 伴随高温环境，这种综合才是最重要的	低压和振动 对所有的设备都会起到强化影响的作用，电子和电气设备的影响最为明显	盐雾和沙尘 这种综合可增大磨蚀作用
盐雾和振动 这将增大电气材料的分解速度	沙尘和振动 振动有可能增大沙尘的磨损效应	加速度和振动 在高温和低气压下，这种综合会增大各种影响

6.3.2 弹药运输和装卸过程的应力

1. 弹药运输过程的应力

运输过程是弹药必须经过的一个事件。一般情况下，弹药需首先从生产厂运出，到后方仓库贮存，然后由后方仓库运往部队仓库，再由部队仓库运往战场或训练场。不同弹药可能有不同的运输过程，但只是运输的次数多少、距离长短不同而已。即使是出厂后直接用于试验的弹药，由于试验场与生产厂房通常会有一定的距离，也需要运输，可见运输是弹药在贮存过程中必须经历的事件。

弹药的运输方式主要有公路运输、铁路运输和水路运输。空运在我国目前还相对少见，但空军用弹药在使用前必须装机并随机飞行。考虑发展，弹药空运是十分必要的。

弹药在运输过程中受到的主要是机械应力，温度、湿度对弹药也有一定的影响。但与存放过程相比，运输所用的时间相对短得多，因而温、湿度不构成运输过程的主要应力。另外，运输过程中还可能受到阳光、雨淋等方面的侵害，但这些都可通过采取一定的防护措施加以避免，至少可不使其构成显著危害。在电气化铁路上运输弹药，还应考虑电磁辐射等方面的影响，但主要是针对装有电起爆零件的弹药。

弹药在运输过程中所受到的机械应力，主要是汽车、火车、轮船、飞机等运输工具，由于路面不平、路轨衔接处的凸凹、发动机和桨叶的工作、海浪和气浪的影响，以及交通工具本身启动、制动、转向等原因，产生振动和冲击，使弹药及其内部零件、装药等受到直线惯性力。若装载不牢或出现翻车、脱轨等现象，弹药还可能受到摔落、碰撞。

弹药在运输过程中所受的机械应力，按其作用方式，可分为周期型和脉冲型两种类型。周期型应力大多是由于运输工具的周期性振动引起的，一般情况下峰值很小。据有关资料介绍，卡车在运输过程中所产生振动的峰值加速度一般在 $10g$ 以内，曾测到峰值为 $9g$，波形增长时间为 12 ms，持续时间为 20 ms 的冲击；在铁路运输条件下产生的冲击、振动，峰值通常也不超过 $10g$，车辆挂钩时，可产生高达 $30g$～$50g$ 的冲击加速度；大多数活塞式发动机运输机，其振动频率为 40～200 Hz，加速度通常为 $2g$，偶尔可达 $20g$。脉冲型应力则主要产生于运输过程中偶然出现的翻车、摔落以及严重颠簸情况下，包装箱之间的碰撞。脉冲型应力的峰值通常较大，可能对弹药造成严重危害。据实测，由于包装箱间的相互碰撞，可产生 300*g* 的冲击加速度。

2. 弹药装卸过程的应力

搬运装卸也是弹药勤务处理过程中不可缺少的环节，如从工厂运往仓库或战场，都需先将弹药搬运并装至运输工具上，到达目的地后，则需从运输工具上卸下，再搬运至预定地点。另外，在仓库贮存过程中，还可能进行翻箱倒垛；部队携行的弹药则会因转移阵地而搬运。

弹药的搬运装卸方式主要有人力和机械两种。在搬、装过程中，弹药受到的也主要是机械应力，如正常搬运时的放置、堆垛等，都会对弹药产生一定冲击作用，但通常由此产生的冲击加速度都很小，不足以对弹药功能产生严重影响。搬装过程中，最有可能对弹药功能产生影响的，是由于操作失误等原因，使弹药从一定高度摔落，这种情况下产生的冲击比弹药正常搬装时产生的冲击要大得多。研究发现，摔落时作用于弹药的冲击加速惯力，与落下高度、地面性质和落下姿态有关。另外，弹药有无包装、包装箱重量以及弹药在包装中所处的位置和固定方式等，也对弹药实际受到的加速惯力产生影响。

6.3.3　弹药存放环境条件及应力

弹药的存放过程是弹药使用前所经历的最主要阶段，与其他阶段相比，弹药在存放阶段所经历的时间最长，在和平时期通常可达10～20 年或更长时间，同时，在存放阶段的各种应力对弹药功能的影响也最大。

弹药一般存放在后方仓库、部队仓库或阵地。弹药的存放方式一般有洞库存放、地面库存放和露天存放。目前，后方仓库多为洞库，部队仓库多为地面库，阵地条件下多为露天存放。弹药在存放过程中主要受存放环境的温度和湿度的影响，在阵地条件下，由于存放环境较差，还可能受到霉菌、昆虫等生物环境的作用。

1. 自然环境中的温、湿度及变化情况

露天存放的弹药会直接受到来自自然环境的温、湿度的影响，库房内存放的弹药虽不直接受自然环境的温、湿度影响，但库内的温、湿度必然受自然环境中温、湿度的影响和控制并随之变化。

（1）温、湿度随地域的变化

我国地域辽阔，自然气候环境复杂，抛开雨、雪、雷电、太阳辐射等特殊气候因素，就大气的温、湿度情况来说，因地域不同也有很大变化。

① 大气温度主要取决于日照量的大小，随纬度增高，大气温度逐渐降低。

② 大气温度与海拔高度有关，海拔越高，大气温度越低。

③ 大气湿度主要受地理环境中海、河、湖泊的影响，一般沿海地区空气湿度大，内陆地区空气湿度小。另外，降雨等气候因素、地表状况等也对湿度有一定影响。

④ 综合温、湿度随地域的变化情况可以发现，东南沿海及南方的大部分地区，温度、湿度都较高，年平均气温在 15 ℃以上，年平均相对湿度在 70%以上；华北、西北及青藏高原的大部分地区，温度和相对湿度都较低，其年平均气温为 8～15 ℃，相对湿度在 40%～60%之间；东北地区温度最低，年平均在 8 ℃以下，最低可达 0 ℃，但相对湿度却较高，一般为 60%～70%。

（2）温、湿度随季节和晨、晚的变化

大气的温、湿度除随地域的不同而有所变化外，还随季节和晨、晚的变化而变化。

2. 库房内温、湿度随库外环境温、湿度变化情况

弹药在存放过程中，大部分时间是在库内存放，而弹药在存放过程中所发生的功能变化也主要是由库内局部的温、湿度环境引起的。显然，无论什么样的库房，都不可能做到使库房内、外部环境完全隔离，因而库房内部的温、湿度环境必然会受到库外环境的影响，并随之发生变化。从理论上讲，若排除人为采取的降温、降湿措施，一座库房可被看作一个置于周围大气环境中的、具有一定热容量和隔热性的开口容器，随着热传导和空气对流的进行，库内环境总保持与库外环境一致的趋势，响应时间的长短随库房结构的不同而不同。同时，库外的环境又随季节和晨晚的变化处于不断的变化之中，当变化的周期小于响应时间时，库内环境不会对库外环境做出完全响应。如洞库内的环境就基本不随库外环境的变化而发生变化。

库房内温、湿度随库外环境温、湿度变化大致有以下规律。

① 库房内的月平均温、湿度随库外温、湿度的变化而变化，最大值和最小值一般分别出现在7—8月和1—2月，其中库内出现极值温、湿度的时间略滞后于库外。

② 库房内的年平均温度与库外的年平均温度基本相同，库内的年平均相对湿度略高于库外的年平均相对湿度。

③ 库房内的月平均温度和月平均相对湿度与库外相比，洞库和地库差别较大，其中地库库内外的月平均温、湿度比较接近，也就是说，地库内的温、湿度受由季节变化引起的温、湿度变化影响较大，在一年中有较大的温、湿差；洞库内的温、湿度虽随库外的温、湿度变化而变化，但库内、外月平均温度和月平均相对湿度差别较大，其中库内的月平均温度和月平均相对湿度在一年内的变化较库外及地面库内要小得多。

通过以上对弹药在存放过程中所受到的温、湿度应力的分析，在研究弹药的贮存可靠性问题时，应注意以下三点：

① 自然气候环境决定库房内部的温、湿度环境，但库内温、湿度环境对弹药功能产生最主要、最直接的影响。

② 温、湿度年平均值是衡量库房内部环境的一项重要指标，是影响弹药功能的最主要因素。

③ 温、湿度月平均值在一年中的变化大小，是洞库、地库之间的主要差别，温、湿度的交变作用也会对弹药的功能变化产生重要影响。

6.4 环境应力对弹药功能的影响

在了解了弹药的贮存环境条件，以及弹药在贮存过程中可能受到的各种环境应力影响的基础上，对各种环境应力可能对弹药功能产生的影响做进一步分析。

6.4.1 机械应力对弹药功能的影响

在弹药的贮存过程中，弹药受机械应力作用的时间虽然不长，通常情况下所遇到的机械应力也不大，但机械应力作用的效果常常会影响弹药的安全功能，严重者可能导致弹药安全系统失效，以致酿成自爆、膛炸等重大事故。

机械应力对弹药外部的作用，主要由摔落、磕碰时的直接碰撞引起，当撞击力超过弹药材料的强度极限时，即可能引起弹药的变形、破裂等机械损伤。损伤严重时，对弹药的装填、正常作用以至使用安全，都可能造成严重危害。弹药的外包装对弹药在运输、搬装过程中所受的机械应力能起到一定的缓解作用，使弹药与其他物体不直接发生碰撞，但在碰击力较大时，弹药的外包装会严重损坏，弹药散落，并可能发生二次碰撞。机械应力对弹药内部机构和零部件的作用后果，可能表现为机构破坏或提前动作，如引信保险机构提前解脱保险；零件变形、断裂、结合部松动；装药松动、破碎；火工品提前作用等。这些作用后果不仅影响弹药作用的正常发挥，而且对弹药的安全性会造成严重危害。

脉冲型机械应力由于其作用峰值通常较大，因此是影响弹药功能的主要应力形式，其作用机理同样是作用力超过了弹药零部件或装药的强度极限，引起零件变形、断裂、装药松动、破碎等。当作用力或能量超过火工品的安全极限时，即可能引起火工品提前作用。相对于脉冲型应力，周期型应力的峰值通常较小，但作用次数很多，由于疲劳效应，也有可能影响弹药内部零件间的配合，使零件发生永久变形，尤其是当周期型应力的作用频率与弹药中某些系统结构的特征频率相接近时，弹药产品中会出现较大的响应，甚至产生谐振，从而引起机构损坏、提前动作等严重后果。

6.4.2　温、湿度应力对弹药功能的影响

弹药在整个贮存过程中，时刻都在经受外界环境中的温度应力和湿度应力的作用，与机械应力不同的是，温、湿度应力对弹药功能的影响是一个缓慢的、长期的渐变过程，作用效果需在较长的作用时间内才能表现出来。在运输、装卸等过程中，尽管有时的温、湿度环境十分恶劣，但由于其作用时间很短（与存放过程相比），一般不足以对弹药功能造成严重影响，所以，我们主要研究在存放过程中的温、湿度应力对弹药功能的影响。

温度应力和湿度应力对弹药的不同功能有不同的影响，其中温度应力主要引起弹药中各种装药、元器件、塑料件的老化；湿度应力则主要引起金属锈蚀、装药吸湿、非金属制件变形、霉烂等。但在大多数情况下，弹药功能的变化是由温、湿度应力共同作用引起的，一般很难分清哪些是单纯由温度应力引起的，哪些是单纯由湿度应力引起的，因此，我们对温、湿度应力对弹药功能的影响一并加以研究。

1. 温、湿度应力对弹药金属零件的影响

弹药中的金属零件，其材料主要有钢铁、铜、铝等。温、湿度对这些金属零件的影响主要是促使其锈蚀。金属零件的锈蚀，轻者使金属表面失去光泽、粗糙度升高，重者则可能使活动部位锈死和零件锈断，这不仅影响弹药的正常使用，还可能在使用时引起严重事故，例如，当使用锈蚀较为严重的药筒射击时，在膛内高压作用下，在锈蚀严重的部位就可能产生裂缝，引起火炮药室烧蚀，甚至烧伤炮手。

金属的锈蚀分为化学锈蚀和电化学诱蚀两类。温度升高能促使金属化学锈蚀加快，在常温下，电化学锈蚀起重要作用。库房内空气的相对湿度对金属的锈蚀有很大影响，湿度越大，则越容易在金属表面形成水膜，并且水膜越厚，形成的电解液就越多，锈蚀速度就越快。

2. 温、湿度应力对弹药装药的影响

弹药中的装药主要有猛炸药、起爆药、无烟发射药、黑火药和烟火剂等。这些装药由于其物理、化学性质各不相同，因而受温、湿度应力影响的程度不同。另外，它们在弹药中所

起的作用也不相同，因而当其性能受温、湿度的影响而发生变化后，对弹药功能会产生不同的影响。

3. 温、湿度应力对弹药其他部分的影响

在弹药的组成中，除金属零件和装药外，还有部分是木质、纸质、布料和塑料等非金属材料制成的零部件，这些零部件受温、湿度应力的作用，其性能也会发生变化，从而影响所担负的弹药功能。

6.4.3 温、湿度应力交变对弹药功能的影响

洞库和地库库内温、湿度的差别，主要体现在应力交变程度。其中，洞库内的温、湿度应力交变小，而地库内的温、湿度应力较大。温、湿度应力交变至少产生两方面的影响：一是加速弹药密封包装的破坏，使弹药包装或弹药自身失去密封性能，进而使存放环境中的潮湿空气及其他有害气体侵入弹药包装或弹药内部，以至于对弹药外表及内部零件、装药等构成危害；二是对失去密封性能或本身不密封的弹药，由于温、湿度应力交变产生的“呼吸”效应，加速了弹药内外部环境间的空气交换，从而加速弹药性能的变化。当环境温度升高时，由于密封包装并不具备隔热性能，因而包装层内空气的温度也会随之升高。在密闭条件下，温度升高、压力增大，因而在包装层内外将形成一定压力差；相反，当温度下降时，包装层内压力下降，而包装层外总保持恒定的压力，这样又会在包装层形成一个反向的压力差。如此反复作用，加速了包装层的破坏。当弹药失封后，弹药内部的空气温度随外部环境的温度变化而升高或降低，当温度升高时，内部空气膨胀，多余的气体从内部排出；而当温度降低时，内部空气收缩，外部空气进入弹药内部，这即是所谓的呼吸效应。

6.4.4 贮存条件对弹药贮存可靠寿命的影响

贮存条件对弹药的可靠贮存寿命有很大影响，其中尤以温、湿度的影响最为显著。贮存环境的温、湿度越高，相应的弹药可靠贮存寿命就越短，通常可表示为：

$$L_{RL}=a-bW-cB \tag{6-4}$$

式中 L_{RL}——弹药的可靠贮存寿命；

W——年平均温度；

B——年平均相对湿度；

a，b，c——非负常数。

① 在相同的贮存条件下，不同弹种有不同的可靠贮存寿命，有的差别很大，反映出不同弹种间贮存可靠性水平的差异。产生这种差异的原因，除不同弹种所要求的可靠性指标略有差别外，主要是由于弹药的设计、生产过程中，设计水平和使用的原材料、元器件不同。

② 不同弹种受环境条件影响大小不同，如有的弹种在不同环境条件下其可靠贮存寿命的差别不大，而有的差别却十分明显。究其原因，仍然是由于在弹药的设计、生产过程中采用了不同的原材料、元器件，以及在结构设计、包装及自身密封性能、生产工艺控制等方面有所差别。

事实上，由于温、湿度应力交变而加速弹药失效的现象也是十分明显的。即使在同一地区、分别存放于洞库和地库中的弹药，其贮存可靠度也是不同的，一般情况下，地库中存放的弹药，由于受到较强交变应力的作用而可靠度变化较快。

6.5 弹药贮存失效分析

在长期贮存过程中，弹药受到来自贮存环境中各种应力的作用，可能丧失其部分甚至全部预定功能，这种由于贮存原因引起的弹药失效，定义为弹药的贮存失效。其中，用来判断是否构成失效的界限值称为失效判据。弹药贮存失效的例子很多，如由于存放环境中温、湿度应力的作用，库存弹药中发射药的化学安定性变差，在丧失贮存安全功能后发生自燃，就是典型的贮存失效。又如，在装卸、运输等过程中，弹药可能遇到翻车、倒垛等情况，可能引起弹药零部件变形、损坏，机构提前动作，从而使弹药丧失相应的安全或可靠作用功能，在使用时，则可能出现瞎火、膛炸、早炸等失效现象，这也是弹药的贮存失效。值得注意的是，弹药的贮存失效是指产生于贮存过程中的失效，其中有些失效现象如弹药自燃、搬运炸等，能够在贮存状态下表现出来，而有些失效现象如瞎火、早炸等，则需经过使用或通过专门的性能检测才能发现或判断。

6.5.1 弹药贮存失效分类

按照弹药失效的特征，从不同的角度可将弹药失效分为各种类型。

1. 按失效的原因分

按失效的原因，弹药的失效可分为独立失效与从属失效。独立失效是指并非由于另一零件的失效引起的失效，而从属失效则是指由于另一个零件的失效而引起的失效。弹药是由多个零部件组成的、具有多种功能的复杂系统，其部件与部件、一种功能与另一种功能间的关系十分复杂，在进行弹药的失效分析和评估弹药产品可靠性时，分清弹药失效原因，弄清哪些失效属于独立失效，哪些属于从属失效，对合理确定评估模型和计算方法十分重要。

例如：考虑由底火和发射装药两部分组成的弹药抛射系统，对抛射系统总的功能要求是系统可靠作用并使弹丸获得要求的初速和初速散布。该项功能能否实现，主要取决于发射药能否按预定的规律燃烧，而发射药燃烧的规律性如何，不仅与发射药本身的性能有关，还与底火输出性能有关。如果发射药本身的燃烧性能符合要求，只是由于底火点火能量不足而影响发射装药的弹道性能，则发射装药的弹道性能失效属于从属失效，是由底火输出性能失效引起的；相反，若底火的输出性能符合要求，而发射装药本身的性能由于贮存环境应力的作用发生了变化，使其弹道性能失效，这种情况的失效则属于独立失效。在实际进行失效分析时，由于信息和数据不足，对某一失效属于独立失效还是从属失效往往难以做出准确判断，因而需在实践中注重信息和数据收集工作，必要时应进行专项试验。

2. 按失效的程度分

按失效的程度，弹药的失效可分为部分失效和完全失效两类。部分失效是指弹药的某项功能虽已超过某种确定的界限，但并没有完全丧失规定功能的失效；完全失效则是指弹药的某项功能已完全丧失的失效。弹药失效属于部分失效还是完全失效与弹药功能本身的特性有很大关系，凡具有两态性的功能一旦失效，均是完全失效。如弹药的发火功能，可靠作用就发火，一旦丧失就瞎火，即是完全失效。只有具有多态性的弹药功能，如弹药的威力等，才可能出现部分失效的情况。

3. 按失效的机理分

按失效的机理，可将弹药的贮存失效分为偶然失效和耗损失效。偶然失效也称随机失效，是指由于偶然因素引起的失效。偶然失效的失效率近似常数，因而一般可用指数分布来描述其失效规律。耗损失效则指由于老化、吸湿等原因引起的弹药失效，其失效率随贮存时间的增加而增大，失效规律通常用威布尔分布、极小值分布等来描述。在弹药的贮存失效中，由于温、湿度应力作用引起的失效一般为耗损失效，由于机械应力的作用引起的失效多为偶然失效，但对于运输过程中弹药受周期型机械应力作用的情况，效率与运输距离长短、机械应力作用周期多少也有一定关系，也可能表现为耗损失效，因此，在实际中应对具体问题做具体分析。

4. 按失效的急速程度分

按失效的急速程度，弹药的贮存失效可分为突然失效和渐变失效两类，这是从失效过程的角度对弹药贮存失效进行的描述。其中，突然失效是指通过事前的测试或监控不能预测到的失效，而渐变失效则可通过测试预测。弹药贮存失效的急速程度与弹药功能本身的特性以及失效机理、作用应力的类型均有关系。由温、湿度应力作用引起的耗损失效一般为渐变失效，具有多态性的弹药功能一般表现为渐变失效。

6.5.2 弹药贮存失效模式分析

分析弹药可能出现的贮存失效模式，主要采用理论分析的方法。从理论上讲，弹药的任何一项功能，无论在设计上所采用的保险系数有多大，都难以保证在贮存过程中不发生失效。况且合理的设计并非保险系数越大越好，而是根据某一项具体功能的重要程度，找出一个合理的正常工作或失效概率，以此为依据进行弹药设计。

弹药的总体功能如威力、射程、密集度、安全性等一般是由各组成零件的相应功能综合而成的，不仅总体功能会发生失效，子功能也可能发生失效，而且总体功能的失效往往是由某一子功能的失效引起的。因此，在分析弹药贮存失效模式时，不仅要对总体功能的失效模式进行分析，也要对各子功能进行失效模式分析，还要对它们之间的相关性进行分析。

对同一弹药功能，由于引起失效的环境应力的类型及作用方式不同，可能表现出不同的失效模式，即同一项弹药功能可能会对应多种失效模式。

1. 对弹药可能出现的贮存失效模式的分析

如果把弹药的组成大致分为五大类，弹药典型的主要贮存失效模式、失效原因及对性能的主要影响见表 6-4。

表 6-4 弹药贮存失效模式、失效原因及对性能的主要影响分析

类型	失效模式	失效机理	失效原因	加速环境因素	对性能的主要影响
金属件	锈蚀	构件的化学或电化学腐蚀	电介质残留物，湿气的渗入，形成微电池	温度、湿度、氧气	强度降低，结构损坏，动作失灵
火药（推进剂）	安定剂含量降低，变质	吸湿、挥发、渗出、晶析	气温和湿度变化影响化学、物理安定性	温度、湿度	失效

续表

类型	失效模式	失效机理	失效原因	加速环境因素	对性能的主要影响
电子器件	短路、断路封装失效	触点、导引线腐蚀，封装老化破裂	腐蚀条件形成，湿气渗入引起绝缘破坏	温度、湿度、雷电、静电、射频信号	性能参数漂移，接触失灵，电路断路
非金属件	老化，接触相容性变化	热氧老化	热和紫外线引起降解和氧化，湿气的水解作用，自身的变化	温度、湿度、太阳辐射	强度和弹、塑性下降，导致绝缘和密封失效，功能丧失
油、脂、液	变质	热老化	吸湿和热引起化学作用	温度、湿度	丧失润滑和密封功能，腐蚀构件，丧失功能

由于火药的保存期在弹药构件、组件或材料中是最短的，因此，弹药的贮存期取决于火药的寿命。在此，重点分析发射装药在弹药贮存期的贮存安定性。火药贮存安定性是指在一定条件下，火药保持其物理和化学性能不超过允许范围的能力。火药的物理老化主要表现在火药的吸湿，挥发性溶剂的挥发，增塑剂向包覆层迁移、渗析和晶析等。

（1）火药的吸湿

火药在一定的大气条件下，吸收空气中的水分和保持一定量水分的能力叫火药的吸湿性。不论是单基药还是双基药，在加工成品后均含有一定量的水分。在一定的大气条件下，火药中所含水分要与大气条件的湿度平衡。若贮存的大气条件中水分含量与火药中水分含量失去平衡，就要发生水分的交换而使火药中水分的含量偏离原来的水分含量，这就引起火药性能发生变化。为保持火药的水分含量不发生变化，除在设计和制造中保证发射装药有良好的密封性外，严格控制贮存湿度也非常重要。

（2）挥发性溶剂的挥发

在火药成品中残留一定量的溶剂（包括水分）。工艺中对溶剂的含量有一定的要求，并要求在贮存中它们的含量基本保持不变。如果包装箱密封不严，就会因部分溶剂的挥发而改变火药的性能。挥发性溶剂的变化还导致火药各层燃速的不均匀性，从而出现弹道偏差。控制火药中挥发性溶剂含量除密封贮存外，贮存温度也不宜过高或过低。

（3）增塑剂向包覆层迁移

在火箭发动机中用的双基火药装药中，经一定时间贮存后，发现双基药中的溶剂向包覆层内迁移。迁移的结果是使火药与包覆层的接触面的组分发生变化，能量和燃速降低，黏结强度改变，降低了包覆层的限燃隔热效果。防止增塑剂迁移的办法是在包覆层中加入抗迁移的材料（如填料或隔层），降低包覆层对增塑剂的吸收能力，或者提高包覆层的交联密度。

（4）渗析和晶析

火药在贮存过程中，尤其是在低温或贮存温度变化大时，由于各组分间分子结合力的松弛，低分子物质从火药内部迁移到火药表面，呈液滴态的叫作渗析，呈结晶状态的叫作晶析。渗析到表面会使火药的摩擦感度和冲击感度增大，性能变差。防止渗析的方法是选用合适的溶剂和溶质之比，贮存温度不能太低或经常变化。少量晶析对于安全使用不会产生严重后果，严重的晶析会破坏火药的物理结构和性能。克服晶析的办法是控制结晶物含量和加入附加剂，以提高低分子固体的结合力。

2. 弹药贮存失效判别准则

（1）有下述情况之一者，应计入贮存失效

① 在规定的贮存条件下产生的失效，如金属件锈蚀。

② 产品正常的老化和变质。

③ 各部位密封性能失效。

④ 因材料选择、结构设计和防护措施不当造成的失效。

⑤ 因生产工艺缺陷造成的失效。

（2）有下述情况之一者，不应计入贮存失效

① 因运输、装卸和检测等操作不符合技术要求造成的失效。

② 因贮存条件不符合技术要求造成的失效。

6.5.3 贮存期间弹药可靠性降低的原因分析

弹药在装卸、运输和贮存期间，一方面，会受到振动、冲击、化学、温度、湿度等各种环境应力的作用，弹药因此受到损坏，或其包装受到损坏，因而造成弹药在贮存期间失效。另一方面，弹药的零部件本身会发生老化和劣化，虽然这种老化和劣化的速度是非常缓慢的，但由于贮存时间很长，仍会使弹药的某些零部件失效或使弹药的可靠性降低。对弹药贮存可靠性的影响，除贮存时间和贮存环境因素两方面的原因以外，与弹药本身的设计及生产关系极大。由于弹药在设计与生产中，对长期贮存的重视不够，考虑不周，在长期贮存中受温、湿度的影响就突出显示出来，造成严重失效，可靠性下降快，贮存寿命短，弹药在贮存期间失效。

① 包装方式及包装材料不符合规范要求，如本来应当用密封真空包装的产品却用了一般油封包装；有些不恰当的包装材料，在长期处于静态情况下，本身就可能与被包装的产品发生化学反应并引起分解和劣化，如含有硫的包装纸，会使含有银、铜、镍合金的元器件电接点产生污垢膜。

② 产品的包装与运输方式不匹配。如用汽车在不平的公路上运输，而其包装却没有减震装置，会导致产品的故障率大大提高。

③ 产品受到了野蛮装卸或不适当的装载。如经贮存后火药装入枪弹后，发现弹与弹的速度差变坏，经检查是铁箱在运输过程中受到野蛮装卸，部分铁箱开焊漏气，经贮存后，火药吸收水分而造成外挥升高，不同外挥火药装弹后，致使枪弹速度不一致。

④ 产品经过长期贮存，电子电气元器件在正常使用过程中，接点的滑动或摩擦接触作用会使薄膜破坏或使杂质移动，接点通常是在低电阻接触闭合中工作，而经过长期贮存之后，污垢膜和杂质会造成接触不良。机械零部件会产生腐蚀或生锈，润滑剂能吸收外来颗粒，使

润滑剂变质和污染。塑封器件的塑料会由于蒸发而失去某些增塑剂或其他成分，以致塑料变脆和出现收缩，在电或机械应力作用下，会使密封漏泄，绝缘破裂，导致由化学腐蚀或潮湿造成的短路或断路。一些需要密封的零部件，密封由于温度和大气压力变化而变软，并发生漏泄，致使零部件受到湿气和杂质的侵入而受到损坏。

⑤ 弹药在可靠性设计时，没有考虑相容性问题，致使弹药在贮存时失效。弹药有金属和非金属材料，非金属材料中包括了火炸药等化工物质。所以，弹药的相容性包括装药各组分间或装药与容器材料接触时，其物理、化学物质不发生显著变化的能力。装药不相容不但影响本身的稳定性，引起装药性下降，其分解产物对其他弹药零件也会产生不良影响。开始是缓慢的化学反应，但其生成的酸性介质或有催化作用的产物反应加速，达到不相容的程度。温、湿度则是影响此种反应的外部条件。而弹药需要长期贮存，所以应高度重视相容性的设计。

⑥ 密封性差的弹药，贮存中受外界条件湿度的影响大，特别是对含黑火药的火工品零件，是造成弹药贮存失效的重要原因。在设计与生产中，要高度重视弹药的密封和包装的密封性，特别是对含黑火药火工品零件的弹药，要研究优良的密封性新技术和包装材料，确保弹药在贮存中不受潮变质失效。

⑦ 产品生产时控制质量不严，造成产品在贮存时失效。在贮存可靠性研究中，发现有弹药生产质量差，使产品的固有可靠度较低。对于有密封防潮的弹药，在生产中应严格控制温、湿度条件，尤其是对关键工艺，要科学地规定其室温和相对湿度，防止过多的水分保存在产品内。如在生产包装某炸药时未等炸药冷却就开始包装，包装纸袋扎口后，袋内水汽在袋子表面凝结成水珠，致使纸袋受潮，受潮纸袋吸收酸雾，贮存一段时间后，纸袋产生酸性腐烂，致使腐蚀的碎纸片与药相混。

6.6 弹药贮存可靠性的控制

为了使弹药在贮存期间不致受到损坏和劣变，必须对影响贮存可靠性的各种因素进行综合评定和权衡分析，以实现经济、有效的控制措施。

弹药在贮存时，一些设计和生产中的可靠性问题往往会暴露出来，事故虽然发生在贮存期，但问题还在可靠性设计与分析中，这类问题在贮存中是不能控制的，只能及时发现问题，反馈给研制部门，因此，在进行可靠性设计与分析时，必须把贮存可靠性与其他可靠性指标一样进行可靠性预计，进行故障树分析和故障模式、影响与危害度分析，而分析时必须考虑相容性分析和安定性分析，这是贮存可靠性的特殊问题。在做相容性分析时，除了分析弹药本身各零部件之间的相容性之外，还必须分析弹药零部件与包装材料之间的相容性问题。安定性分析主要是针对化工产品，如火炸药、发射药等，安定性不好的产品，除了降低产品本身性能外，所分解出的产物往往会和其他部件发生腐蚀、渗入等问题。

1. 影响弹药贮存可靠性的主要因素

不同弹种的设计水平、制造技术的好坏是影响贮存可靠性的内在原因，具体又主要体现在设计技术、零部件材料和生产能力三个方面。

（1）设计技术

设计技术的水平对弹药贮存可靠性有十分重要的影响，以往弹药设计中没有可靠性设计的内容，更没有贮存可靠性设计的内容，从而使弹药在设计时就未能满足预期的贮存可靠性要求，即所谓的先天不足。对新设计的弹药，尽管可靠性设计已提到了议事日程，但目前还达不到标准和规范，而专门针对弹药贮存可靠性的可靠性设计更难做到完善。例如，在对弹药贮存过程中可能遇到的各种环境应力的类型、大小和作用方式等没有深入研究时，弹药贮存可靠性设计在理论上就缺乏依据，盲目地赋予弹药的贮存可靠性，通常很难满足实际中对弹药的贮存可靠性要求。

（2）零部件材料

零部件材料对弹药贮存可靠性的影响更为显著。由于弹药生产出来之后，不经使用而首先进入贮存状态，在长期贮存过程中，材料晶体的变化和化学变化都可能发生，当现有的材料或零件并不具备设计人员所期望的特性或性能，但又缺乏性能更好的材料或零件时，也只好采用，这是降低弹药贮存可靠性的一个重要原因。例如，引信中以黑火药为材料做成的各种保险机构、时间机构等，由于其具有结构简单、工艺成熟、容易实现预定功能等优点，一直受到设计者的青睐，但这类机构在贮存过程中容易吸湿受潮从而改变性能的缺点也是显而易见的。耐水药的出现，使药剂的性能有所改善，同时，也在一定程度上提高了弹药的贮存可靠性，我们期待着更多、更好的新材料尽快应用到弹药的设计中。

（3）生产能力

生产能力的好坏对弹药贮存可靠性也有一定影响。由于工艺设计不合理、加工方法或采用的加工设备不恰当等，都可能在制造完成的弹药中产生某些不易被察觉的、偏离设计意图的缺陷。如冲压零件加工过程中，如果冲压及热处理工艺不当，则会在零件材料内部产生残余应力，严重时，将在贮存过程中发生变形、裂纹、裂缝等，影响弹药的贮存可靠性。如对一些结构复杂、工艺巧妙、加工难度大的机械机构不具备加工能力时，只能在设计上沿用贮存性能相对较差的机构，这又反过来影响了弹药贮存可靠性设计水平的提高。

2. 弹药贮存可靠性保障措施

弹药贮存可靠性是弹药可靠性的重要组成部分，提高弹药贮存可靠性是提高弹药总体可靠性水平的重要环节和措施，具有十分重要的作用和意义。

① 重视和加强弹药贮存可靠性理论的研究和相关的科研试验工作，从根本上弄清楚影响弹药贮存可靠性的主要因素，找出弹药贮存可靠性随各种影响因素的变化规律，为寻找和制定相应的改进措施提供理论依据。

② 将贮存可靠性设计纳入弹药的设计中，从贮存可靠性参数、指标的研究论证入手，依照有关的设计规范和要求进行弹药可靠性设计，同时，应尽量采用经过实践证明具有较好贮存可靠性的材料、零件，从根本上提高弹药的贮存可靠性水平。

③ 注重弹药生产这一重要环节，认真研究生产工艺，尽量采用新方法、新设备，开展以全面质量管理为核心的生产过程控制，保证弹药的生产质量。

④ 加强贮存过程中的弹药质量管理，围绕弹药贮存条件的改善，延长弹药的可靠贮存寿命。如在满足战备要求的前提下，尽量将弹药存放于环境条件适于弹药贮存的地区或仓库，从而达到延缓弹药质量变化的目的。

⑤ 承制方应对订购方提出的各种环境因素进行分析，弄清其变化规律及极限贮存条件，

并分析各种环境因素对弹药贮存的影响及典型失效模式。通过分析，找出影响弹药贮存失效的薄弱零部件，以及其贮存失效模式，分析原因，制定相应措施，如原材料的选择、元器件的控制、设计措施、工艺措施、贮存要求等。

——原材料的选择

选用的材料应满足弹药贮存可靠性要求。对无贮存历史的材料，应通过实验室加速试验或对比加速试验，证明其贮存寿命满足弹药贮存可靠性要求时方可选用。相互接触的各种材料之间应具有相容性，必要时，应通过相容性试验来验证。选择的金属材料应具有良好防腐性，选择的非金属材料应具有良好的抗老化性能。应选择抗霉性能好的绝缘材料和贮存性能好的橡胶材料，润滑、密封、防护油脂类应选择稳定性好的中性材料。选用的密封材料应具有良好抗老化性，在规定贮存寿命期内不能失封。选用的各种药剂，在规定寿命期内，其感度不应有明显变化，也不应产生比该药剂更敏感的物质。

——元器件的控制

元器件的贮存可靠寿命应满足全弹贮存可靠寿命的要求，对无贮存历史的元器件，应通过加速试验来验证，如某些新弹种中的塑料弹体、塑料弹托、尼龙弹带等非金属件；炸药、发射药、推进剂各组分之间及其与接触材料之间应具有良好相容性，必要时，应通过加速试验对相容性进行分析。战斗部（或弹丸）中装填的炸药在规定贮存寿命期内不应产生松动、裂缝、膨胀等缺陷；发射药及推进剂应具有良好机械强度，在正常装卸、运输、贮存中及低温条件下不应产生裂纹、破碎。火工品及药剂应具有较好防潮性，火工药剂与壳体应具有良好相容性，火工品应具有一定的抗雷电、静电、抗电磁辐射性能。电子元器件生产厂家应对电子元器件实施功率老化筛选和高低温贮存筛选等。弹药中的电路应连接可靠、绝缘良好，最好选用固态电路。

——结构设计

弹药的结构设计应考虑长期贮存的时间要求。对影响弹药贮存可靠性的某些零部件、电子元器件，应采用降额设计；对易受潮失效的弹药零件，应采用双重或多重密封，每一重密封都应单独达到密封要求，弹药中电气零件与电子元器件应采用塑封、灌封等密封技术。对影响弹药贮存可靠性的某些薄弱零部件，结构设计时，还要考虑到它们的可检测性和可更换性。

——防护、包装和装箱

防护、包装和装箱是为装运和长期贮存提供保护。

① 防护是针对潮湿、霉菌和盐雾环境提供保护。主要的防护方法有：表面涂覆防潮材料；采用不生霉或经防霉处理过的绝缘材料；进行密封、灌封结构设计；安装保护套、吸湿料、去湿器等。

② 包装是对装卸、运输时的冲击振动和贮存时的环境提供保护。弹药包装应具有良好的密封、防潮、防锈，防霉、防虫等性能。包装形式应根据弹药及零部件的特点来选择，包装一般是指内包装，主要是提供物理保护，起到密封防潮与防腐作用等，内包装防潮防水，必须密封好。有时为了达到密封性好，可设计两种或几种材料的多层包装，必要时可以在内包装内放置吸湿剂和除氧剂；由于内包装材料与产品长期直接接触，其材料在长期贮存中可能与弹药外表面产生物理化学作用，因此，设计时必须考虑其材料的物理稳定性和相容性，必要时应进行相容性试验；弹药在内包装中不应产生位移，否则，运输碰撞会影响贮存可靠性，

因此，应设计纸垫、卡板等进行定位和起缓冲作用。

③ 装箱又称外包装。主要为产品提供搬运、运输时的保护，以及确保内包装的完整性。外包装应结实而牢靠，经过勤务处理不损坏，其结构要便于搬运、堆放和贮存，包装箱的结构与材料设计要考虑各种运输条件中的偶然跌落和粗暴装卸，以及不适当装载时的强度和牢固性。

随着科学技术的进步，弹药的内、外包装已合二为一成新型的包装材料和结构，在设计新型包装材料和结构时，要充分考虑上述对内、外包装的要求，以保证弹药的贮存可靠性。

——工艺措施

生产阶段应创造良好生产环境，保持现场清洁卫生，避免污染产品，防止点腐蚀、应力腐蚀、晶间腐蚀、接触腐蚀和霉变。弹药的装配工房、包装工房，当相对湿度偏高时，应通过降湿达到规定要求。在弹药加工过程中，某些零部件应采取必要的热处理消除内应力；对结构件使用的铝合金及黑色金属材料，应采用合理的表面处理工艺进行处理；弹药的零部件和整体都应进行“三防”处理，接缝处要用橡胶垫密封，装配后再用硅橡胶补封；紧固件要用环氧树脂密封等。

——贮存要求

贮存环境对产品的贮存可靠性有较大的影响，一般根据产品的不同贮存要求，存放于一定的仓库中。

使用方应根据各类弹药的不同特点，要求环境温度、相对湿度控制在产品贮存环境要求的范围内，避免高温与低温之间、高温与高湿之间反复变化，避免运输、装卸中溜车、碰撞、跌落等冲击现象。在室内贮存，应采取通风、控制温度和湿度、消除有害气体、防静电、防雷电、防辐射和防爆炸等措施；在野外贮存，应针对不同环境条件对产品采取通风、防雨、防尘等措施。使用方还应根据承制方提供的出厂资料，制定相应的质量检测规范，并将产品贮存期间发现的质量问题及时反馈给承制方，以便及时改进提高产品质量。

——贮存期间的定期检验

定期检验和试验是在贮存期间控制可靠性的关键。检查的目的是评价贮存期内部件和弹药的可靠性、战备完好性及其变质情况。

定期检验的方法，可用目视的直观检验，也可用功能测试的方法进行。目视的直观检验用于检查包装外观情况、包装内部情况和产品本身。功能测试可以测试零部件和产品本身，用于证明产品可以正常使用，所用的测试设备一般为仓库试验设备，采取通过或不通过的办法。

思考练习题

1. 弹药贮存可靠性的两项要求是指什么？
2. 弹药的“贮存条件”主要是指什么？
3. 简述弹药固有可靠性、弹药贮存可靠性、弹药使用可靠性的含义。
4. 简述贮存可靠度、工作可靠度、贮存可靠寿命、贮存安全寿命的含义。
5. 弹药的存放和运输环境一般分为哪五个条件？

6. 在存放和运输环境条件作用下，弹药可能发生哪两类的损坏？
7. 机械应力对弹药外部的作用主要是由什么引起的？
8. 机械应力对弹药内部的作用后果可能表现为什么？
9. 温、湿度应力主要引起弹药的变化是什么？
10. 温、湿度应力交变对弹药至少产生哪两方面的影响？
11. 按失效原因、失效程度、失效的机理分类，弹药的失效分别可分为哪两类？
12. 引起弹药产品中的金属和非金属构件失效的主要环境因素分别是什么？

第7章
故障树分析

只有持之以恒，才能到达成功的彼岸，正如故障树分析需要持续努力寻找问题根源。

可靠性技术在军事装备中的应用最早，旨在提高装备的可靠性和耐用性，减少故障率。故障树分析是在产品设计过程中，通过对可能造成产品失效的各种因素（包括硬件、软件、环境、人为因素）进行分析，画出逻辑框图（即故障树），从而确定产品失效原因的各种可能组合方式或发生概率，以计算产品失效概率，采取相应的纠正措施，提高产品可靠性的一种设计分析方法。如弹药故障分析的目的是寻找导致故障发生的原因，根据故障分析的结论提出相应对策，用于指导设计、制造、材料、试验、使用和管理等方面的改进，以便消除故障分析报告中所涉及的故障，防止类似故障的再次发生，提高弹药的可靠性。

7.1 概述

故障树分析（Fault Tree Analysis，FTA），是失效机理分析中的一种有效方法，是产品安全性和可靠性分析的工具之一。在产品设计阶段，故障树分析可以帮助判明潜在的产品故障模式和灾难性危险因素，发现可靠性和安全性薄弱环节，以便改进设计。在生产使用阶段，故障树分析可帮助故障诊断，改进使用维修方案。故障树分析也是事件调查的一种有效手段。

1. 故障的根源

根据故障的根源，可将故障分为五类。

① 原发故障：是在规定的工作应力和环境条件范围内，由于部件本身的原因而引发的故障。一般由材料不合格、工艺不符合要求和装配不合格等方面因素引起。

② 诱发故障：是超过规定的工作应力或环境条件而发生的故障。包括设计的防范措施不力和材料选用不当等，具有渐变性的特征。

③ 原理故障：原理引用偏差、计算错误、结构不合理等设计缺陷。

④ 人为故障：操作或使用超出了规定的范围。

⑤ 突发故障：功能参数故障的发生与机构故障前的状态无关，引起故障的原因是外载荷突然变大，机构动力源突然降低，或机构润滑油路突然堵塞等。

2. 故障发展的规律

（1）突发型

即一触即发。当产品工作时，通过有缺陷的软、硬件单元，或产品进入功能缺损区，产品的缺陷以故障的形式表现出来。故障的出现概率由软、硬件缺陷的概率和工作路径通过缺陷的概率、功能缺损程度、故障环境出现的概率决定。

（2）欠额型

由于设计中的不确定性、材料与结构尺寸的散布、缺陷的响应体随环境应力的变化产生输出参数的微小变化，最终超出功能参数的临界值。

（3）激励与响应型

当产品或结构接收到某个频率或门限能级的信息时，产品或结构开始输出响应，当激励信息维持足够的时间，产品或结构的输出则由正确输出渐变为故障。故障响应主要由传导到缺陷部位、分产品甚至是产品上的频率、能量和累积时间决定。

（4）产品失谐型

当产品的信息流发生逻辑关系的紊乱时，产品就将产生失谐。它既可以由一个或几个在临界值内的输出源信息，经过信息传输的放大，发展成弥散性故障源，也可由反馈的偏差信息，经多级放大为错误信息，而且产品工作前后，各单元都检测不到任何故障前兆的表现。并且产品发生故障时，用一般的方法无法给故障定位，或者故障单元或故障件并不是真正的故障源。其故障分布状态随产品的组成与结构而异。

3. 故障树分析

故障树分析方法是通过对可能造成产品故障的硬件、软件、环境、人为因素进行分析，画出故障树，从而确定故障原因的各种可能组合方式和发生概率的分析技术。故障树分析主要用于评估安全性、可靠性、发现非致命故障事件的组合导致的意外致命事件，并确定改进措施，为制定使用、试验及维修程序提供依据。

（1）故障树分析的步骤

① 建造故障树。

建造故障树是故障树分析法的关键，因为故障树的完善程度将直接影响定性分析和定量计算的准确性。先选择顶事件（即产品不希望发生的故障事件），根据可靠性框图确定导致顶事件发生的软件、硬件、环境及人为因素等直接原因，之后绘制故障树。

② 故障树规范化、简化和模块分解。

必须将建好的故障树规范化，以便分析，同时，尽可能对故障树进行简化和模块分解，以节省分析工作量。

③ 进行故障树定性分析。

用下行法或上行法求出单调故障树所有最小割集，即所有导致顶事件发生的产品故障模式。在没有基础数据因而无法进一步定量分析的情形下，可以仅做定性分析。

④ 进行故障树定量计算。

用一定的数学方法对故障树进行定量计算，在各个底事件相互独立和已知其发生概率的条件下，求出单调故障树顶事件发生概率和一些重要度指标。

⑤ 根据分析结果对产品设计和可靠性评估提出建议和结论。

（2）故障树分析的程序

故障树分析的程序如图 7–1 所示。

（3）故障树分析的特点

要想建立某个产品的故障树，必须对该产品有一个比较透彻的了解，应具有丰富的设计和运行经验，此种分析方法易于发挥工程技术人员的长处，故而特别受工程技术人员的喜爱。

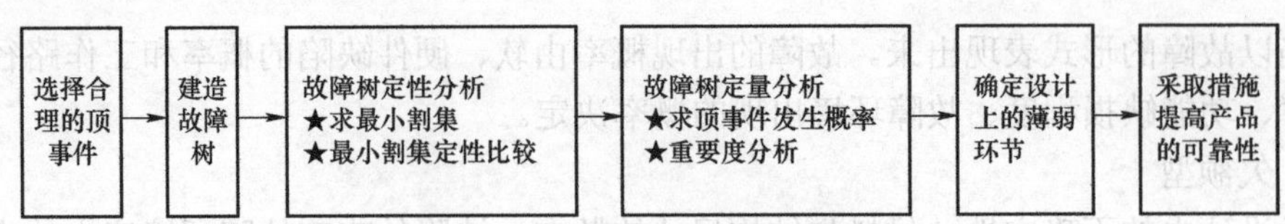

图 7-1　故障树分析的程序

故障树分析相比可靠性逻辑框图，具有可以考虑维修、考虑人为因素影响等优点。这个方法理论性强、逻辑性强，使用理论较深，所以应用者必须掌握故障树的有关理论才能建立起对实践具有指导意义的较为完善的故障树。故障树分析之所以在国内外得到迅速发展且具有强大的生命力，是因为它具有以下特点：

① 它具有很大的灵活性，它不局限于对产品可靠性做一般的分析，而是可以分析产品的各种失效状态。不仅可以分析某些零部件失效对产品的影响，还可以对导致这些零部件失效的特殊原因（环境的、人为的）进行分析，予以综合考虑。

② 故障树分析是一种图形演绎方法，是故障事件在一定条件下的逻辑推理方法。它可以围绕某些特定的失效状态做层层深入的分析，因而在清晰的故障树图形下，表达了产品的内在联系，并指出零部件失效与产品之间的逻辑关系，找出产品的薄弱环节。

③ 进行故障树分析的过程，也是对产品更深入认识的过程。它要求分析人员把握产品的内在联系，弄清各种潜在因素对故障发生影响的途径和程度，因而许多问题在分析的过程中就被发现和解决了，从而提高了产品的可靠性。

④ 通过故障树分析，可以定量地计算复杂产品的失效概率及其他可靠性参数，为改善和评估产品可靠性提供定量数据。

⑤ 故障树建成后，对不曾参与产品设计的管理和维修人员来说，相当于一个形象的管理、维修指南。因此，对培训长期使用产品的人员更有意义。

故障树分析在弹药产品可靠性工作中占有非常重要的地位。在产品的设计阶段及设计定型阶段，对产品的安全性及作用可靠性进行评估、预计和分配时，尤其是对安全性的可靠度要求（即失效概率指标），大多采用故障树分析法进行评估。

7.2　建造故障树

通过建树透彻了解产品的故障逻辑关系，找出导致顶事件的所有基本故障原因事件或基本故障原因事件组合，从而辨识出产品在安全性或可靠性设计上的薄弱环节，以便改善设计。建造故障树是实施故障树定性、定量分析的最基本前提条件。

7.2.1　故障树名词术语和符号

1. 事件及其符号

在故障树分析中，各种故障状态或不正常情况皆称故障事件，各种完好状态或正常情况皆称为成功事件，两者均可简称为事件。

（1）底事件

底事件是故障树分析中仅导致其他事件的原因事件。它位于故障树的底端，它总是某个逻辑门的输入事件，而不是输出事件。

底事件又可以分成基本事件和未探明事件。

1）基本事件

基本事件是在特定的故障树分析中无须探明其发生原因的底事件。其图形符号如图 7–2 所示。

2）未探明事件

未探明事件是原则上应进一步探明其原因、但暂时不必或者暂时不能探明其原因的底事件。其图形符号如图 7–3 所示。

（2）结果事件

结果事件是故障树分析中由其他事件或事件组合所导致的事件。它位于某个逻辑门的输出端。其图形符号如图 7–4 所示。

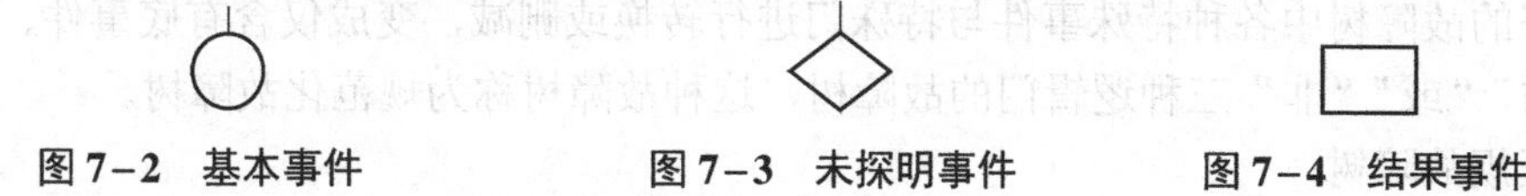

图 7–2　基本事件　　图 7–3　未探明事件　　图 7–4　结果事件

结果事件又可分为顶事件与中间事件。

1）顶事件

顶事件是故障树分析中所关心的结果事件，它位于故障树的顶端，它总是讨论故障树逻辑门的输出事件而不是输入事件。

2）中间事件

中间事件是位于底事件和顶事件之间的结果事件。它既是某个逻辑门的输出事件，同时又是别的逻辑门的输入事件。

2. 逻辑门及其符号

在故障树分析中，逻辑门只描述事件间的因果关系。与门、或门和非门是三个基本门，其他的逻辑门为特殊门。

（1）与门

与门表示仅当所有输入事件发生时，输出事件才发生。其图形符号如图 7–5 所示。

（2）或门

或门表示至少一个输入事件发生时，输出事件就发生。其图形符号如图 7–6 所示。

（3）非门

非门表示输出事件是输入事件的逆事件。其图形符号如图 7–7 所示。

（4）表决门

表决门表示仅当 n 个输入事件中有 r 个或 r 个以上的事件发生时，输出事件才发生（$1\leqslant r\leqslant n$）。其图形符号如图 7–8 所示。

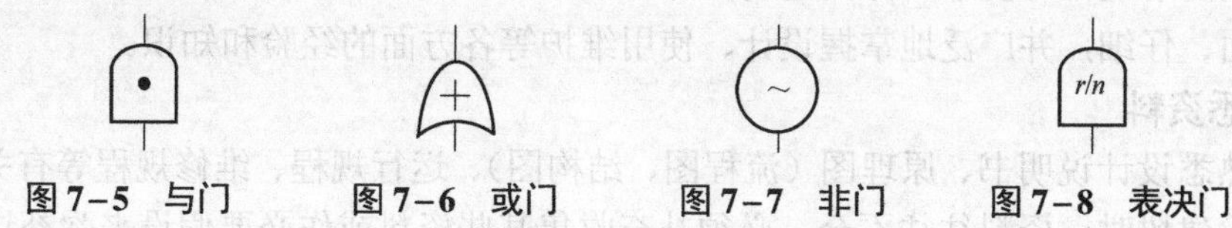

图 7–5　与门　　图 7–6　或门　　图 7–7　非门　　图 7–8　表决门

或门和与门都是表决门的特例。或门是 $r=1$ 的表决门，与门是 $r=n$ 的表决门。

3. 故障树

故障树是一种特殊的倒立树状逻辑因果关系图，它用规定的事件符号、逻辑门符号等描述产品中各种事件之间的因果关系。逻辑门的输入事件是输出事件的“因”，逻辑门的输出事件是输入事件的“果”。

（1）两状态故障树

如果故障树的底事件描述一种状态，而其对逆事件也只描述一种状态，则称为两状态故障树。

（2）多状态故障树

如果故障树的底事件描述一种状态，而其逆事件包含两种或两种以上互不相容的状态，并且在故障树中出现上述的两种或两种以上状态的底事件，则称为多状态故障树。

（3）规范化故障树

将画好的故障树中各种特殊事件与特殊门进行转换或删减，变成仅含有底事件、结果事件以及“与”“或”“非”三种逻辑门的故障树，这种故障树称为规范化故障树。

（4）正规故障树

仅含故障事件以及与门、或门的故障树。

（5）非正规故障树

含有成功事件或者非门的故障树。

（6）对偶故障树

将两状态故障树中的与门换为或门，或门换为与门，而其余不变，这样得到的故障树称为原故障树的对偶故障树。

（7）成功树

除将两状态故障树中的与门换为或门，或门换为与门外，并将底事件与结果事件换为相应的对立事件，这样所得的树称为相应的成功树。

4. 故障树的割集和最小割集

（1）割集

割集是单调故障树的若干底事件的集合，如果这些底事件都发生，将导致顶事件发生。

（2）最小割集

最小割集是底事件的数目不能再减少的割集，即在该最小割集中任意去掉一个底事件之后，剩下的底事件集合就不是割集。一个最小割集代表引起故障树顶事件发生的一种故障模式。

7.2.2 建造故障树前的准备工作

故障树的建造是故障树分析法的关键，故障树建造的完善程度将直接影响定性分析和定量计算结果的准确性。复杂产品的建树工作一般十分庞大繁杂，机理交错多变，所以要求建树必须全面、仔细，并广泛地掌握设计、使用维护等各方面的经验和知识。

1. 熟悉资料

必须熟悉设计说明书、原理图（流程图、结构图）、运行规程、维修规程等有关资料。实际上，开始建树时，资料往往不全，必须补充收集某些资料或作必要假设来弥补这种欠缺。

随着资料的逐步完善，故障树也会修改得更加符合实际情况和更加完善。

2. 熟悉产品

① 应透彻掌握产品设计意图、结构、功能、边界（包括人机接口）和环境情况。

② 辨明人的因素和软件对产品的影响。

③ 辨识产品可能采取的各种状态模式及它们和各单元状态的对应关系，辨识这些模式之间的相互转换，必要时应绘制产品状态模式及转换图，以帮助弄清产品成功或故障与单元成功或故障之间的关系，有利于正确地建造故障树。

④ 根据产品复杂程度和要求，必要时应进行产品失效模式、影响及危害性分析，以帮助辨识各种故障事件以及人的失误和共因故障。

⑤ 根据产品复杂程度，必要时应绘制产品可靠性框图，帮助正确形成故障树的顶部结构和实现故障树的早期模块化，以缩小故障树的规模。

⑥ 为透彻地熟悉产品，建树者除完成上述工作外，还应随时征求有经验的设计人员和使用、维修人员的意见，最好有上述人员参与建树工作，方能保证建树工作顺利开展和建成的故障树的正确性，以达到预期的分析目的。

3. 确定分析目的

应根据任务要求和对产品的了解确定分析目的。同一个产品，因分析目的不同，产品模型化结果会大不相同，反映在故障树上也大不相同。如果本次分析关注的对象是硬件故障，产品模型化时，可以略去人的因素；如果关注对象是内部事件，则模型化将不考虑外部事件。有时（但不是所有场合）需要考虑硬件故障、软件故障、人的失误和外部事件等所有因素。

4. 确定故障判据

根据产品成功判据来确定产品故障判据，只有故障判据确切，才能辨明什么是故障，从而正确确定导致故障的全部直接的必要而又充分的原因。

5. 确定顶事件

人们不希望发生的显著影响产品技术性能、经济性、可靠性和安全性的故障事件可能不止一个，在充分熟悉资料和产品的基础上，做到既不遗漏又分清主次地将全部重大故障事件一一列举，必要时可应用失效模式、影响及危害性分析，然后根据分析目的和故障判据确定出本次分析的顶事件。

7.2.3　建树基本规则

故障树的建造方法一般分为两类：第一类是人工建树，主要应用演绎法进行建树；第二类是计算机辅助建树，主要应用判定表法和合成法。

故障树要反映出产品故障的内在联系，同时应能使人一目了然，形象地掌握这种联系并按此进行正确的分析，因此，在建树时，应遵循一些规则。

1. 人工演绎法建树的基本规则

（1）确定顶事件

人们所关心的产品失效事件可能不止一个，每一个不希望发生的事件都可能成为故障树的顶事件。在熟悉产品的基础上，首先对产品进行失效模式、影响及危害性分析，将有助于识别这些失效事件，从而正确地确定故障树的顶事件。

（2）明确建树的边界条件，确定简化产品图

顶事件确定后，还应明确规定所分析的产品的一些边界条件。故障树的边界应和产品的边界相一致，方能避免遗漏或出现不应有的重复；一个产品的部件以及部件之间的连接数目可能很多，但其中有些对于给定的顶事件是很不重要的，为了减小树的规模以突出重点，应在失效模式、影响及危害性分析的基础上，将那些很不重要的部分舍去，从产品图的主要逻辑关系得到等效的简化产品图，然后从简化产品图出发进行建树。

划定边界、合理简化是完全必要的，同时，这又要非常慎重，避免主观地把看来"不重要"的底事件压缩掉，却把要寻找的隐患漏掉了。做到合理划定边界和简化的关键在于经过集思广益的推敲，做出正确的工程判断。

（3）失效事件应有明确定义

为了正确确定失效事件的输入，失效事件必须有明确的定义，应明确指出失效是在什么条件下发生的，是什么失效等。

（4）故障树演绎

首先寻找的是直接原因事件而不是基本原因事件。应不断利用"直接原因事件"作为过渡，逐步地、无遗漏地将顶事件演绎为基本原因事件。

（5）循序渐进地建树

建树应一级一级地从上向下逐级进行，在对上一级的全部输入事件无遗漏地考虑过之后，再对下一级的输入事件进行考虑，遵循这样的原则可以避免遗漏。

（6）要对失效事件进行分类

首先应判断失效事件是产品性失效还是单元性失效。若是产品性失效，则其下面所跟的门可以是与门，可以是或门，或者是不跟逻辑门而与另一个失效事件直接相连。若是单元性失效，则其下面必定跟一个或门，或门下面是原发性失效、继发性失效或指令性失效，有时这三种失效不一定同时存在，这一点应引起注意。

（7）建树时不允许逻辑门与逻辑门直接相连

建树时任何一个逻辑门的输出都必须用一个结果事件清楚地定义，不允许不经结果事件而让逻辑门与逻辑门直接相连，以防止建树者不从文字上对中间事件下定义即去发展该子树，只有这样，才能保证逻辑门的输入的正确性，才能保证所建成的故障树各个子树的物理概念清楚。这样不仅帮助别人能看懂这棵故障树，而且对建树者本人的备忘也是必要的。

（8）妥善处理共因事件

来自同一故障源的共同的故障原因会引起不同的部件故障甚至不同的产品故障。共同原因故障事件，简称共因事件。鉴于共因事件对产品故障发生概率影响很大，建造故建树时，必须妥善处理共因事件。

若某个故障事件是共因事件，则对故障树的不同分支中出现的该事件必须使用同一事件标号。若该共因事件不是底事件，必须使用相同转移符号简化表示。一般来说，一个共因事件在同一产品故障树的不同子树中出现，这条规则往往可以得到遵守，但有时不同产品是相关的，而这两个产品由不同人建树，这条规则往往得不到遵守，从而导致错误。因此，对一些大项目实施故障树分析时，技术负责人一定要采取妥当的措施，以保证规则能得到遵守，比如让同一个人负责有相同共因事件的不同产品故障树建造工作。

2. 故障树的简化

故障树的简化并不是故障树分析的必要步骤，对故障树不做简化或简化不完全，并不影响以后定性分析和定量分析的结果。然而根据建树规则建立起来的故障树可能比较庞大和繁杂，层次过多或过细的故障树对定性分析和定量计算都是不方便的。因此，在故障树建成之后，要对这棵树进行逻辑等效简化，从而减少分析工作量。简化故障树应遵循以下规则：

① 故障树的逻辑简化。根据布尔代数的运算规则，可对故障树中多余的逻辑事件和逻辑门进行简化。故障树逻辑简化原理见表 7–1。

表 7–1　故障树逻辑简化原理

简化原理	原故障树	简化故障树
结合律 Ⅰ $(X_1 \cup X_2) \cup X_3$ $= X_1 \cup X_2 \cup X_3$		
结合律 Ⅱ $(X_1 \cap X_2) \cap X_3$ $= X_1 \cap X_2 \cap X_3$		
分配律 Ⅰ $(X_1 \cap X_2) \cup (X_1 \cap X_3)$ $= X_1 \cap (X_2 \cup X_3)$		
分配律 Ⅱ $(X_1 \cup X_2) \cap (X_1 \cup X_3)$ $= X_1 \cup (X_2 \cap X_3)$		

② 根据逻辑门等效变换规则，把原故障树变换成规范化故障树。规范化故障树就是只含与门、或门、非门以及结果事件和底事件的故障树。将重要且数据完备的未探明事件当作基本事件对待，将不重要且数据不完备的未探明事件删去。

③ 去除明显的逻辑多余事件。也就是说，将那些不经过逻辑门直接相连的一串事件只保留最下面的一个事件。

④ 去除明显的逻辑多余门。凡相邻两级逻辑门类型相同者，均可简化。若与（或）门之

下有与（或）门，则下一级的与（或）门及其输出事件均可去除，它们的输入事件直接成为保留与（或）门的输入事件。

7.3 故障树的定性分析

故障树的定性分析的目的在于寻找导致顶事件发生的原因和原因组合，识别导致顶事件发生的所有故障模式，它可以帮助判明潜在的故障，以便改进设计，也可以用于指导故障诊断，改进运行和维修方案。

为了对故障树进行定性分析，我们引出了最小割集的概念，一个最小割集代表产品的一种故障模式，故障树定性分析的任务之一就是要寻找故障树的全部最小割集。但我们通常所遇到的故障树，其结构函数式并不是最小割集表达式。这样的结构函数既不便于定性分析，也不便于定量计算。因此，需要通过寻找最小割集的办法对结构函数进行变换，从而使原有故障树得到简化，以利于故障树的定性分析和定量计算。

最小割集的意义在于：

（1）找出最小割集对降低复杂产品潜在事故的风险具有重大意义

因为设计中如果能做到使每个最小割集中至少有一个底事件恒不发生（发生概率极低），则顶事件就恒不发生（或发生概率极低），做到了在设计阶段把产品潜在事故的发生概率降至最低。

（2）消除可靠性关键产品中的一阶最小割集（最小割集中的底事件个数为 1），可达到消除其单点故障的目的

可靠性关键产品设计要求不允许有单点故障，即产品中不允许有一阶最小割集。解决的方法之一就是在产品设计时进行故障树分析，找出一阶最小割集，然后在其所在的层次或更高的层次增加“与门”，并使“与门”尽可能接近顶事件。

（3）最小割集可以指导产品的故障诊断和维修

如果产品某一故障模式发生了，则一定是该产品中与其对应的某一个最小割集中的底事件全部发生了。

7.3.1 求最小割集的方法

故障树的定性分析就是对最小割集进行比较分析。求最小割集的方法很多，常用的有下行法、上行法两种。

1. 下行法

根据故障树的实际结构，从顶事件开始，逐层向下寻查，找出割集。

下行法的基本原则是：对每一个输出事件，若下面是或门，则将该或门下的每一个输入事件各自排成一行；若下面是与门，则将该与门下的所有输入事件排在同一行。

下行法的步骤是：从顶事件开始，由上向下逐级进行，对每个结果事件重复上述原则，直到所有结果事件均被处理，所得每一行的底事件的集合均为故障树的一个割集。最后按最小割集的定义，对各行的割集通过两两比较，划去那些非最小割集的行，剩下的即为故障树的所有最小割集。

以图 7-9 所示故障树为例，说明下行法求故障树的最小割集的方法和步骤。

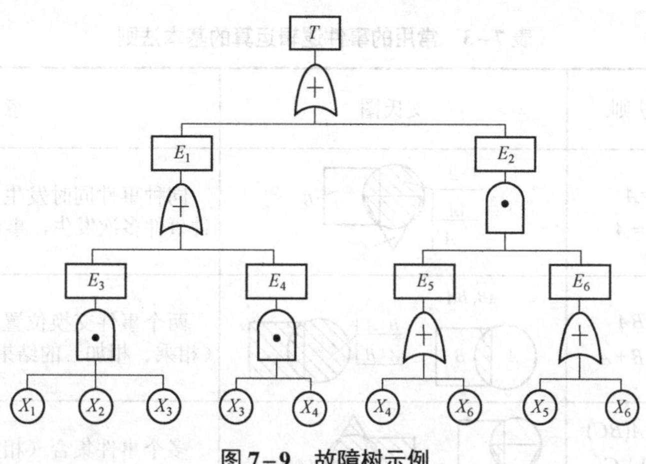

图 7–9　故障树示例

对于图 7–9 所给的故障树，下行法的步骤可见表 7–2，其具体步骤是：

步骤 1：顶事件 T 下面是或门，将该门下的输入事件 E_1 和 E_2 各自排成一行。

步骤 2：事件 E_1 下面是或门，将该门下的输入事件 E_3 和 E_4 各自排成一行；事件 E_2 下面是与门，将该门下的输入事件 E_5 和 E_6 排在同一行。

步骤 3：事件 E_3 下面是与门，将该门下的输入事件 X_1、X_2 和 X_3 排在同一行；事件 E_4 下面是与门，将该门下的输入事件 X_3 和 X_4 排在同一行；事件 E_5 下面是或门，将该门下的输入事件 X_4 和 X_6 各自排成一行，并与事件 E_6 组合成 X_4E_6 和 X_6E_6。

步骤 4：事件 E_6 下面是或门，将该门下的输入事件 X_5 和 X_6 各自排成一行，并与事件 X_4 组合成 X_4X_5 和 X_4X_6；与事件 X_6 组合成 X_5X_6 和 X_6X_6。

至此，故障树的所有结果事件都已被处理。步骤 4 所得的每一行均为一个割集。

步骤 5：进行两两比较，因为 $\{X_6\}$ 是割集，故 $\{X_4, X_6\}$ 和 $\{X_5, X_6\}$ 不是最小割集，必须划去。最后得到该故障树的所有最小割集为 $\{X_6\}$，$\{X_4, X_5\}$，$\{X_3, X_4\}$，$\{X_1, X_2, X_3\}$。

表 7–2　应用下行法求故障树的所有最小割集的步骤表

步骤					
0	1	2	3	4	5
T	E_1	E_3	$X_1X_2X_3$	$X_1X_2X_3$	$X_1X_2X_3$
	E_2	E_4	X_3X_4	X_3X_4	X_3X_4
		E_5E_6	X_4E_6	X_4X_5	X_4X_5
			X_6E_6	X_4X_6	X_6
				X_6X_5	
				X_6X_6	

应用事件集合运算的基本法则，将割集化减为最小割集。常用的事件逻辑运算的基本法则见表 7–3。

表 7–3　常用的事件逻辑运算的基本法则

序号	名称	运算法则	文氏图	意义
1	幂等律	$AA=A$ $A+A=A$	$A+A$, AA, A, B, C	同种事件同时发生，事件性质不变；同种事件多次发生，事件性质不变
2	交换律	$AB=BA$ $A+B=B+A$	AB, BA, A, B; $B+A$, $A+B$	两个事件交换位置或顺序，其集合事件（相乘、相加）的结果不变
3	结合律	$(AB)C=A(BC)$ $(A+B)+C$ $=A+(B+C)$	$(AB)C$, $A(BC)$; $(A+B)+C$, $A+(B+C)$	多个事件集合（相乘、相加）的结果不受其中诸事件相互集合先后顺序的影响
4	分配律	$AB+C=$ $(A+C)(B+C)$	AB, C, $AB+C$; $A+C$, $B+C$, $(A+C)(B+C)$	同时发生的两个事件与第三个事件的叠加，等于两个事件分别与第三个事件叠加并同时发生
5	吸收律	$A+AB=A$ $A(A+B)=A$	A, AB, $A+AB$; $A+B$, $A(A+B)$	事件 A 与另一个事件 B 集合事件的集
6	摩根律	$\overline{A}\,\overline{B}=\overline{A+B}$ $\overline{A}+\overline{B}=\overline{AB}$	$\overline{B}$, $\overline{A}$, $\overline{A+B}$; $\overline{B}$, $\overline{A}$, $\overline{AB}$	$\overline{A}$; $\overline{B}$
注：A、B、C 是不同事件，A 示意用○；B 示意用□；C 示意用△。				

2. 上行法

根据故障树的实际结构，从底事件开始，逐层向上寻查，找出割集。

上行法的基本原则是：对每个结果事件，若下面是或门，则将此结果事件表示为该或门下的各输入事件的布尔和（事件并）；若下面是与门，则将此结果事件表示为该与门下的输入事件的布尔积（事件交）。

上行法的步骤是：从底事件开始，由下向上逐级进行。对每个结果事件重复上述原则，直到所有结果事件均被处理。将所得的表达式逐次代入，按布尔运算的规则，将顶事件表示成积之和的最简式，其中每一项对应于故障树的一个最小割集，从而得到故障树的所有最小割集。

仍以图 7–9 所给的故障树为例，说明上行法求故障树的所有最小割集的方法和步骤。

对于图 7–9 所给的故障树，从底事件开始，有

$$E_3=X_1X_2X_3$$

$$E_4=X_3X_4$$

$$E_5=X_4+X_6$$

$$E_6=X_5+X_6$$

$$E_1=E_3+E_4=X_1X_2X_3+X_3X_4$$

$$E_2=E_5E_6=(X_4+X_6)(X_5+X_6)=X_4X_5+X_4X_6+X_5X_6+X_6X_6=X_4X_5+X_6$$

$$T=E_1+E_2=X_1X_2X_3+X_3X_4+X_4X_5+X_6$$

故得故障树的所有最小割集：$\{X_6\}$，$\{X_4,X_5\}$，$\{X_3,X_4\}$，$\{X_1,X_2,X_3\}$。

用上行法所求得的结果与下行法所得结果是一样的。要注意的是，只有在每一步都利用事件集合运算规则进行简化、吸收，得到的结果才是最小割集。

故障树的所有最小割集求出之后，将原来的结构函数式改写成如下“积之和”的形式。

$$\Phi(x)=X_1X_2X_3+X_3X_4+X_4X_5+X_6$$

按此结构函数式可以画出新的故障树，新故障树与原故障树是等效的。

图 7–10 是图 7–9 故障树的等效故障树。

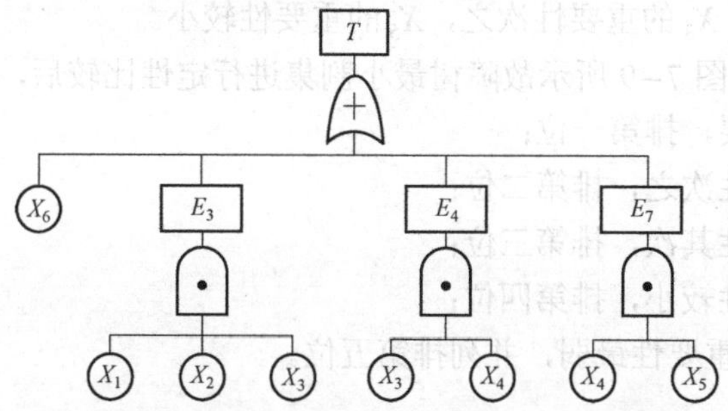

图 7–10　变成“积之和”形式的等效故障树

研究最小割集，就可以发现产品的最薄弱环节，集中力量解决这些薄弱环节，以提高产品的可靠性。变成了“积之和”形式的结构函数，不但有利于定性分析，也有利于定量计算。

7.3.2　最小割集的定性分析

在求得全部最小割集后，如果没有足够多的数据能够对故障树中的各个底事件发生概率做出推断，则可进一步对顶事件发生的概率做定量计算；数据不足时，只能做定性分析，故障树定性分析是对所求得的全部最小割集进行比较分析。它的基本用途在于识别导致顶事件发生的所有可能的产品故障模式，避免遗漏重要的故障模式。定性比较结果可用于指导故障诊断、确定维修次序或者指示改进产品的方向。故障树定性分析结果也是进一步定量分析的基础。

根据每个最小割集含底事件数目（阶数）排序，在各个底事件发生概率比较小，并且差别不大的条件下，可按以下原则对最小割集进行定性比较：

① 阶数越小的最小割集越重要。

② 在低阶最小割集中出现的底事件比高阶最小割集中的底事件重要。

③ 在最小割集阶数相同的条件下，在不同最小割集中，重复出现的次数越多的底事件越重要。

在工程上为了减少分析工作量，可以略去阶数大于指定值的所有最小割集来进行近似分析。

现对图 7–9 所示故障树示例进行定性分析。图 7–9 所示故障树的所有最小割集：$\{X_6\}$，$\{X_4, X_5\}$，$\{X_3, X_4\}$，$\{X_1, X_2, X_3\}$，即

$$T=X_1X_2X_3+X_3X_4+X_4X_5+X_6$$

（1）比阶数

$X_1X_2X_3$ 阶数为 3，X_3X_4 和 X_4X_5 的阶数为 2，X_6 的阶数为 1。故此，最小割集 X_6 的重要性最大，X_3X_4 和 X_4X_5 的重要性次之，$X_1X_2X_3$ 的重要性较小。

（2）比层次

X_3X_4 和 X_4X_5 出现在 2 阶层次，$X_1X_2X_3$ 出现在 3 阶层次。故此，最小割集 X_3、X_4 和 X_5 并列重要性，X_1 和 X_2 并列重要性次之。

（3）比出现的次数

X_3 出现 2 次（2 阶 1 次、3 阶 1 次），X_4 同样出现 2 次（2 阶 2 次），X_5 出现 1 次，最小割集 X_4 的重要性最大，X_3 的重要性次之，X_5 的重要性较小。

通过用 3 条原则对图 7–9 所示故障树最小割集进行定性比较后，得到的分析结论是：

最小割集 X_6 最重要，排第一位；

最小割集 X_4 重要性次之，排第二位；

最小割集 X_3 重要性其次，排第三位；

最小割集 X_5 重要性较小，排第四位；

最小割集 X_1 和 X_2 重要性最弱，并列排第五位。

7.4 故障树的定量分析

在故障树定性分析求出全部最小割集的基础上，把故障树顶事件表示为最小割集中底事件积之和的最简布尔表达式，即可对顶事件发生的概率进行定量计算。

定量分析应当在产品设计阶段后期予以考虑，当每个基本事件的概率可以估计时，可以计算一个较危害性的数值，根据这个数值可以确定事件的相对重要性。

在进行故障树定量计算时，首先要确定各底事件的失效模式和它的失效分布参数或失效概率值。其次要做以下三点假设：

① 底事件之间相互独立。

② 底事件和顶事件都只考虑两种状态，即发生或不发生。也就是说，零部件和产品都是只有正常或失效两种状态。

③ 零部件寿命服从指数分布。

7.4.1 故障树的结构函数

设 x_i 表示底事件的状态变量，根据以上假设，x_i 仅取 0 或 1 两种状态；Φ 表示顶事件的状态变量，Φ 也仅取 0 或 1 两种状态，故障树的结构函数定义为：

$$x_i=\begin{cases}1，底事件\ x_i\ 发生（即零部件故障）\\0，底事件\ x_i\ 不发生（即零部件正常），i=1, 2, \cdots, n\end{cases}$$

$$\Phi=\begin{cases}1，顶事件发生（即产品故障）\\0，顶事件不发生（即产品正常）\end{cases}$$

其中，n 为故障树底事件的数目；$x_1, x_2, \cdots, x_n$ 为描述底事件状态的布尔变量。

在故障树分析中，其顶事件是产品不希望发生的失效状态，记作 $\Phi=1$。与此状态相对应的底事件状态为零部件失效状态，记作 $x_i=1$。这就是说，顶事件状态 Φ 完全由故障树中底事件状态 X 所决定，即 $\Phi=\Phi(X)$，$X=(x_1, x_2, \cdots, x_n)$称 $\Phi(X)$为故障树的结构函数，是表示产品状态的一种布尔函数。

这里应当引起注意的是，此结构函数为产品失效的结构函数，事件的发生对应着失效状态，事件的不发生对应着正常状态，这与可靠性框图法的取值恰好相反，因此在使用时注意不要弄混。

故障树顶事件发生概率是各个底事件发生概率的函数，根据结构函数和定义，介绍几种常用的典型结构的结构函数表达式。

1.“与门”结构（故障树如图 7–11 所示）

根据“与门”的定义：当输入事件全部发生时，输出事件才发生，即全部零部件故障时，产品才故障（并联模型），因此，有

$$\Phi(X)=x_1\cap x_2\cap\cdots\cap x_n=\bigcap_{i=1}^{n}x_i \quad i=1, 2, \cdots, n \tag{7–1}$$

式中　n——输入事件个数。

当 x_i 仅取 0、1 二值时，结构函数可以写成

$$\Phi(X)=\prod_{i=1}^{n}x_i \qquad i=1, 2, \cdots, n \tag{7–2}$$

由式（7–2）可见，当底事件全部失效时，产品才失效，当其中任意一个底事件不失效时，产品也不失效，即 $x_i=0$ 时，$\Phi(X)=0$，$x_1=1, x_2=1, \cdots, x_n=1$ 时，$\Phi(X)=1$，只有全部底事件都发生时，顶事件才发生，相当于可靠性模型的并联模型。

2.“或门”结构（故障树如图 7–12 所示）

根据“或门”的定义：输入事件只要有一个发生，输出事件就发生，即零部件只要有一个故障，产品就故障（串联模型），因此，有

$$\Phi(X)=x_1\cup x_2\cup\cdots\cup x_n=\bigcup_{i=1}^{n}x_i \quad i=1, 2, \cdots, n \tag{7–3}$$

式中　n——输入事件个数。

当 x_i 仅取 0、1 二值时，结构函数可以写成

$$\Phi(X)=1-\prod_{i=1}^{n}(1-x_i) \qquad i=1, 2, \cdots, n \tag{7–4}$$

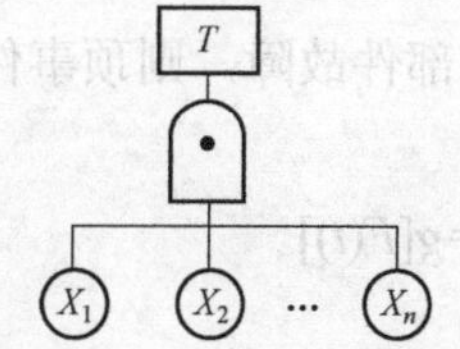

图 7–11　与门结构故障树

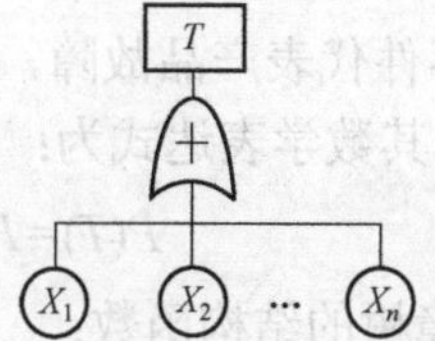

图 7–12　或门结构故障树

只要变量 x_i 有一个为 1，即底事件失效，产品就失效，$\Phi(X)=1$。只有全部底事件均为 0 时，$\Phi(X)=0$，产品才不失效，相当于可靠性模型的串联模型。

3.“表决门”的结构函数（故障树如图 7–13 所示）

根据“表决门”的定义：只要当输入事件发生的个数不小于 r 时，输出事件才发生，即零部件故障的个数不能小于 r，产品才故障，因此，有

$$\Phi(X)=\begin{cases}1, \sum x_i \geqslant r \\ 0, 其他\end{cases} \tag{7-5}$$

式中 r——使“表决门”输出事件发生的最小输入事件个数（使产品发生失效的最少底事件）。

4. 简单“与”门、“或”门混合产品的结构函数（故障树如图 7–14 所示）

$$\Phi(X)=x_1 \cup (x_2 \cap x_3) \tag{7-6}$$

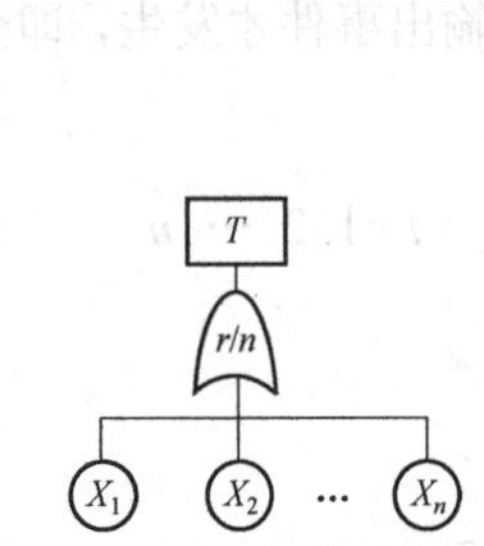

图 7–13 n 中取 r 结构故障树

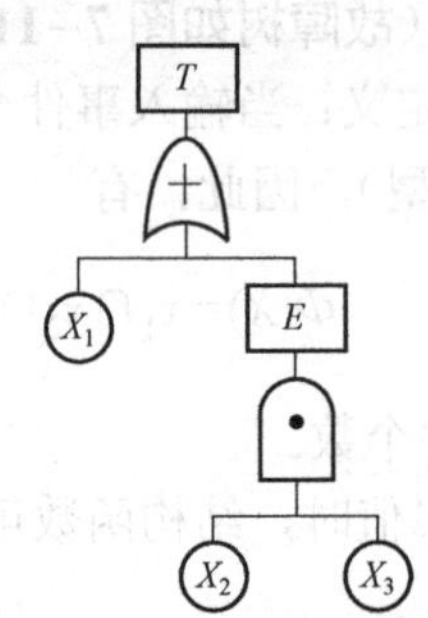

图 7–14 混合门结构故障树

当 x_i 仅取 0、1 二值时，结构函数可以写成

$$\begin{aligned}\Phi(X)&=1-\left[(1-x_1)\left(1-\prod_{i=1}^{n} x_i\right)\right] \\ &=1-(1-x_1)(1-x_2x_3)\end{aligned} \tag{7-7}$$

故障树混合门的结构函数，可以用单独“与门”“或门”分别表示，然后联合表示的方法。该方法相当于可靠性模型的串联与并联产品。

7.4.2 顶事件发生概率计算

1. 直接概率法

用故障树底事件发生的概率，直接计算故障树顶事件发生的概率。

由 n 个底事件组成的故障树，其结构函数为

$$\Phi(X)=\Phi(x_1,x_2,\cdots,x_n)$$

如果故障树顶事件代表产品故障，底事件代表零部件故障，则顶事件发生概率就是产品的不可靠度 F_s（t）。其数学表达式为：

$$P(T)=F_s(t)=E[\Phi(X)]=g[F(t)] \tag{7-8}$$

式中 $\Phi(X)$——故障树的结构函数；

$F(t)$——$[F_1(t), F_2(t), \cdots, F_n(t)]$。

下面介绍用底事件发生概率计算顶事件发生概率的常用典型结构。

(1)"与门"结构

$$\Phi(X)=\prod_{i=1}^{n}x_i$$

$$F_s(t)=E[\Phi(X)]=E\left[\prod_{i=1}^{n}x_i(t)\right]$$

$$=E[x_1(t)]\cdot E[x_2(t)]\cdots E[x_n(t)]$$

$$=F_1(t)\cdot F_2(t)\cdots F_n(t) \tag{7-9}$$

(2)"或门"结构

$$\Phi(X)=1-\prod_{i=1}^{n}(1-x_i)$$

$$F_s(t)=E[\Phi(X)]=E\left[1-\prod_{i=1}^{n}(1-x_i)\right]$$

$$=1-E[1-x_1(t)]\cdot E[1-x_2(t)]\cdots E[1-x_n(t)]$$

$$=1-[1-F_1(t)][1-F_2(t)]\cdots[1-F_n(t)] \tag{7-10}$$

(3)"表决门"结构

$$F_s(t)=E[\Phi(X)]=\sum_{m=r}^{n}\left[E\left(\prod_{i=1}^{m}x_i\right)\right]$$

$$=\sum_{m=r}^{n}\left[\prod_{i=1}^{m}E(x_i)\right]$$

$$=\sum_{m=r}^{n}\left[\prod_{i=1}^{m}F_i(t)\right] \tag{7-11}$$

2. 通过最小割集求顶事件发生的概率

按最小割集之间不交和相交两种情况处理。

(1) 最小割集之间不交的情况

已知故障树的全部最小割集为 $K_1, K_2, \cdots, K_r$，各最小割集中没有重复出现的底事件，也就是假定最小割集之间是不相交的，则有

$$T=\Phi(X)=\bigcup_{j=1}^{r}K_j(t) \tag{7-12}$$

$$P[K_j(t)]=\prod_{i\in K_j}^{j=1}F_i(t) \tag{7-13}$$

式中 $P[K_j(t)]$——在时刻 t 第 j 个最小割集发生的概率；

$F_i(t)$——在时刻 t 第 j 个最小割集中第 i 个部件的故障概率；

r——最小割集数。

则

$$P(T)=F_s(T)=P[\Phi(X)]=\sum_{j=1}^{r}\left[\prod_{i\in K_i}^{j=1}F_i(t)\right] \tag{7-14}$$

（2）最小割集之间相交的情况

计算任意一棵故障树顶事件的概率，要求假设在各最小割集中没有重复出现的底事件，也就是要求最小割集之间是完全不相交的。但在大多数情况下，底事件可以在几个最小割集中重复出现，也就是说，我们经常遇到的情况是最小割集之间是相交的。精确计算顶事件发生的概率就必须用相容事件的概率公式：

$$\begin{aligned} P(T) &= P(K_1 \cup K_2 \cup \cdots \cup K_r) \\ &= \sum_{j=i}^{r} P(K_i) - \sum_{i<j=2}^{r} P(K_i K_j) + \sum_{i<j<k=3}^{r} P(K_i K_j K_k) \\ &\quad + \cdots + (-1)^{r-1} P(K_1 K_2 \cdots K_r) \end{aligned} \tag{7-15}$$

式中 K_i、K_j、K_k——第 i、j、k 个最小割集；

r——最小割集数。

由式（7-15）可以看出，它共有（2^r-1）项，当 r 足够大时，就会产生“组合爆炸”问题，即使是大型计算机，也难以胜任。解决的办法就是化相交和为不交和，然后求顶事件发生的概率。

化相交和为不交和的基本思路是：假定故障树的最小割集 K_i 与 K_j 相交，但 K_i 与 $\overline{K_i}\,K_j$ 肯定不相交，由文氏图可以清楚地看出：

$$K_i \cup K_j = K_i + \overline{K_i} K_j \tag{7-16}$$

式（7-16）的左边是集合并运算，右边是不交和运算。式（7-16）的文氏图如图 7-15 所示。

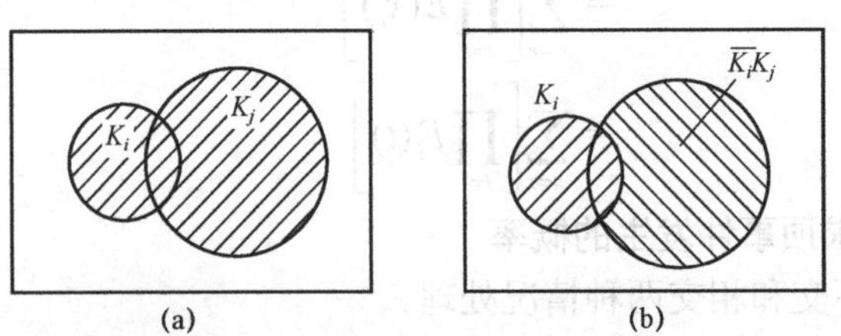

图 7-15　两个最小割集的相交和与不交和的文氏图

（a）$K_i \cup K_j$；（b）$K_i + \overline{K_i} K_j$

这样 $P(K_i \cup K_j) = P(K_i) + P(\overline{K_i} K_j)$，把相交和的运算变成不交和的运算。

化相交和为不交和有两种做法。

1）直接化法

式（7-16）是两个最小割集相交的情况，如果是三个或更多的最小割集相交的情况，我们推出一般的表达式：

$$\begin{aligned} T &= \bigcup_{i=1}^{r} K_i \\ &= K_1 + \overline{K_1}\,(K_2 \cup K_3 \cup \cdots \cup K_r) \\ &= K_1 + \overline{K_1}\,K_2 + \overline{K_1}\,K_2(\overline{K_1}\,K_3 \cup \overline{K_1}\,K_4 \cup \cdots \cup \overline{K_1}\,K_r) \\ &= \cdots \end{aligned} \tag{7-17}$$

这样一直化简下去，直到所有项全部成为不交和为止。这种方法对于项数少的情况比较适用，当相交和项数较多时，人工算起来也是相当烦琐的，仍需借助计算机。

2）递推化法

由图 7-15 的两个最小割集相交的情况，递推出三个最小割集相交的情况，它们的表达式为：

$$K_1 \cup K_2 \cup K_3 = K_1 + \overline{K_1}\, K_2 + \overline{K_1}\ \overline{K_2}\, K_3$$

其文氏图如图 7-16 所示。

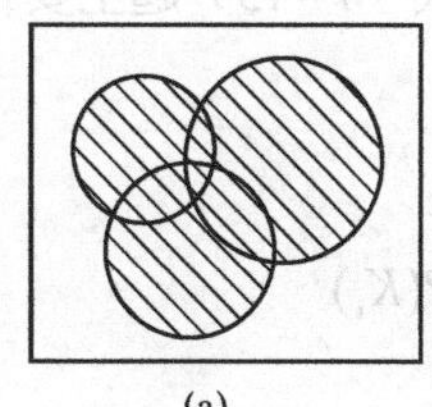
(a)

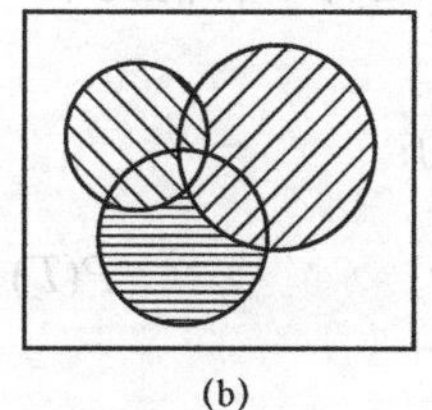
(b)

图 7-16　三个最小割集的相交和与不交和的文氏图

(a) $K_1 \cup K_2 \cup K_3$；(b) $K_1 + \overline{K_1} K_2 + \overline{K_1}\,\overline{K_2} K_3$

推广到一般情况：

$$T = \bigcup_{i=1}^{r} K_i = K_1 + \overline{K_1}\, K_2 + \overline{K_1}\ \overline{K_2}\, K_3 + \cdots + \overline{K_1}\ \overline{K_2} \cdots \overline{K_{r-1}}\, K_r \tag{7-18}$$

现以图 7-9 所示的故障树为例，来计算该故障树顶事件发生的概率。

设已知所有底事件相互独立，如已知各个底事件发生的概率是：$q_1=0.02$，$q_2=0.02$，$q_3=0.03$，$q_4=0.025$，$q_5=0.025$，$q_6=0.01$。用不交布尔代数法求顶事件发生的概率。

首先，求得所有最小割集，将顶事件表示为各底事件积之和的最简布尔表达式：

$$T = X_6 + X_3X_4 + X_4X_5 + X_1X_2X_3$$

其次，将上式化为互不相交的布尔和：

$$\begin{aligned} T &= X_6 + X_3X_4 + X_4X_5 + X_1X_2X_3 \\ &= X_6 + \overline{X_6}\, X_3X_4 + \overline{X_6} \cdot \overline{X_3X_4} \cdot X_4X_5 + \overline{X_6} \cdot \overline{X_3X_4} \cdot \overline{X_4X_5} \cdot X_1X_2X_3 \end{aligned}$$

式中　$\overline{X_6} \cdot \overline{X_3X_4} \cdot X_4X_5 = \overline{X_6}\,(\overline{X_3} + \overline{X_4})X_4X_5 = \overline{X_6}\,\overline{X_3}\,X_4X_5$

$$\begin{aligned} \overline{X_6} \cdot \overline{X_3X_4} \cdot \overline{X_4X_5} \cdot X_1X_2X_3 &= \overline{X_6}\,(\overline{X_3} + \overline{X_4})(\overline{X_4} + \overline{X_5})X_1X_2X_3 \\ &= \overline{X_6}\ \overline{X_4}\ X_1X_2X_3 \end{aligned}$$

所以

$$T = X_6 + X_3X_4\overline{X_6} + X_4X_5\overline{X_3}\ \overline{X_6} + X_1X_2X_3\overline{X_4}\ \overline{X_6}$$

然后将已经不相交的表达式两端求概率，得顶事件发生的概率：

$$\begin{aligned} P(T) &= P(X_6) + P(X_3X_4\overline{X_6}) + P(X_4X_5\overline{X_3}\ \overline{X_6}) + P(X_1X_2X_3\overline{X_4}\ \overline{X_6}) \\ &= q_6 + q_3q_4(1-q_6) + q_4q_5(1-q_3)(1-q_6) + q_1q_2q_3(1-q_4)(1-q_6) \end{aligned}$$

将上面给定的数据代入，得

$$P(T) = 0.011\,354$$

上面讨论的故障树顶事件发生概率的计算，对于简单的故障树来说，计算量不是很大，但对于较复杂的故障树或故障树的最小割集比较多时，就会发生“组合爆炸”问题，即使用直接化法或递推化法将相交和化为不交和，整个计算量也是惊人的。

在工程上，精确计算故障树顶事件概率是不必要的，这是因为：

① 统计得到的底事件数据往往是不十分准确的，因此，用不准确的底事件数据去精确计算顶事件的概率就没有实际意义了。

② 一般情况下，人们把产品的可靠度设计得比较高，对零部件的失效概率往往设计得比较低。例如，机械引信安全产品失效概率不大于百万分之一，引信产品的故障树底事件概率一般都小于千分之一。在这样一种情况下，计算式（7-15）起主要作用的是首项。因此，一般采用首项近似法。

首项近似计算公式为：

$$P(T) \approx \sum_{j=i}^{r} P(K_i) \tag{7-19}$$

7.4.3 底事件的重要度分析

工程实践表明，从可靠性、安全性角度看，产品中各部件并不是同等重要的，一般认为一个零部件或最小割集对顶事件发生所做的贡献称为重要度，它是产品结构、零部件的失效分布及时间的函数。

在工程中，重要度分析一般用于以下几个方面：

① 改进产品设计。

② 确定产品运行中需监测的部位。

③ 制定产品故障诊断时核对清单的顺序。

由于设计的对象不同、要求不同，因此重要度也有不同的含义，一般常用的有底事件的概率重要度、底事件的相对概率重要度和底事件的结构重要度三种，这些重要度从不同角度反映了零部件对顶事件发生的影响大小。

1. 底事件的概率重要度

底事件的概率重要度以符号 $I_P(i)$ 表示，它表示第 i 个底事件的概率重要度，并定义为：第 i 个底事件发生概率的微小变化而导致顶事件发生概率的变化率。用数学公式表达为：

$$I_P(i) = \frac{\partial}{\partial q_i} Q(q_1, q_2, \cdots, q_n) \qquad i = 1, 2, \cdots, n \tag{7-20}$$

式中 $Q(q_1, q_2, \cdots, q_n)$——顶事件发生的概率，在底事件相互独立的条件下，它是各底事件发生概率 $q_1, q_2, \cdots, q_n$ 的一个函数。

以图 7-9 所示的故障树为例，已经求得：

$$Q(q_1, q_2, \cdots, q_n) = q_6 + q_3 q_4(1-q_6) + q_4 q_5(1-q_3)(1-q_6) + q_1 q_2 q_3(1-q_4)(1-q_6)$$

将上式代入式（7-20），得：

$$I_P(1) = q_2 q_3(1-q_4)(1-q_6)$$

$$I_P(2) = q_1 q_3(1-q_4)(1-q_6)$$

$$I_P(3) = q_4(1-q_6) - q_4 q_5(1-q_6) - q_1 q_2(1-q_4)(1-q_6)$$

$$I_P(4) = q_3(1-q_6) + q_5(1-q_3)(1-q_6) - q_1 q_2 q_3(1-q_6)$$

$I_P(5)=q_4(1-q_3)(1-q_6)$

$I_P(6)=1-q_3q_4-q_4q_5(1-q_3)-q_1q_2q_3(1-q_4)$

将前面已知的各底事件数据代入上式做数值计算，得

$I_P(1)=0.000\ 579\ 1$

$I_P(2)=0.000\ 579\ 1$

$I_P(3)=0.024\ 52$

$I_P(4)=0.053\ 70$

$I_P(5)=0.024\ 01$

$I_P(6)=0.998\ 6$

从上面的计算结果可以看出，底事件 X_6 的概率重要度最大。

2. 底事件的相对概率重要度

底事件的相对概率重要度以符号 $I_C(i)$ 表示，它表示第 i 个底事件的相对概率重要度，并定义为：第 i 个底事件发生概率微小的相对变化而导致顶事件发生概率的相对变化率。用数学公式表达为：

$$I_C(i)=\frac{q_i}{Q(q_1,q_2,\cdots,q_n)}\cdot\frac{\partial}{\partial q_i}Q(q_1,q_2,\cdots,q_n) \tag{7-21}$$

仍以上面给定的故障树及底事件数据为例，代入式（7-21），求得：

$I_C(1)=0.001\ 020$

$I_C(2)=0.001\ 020$

$I_C(3)=0.064\ 78$

$I_C(4)=0.118\ 2$

$I_C(5)=0.052\ 86$

$I_C(6)=0.879\ 5$

3. 底事件的结构重要度

故障树重要度分析中，只考虑对顶事件有影响的情况，即当故障树中某个基本事件的状态由不发生变为发生，除基本事件以外的其余基本事件（$j=1, 2, \cdots, i-1, i, i+1, \cdots, n$）的状态保持不变时，产品可能有四种状态，用结构函数表示为：

$\Phi(0_i, x_j)=0\rightarrow\Phi(1_i, x_j)=1,\ \Phi(1_i, x_j)-\Phi(0_i, x_j)=1$

$\Phi(0_i, x_j)=0\rightarrow\Phi(1_i, x_j)=0,\ \Phi(1_i, x_j)-\Phi(0_i, x_j)=0$

$\Phi(0_i, x_j)=1\rightarrow\Phi(1_i, x_j)=1,\ \Phi(1_i, x_j)-\Phi(0_i, x_j)=0$

$\Phi(0_i, x_j)=1\rightarrow\Phi(1_i, x_j)=0,\ \Phi(1_i, x_j)-\Phi(0_i, x_j)=-1$

鉴于研究的是单调关联产品，所以最后一种情况不予考虑。

当故障树中某个基本事件的状态由不发生变为发生，除基本事件以外的其余基本事件（$j=1, 2, \cdots, i-1, i, i+1, \cdots, n$）的状态保持不变时，顶事件状态也由不发生变为发生。此时，基本事件 X_i 这一状态对应的割集称为“危险割集”。若改变除基本事件 X_i 以外所有基本事件的状态，并取不同的组合，则基本事件 X_i 的危险割集的总数：

$$n_\Phi(i)=\sum_{P=1}^{2^{n-1}}[\Phi(1_i,X_{jp})-\Phi(0_i,X_{jp})] \tag{7-22}$$

式中　n——故障树中基本事件的个数；

2^{n-1}——基本事件 $X_i(i \neq j)$ 状态组合数；

P——基本事件状态组合序号；

X_{jp}——2^{n-1} 个状态组合中第 p 个状态；

0_i——基本事件不发生状态值；

1_i——基本事件发生状态值。

显然，$n_{\Phi}(i)$的值越大，说明基本事件 X_i 对顶事件发生的影响越大，其重要度越高。

基本事件 X_i 的结构重要度系数 $n_{\Phi}(i)$ 定义为基本事件的危险割集总数 $n_{\Phi}(i)$ 与 2^{n-1} 个状态组合数的比值，即：

$$I_{\Phi}(i)=\frac{n_{\Phi}(i)}{2^{n-1}}=\frac{1}{2^{n-1}}\sum_{P=1}^{2^{n-1}}[\Phi(1_i,X_{jp})-\Phi(0_i,X_{jp})] \tag{7-23}$$

底事件的结构重要度，是从故障树结构角度出发，反映了各底事件在故障树中的重要程度。它与底事件发生概率的大小无关，完全由故障树的结构所决定，仅取决于第 i 个底事件在产品故障树结构中所处的位置。理论上已经证明，当所有底事件发生的概率都取 0.5 时，底事件的概率重要度等于底事件的结构重要度。

仍以前面给定的故障树为例，在底事件的概率重要度表达式中，取 $q_i=0.5$，$i=1, 2, \cdots, 6$，代入并做数值计算，得：

$I_{\Phi}(1)=1/16$

$I_{\Phi}(2)=1/16$

$I_{\Phi}(3)=3/16$

$I_{\Phi}(4)=5/16$

$I_{\Phi}(5)=2/16$

$I_{\Phi}(6)=9/16$

7.5 弹药故障树分析

7.5.1 建造弹药故障树的思路

1. 收集弹药故障树底事件数据的方法

对弹药产品进行可靠性分析时，如果采用 FTA 法，首先要求对产品有透彻的了解，然后建立对弹药进行安全可靠性和作用可靠性评定的故障树，每棵故障树都有许多底事件，确定弹药故障树底事件的概率值常用的方法有以下几种。

（1）从现有验收和鉴定试验中统计数据

弹药为大批量生产的产品，在研制和生产中，均通过鉴定试验和验收试验。在鉴定试验和验收试验中，一般都有静止试验和靶场试验，试验结果必须满足战术技术要求。这些试验有的是考核弹药总体性能的，也有的是考核零部件性能。统计多次试验结果，按过程平均可以近似地估算零部件或总体的失效概率。

（2）从生产检验中获得数据

弹药在生产和装配过程中，对关重零部件的情况多采取 100%的检验，检验过程中剔除不合格品，并查找造成不合格品的原因。从检验结果可反映出产品零部件的加工质量情况，剔除掉的不合格品越多，则说明零件质量越差。在检验中还存在一个漏检问题，也就是说，100%地检验并不能 100%地剔除不合格品，仍有一部分不合格品被漏过去混杂在合格品中，这个混杂在合格品中的次品所占比率即为零部件的漏检率，可以用它作为某些故障树底事件概率的估计值。

（3）用相似产品法获取数据

对新设计的弹药产品，当处在设计研制阶段尚未进行生产时，没有试验数据可以提供，这个阶段故障树定量分析所使用的底事件数据主要来自同类型的产品，这就是相似产品法。应用相似产品法获取的数据应注意零件的形状和尺寸、材料及工艺装配条件、使用环境条件等因素，必要时应对同类产品的数据进行适当的修正。

（4）借鉴国外弹药故障树底事件数据

国外科学技术先进的国家，可靠性技术工作及故障树分析技术方面起步较早，可靠性数据及故障树底事件数据占有量较大，可以把国外的一些数据结合我国生产与管理水平加以修正，应用到故障树分析中。

（5）工程判断法

在弹药故障树分析中，有些底事件数据不能在统计试验数据中取得，也无法进行专门的试验，可以组织从事弹药技术工作的有实际设计、生产、试验、使用经验的工程技术专家，采用工程判断法得出。工程判断法广泛地应用在可靠性技术工作中，这是模糊数学在工程技术中的一种具体应用。尤其是对弹药的安全可靠性分析，由于弹药发生安全性失效的概率极低，并且失效后果极为严重，用成败型试验在有限样本量的条件下取得的失效概率数据远远不能满足要求。因此，实际使用过程中大多采用工程判断法，把一些失效概率很低而又无法取得统计数据的事件，由有经验的工程技术专家进行讨论判断，把失效概率值分成数个等级，由专家打分定级。这种方法在国内外可靠性技术应用上是极为有效的，也是切实可行且应用较多的方法。

2. 弹药故障树底事件分类

为了收集和处理弹药故障树底事件数据，从而确定其概率值，应按弹药的使用条件、作用方式和结构等情况，对弹药故障树底事件失效形式进行分类。

（1）零部件本身作用失效

零部件本身作用失效是指由于弹药零部件本身存在的设计、材料、工艺等方面的缺陷，而导致产品作用失效。例如，零件强度过低、折断等。

（2）零部件配合失效

零部件配合失效是指在工艺设计、装配过程中，由于零部件之间的配合关系不当所造成的产品或部件失效。

（3）火工品失效

火工品失效是指由于火工品受外界的环境激励、药剂的感度、安装方式、输入和输出能量的大小等因素的影响而使火工品失效。例如火帽自炸、火帽瞎火等。

（4）人因失效

人因失效是指弹药在装配或使用过程中，由于人员的错误操作所造成的产品失效。例如，零件漏装、错装等。

（5）电路失效

电路失效是由于弹药中电子元器件自身失效、参数漂移、电路污染、虚焊或脱焊、导线短路或折断等因素导致电路发生失效。

7.5.2 弹药故障树分析应用

1. 弹丸早炸故障树分析

早炸是指弹药在安全距离外、预定正常作用前爆炸的现象。弹丸在射击中发生的早炸有完全与不完全两种。由引信引起的早炸，一般都是完全性早炸，并且可以发生在膛内、炮口及弹道上的任何地点。由弹丸疵病引起的早炸，则完全的与不完全的情况均可能发生，早炸地点大多发生在膛内，个别情况下也有在炮口处的。膛内的完全性早炸最危险，尤其对于大口径弹丸。在这种情况下，大多会发生炮身的炸裂与炮手的伤亡，因此必须特别注意。膛内不完全早炸的危险性虽然较小，但也可能引起炮身的损坏。

由于弹丸本身缺陷导致早炸的基本原因是：弹丸（主要是弹体或弹底）的发射强度不足或弹体材料有疵病，使火药气体钻入弹体内部；底螺等部件连接处的密封程度不严；炸药变质或其机械感度大，或在装药时有异物落于炸药内。

根据上述分析来建造弹丸早炸故障树，如图 7-17 所示。

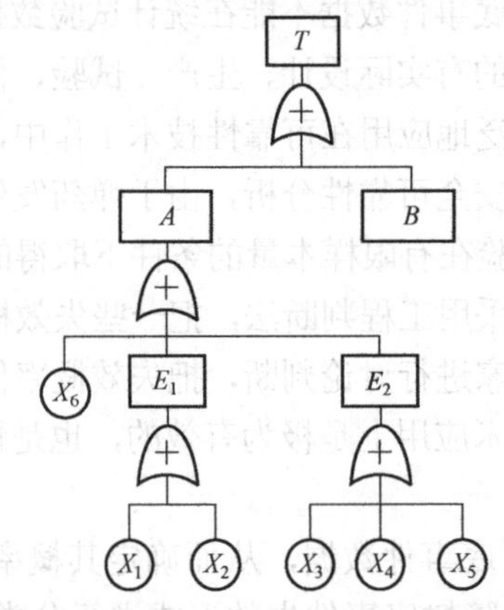

T—弹丸早炸； A—弹丸疵病；
B—引信质量问题； E_1—火药气体钻入弹体内部；
E_2—炸药缺陷； X_1—弹体或弹底的发射强度不足；
X_2—弹体材料有疵病； X_3—炸药变质；
X_4—炸药机械感度大； X_5—装药时有异物落于炸药内；
X_6—底螺等部件连接处的密封程度不严。

图 7-17 弹丸早炸故障树

为杜绝弹丸早炸的发生，除严格控制引信外，从弹丸本身来讲，必须做到：

① 设计计算时，保证弹丸有可靠的发射强度和炸药有可靠的安全性。

② 所选炸药应有良好的化学安定性，不与相接触的金属或材料互起化学反应。

③ 生产过程中，严格遵循合理的技术规程。

2. 小口径子母火箭弹工作失效故障树

此处分析尚未考虑小口径子母火箭弹的贮存失效。

① 确定顶事件。通常选择最关心的或者最不愿意看到的事件为顶事件，这里选择“小口径子母火箭弹工作失效”作为顶事件 T。

② 确定一级中间事件。一级中间事件中，重点考虑了子母火箭弹工作失效的直接原因：子母火箭弹起飞失效、飞行中掉弹、飞行中空炸、战斗部开舱失效、子弹抛撒异常和子弹作用率低等。

③ 确定二级中间事件。对小口径子母火箭弹的工作失效的每一种故障进行分析，以确定二级中间事件。

④ 确定底事件。

根据以上分析，确定导致“小口径子母火箭弹工作失效”的中间事件和底事件，列入表 7–4 和表 7–5。建立小口径子母火箭弹工作失效故障树，如图 7–18 所示。

表 7–4　导致“小口径子母火箭弹工作失效”的中间事件

A_1—发射失效	A_5—子弹抛撒异常	E_3—接线片松脱
A_2—飞行中掉弹	A_6—子弹作用率低	E_4—弹尾脱落
A_3—飞行中空炸	E_1—传火具断路	E_5—抛射压力不够
A_4—战斗部开舱失效	E_2—电线断	E_6—弹底螺纹强度过高

表 7–5　导致“小口径子母火箭弹工作失效”的底事件

<table>
<tr><td>X_1—接线片焊接不当</td><td rowspan="2">X_{12}—弹尾或燃烧室配合螺纹尺寸超差</td><td>X_{21}—药盒盖传火孔被堵塞</td></tr>
<tr><td>X_2—装传火具时拉线过猛</td><td>X_{22}—抛射药量不足</td></tr>
<tr><td>X_3—接线片与接线柱接触不良</td><td rowspan="2">X_{13}—燃烧室与弹尾配合部位强度不足</td><td>X_{23}—火药气体严重外泄</td></tr>
<tr><td>X_4—电路开路</td><td>X_{24}—头螺破环</td></tr>
<tr><td>X_5—电点火头失效</td><td>X_{14}—推力不合格</td><td>X_{25}—材料的力学性能不合格</td></tr>
<tr><td>X_6—接线片设计不合理</td><td>X_{15}—引信安全保险解脱</td><td>X_{26}—螺纹宽度过长、螺距增大</td></tr>
<tr><td>X_7—漏装传火具</td><td>X_{16}—发动机壳体破裂</td><td>X_{27}—开舱装置工作异常</td></tr>
<tr><td>X_8—传火具未点燃</td><td>X_{17}—推进剂断裂</td><td>X_{28}—子弹稳定装置失效</td></tr>
<tr><td>X_9—传火具断路</td><td>X_{18}—包覆层脱粘</td><td>X_{29}—子弹引信保险解脱</td></tr>
<tr><td>X_{10}—战斗部装药缺陷</td><td>X_{19}—引信失效</td><td>X_{30}—子弹引信失效</td></tr>
<tr><td>X_{11}—弹尾装配不到位</td><td>X_{20}—抛射药严重受潮</td><td>X_{31}—子弹自毁失效</td></tr>
</table>

需要指出的是，故障树的建立有一定的主观性。由于对产品的认识程度、分类标准、关心内容等不同，每个人建立的故障树不尽相同。

3. 野战弹药非战斗损耗故障树

野战弹药非战斗损耗故障树分析的目的在于深刻认识影响野战弹药非战斗损耗的各种因素（即威胁野战弹药贮存的各种危险源），为野战弹药防护提供理论上的依据。

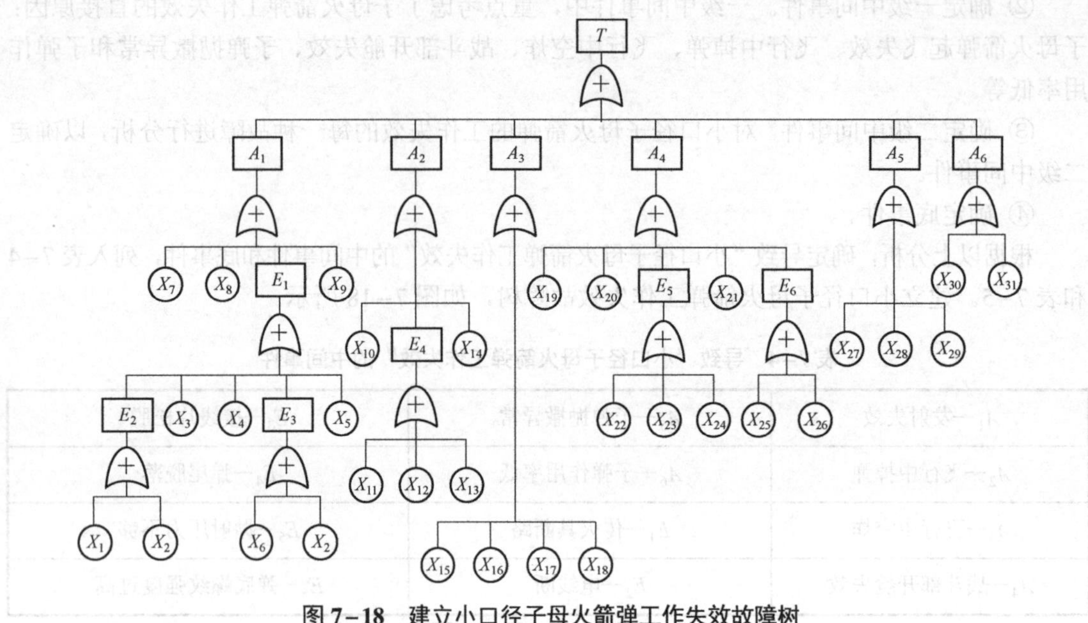

图 7-18 建立小口径子母火箭弹工作失效故障树

（1）建树分析

① 确定顶事件。通常选择最关心的或者最不愿意看到的事件为顶事件，这里选择“野战弹药非战斗损耗”作为顶事件 T。

② 确定一级中间事件。一级中间事件中，重点考虑野战弹药的贮存失效和爆炸两种损耗形式，但为了故障树的完整起见，把另外三种因素归结为其他。

③ 确定二级中间事件。野战弹药的贮存失效中，把弹药按照材料分为金属、非金属、电子元器件 3 类。由于装药和引信是弹药元件中相对容易贮存失效的，因此也将它们单独列为 2 类二级中间事件。导致爆炸的原因事件考虑 3 种：勤务处理不当、电磁环境恶劣、敌方火力打击。其中，电磁环境恶劣主要是针对电发火弹药；勤务处理不当引起弹药爆炸的因素比较复杂，故作为未探明事件处理。

④ 确定三级中间事件及基本事件。三级中间事件中，重点考虑的是环境因素。其中，大气环境因素由温度、湿度、臭氧、太阳辐射等基本原因事件组成，电磁环境由雷电、静电、射频信号基本原因事件组成。

⑤ 确定底事件。

（2）建立野战弹药非战斗损耗故障树

根据以上分析，确定导致“野战弹药非战斗损耗”的中间事件和底事件，列入表 7-6。建立野战弹药非战斗损耗故障树，如图 7-19 所示。

表 7-6 导致“野战弹药非战斗损耗”的中间事件和底事件

T—野战弹药非战斗损耗	E_7—电磁环境恶劣	X_4—环境臭氧
A—贮存失效	E_8—敌方火力打击	X_5—太阳辐射
B—爆炸	E_9—贮存环境恶劣	X_6—雷电

续表

C—装卸和运输损耗	E_{10}—贮存环境因素	X_7—静电
D—其他	E_{11}—机械应力	X_8—射频信号
E_1—金属件锈蚀	G_1—勤务处理不当	X_9—敌精确打击
E_2—火药（推进剂）变质	G_2—弹药质量	X_{10}—未采取伪装防护
E_3—非金属老化变质	G_3—运输损耗	X_{11}—冲击损耗
E_4—油、脂、液变质	X_1—防护措施不力	X_{12}—振动损耗
E_5—电子元器件失效	X_2—环境温度	
E_6—引信解除保险	X_3—环境湿度	

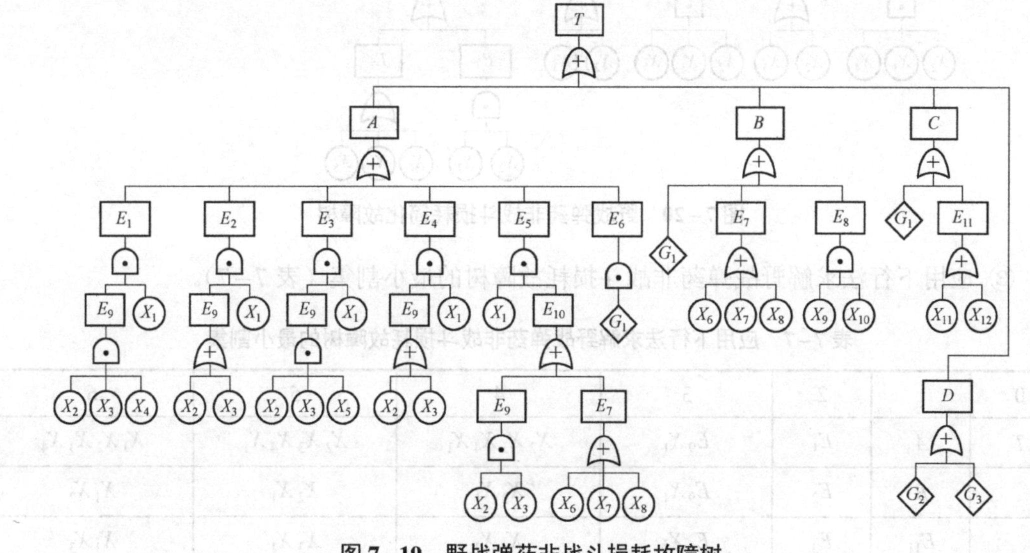

图 7-19　野战弹药非战斗损耗故障树

建立故障树的目的是深刻认识影响野战弹药非战斗损耗的各种因素（即威胁野战弹药贮存的各种危险源），为野战弹药防护提供理论上的依据。

（3）故障树分析

1）故障树定性分析

① 简化故障树。将未探明事件，以及它们构成的中间事件略去，得到故障树的简化形式，如图 7-20 所示。

② 应用下行法求解野战弹药非战斗损耗故障树的最小割集（布尔表达式）。

$$
\begin{aligned}
T &= A+B+E_{11} \\
&= (E_1+E_2+E_3+E_4+E_5)+(E_7+E_8)+E_{11} \\
&= (E_9X_1+E_9X_1+E_9X_1+E_9X_1+E_{10}X_1)+[(X_6+X_7+X_8)+X_9X_{10}]+X_{11}+X_{12} \\
&= [X_2X_3X_4X_1+(X_2+X_3)X_1+X_2X_3X_5X_1+(X_2+X_3)X_1+(E_9+E_7)X_1]+[(X_6+X_7+X_8)+X_9X_{10}]+X_{11}+X_{12} \\
&= [X_2X_3X_4X_1+(X_2+X_3)X_1+X_2X_3X_5X_1+(X_2+X_3)X_1+(X_2X_3+X_6+X_7+X_8)X_1]+ \\
&\quad [(X_6+X_7+X_8)+X_9X_{10}]+X_{11}+X_{12} \\
&= X_1X_2X_3X_4+X_1X_2+X_1X_3+X_1X_2X_3X_5+X_6+X_7+X_8+X_9X_{10}+X_{11}+X_{12}+X_{11}+X_{12}
\end{aligned}
$$

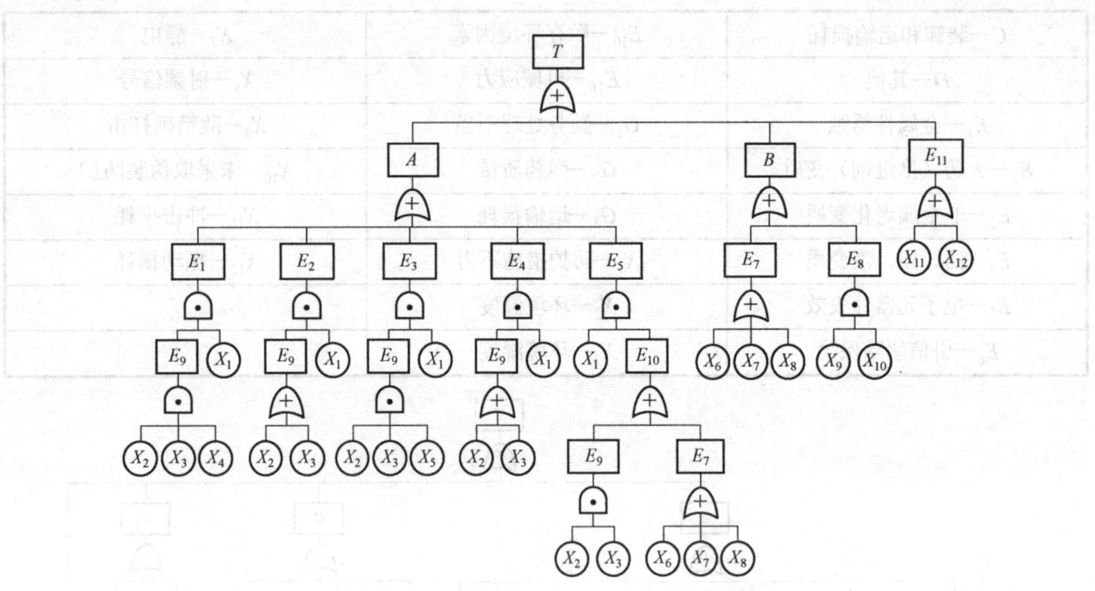

图 7-20 野战弹药非战斗损耗简化故障树

③ 应用下行法求解野战弹药非战斗损耗故障树的最小割集（表 7-7）。

表 7-7 应用下行法求解野战弹药非战斗损耗故障树的最小割集

0	1	2	3	4	5	6
T	A	E_1	E_9X_1	$X_2X_3X_4X_1$	$X_2X_3X_4X_1$	$X_1X_2X_3X_4$
	B	E_2	E_9X_1	X_2X_1	X_2X_1	X_1X_2
	E_{11}	E_3	E_9X_1	X_3X_1	X_3X_1	X_1X_3
		E_4	E_9X_1	$X_2X_3X_5X_1$	$X_2X_3X_5X_1$	$X_1X_2X_3X_5$
		E_5	$E_{10}X_1$	X_2X_1	X_2X_1	X_6
		E_7	X_6	X_3X_1	X_3X_1	X_7
		E_8	X_7	E_9X_1	$X_2X_3X_1$	X_8
		E_{11}	X_8	E_7X_1	X_6X_1	X_9X_{10}
			X_9X_{10}	X_6	X_7X_1	X_{11}
			X_{11}	X_7	X_8X_1	X_{12}
			X_{12}	X_8	X_6	
				X_9X_{10}	X_7	
				X_{11}	X_8	
				X_{12}	X_9X_{10}	
					X_{11}	
					X_{12}	

④ 得出最小割集

根据上述结果，野战弹药非战斗损耗故障树的最小割集为$\{X_1X_2X_3X_4, X_1X_2, X_1X_3, X_1X_2X_3X_5, X_6, X_7, X_8, X_9X_{10}, X_{11}, X_{12}\}$。由此可见，防护措施不力时，环境温度、环境湿度、机械应力是影响野战弹药非战斗损耗的 3 个致命因素，环境臭氧和太阳辐射同样对野战弹药贮存有一定的影响；电磁环境因素的影响更不容忽视，它们可以直接导致野战弹药非战斗损耗；在现代战争中，精确打击被广泛应用于打击弹药库等关键目标，因此野战弹药伪装防护至关重要。

2）故障树定量分析

① 顶事件发生的概率。

$$
\begin{aligned}
P(T) &\approx \sum_{j=i}^{r} P(K_i) \\
&= P(K_1)+P(K_2)+P(K_3)+P(K_4)+P(K_5)+P(K_6)+P(K_7)+P(K_8) \\
&= P(X_1)P(X_2)P(X_3)P(X_4)+P(X_1)P(X_2)+P(X_1)P(X_3)+P(X_1)P(X_2)P(X_3)P(X_5)+P(X_6)+ \\
&\quad P(X_7)+P(X_8)+P(X_9)P(X_{10}) \\
&= q_1q_2q_3q_4+q_1q_2+q_1q_3+q_1q_2q_3q_5+q_6+q_7+q_8+q_9q_{10}
\end{aligned}
$$

② 底事件的概率重要度。

一个基本事件对顶事件发生的影响大小称为该事件的重要度。

$$
I_p(i)=\frac{\partial}{\partial q_i}Q(q_1,q_2,\cdots,q_n)
$$

$$
Q(q_1,q_2,\cdots,q_n)=q_1q_2q_3q_4+q_1q_2+q_1q_3+q_1q_2q_3q_5+q_6+q_7+q_8+q_9q_{10}
$$

每个底事件的概率重要度

$I_{\mathrm{p}}(1)=q_2q_3q_4+q_2+q_3+q_2q_3q_5$　　$I_{\mathrm{p}}(8)=1$

$I_{\mathrm{p}}(2)=q_1qq_3q_4+q_1+q_1q_3q_5$　　$I_{\mathrm{p}}(9)=q_{10}$

$I_{\mathrm{p}}(3)=q_1q_2q_4+q_1+q_1q_2q_5$　　$I_{\mathrm{p}}(10)=q_9$

$I_{\mathrm{p}}(4)=I_{\mathrm{p}}(5)=q_1q_2q_3$　　$I_{\mathrm{p}}(11)=1$

$I_{\mathrm{p}}(6)=I_{\mathrm{p}}(7)=1$　　$I_{\mathrm{p}}(12)=1$

从底事件概率重要度来看，电磁环境因素以及装卸、运输因素在野战弹药非战斗损耗中占有很高的分量，而大气臭氧与太阳辐射对于野战弹药非战斗损耗影响相对较小，这与现实有一定偏差，原因是没有考虑基本事件发生概率的因素。综合考虑，对温、湿度的控制和伪装防护才是野战弹药防护的重中之重。

7.6 应用 FTA 注意的事项

FTA 是进行产品可靠性、安全性分析的一种重要方法，是一种演绎方法，比较烦琐。与 FMECA 相比，FTA 方法的最大特点是可以考虑人的因素、环境因素对顶事件的影响，还可以考虑多种原因相互影响的组合事件。

FTA 主要由三部分组成：建树、定性分析、定量计算。其中，建树是 FTA 的基础及关键。为了使 FTA 工作有效地进行，应注意下面的几个问题。

① FTA 应与设计工作结合进行。特别是故障树的建造，应在可靠性工程师的协助下，主要由产品的设计人员完成，同时，应征求运行操作、维修保养人员的意见。

② FTA 应与设计工作同步进行。FTA 能够找到产品的薄弱环节，提供改进方向。只有与设计工作同步进行，FTA 的结果对于设计才是及时有效的。

③ FTA 应随设计的深入逐步细化并应做合理的简化。故障树的建造比较烦琐，容易出现错、漏，因此，需在确定合理的边界条件下，深入、细致地建立一棵完备的故障树，同时进行合理的简化。

④ 选择恰当的顶事件。顶事件的选择可以参考类似产品发生过的故障事件，也可以在初步故障分析的基础上，结合 FMECA 进行，应选择那些危害性大、影响安全和任务完成的关键事件进行分析。

⑤ FTA 对产品设计是否有帮助，在于能否找到产品的薄弱环节，采取恰当的改进或补偿措施，并落实到实际设计工作之中。

7.7 FMECA 和 FTA 的比较

综上所述，故障模式、影响及危害性分析与故障树分析是分析产品故障因果关系的两种常用而有效的技术。它们在用于产品的安全性、可靠性分析时，其重点在于能在产品的设计阶段就找出产品可能发生的故障及其原因，并在设计、工艺等方面采取有效的改进措施，以提高产品的安全性和可靠性。大量的工程实践表明，故障模式、影响及危害性分析和故障树分析技术用于产品的设计分析时，可以取得显著的效益。

1. 失效模式、影响及危害性分析方法的应用要点

失效模式、影响及危害性分析是逐个分析产品中各组成单元所有可能发生的潜在失效模式及其产生的原因和影响，并按失效影响的后果对每一潜在失效模式划等分类（即严酷度分析），并预先研究针对各失效模式的检测方法。在有详尽的资料或数据的基础上，还可进行定性或定量的致命性分析，即按每一失效模式的严酷度类别及该失效模式的发生概率所产生的综合影响全面地评价各潜在失效模式的最终后果。此外，失效模式、影响及危害性分析一般是从产品中最低分析层次（如零部件）开始，分析其失效模式及其原因，并最终找出最高分析层次（如产品）的失效影响的一种自下而上的正向归纳分析方法。失效模式、影响及危害性分析方法不需要高深的数学理论和可靠性工程知识，对于工程人员，只要掌握基本技巧就可以进行。该方法可以在工程研制的任何阶段应用，它的局限性是不能计算可靠性特征量值。

2. 故障树分析方法的应用要点

故障树分析是提出“不希望事件”作为顶事件，然后逐步追查引起顶事件发生的失效原因，用逻辑门将顶事件做树状分解，构成故障树。由于故障树分析是对一个事件进行失效原因分析，因而其分析的重点不同于失效模式、影响及危害性分析那种逐个分析归纳的方法，而是在一开始就提出结果事件，对其原因详加分析，并逐步向下追查，所以故障树分析是一种自上而下的逆向的演绎推理方法。实际上，故障树分析的过程类似于事故发生后追究其原因的事后分析方法，但是故障树分析应用于产品的安全性和可靠性分析时，其作用更在于预防和改进。与失效模式、影响及危害性分析方法相比，故障树分析方法的最大特点是既可以考虑人的因素和环境因素对顶事件的影响，又可以考虑多种原因相互影响的组合事件。可以对人为故障和由多个原因造成的故障进行分析处理，并且可以根据故障树计算产品的可靠性特征量值，故障树分析最大的局限性就是烦琐，不论是建树还是计算，只有在方案较成熟时才可使用。

总之，两种技术分别独立应用时，既有其各自的优点，也存在着一定的缺陷和不足，即有其各自的侧重点和局限性，那么，在产品的设计分析过程中，将失效模式、影响及危害性分析与故障树分析两种技术结合起来进行综合应用，以达到扬长避短、互为补充的目的。在工程中，有时将这两种方法综合应用。图 7-21 给出了失效模式、影响及危害性分析和故障树分析实施过程的简要示意图。

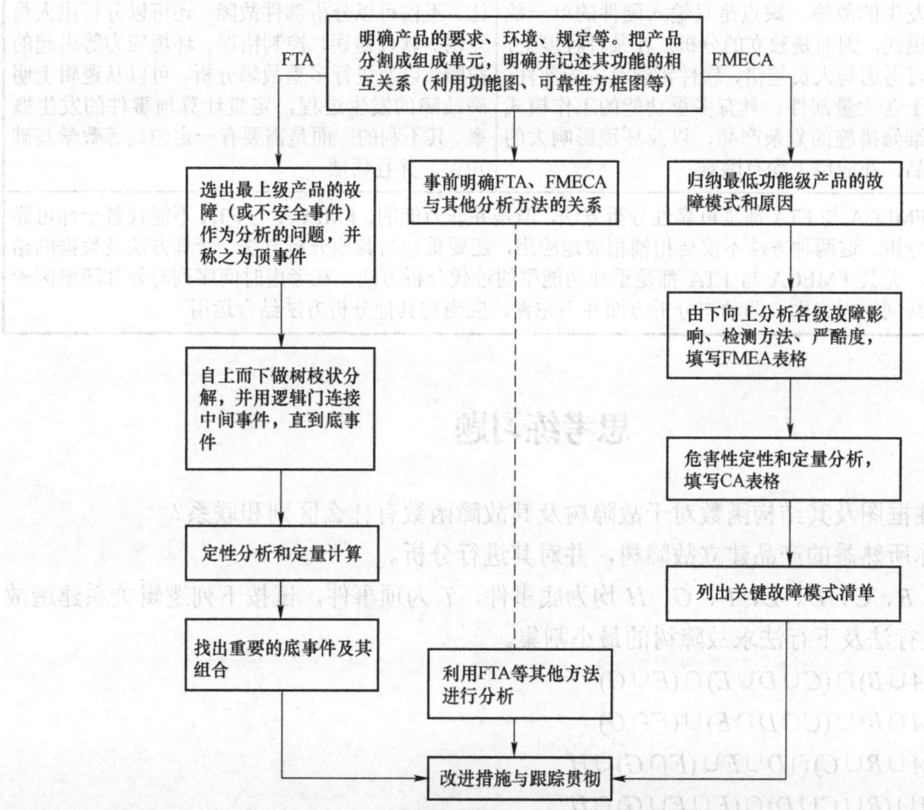

图 7-21　FMECA 和 FTA 实施过程的简要示意图

失效模式、影响及危害性分析与故障树分析的比较见表 7-8。

表 7-8　FMECA 与 FTA 的比较

方法	FMECA	FTA
按层次的分析方向	自原因—单一故障模式—上级产品的故障方面分析，自下而上，顺向	自结果—不希望发生的顶事件（上级事件）向原因方面（下级事件）做树形分解，自上而下，逆向
分析的方法	在表格内填写故障模式对零部件、产品的影响，对故障模式的评价，改进措施，并将致命项目（模式）列表	由顶事件起经过中间事件至下级的基本事件用逻辑符号连接，形成树形图，并计算不可靠度（不安全概率）

续表

方法	FMECA	FTA
定性与定量分析的功能	是定性的、归纳性的方法，特别是不需要计算。但 FMECA 需要根据故障率数据定量地计算致命度	应用布尔代数等按树形图逻辑符号将树形图简化，以最小割集（最重要致命原因事件的组合）计算顶事件发生概率。若是定量的、逻辑的、演绎的方法，还可对事件发生频率、费用及工时损失等做出相对（定性）的评价
优点与缺点	利用表格，简单列举产品构成零部件的所有故障模式，并假定其发生，可找出产品可能发生的故障。缺点是只输入硬件的单一故障模式，因而是独立的分析。在某种程度上，也可考虑与人员差错、软件错误有关的部件。对于含大量部件、具有多重功能的工作模式和维修措施的复杂产品，以及环境影响大的产品，在应用上均有困难	以某个特定的不希望发生的故障（不正常）为顶事件，可以进行更深入的分析。与 FMECA 相比，不仅可以分析部件故障，还可以分析由人员差错、软件错误、控制错误、环境应力等引起的故障，以及进行多重故障分析。可以从逻辑上明确故障的发生过程，定量计算顶事件的发生概率。其不利的一面是需要有一定的高等数学基础知识，并且烦琐
应用注意事项	FMECA 与 FTA 都是可靠性分析方法，但是并非万能的。FMECA 与 FTA 不能代替全部可靠性分析。这两种方法不仅要相辅相成地应用，还要重视与其他分析方法、管理方法及数据的结合。尤其 FMECA 与 FTA 都是重视功能型的近代分析方法，在考虑时间序列与外部环境因素等共同原因方面，即动态分析方面并不完善，应当与其他分析方法结合运用	

思考练习题

1. 可靠性框图及其结构函数对于故障树及其故障函数有什么区别和联系？

2. 试用你所熟悉的产品建立故障树，并对其进行分析。

3. 设 A、B、C、D、E、F、G、H 均为底事件，T 为顶事件，试按下列逻辑关系建造故障树，并用上行法及下行法求故障树的最小割集。

（1）$T=(A\cup B)\cap(C\cup D\cup E)\cap(F\cup G)$

（2）$T=(A\cap B)\cup(C\cap D\cap E)\cup(F\cap G)$

（3）$T=(A\cup B\cup C)\cap D\cup E\cup(F\cap G)\cup H$

（4）$T=A\cup(B\cup C\cup D)\cap(E\cup F\cup G)\cap H$

4. 画出图 7-22 所示可靠性框图的等价故障树。

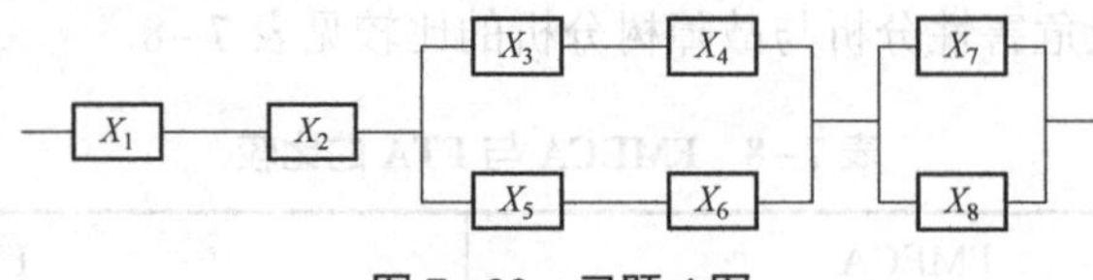

图 7-22　习题 4 图

5. 产品可靠性框如图 7-23 所示，求：

（1）相应的故障树；

（2）故障函数的最小割集表示式；

（3）每个底事件（单元失效）的结构重要度。

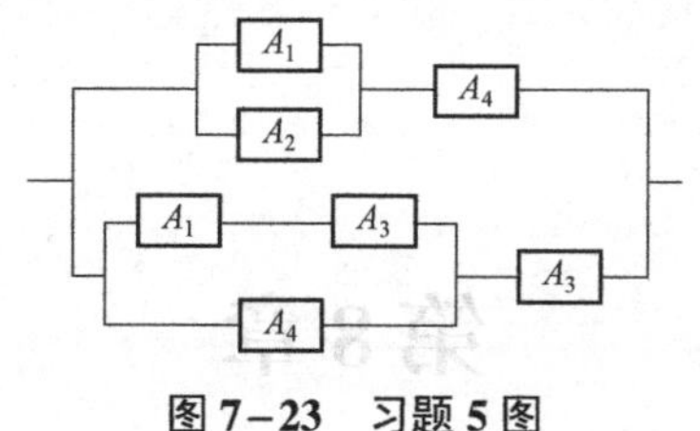

图 7–23　习题 5 图

6. 故障树如图 7–24 所示，设元件不可靠度（底事件发生概率）$q_1=0.01$，$q_2=0.02$，$q_3=0.03$，$q_4=0.04$，$q_5=0.05$，$q_6=0.06$，试计算顶事件概率。

7. 已知故障树如图 7–25 所示，试求最小割集，写出结构函数，并计算产品顶事件的可靠度。已知单元失效概率 $q_1=q_2=0.1$，$q_3=q_4=0.2$。

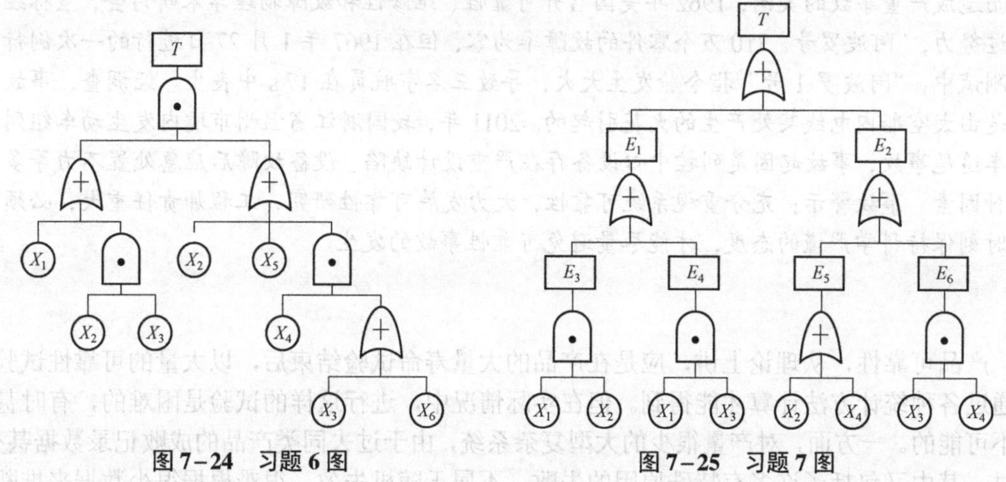

图 7–24　习题 6 图　　**图 7–25　习题 7 图**

8. 将图 7–26 所示的故障树改为可靠性框图并求顶事件的可靠度。已知失效概率为 $q_1=0.1$，$q_2=0.2$，$q_3=0.25$，$q_4=0.2$。

9. 试求如图 7–27 所示的故障树各单元的概率重要度，已知工作时间为 100 h；单元失效率 $\lambda_1=0.001$，$\lambda_2=\lambda_3=0.002$。

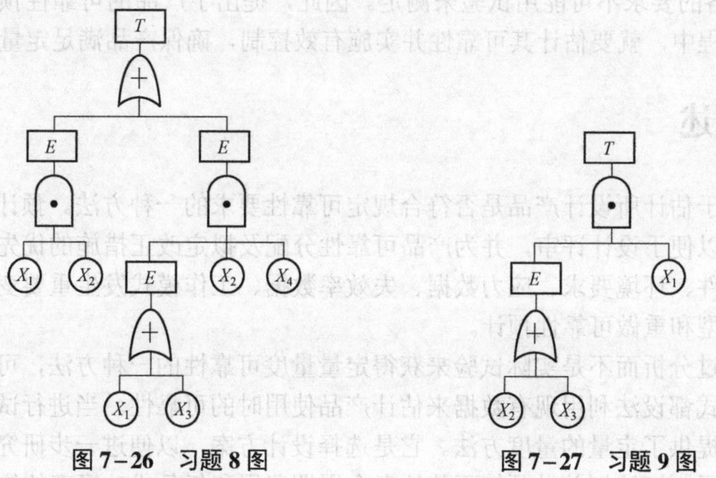

图 7–26　习题 8 图　　**图 7–27　习题 9 图**

第8章 可靠性预计

可靠性发展史，就是不可靠教训史。历史上有许多因为可靠性设计缺陷导致系统故障而造成严重事故的案例，1962年美国召开可靠性、维修性和故障物理学术研讨会，宣称经过努力，“阿波罗号”710万个零件的故障率为零，但在1967年1月27日进行的一次例行测试中，“阿波罗1号”指令舱发生大火，导致三名宇航员在17 s中丧生。经调查，事故是由太空船内电线某处产生的火花引起的。2011年，我国浙江省温州市境内发生动车组列车追尾事故，事故起因是列控中心设备存在严重设计缺陷、设备故障后应急处置不力等多种因素。事故警示：充分重视系统可靠性，大力发展可靠性研究，工程师责任重大，必须时刻保持科学严谨的态度，才能尽量避免可靠性事故的发生。

产品可靠性，从理论上讲，应是在产品的大量寿命试验结束后，以大量的可靠性试验结果通过各种统计方法计算才能得到。但在实际情况中，进行这样的试验是困难的，有时甚至是不可能的。一方面，对产量很少的大型复杂系统，由于过去同类产品的成败记录数据甚少，同时，其中又包括了许多有特殊原因的失败，不属于随机失效，很难根据很少数据来推断其可靠性，故此要对产品的试验结果进行统计推断很难，或者说不可能；另一方面，大型复杂系统的可靠性要求极高，而根据很少的试验数据不可能经过统计推断获得如此高的可靠性。例如，人造卫星、导弹等，虽然可以做环境试验和性能试验，但要做使用条件下的故障率试验，实际上是不可能的。又如，弹药产品的安全性要求是非常高的，一般要求失效概率低于10^{-6}，这样严格的要求不可能用试验来测定。因此，提出了产品的可靠性预计问题，在产品设计和制造过程中，就要估计其可靠性并实施有效控制，确保产品满足定量的指标要求。

8.1 概述

预计是用于估计所设计产品是否符合规定可靠性要求的一种方法。预计应该在研制阶段的早期进行，以便于设计评审，并为产品可靠性分配及拟定改正措施的优先顺序提供依据。当产品设计条件、环境要求、应力数据、失效率数据、工作模式发生重要变更时，应当及时修正可靠性模型和重做可靠性预计。

预计是通过分析而不是实际试验来获得定量量度可靠性的一种方法，可靠性预计有多种形式。每种形式都设法利用现有数据来估计产品使用时的可靠性。当进行试验不切实际或不可能时，预计提供了定量的量度方法。它是选择设计方案，以便进一步研究，或在获得真实数据之前，为了制订计划并做预算而估计寿命周期费用和任务成功概率的依据。

可靠性预计是可靠性设计中的一个主要内容，是定量地估算产品设计是否满足规定的可靠性要求的过程。在产品设计的各个阶段，可靠性预计与可靠性分配相配合，要反复进行多次计算。在各个设计阶段（如方案论证、研制、设计定型等），可靠性的预计方法是随着设计的进展而采用不同的方法，主要取决于产品设计所能提供数据的详细程度、类似设备和元器件可利用的数据，以及各个设计阶段对可靠性所要求的程度，随着产品设计的进展，可靠性预计的程度变得越来越详细、越精确。

8.1.1　可靠性预计的概念和目的

1. 可靠性预计的概念

可靠性预计就是为了估计产品在给定工作条件下的可靠性而进行的工作，是根据历史的产品可靠性数据、产品的构成和结构特点、产品的工作环境等因素，运用以往的工程经验、失效数据、当前的技术水平，尤其是以元器件、零部件的失效率作为依据，估计产品（元器件、零部件）实际可能达到的可靠度。其是一个自下而上、从局部到整体、由小到大的产品综合过程，是对产品在规定的工作环境及功能条件下固有可靠性水平的估计。

预计过程本身并不能直接提高一个产品的可靠性，但是所产生的价值在于建立起一个基本准则，用来对影响可靠性设计的途径进行选择。

可靠性预计过程，要依靠经验数据，分析过去同类产品实际达到的可靠性水平时，要对不同阶段的试验结果加以区别，这样可以分析可靠性增长情况。确认已排除了各种早期必然故障，产品已进入相对稳定的使用寿命期时，其可靠性应达到或接近设计的可靠性水平。预计的结果应当尽可能准确，但是当经验数据不足而可靠性要求很高时，产品可靠性相对于关系比绝对数字的准确性更为重要。因此，保持过去、现在和将来的不同设计方案，说明产品各组成部分之间的可靠性相对关系不错，尤为重要。

总之，在对产品的性能、重量、费用等提出具体要求后，我们希望达到最高的实际可靠性，预计工作就是为了实现这个目的而采用的一种方法。

2. 可靠性预计的目的

可靠性预计的目的在于发现薄弱环节、提出改进措施、进行方案比较，以选择最佳方案。可靠性预计的数据也可用来作为可靠性分配的依据，具体目的有以下方面。

① 在方案论证阶段，通过可靠性预计，根据预计结果的相对性比较不同方案的可靠性水平，为最优方案的选择及方案优化提供科学、合理的依据。

② 了解方案设计是否与战术技术要求的可靠性指标相符合，这种相符合的可能性有多大。

③ 检验所做设计能否满足给定的可靠性目标，预测产品的可靠度值，有助于综合考虑可靠性指标和性能参数、合理设计参数及性能指标要求，以达到提高产品可靠性的目的。

④ 预计各部件的可靠度，做出能否满足总体设计部门分配给各部件的可靠性指标要求的判断。

⑤ 了解各部件及其零件或元器件可靠性之间的关系，以便提出改进部件可靠性的措施。

⑥ 在设计的最初阶段，发现影响产品可靠性的主要因素，找出薄弱环节，采取设计改进措施，降低产品的失效率，提高产品可靠性。

⑦ 可靠性预计是可靠性分配的依据，在制定可靠性指标时，有助于找到可能实现的合理值，为可靠性分配奠定基础。

⑧ 根据预计结果，编制可靠性关键件清单，为生产过程质量控制提供依据。

⑨ 找出对产品失效率影响最大的部件或元器件，以便采取必要的改进办法，并把设计精力集中在对改进产品可靠性最有利的地方。

⑩ 所设计的产品在进行试验和实际运行的数据中，如发现可靠度达不到原预计的可靠度或可靠度下降，便可根据失效率异常的情况来查找产品中的某一特定部位是否发生了失效。

⑪ 如果经过可靠度预计，证明按一般设计和选用一般的部件或元器件能达到可靠性要求，则可以节省不必要的重新设计和节省研制费用。

⑫ 对于某些无法进行整机可靠性试验的产品，可采用把各部件的试验数据综合起来以计算整机可靠度的办法，这就是根据元部件的可靠度来预计全产品的可靠度。

⑬ 为可靠性增长试验、验证试验及费用核算等方面的研究提供依据。

可靠性预计的主要价值在于，它可以作为设计手段，为设计决策提供依据。因此，要求预计工作具有及时性，即在决策之前做出预计，在设计的不同阶段及产品的不同层次上可采用不同的预计方法，由粗到细，随着研制工作的深入而不断细化。

总之，可靠性预计是组织良好的可靠性计划中有意义的和有成效的工作。可靠性预计有助于证实设计的整体性，判明出现不希望的失效频度的环节及其数量，计算可靠性风险。预计结果不仅可以用作设计指南，而且可用于维修分析、后勤保障分析、耐久性或易损性评估、安全性或风险分析、失效的检测和隔离设计。

8.1.2 可靠性预计的分类和原则

1. 可靠性预计的分类

① 按预计目的不同，可靠性预计可分为基本可靠性预计和任务可靠性预计。

基本可靠性预计用于估算由于产品不可靠将导致对维修与后勤保障的要求；任务可靠性预计用于估计产品在执行任务的过程中完成其规定功能的概率。当同时进行这两种预计时，它们可为判明特别需要强调和关注的方面提供依据，并为用户权衡不同设计方案的费用效益提供依据。

② 按设计阶段不同，可靠性预计可分为构思阶段的“实现可能性的预测”和设计阶段的“设计可靠性预计”。

③ 按预计程度不同，可靠性预计可分为可行性预计、初步预计和详细预计。

可行性预计用于产品的方案论证阶段，在这个阶段，信息的详细程度一般只限于描述产品的总体情况，结构信息一般还限于从具有类似于所研制产品的功能和工作要求的现成产品类推出来的信息。初步预计用于产品工程研制阶段的早期，在这个阶段中，书面形式的设计结构信息是工程图和初步草图，可利用的信息详细程序可以达到产品的组成单元，但没有可利用的应力分析信息。详细预计用于产品工程研制阶段中期和后期，这个阶段的特点是产品的各个组成单元都具有工作环境信息和应力信息。

④ 按失效时期不同，可靠性预计可分为偶然失效预计、耗损失效预计、维修性预计、失效效应预计等。

偶然失效预计主要是预测偶然失效的失效率。耗损失效预计主要是通过统计了解元器件的常态变化对产品的影响，检测其变化界限，预测耗损失效。维修性预计主要是了解维修产品的维修设计效果、维修方式对非工作时间的影响，探讨故障诊断与抽验方法等。失效效应预计主要是通过定性分析找出产品中可能产生的失效机理及失效造成的不可靠、不安全因素，并根据失效发生的频数和重要性寻找设计、制造、检查、管理等方面的解决办法。

⑤ 从产品构成角度分析，可靠性预计一般分单元可靠性预计（元器件、零件等）和产品可靠性预计。

2. 可靠性预计的工作原则

对一个产品进行可靠性预计的结果与实际的可靠性指标是否接近，涉及预计是否可信的问题。由于可靠性预计是根据已知的数据、过去的经验和知识对新产品的设计进行分析，因此，数据和信息来源的科学性、准确性和适用性以及分析方法的可行性就成为可靠性预计的关键。进行可靠性预计，必须保证可靠性预计的相对正确性，保证一定的预计精度。

（1）预计模型选取的正确性

产品可靠性模型是进行预计的基础之一。如果可靠性模型不正确，预计工作就会失去应有的价值。例如，需要预计产品的任务可靠性，却建立了全串联模型，而忽略了该产品的冗余度或替代工作模式，这会严重低估产品的任务可靠性；或按工作原理图应当建立非工作贮备模型，却建成工作贮备模型，这会低估产品的可靠性。因此，必须清楚地了解产品的工作原理，明确产品“任务故障”的定义，依据具体设计方案做出合理的简化，建立正确的可靠性模型。

（2）数据选取的正确性

元器件、零部件的失效率数据是产品可靠性预计的基础。一个大型复杂产品，往往由许多个元器件、零部件组成，如果元器件、零部件本身的失效率数据不准，产品可靠性的预计则会“差之毫厘，谬以千里”。目前，进行可靠性预计的主要数据来源是：

① 参考国外相似产品的数据，根据国内水平加以修正。

② 参考国内相似产品的数据，根据新产品的特点加以修正。

③ 查阅有关的可靠件数据手册及标准。

（3）正确区分工作状态

要保证产品可靠性预计的正确性，必须同时考虑产品的工作与非工作两种状态。非工作状态包括不工作状态与贮存状态两种。长期不工作或贮存的产品存在一定的退化，也就是说，产品在非工作状态下也可能出现故障。一般产品工作与非工作状态下的失效率不存在确定的比例关系，这是因为两者的影响因素有着较大的差异。许多应用及设计变量都对工作失效率有较大的影响，但对非工作失效率却影响甚微。因此，要正确地预计产品的可靠性，首先应确定产品的工作与非工作时间，详细了解产品的工作模式，精确计算各部件的实际工作时间，这对于提高产品可靠性预计的准确性有着十分重要的意义。在所有影响可靠性的因素中，最主要的是实际工作时间要算得很准。在确定了产品的工作时间与非工作时间后，按照其不同的失效率，分别计算其对产品可靠性的影响，然后加以综合，预计出可靠性指标。

8.1.3　可靠性预计的程序

可靠性预计一般是按一定工作程序进行的。对研制产品进行可靠性预计，一般按以下程序进行。

1. 确定质量目标

对产品的设计、研制目的、用途、功能、性能参数等进行明确的规定。当然，这些规定将随着设计、研制工作的进展而不断精确与完善。

2. 对被预计的产品做出明确定义

包括说明产品功能、产品任务和产品各组成及其接口，明确规定产品的功能和功能允许极限。

3. 明确产品的故障判据

当被预计的产品做出明确定义时，其工作性能和允许偏差都为已知，那么产品的故障也就有了定义，当产品的一项或几项性能超出了允许偏差时，就算是产品出了故障。

4. 明确产品的工作条件

5. 拟定使用模型

对产品从交付使用到最后报废的整个使用过程，其经历的环境及有关事件，如运输、贮存、试验检查、运行操作和维修等拟定工作模型；绘制产品的可靠性框图，可靠性框图绘制到最低一级功能层次。

6. 建立产品结构

以图解形式形象地表明产品中各部件组成情况，如用可靠性方框图、故障树、状态图或它们的结合来表述产品可靠性结构模型。

7. 建立产品可靠性数学模型

根据产品的结构模型、单元的可靠性特征量及产品的可靠性框图，经过一系列假设、简化、近似运算，推导出产品可靠性数学模型。产品可靠性数学模型是进行预计的基础之一。如果可靠性数学模型不正确，预计结果就会失去其应有的价值。例如，需要预计产品的任务可靠性，却建立了全串联模型（除非该产品确实没有余度或替代工作模式）；按工作原理图，应当建立旁联模型，却建成了并联模型等。因此，必须清楚地了解产品的工作原理，明确产品“任务故障”的定义，依据具体设计方案做出合理的简化，建立正确的可靠性模型。

8. 确定部件功能

部件是组成产品的一个功能级别，可以是组件、零件或元器件，它们具有一定的可靠性量值，各部件应能明确区分而不应有重复，在可靠性框图中是一个独立方块，必须一一确定。

9. 确定环境系数

通过产品在使用期中所经历的工作环境条件应力分析，确定环境系数。

10. 找出影响产品可靠度的主要零件

在各部件中，总有某些零件对产品的可靠度几乎不产生影响，这样的零件在总体可靠性预计中可以忽略不计。另外，也有某些零件在产品中使用数量多、故障率高、对产品可靠度影响大，找出这些零件并加以控制，以便提高产品可靠度。

11. 确定各部件中所用的元器件的失效率

将元器件分类进行分析，根据元器件名称可以查元器件失效数据手册，从而得到基本失效率数据。根据使用环境条件等计算出元器件的失效率。

12. 计算部件的失效率

根据元器件的失效率，计算出各部件的失效率。

13. 定出用于修正各部件失效率基本数值的修正系数

如果同一部件内的元件都承受相同的应力，在计算元件失效率时又没有考虑这些应力，则为了修正部件的失效率，可确定一个单一的修正系数。在对整个部件施加应力时，实际上大多不是对每个元件乘修正系数，而是将部件的失效率乘上一个修正系数。

14. 计算产品失效率的基本数值

有了每一个部件的失效率，就可以计算整个产品的失效率，其中包括贮备产品的失效率计算。

15. 定出用于对产品失效率的基本数值进行修正的修正系数

有些特殊的应力，在计算元件和部件时并不加以考虑，但会对产品起作用，这种应力将会使产品失效率发生变化，因此必须加以修正。另外，有些应力只对产品中的某些部件起作用，而对另一些部件不起作用，如弹药产品在发射过程中，后坐力和离心力只对弹丸、引信起作用而对底火和药筒不起作用。

16. 计算产品的失效率

根据选定的质量等级、环境应力、工作应力等，计算部件的工作故障率和贮存故障率。将产品失效率的基本数值乘适用于产品的修正系数，从而求出产品的失效率。

17. 预计产品的可靠度

把各部件故障率数据作为输入，利用产品的可靠性数学模型，计算出产品的可靠性数值。当产品的可靠度函数为指数分布时，可根据 $R(t)=\mathrm{e}^{-\lambda t}$ 求出产品的可靠度。

18. 将预计的产品可靠度与总体设计部门所提出的可靠度相对比

如果能满足要求，而且在经费、研制周期、重量、体积等条件都允许的条件下，可以结束预计，如果不能满足要求，则应继续进行。

19. 提出修改设计方案

可以通过元器件的应力分析，改变元器件的类型，提高元器件的可靠性等级；重新考虑降低元器件使用时的应力水平；或者增加冗余部件，改变可靠性框图及数学模型等措施来实现。以上措施可视具体情况，采取其中一项或多项。

20. 可靠性预计结果为可靠性分配提供依据

当改变设计或实际产品有变动时，再按上述预计程序进行可靠性再预计、再分配，直到满足要求时为止。

8.2　可靠性预计方法

弹药是一次性使用产品，工作时间很短，而贮存时间又很长，这种工作方式与其他电子设备和产品有很大差别。反映到预计中，就是工作失效率与动态贮存（装卸、运输）失效率、静态贮存（库存）失效率不同。非电子产品的失效率难以获得。这种情况下进行可靠预计是比较困难的。

按可靠性预计的分类，不同的研制阶段，其可靠性预计方法的选取不同，随着产品研制阶段的深入，可靠性预计逐步深入。从产品构成角度分析，可靠性预计一般又分单元可靠性预计（元器件、部件等）和产品可靠性预计。弹药产品常用的可靠性预计方法有相似产品法、评分预计法、故障率预计法、上下界限法。

8.2.1　相似产品法

相似产品法是利用弹药成熟的相似产品所得到的数据和经验来预计研制产品的可靠性的最快方法之一，是将正在研制的产品与相似产品进行比较。相似的成熟产品，其可靠性数据来自现场使用评价和实验室的试验结果，其可靠性以前曾用某种手段确定过，并经过了现场评定。相似产品法不仅可以区分相似的新老设计的产品，而且可以分辨和评价它们之间的细微差别。这种方法在试验初期广泛应用，在研制的任何阶段也都适用，尤其是非电子产品，查不到故障数据，全靠自身数据的积累，成熟产品的详细故障数据记录越全，比较的基础越好，预计的准确度也越高，当然，也取决于产品的相似程度。对正在按系列开发的产品，这种方法可以不断地应用。

相似产品可靠性预计一般包括以下几种类型：一是新弹药是在已有弹药的基础上改进过来的，可根据已有弹药可靠性数据或经验来预计新研制弹药的可靠性；二是新研弹药中某一部件与其他已经使用弹药的部件相似，则可用其可靠性数据或经验来预计部件的可靠性；三是新研弹药中的电路选用了其他弹药已使用的电路，则可根据其贮存可靠性数据来预计设计电路的可靠性。

1. 用相似产品法预计产品可靠度的主要步骤

（1）相似性分析

确定与新设计产品最相似的现有产品，包括产品的类型、使用条件及可靠性特性等。

相似产品进行比较时，应该考虑的要点有：

1）产品的结构和功能的相似性

结构比较主要指弹种、组成的比较，弹药各组成部件结构比较及弹药或部件密封结构的比较等。

2）设计功能的相似性

设计功能比较主要指各部件预定功能和弹药终点作用功能的比较等。

3）易失效件的相似性比较

根据相似弹药使用和贮存经验，找出弹药使用和贮存中寿命最短的易失效件或薄弱的环节，然后对易失效件的失效模式、失效机理、密封环节等进行对比分析，得出易失效件可靠性的优劣程度。

4）材料和制造工艺的相似性

对设计弹药选用的材料及制造工艺与相似弹药进行比较，得出不同之处对弹药可靠性的影响程度。

5）使用剖面的相似性

主要考虑保障、使用和环境条件。

（2）分析相似因素对可靠性的影响

分析所考虑的各种因素对产品可靠性的影响程度，分析新产品与老产品的设计差异及这些差异对可靠性的影响。

（3）对相似产品在使用期间所有的数据进行可靠性分析

主要是相似产品可靠性数据的积累及其准确性，分析影响产品可靠性的主要因素。

（4）相似性判断

弹药的结构、功能相同或相似，或虽有不同，但经分析确认不影响弹药可靠性；弹药易失效件的失效模式、机理及密封环节相同或相似；弹药内外环境条件相同或相似；材料及工艺相同，或虽有不同，经分析不影响弹药可靠性。满足以上条件的两种弹药，其可靠性变化规律相似。

（5）确定相似系数 d

根据上面的分析，由有经验的专家评定新产品与老产品的可靠性值的比值。

（6）新产品可靠性预计

$$\text{新产品可靠性值} = d \times \text{老产品可靠性值}$$

（7）根据相似产品的可靠性，经一定修正后，做出新产品可能具有的可靠性水平这是一种比较快速、粗略的预测方法，在方案论证阶段应用，其精确程度取决于相似产品可靠性数据的精确性和积累的经验，以及现有产品与原有产品的相似程度。它的优点是计算方法灵活多样，计算迅速简便，一开始设计，就把提高产品可靠性的技术措施贯彻到工程设计中，以免事后被迫更改设计。

2. 应用分析

假设一个火箭弹的射程为×××km，其飞行可靠度为 0.931（其各个部件可靠度如下：战斗部 0.99，火箭发动机 0.95，稳定装置 0.99）。现在为了将射程提高到××××km，需对产品进行重新设计。在此，我们只分析对发动机的改进：措施之一，采用能量更高的新型装药；措施之二，发动机加长 0.5 m；措施之三，适当减小燃烧室壳体的壁厚，由 3 mm 减为 2.5 mm。那么改进后的火箭弹的飞行可靠度是多少？

假设新的火箭弹与原来的火箭弹相似，其区别就在于发动机（因在此只分析发动机），这就要具体分析一下所采取的措施对发动机的可靠性有什么影响。根据经验，新型装药是定型产品，是成熟工艺，加长后的药柱质量有保证，不会对发动机的可靠性带来大的影响；药柱加长，有可能影响脱黏面积的增大，但影响脱黏面积的主要因素是人工脱黏层部位；壳体壁厚减薄会使壳体强度下降，会使燃烧室的可靠性下降，影响发动机的可靠性。因此，可以粗略地认为发动机的可靠性与壳体强度成正比。经过计算：原来发动机壳体的结构强度为 7.8 MPa，现在发动机壳体的结构强度为 7.2 MPa，发动机的可靠性为 $0.95\times7.2/7.8=0.877$，新的火箭弹的飞行可靠度为 $0.99\times0.877\times0.99=0.859\ 5$。

注：上述具体的应用分析中给出的数据均为假设，其措施仅为示例，不供参考。

8.2.2　评分预计法

评分预计法是依靠有经验的工程技术人员的工程经验按照几种因素进行评分。在可靠性数据非常缺乏的情况下（可以得到个别产品可靠性数据），通过有经验的设计人员或专家对影响可靠性的几种因素进行评分，再对评分进行综合分析而获得各部件之间的可靠性相对比值，再以某一个已知可靠性数据的部件为基准，预计其他部件的可靠性，按评分结果，由已知的某部件失效率根据评分系数算出未知部件的失效率。

1. 评分预计法可用于各类产品的可靠性预计

这种方法是在产品可靠性数据十分缺乏情况进行可靠性预计的有效手段，但其预计的结果受人为影响较大。因此，在应用时，尽可能多请几位专家进行评分，以保证评分的客观性，从而提高预计的准确性。

2. 评分考虑的因素

可按产品特点而定，主要包括功能、结构、环境、勤务处理、制造工艺等，在工程实际中，可以根据产品的特点而增加或减少评分因素。具体以复杂程度、技术水平、工作时间、环境条件评分，各种因素评分值范围为 1～10，评分越高，说明可靠性越差。

3. 评分原则

以产品失效率为预计参数来说明评分原则。

① 复杂度：根据组成部件的零件数量以及它们组装的难易程度来评定。最复杂的评 10 分，最简单的评 1 分。

② 技术水平：根据部件目前的技术水平的成熟度来评定。水平最低的评 10 分，水平最

高的评1分。

③ 工作时间：根据部件工作的时间来评定（前提是以产品的工作时间为时间基准）。产品工作时，单元一直工作的评10分，工作时间最短的评1分。

④ 环境条件：根据部件所处的环境来评定。部件工作过程中会经受极其恶劣和严酷的环境条件的评10分，环境条件最好的评1分。

4. 评分预计法注意事项

① 时间基准。如果产品中所有部件的失效率是以产品工作时间为基准，则各部件的工作时间不相同，而失效率统计时间均相等（实际工作中，外场统计很多是以产品工作时间统计的），因此，必须考虑此因素；如果产品中所有部件的失效率是以部件自身工作时间为基准，则失效率统计时间也不同，因此，不考虑此因素。

② 基准单元。已知可靠性数据的部件。

③ 预计参数。以产品失效率为预计参数。

5. 评分法可靠性预计

已知某单元的失效率为λ^*，算出的其他单元故障率λ_i为：

$$\lambda_i=\lambda^* C_i \tag{8-1}$$

式中 $i=1, 2, \cdots, n$——单元数；

C_i——第i个单元的评分系数。

$$C_i=\omega_i/\omega^* \tag{8-2}$$

式中 ω_i——第i个单元评分数；

ω^*——故障率为λ^*的单元的评分数。

$$\omega_i=\prod_{j=1}^{4} r_{ij} \tag{8-3}$$

式中 r_{ij}——第i个单元第j个因素的评分数。$j=1$，复杂度；$j=2$，技术发展水平；$j=3$，工作时间；$j=4$，环境条件。

示例：某产品由六个部件组成（表8-1）。已知单元C的故障率为$284.5\times10^{-6}\,h^{-1}$，试用评分预计法求得其他部件的故障率。

计算用表格进行，见表8-1。

表8-1 某产品的故障率计算

序号	单元名称	复杂度 r_{i1}	技术水平 r_{i2}	工作时间 r_{i3}	环境条件 r_{i4}	各单元的评分数 ω_i	各单元的评分系数 $C_i=\omega_i/\omega^*$	各单元故障率 $\lambda_i=\lambda^*\cdot C_i$ /($\times10^{-6}\,h^{-1}$)
1	A	5	6	5	5	750	0.3	85.4
2	B	7	6	10	2	840	0.336	95.6
3	C	10	10	5	5	ω^*=2 500	1.0	λ^*=284.5
4	D	8	8	5	7	2 240	0.896	254.9
5	E	4	2	10	8	640	0.256	72.8
6	F	6	5	5	5	750	0.3	85.4
注：带*的表示是已知条件，其他的为计算所得。								

8.2.3　故障率预计法

当产品研制进入详细设计阶段时，已有了产品的详细设计图，选定了零件，并且已知它们的类型、数量、环境及使用应力，在具有实验室常温条件下测得的故障率时，可采用故障率预计法。在实验室常温条件下测得的故障率为“基本故障率”，实际故障率为“工作故障率”。

这种方法对电子和非电子产品均适用，主要用于非电子产品的可靠性预计。

用故障率预计法预计产品可靠度的主要步骤是：

① 根据产品功能图画出可靠性框图。

② 按可靠性框图建立相应的数学模型。

③ 确定各方框中部件的故障率，该故障率应为工作故障率。对于非电子产品，可考虑降额因子 D 和环境因子 K 对工作故障率的影响。非电子产品的工作故障率为：

$$\lambda_P=\lambda_b KD \tag{8-4}$$

式中 λ_P——工作故障（失效）率（h^{-1}）；

λ_b——基本故障（失效）率（h^{-1}）；

D——降额因子，取值由工程经验确定；

K——环境因子，取值由工程经验确定。

目前尚无正式可供查阅的数据手册，其中环境因子可暂参考 GJB/Z 299B—1998《电子设备可靠性预计手册》中所列的各种环境系数。

④ 产品可靠性预计。根据设计任务书要求预计基本可靠性或任务可靠性，将预计值和要求值相比较，当预计结果不能满足规定要求时，应改进设计来满足产品可靠性指标。其具体流程如图 8-1 所示。

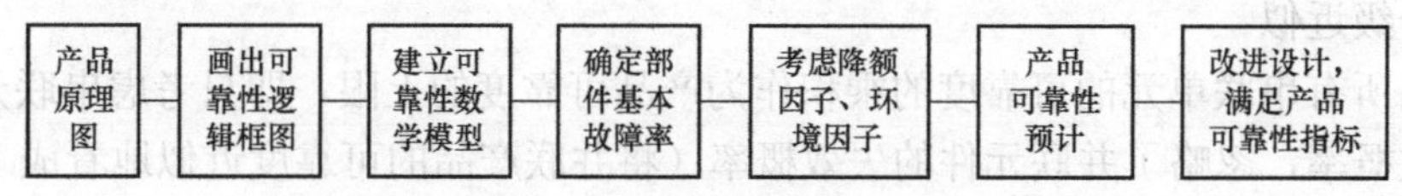

图 8-1　故障率预计法的流程

8.2.4　上下界限法

上下界限法是一种工程近似的预计方法，它对于预计像弹药产品那样比较复杂的产品可靠度，比较迅速而又简便。美国在“阿波罗”宇宙飞船那样复杂的产品中，曾经成功地应用过一次。

上下界限法是一个经验法则，没有严格的数学推导，但实质上是一种简化了的数学模型计算法。由于只是略去了高阶项，这样虽然在精度上受了些影响，但还是保证有一定的精确度，而且大大简化了计算，节省了大量时间。在产品太复杂，无法建立精确的数学模型时，它的优点特别突出，因此，这种方法都用在比较复杂的产品上；对于串联产品和简单的贮备产品，则可用数学模型法来计算。

上下界限法的原理是根据 $R=1-F$，把 1 减去产品的失效概率作为可靠度预计的上限值 R_U，而把产品的成功概率相加作为可靠度的下限值 R_L。在计算上限的过程中，略去了某些失效概率，这时所得出的可靠度就比实际的要高，所以定为上限。同样，在下限计算中，略去了某些成功的概率，这时所预计出来的可靠度就比实际的要低，然后把对应的可靠度上、下限预计值按式（8-5）计算出来就可以了。

$$R_s = 1 - \sqrt{(1-R_U)(1-R_L)} \tag{8-5}$$

如果略去的情况越少，这两个限值就越接近。根据经验，略去的值要使两个限值的差同上限与 1 的差，大小大约相同为止。

有一个具有六个单元的串联、并联产品的例子，用界限法来计算可靠度，如图 8-2 所示。如用数学模型的方法来计算时，可立即得出：

$$R_S = R_A R_B (R_C R_D + R_E R_F - R_C R_D R_E R_F)$$

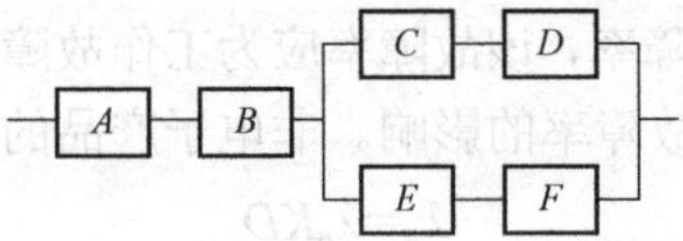

图 8-2　六个单元串联、并联产品可靠性框图

如果用不可靠度 F 来表示，$F=1-R$，则上式可化成下列两种形式：

$$R_s = R_A R_B R_C R_D R_E R_F \left(1 + \frac{F_C}{R_C} + \frac{F_D}{R_D} + \frac{F_E}{R_E} + \frac{F_F}{R_F} + \frac{F_C F_D}{R_C R_D} + \frac{F_E F_F}{R_E R_F}\right)$$

或

$$R_S = R_A R_B (1 - F_C F_E - F_E F_D - F_C F_F - F_D F_F + F_C F_D F_F + F_C F_E F_F + F_C F_D F_E + F_D F_E F_F - F_C F_D F_E F_F) \tag{8-6}$$

1. 上限值计算

（1）一级近似

将产品所有串联单元的可靠度的乘积作为产品可靠度的上限，即只考虑串联元件发生失效时的失效概率，忽略了并联元件的失效概率（将并联产品的可靠度近似地看成 1）。

只考虑串联元件发生失效时的失效概率，而忽略了并联元件的失效概率 F_1 时，得：

$$\begin{aligned} R_{U1} &= 1 - F_1 \\ &= 1 - (F_A R_B + F_B R_A + F_A F_B) \\ &= 1 - [(1-R_A)R_B + (1-R_B)R_A + (1-R_A)(1-R_B)] \\ &= 1 - (1 - R_A R_B) \\ &= R_A R_B \end{aligned}$$

其一般式为：

$$R_{U1} = \prod_{i=1}^{m} R_i \tag{8-7}$$

式中　m——串联单元的数目。

（2）二级近似

串联单元正常时，考虑个别并联单元不十分可靠，即图 8-2 中 (C, E)、(C, F)、(D, E)、(D, F) 任何一对出现故障而失效，而其余没有失效的并联部分时，可靠度近似为 1。这时对应的产品失效概率分别为$R_AR_BF_CF_E$、$R_AR_BF_CF_F$、$R_AR_BF_DF_E$、$R_AR_BF_DF_F$。

那么，并联单元中有两个（一对）元件失效的失效概率为：

$$F_2=R_AR_B(F_CF_E+F_CF_F+F_DF_E+F_DF_F)$$

$$R_{U2}=1-F_1-F_2$$

$$=R_AR_B[1-(F_CF_E+F_CF_F+F_DF_E+F_DF_F)] \tag{8-8}$$

将式（8-8）与用数学模型方法的式（8-6）进行比较可见，是略去了失效概率中的高阶项，即$F_CF_DF_F$、$F_CF_EF_F$、$F_CF_DF_E$、$F_DF_EF_F$、$F_CF_DF_EF_F$。

其一般式为：

$$R_{U2}=\prod_{i=1}^{m}R_i\left(1-\sum_{k,k'=1}^{x}F_kF_{k'}\right) \tag{8-9}$$

式中 x——并联单元中两个（一对）部件失效引起产品失效的对数；

F_k、$F_{k'}$——同时失效而引起产品的一对并联单元失效时的失效概率。

2. 下限值计算

（1）一级近似

将产品所有单元都看成是串联单元，得到的一级近似下限值R_{L0}为：

$$R_{L0}=R_AR_BR_CR_DR_ER_F \tag{8-10}$$

其一般式为：

$$R_{L0}=\prod_{i=1}^{n}R_i \tag{8-11}$$

式中 n——产品单元的个数。

（2）二级近似

当只有一个非串联单元失效而其他并联单元都好时，产品仍能正常工作，即C、D、E、F中任何一个失效，都不影响产品的工作。

并联单元中只有一个失效时，产品正常工作的概率为R_{Lp}。

$$R_{Lp}=R_AR_BF_CR_DR_ER_F+R_AR_BR_CF_DR_ER_F+$$

$$R_AR_BR_CR_DF_ER_F+R_AR_BR_CR_DR_EF_F$$

$$=R_AR_BR_CR_DR_ER_F\left(\frac{F_C}{R_C}+\frac{F_D}{R_D}+\frac{F_E}{R_E}+\frac{F_F}{R_F}\right) \tag{8-12}$$

其一般式为：

$$R_{LP}=\prod_{i=1}^{n}R_i\left(\sum_{j=1}^{q}\frac{F_j}{R_j}\right) \tag{8-13}$$

式中 n——产品单元数；

q——并联单元中一个元件失效后，产品能正常工作的对数；

R_j——并联单元的可靠度。

产品可靠度下限的二级近似值R_{L1}为：

$$R_{L1}=R_{L0}+R_{Lp}$$

其一般式为：

$$R_{L1}=\prod_{i=1}^{n}R_i\left(1+\sum_{j=1}^{q}\frac{F_j}{R_j}\right) \tag{8-14}$$

（3）三级近似

有两个非串联单元失效，而产品仍能正常工作。

考虑有两个非串联单元失效，而产品仍能正常工作的概率为 R_{Li}。

$$\begin{aligned}R_{Li}&=R_AR_BF_CF_DR_ER_F+R_AR_BR_CR_DF_EF_F\\&=R_AR_BR_CR_DR_ER_F\left(\frac{F_C}{R_C}\cdot\frac{F_D}{R_D}+\frac{F_E}{R_E}\cdot\frac{F_F}{R_F}\right)\end{aligned}$$

其一般式为：

$$R_{Li}=\prod_{i=1}^{n}R_i\left(\sum_{k,k''=1}^{p}\frac{F_k}{R_k}\cdot\frac{F_{k''}}{R_{k''}}\right) \tag{8-15}$$

式中 p——并联单元中两个单元失效后，产品能正常工作的单元对数；

k、k''——非串联单元对，有一对失效，产品仍能正常工作。

产品中没有单元失效、有一个并联元件失效、有两个并联元件失效时，产品正常工作的概率值，即产品可靠度下限的三级近似值 R_{L2} 为：

$$R_{L2}=R_{L0}+R_{Li}$$

其一般式为：

$$R_{L2}=\prod_{i=1}^{n}R_i\left(1+\sum_{j=1}^{q}\frac{F_j}{R_j}+\sum_{k,k''=1}^{p}\frac{F_k}{R_k}\cdot\frac{F_{k''}}{R_{k''}}\right) \tag{8-16}$$

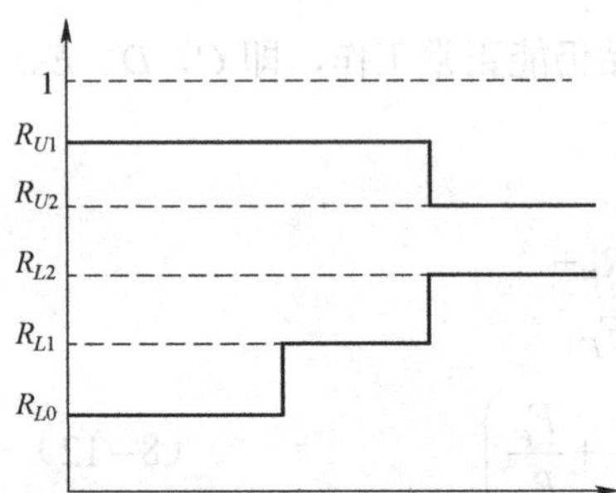

图 8-3　上、下限法的图解表示

图 8-3 所示为用图表示的上、下限值。

注意，算到上、下限值之差较为接近就可以了。多次近似不仅使计算复杂化，使界限法简单这个优点消失，而且对预测值的改进也不大。

3. 产品预计值计算

有了上、下限可靠度的预计值，即可求出整个产品可靠度 R_s 的综合值，根据经验，用几何平均值所求出的产品可靠度比较接近于真正值。

做法是用 1 减去上、下限不可靠度乘积的平方根。

$$\begin{aligned}R_s&=1-\sqrt{(1-R_{Um})(1-R_{Lm})}\\&=1-\sqrt{F_{Um}F_{Lm}}\end{aligned} \tag{8-17}$$

式中 m——脚标值，上、下限的脚标必须相同。

如上限只考虑一个元件失效的情况，则下限也必须考虑没有元件失效和有一个元件失效的情况；如上限考虑两个元件同时发生失效的情况，则下限也必须考虑两个元件同时发生失效的情况。否则产品可靠度的计算就不精确。应取哪一个值，即到底是取几个元件发生失效的情况，应根据经验公式：当 $1-R_{Um}=R_{Um}-R_{Lm}$ 时，就可以计算产品的可靠度。

8.3 弹药产品的可靠性预计

弹药产品的可靠度是以大量的可靠性试验结果通过各种统计方法计算得到的，但在实际情况下，进行这样的试验是困难的，有时甚至是不可能的。例如，弹药产品的安全可靠性要求是非常高的，一般要求失效概率低于 10^{-6}，由于弹药为一次性使用产品，这样高的要求不可能用成败型试验来测定。另外，对于某些产品，希望在装配完工之前就知道它的可靠度估计值，但没有具体产品的可靠性试验是无法进行的。因此，为解决无法通过大量可靠性试验求得可靠度的问题，需要对弹药产品进行可靠性预计。

弹药产品的可靠性预计是把弹药产品分成若干部件，如炮弹产品的可靠性预计是把其分成引信、弹丸、发射药、药筒、底火等。火箭弹产品的可靠性预计是把其分成引信、战斗部、发动机和稳定装置等。当各部件可靠性数据为已知时，按弹药产品的可靠性框图直接计算其可靠性预计值。当各部件可靠性数据为未知时，首先应对各部件进行可靠性预计，然后对整个弹药产品做可靠性预计。

弹药产品的可靠性预计应结合弹药的战术技术指标，分别考虑弹药的安全可靠性指标和作用可靠性指标。炮弹产品，在安全可靠性方面，应考虑引信的安全性问题（包括引信隔爆机构及其保险机构的安全可靠性概率）、弹丸的安全性问题(包括弹丸强度、主装药安定性等)、发射药的安全性、药筒强度、底火安全性等；在作用可靠性方面，应考虑威力、射程、密集度等指标。火箭弹产品，在安全可靠性方面，应考虑引信、战斗部、发动机和稳定装置各自的安全性；在作用可靠性方面，应考虑射程、威力、密集度指标等。在进行作用可靠性预计时，可以按单项指标进行预计，求出单项指标的可靠度；也可以按综合指标进行预计，求出产品的综合可靠度。

当弹药各部件的可靠度难以计算时，可以采用相似产品法和评分预计法对分产品进行可靠性设计。在已知各部件的可靠度时，如果产品比较复杂，可以采用上、下限法求出产品的可靠度。

8.3.1 不同研制阶段可靠性预计方法的选取

可靠性预计是贯穿于一个工程项目的设计与开发过程的连续性工作，从最初的方案设计到生产及其以后的各环节之中。在每个特殊时期，所应用的预计方法可以不同，但是一般方法和原理始终保持一致。可靠性预计一般在设计初期就开始，而且越早进行，效果越好，并随着产品设计、研制工作的展开而逐步深入，不断完善。

在方案论证阶段，信息的详细程度只限于产品的总体情况、功能要求和结构设想。可靠性预计只限于了解产品大体情况，并根据相似产品的已知信息进行一般性预计。一般采用相似产品法，以工程经验预计产品的可靠性，为方案决策提供依据。

在初步设计阶段，已有了工程图或草图，产品的组成已确定，则可进行初步的可靠性预计。该阶段可采用相似产品法或评分预计法预计产品的可靠性，发现设计中的薄弱环节并加以改进。

而到详细设计阶段，产品的各个组成单元都具有了工作环境和使用应力信息，则根据已确定的元器件、零部件进行具体、详细的可靠性预计。这个阶段可采用评分预计法或故障率预计法来较准确地预计产品的可靠性，为进一步改进设计提供依据。

表 8-2 给出了不同研制阶段的可靠性预计方法。

表 8-2　可靠性预计方法的选取

预计分类		研制阶段	可靠性预计方法
单元可靠性预计	可行性预计	方案论证	相似产品法
	初步预计	工程研制阶段的早期（初步设计）	相似产品法、专家评分法
	详细预计	工程研制阶段的中期和后期（详细设计）	专家评分法、故障率预计法
产品可靠性预计			上下界限法

8.3.2 相似产品法在弹药可靠性预计中的应用

相似产品法可靠性预计是利用弹药相似产品所得到的试验数据和经验总结来预计研制产品的可靠性的一种方法。这种方法不需要研制产品的数据，直观简便，预计速度快，但要有较为丰富的经验。

相似产品法可靠性预计的基础是新研制的弹药产品在全产品或分产品上与已有弹药产品相比具有相似性。对于弹药来说，许多新产品都是在现有产品的基础上改进而来的，有的弹药采用了其他制式弹药的某一机构或部件，这就为用相似产品法进行可靠性预计提供了有利条件。相似性预计分为安全性预计和作用可靠性预计。

1. 相似产品安全性预计

在进行相似产品安全性预计时，要进行相比较产品的相似性分析，并确定相似性判断准则。

（1）相似性分析

在进行安全相似性分析时，主要应该考虑弹药及其零部件结构、性能、环境、制造及工艺、勤务处理及使用条件对安全性的影响。

在结构方面，主要比较引信的隔爆机构、保险机构、战斗部隔热机构、火箭发动机防静电机构等；在性能方面，主要比较引信解除保险所需要的环境应力数量和大小、独立性以及解除保险距离的长短，炸药、固体推进剂、点火产品的安定性等。在进行环境分析时，可以将其分为贮存环境、勤务处理环境和发射环境。对一般弹药而言，贮存环境和勤务处理环境基本上是相同的，但发射环境可能有所不同。对于相同结构的零部件，采用的材料和生产工艺不同，弹药产品的可靠性也不同。例如，相同材料和尺寸的燃烧室壳体，采用强力旋压工艺可以大大提高许用应力，从而提高火箭发动机的强度可靠性。

（2）相似性判断准则

进行相似性判断，应分成产品相似性判断和部件相似性判断。产品相似性判断要考虑安全产品性能相同、结构基本相同、环境相同、材料及制造工艺相似、勤务处理及使用条件相似等。满足以上条件的两种弹药为相似产品。部件相似性判断是只考虑产品中某一机构或部件的相似性问题，例如火箭发动机点火机构、稳定性装置的相似性问题。

2. 相似产品作用可靠性预计

（1）相似性分析

弹药的作用可靠性预计与安全性预计的不同之处在于作用可靠性指标比安全可靠性指标

低得多。在进行相似性分析时，同样要考虑性能、结构、环境、制造及工艺、勤务处理及使用条件等方面的相似性问题。例如，火箭弹的作用可靠性预计主要考虑引信解除保险适时起爆的可靠性，火箭发动机正常点火、工作的可靠性，尾翼按时张开到位的可靠性等。

（2）相似性判断准则

弹药完成的功能相同；各部件结构相似或结构虽有不同，但经过可靠性分析确认不影响弹药作用的可靠性；弹药所处的环境相同；材料及制造工艺相似。满足以上条件的弹药或部件则认为是相似的弹药或相似的部件。

（3）贮存环境对比分析

弹药的可靠性与其内外环境条件密切相关。弹药一般采用自身密封或包装密封，其内部环境取决于弹药生产、装配及包装，所以应对这些环境条件进行比较，外部环境指弹药在贮存期间所经历的装卸、运输、温湿度、盐雾等环境，所以，应对其外部环境进行分析。最后得出弹药内、外环境相似程度。

8.3.3 弹药贮存可靠性预计

弹药贮存可靠性预计是贮存可靠性有意义和有成效的工作。预计有助于证实设计的整体性，判明贮存失效的环节及其数量，为设计更改提供依据，以便于采取相应措施提高贮存可靠性或降低费用。后期的贮存可靠性预计，经订购方认可，可以作为贮存可靠性评定的依据。

弹药在贮存期间是在长期不工作环境中度过的，而一旦需要使用，又必须在恶劣的发射、飞行和战场严酷的环境条件下经受考验。这和一般在稳定的环境下连续工作的产品有很大的差别，因此，弹药贮存可靠性预计的数学模型和失效率数据也有很大不同。

1. 一般原则

① 预计之前，订购方应提供有关贮存可靠性论证资料；承制方也应收集有关贮存信息。预计使用的数据应是弹药实际贮存期间的数据，模拟贮存或加速模拟贮存得到的数据需用修正因子修正方可使用。若无其他规定，应按最坏的贮存环境和最差的数据进行预计。

② 弹药是由多个零部件组成的串联产品，其中某一零部件失效，就会导致整个弹药失效，弹药的贮存寿命取决于寿命最短的薄弱零部件。因此，预计的重点应是贮存失效的最薄弱零部件。薄弱零部件的确定，对于有贮存历史的零部件，可采用类比分析的方法确定；对于没有贮存历史的零部件，应通过贮存环境、影响及失效分析来确定，必要时可通过加速寿命试验来验证。

③ 贮存可靠性预计主要是对贮存可靠寿命的估计，包括定性、定量评估，对贮存安全寿命只能做定性评估。

④ 预计报告中应明确弹药及其零部件的贮存失效分布。所有的失效分布假设都应当有必要的依据。

⑤ 用于设计定型的贮存可靠性预计，预计的方法、采用的数据、失效分布模型、试验方法、失效判据等，应得到订购方认可。

2. 预计方法

根据弹药的特点，贮存可靠性预计可采用薄弱环节法、相似产品法和加速寿命试验法。前两种方法一般用于方案阶段的可行性预计，后一种方法一般用于工程研制阶段的详细预计。

（1）薄弱环节法

薄弱环节法是利用弹药产品寿命最短的零部件的定寿、延寿来预计贮存寿命的方法。一般有两种情况：一种情况是弹药薄弱环节的贮存寿命已知，并经过了自然条件长期贮存的验证，那么薄弱环节贮存寿命即为弹药贮存寿命；另一种情况是弹药薄弱环节贮存寿命未知，预计贮存寿命的最快方法是将新研产品的薄弱环节与某一产品薄弱环节进行对比，其中后一产品的贮存寿命已知，并经过了自然条件长期贮存的验证。

（2）相似产品法

相似产品法是利用有关相似产品所得到的特定经验的预计方法。估计贮存可靠寿命的最快方法是将正在研制的弹药产品与一个相似产品进行比较，后者的寿命分布曾用某种手段确定过，并经过了自然条件长期贮存的验证。那么新研产品则可利用相似产品的寿命分布来预计其贮存可靠寿命。相似产品判别准则为：弹药的功能关系框图相似，寿命剖面相同或相似，薄弱环节相同或特别相似；产品贮存失效机理相同。

（3）加速寿命试验法

加速寿命试验指模拟单个或多个环境因素，用适当提高应力等级，不改变产品失效机理，可在短期内得出与长期贮存寿命试验相似结果的试验。加速寿命试验法是通过加速寿命试验，外推出弹药产品自然贮存的寿命分布模型，据此来预计弹药贮存可靠寿命的方法。对有贮存历史的相似产品，为保证外推的准确性，可采用类比加速寿命试验法。所谓类比加速寿命试验法，指将正在研制的弹药及零部件与一种相似产品或零部件同时进行加速寿命试验，试验条件完全相同，试验后对两产品或零部件的寿命分布及贮存可靠寿命进行对比。其中，后者的寿命分布和贮存可靠寿命曾采用某种手段确定过，并经过了自然条件长期贮存的验证。

3. 可靠贮存寿命预计

在相似弹药的贮存可靠性变化规律或可靠贮存寿命已知的情况下，即可对新研弹药可靠贮存寿命进行预计。

① 若相似弹药寿命分布已知，图 8-4 所示为某弹药寿命分布曲线，设 R_0、R_L 为设计弹药的出厂可靠度和贮存可靠度最低可接受值，由 R_L 即可对应得到设计弹药可靠贮存寿命的预计值 T_{KL}。

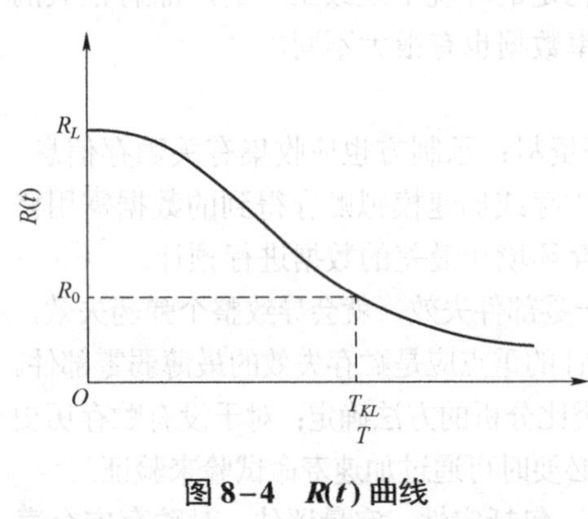

图 8-4　$R(t)$ 曲线

② 若相似弹药寿命分布不知道，而其可靠贮存寿命及对应贮存可靠度最低可接受值已知，则相似弹药可靠贮存寿命即为设计弹药在贮存可靠度相同时的可靠贮存寿命预计值。

8.3.4　可靠性预计的注意事项

对一个弹药产品进行可靠性预计的结果与产品实际的可靠性是否接近，涉及预计是否可信的问题。为了保证一定的预计精度，需要注意以下几点。

① 应尽早地进行可靠性预计。

这是为了在任何级别上的可靠性预计值未达到可靠性分配值时，能及早在技术上和管理上予以注意，采取必要措施。

② 在产品研制的各个阶段，可靠性预计应反复迭代进行。

在方案论证和初步设计阶段，由于缺乏较准确的信息，所做的可靠性预计只能提供大致的估计值，尽管如此，仍能为设计者和管理人员提供关于达到可靠性要求的有效反馈信息，而且这些估计值仍适用于最初分配的比较和分配合理性的确定。随着设计工作的进展，产品定义进一步确定，可靠性模型的细化和可靠性预计工作也应反复进行。

③ 精确计算产品的工作时间。

可靠度是时间的函数。

④ 非工作状态下可靠性预计。

非工作状态包含不工作状态与贮存状态两种，在进行可靠性预计时，一般可认为弹药在这两种状态下的失效率相同。实践证明，长期不工作或贮存的弹药在性能上存在一定的退化。

⑤ 可靠性预计结果的相对意义比绝对值更为重要。

一般地，预计值与实际值的误差在 1～2 倍之内可认为是正常的。通过可靠性预计，可以找到产品易出故障的薄弱环节，加以改进；在对不同的设计方案进行优选时，可靠性预计结果是方案优选、调整的重要依据。

⑥ 可靠性预计值应大于成熟期的规定值。

思考练习题

1. 简述可靠性预计的目的、用途、分类和程序。
2. 简述在不同的研制阶段可靠性预计方法的选取。
3. 相似产品法考虑的相似因素包括哪些？
4. 简述相似产品法预计产品可靠度的程序。
5. 简述评分预计法。
6. 采用评分预计法评分时，通常考虑的因素包括哪些？
7. 评分预计法的注意事项是什么？
8. 评分预计法的评分原则是什么？
9. 什么条件下可采用故障率预计法？
10. 在实验室常温条件下测得的故障率是什么故障率？
11. 什么故障率为工作故障率？
12. 上下界限法适用于什么产品的可靠性预计？
13. 弹药贮存可靠性预计主要是对什么的估计？
14. 根据弹药的特点，贮存可靠性预计可采取的三种方法是什么？
15. 在进行产品相似性分析时，主要应该考虑弹药及其零部件哪些方面的相似？
16. 简述薄弱环节法。
17. 相似产品的判别准则主要包括哪些？
18. 简述加速寿命试验法。
19. 可靠性预计的特点包括哪些？
20. 简述可靠性预计的注意事项。
21. 某一产品由五个单元组成，各单元的四个评分因素见表 8-3，其可靠性框图如图 8-5 所示。其中单元 C 的可靠度为 $R_C=0.92$，计算产品的可靠度。

表 8-3 数据表

序号	单元名称	复杂度 r_{i1}	技术水平 r_{i2}	工作时间 r_{i3}	环境条件 r_{i4}
1	A	8	1	10	8
2	B	3	2	8	4
3	C	5	2	10	8
4	D	5	2	8	7
5	E	4	5	8	3

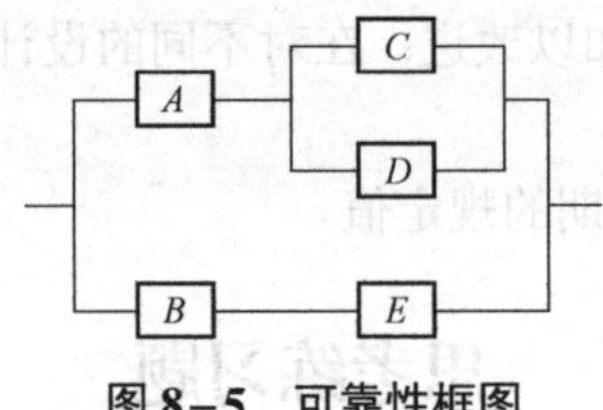

图 8-5 可靠性框图

22. 用上下界限法预计图 8-6 的可靠性。$R_A=R_D=0.85$，$R_B=R_C=0.8$，$R_E=0.7$，$R_F=0.9$。

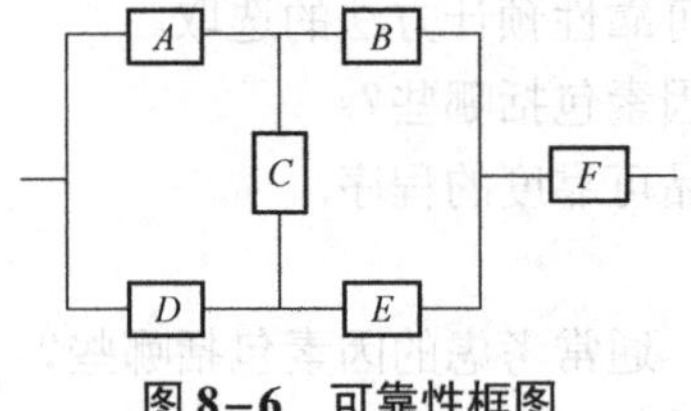

图 8-6 可靠性框图

第9章 可靠性分配

产品可靠性是国家科技水平的重要标志。1969年，美国登月成功，系统可靠性被美国国家航空航天局列为重大技术成就之一。2003年，我国“神舟五号”载人航天飞船发射成功，飞船系统可靠性指标为0.97，航天员安全性指标为0.997，指标表明飞船系统可靠性极高。

9.1 概述

在弹药产品的设计阶段，首先必须确定整个弹药产品的可靠性指标，这一指标一般由订购方提出并在研制合同中规定。为了保证这一指标的实现，必须把产品的指标分配给各个部件，然后把各个部件的可靠性指标分配给下一级单元，一直分配到零件级。这种把产品的可靠性指标按一定的原则，从上而下、由大到小、从整体到局部，逐步分解、合理地分配给部件和零件的方法叫作可靠性分配。如果说产品的可靠性预计是根据产品中最基本单元的可靠度来推测产品可靠性的顺过程，那么可靠性分配就是根据产品要求的总指标由上而下规定最基本单元可靠度的逆过程。

可靠性分配本质是一个工程决策问题，是人力、物力的统一调度运用问题，应当根据产品工程原则“技术上合理，经济上合算，见效快”来进行。一般来说，产品中不同的整机、不同的元器件的现有可靠性水平不同，要提高它的可靠性，其技术难易程度、所用人力和物力也很不相同。作为一个产品，要求相对地平衡，“局部精良”没有意义，而着重改善薄弱环节则见效最大。但往往薄弱环节的技术难度大，并且复杂，要改善其可靠性，所需代价也大，并且费时间，因此，需要在这些互相矛盾的要求之间综合权衡。另外，只要可靠性模型正确，可靠性预测的方法统一，数据间相对关系正确，那么可靠性预测的结果基本上是能反映出各组成部分之间在复杂程度、技术难易、现实可靠性水平方面的相对差别的，加上对其相对重要度的判断，在可靠性预测基础上进行可靠性分配是合理的，工程上通常也是这么做的。

9.1.1 可靠性分配目的与分类

可靠性分配是产品可靠性设计中的重要环节，是从整体考虑，将有限资源进行最有效的利用，其目的是：

① 将产品可靠性的定量要求分配到规定的产品层次。将设计任务书上给出的产品可靠性

指标合理地分配到若干个部件或元器件上去，合理地确定产品中每个单元的可靠度指标。

② 明确对各部件或零件的可靠性要求，作为可靠性设计的依据，以便在单元设计、制造、试验、验收时切实地加以保证，通过落实产品的可靠性指标，反过来又将促进设计、制造、试验、验收方法和技术的改进与提高。

③ 通过可靠性分配，帮助设计者了解零件、部件、产品间可靠性的相互关系，做到心中有数，减少盲目性，明确设计的基本问题。

④ 通过分配使整体和部分的可靠性定量要求协调一致。通过一个由整体到局部、由上到下的分解过程，把责任落实到相应层次的产品设计人员身上，并用这种定量分配的可靠性要求估计所需人力、时间和资源，并研究实现这个要求的可能性及办法。

⑤ 通过分配，暴露产品薄弱环节，为改进可靠性设计提供依据。

可靠性分配分为基本可靠性分配和任务可靠性分配，这两者有时是相互矛盾的，提高产品的任务可靠性，可能会降低基本可靠性，反之亦然。因此，在可靠性分配时，要进行两者之间的权衡，或采取其他不相互影响的措施。

产品可靠性分配一般可以分为两大类：一类是以可靠性指标为约束条件，给出其下限值，而以重量、体积、成本等其他参数为目标函数；另一类则以重量、体积、成本等作为约束条件，以产品最高可靠性为目标函数，求其上限值。所以，一般认为产品可靠性分配的方法实质上是数学规划的方法，特别是动态规划的方法。因此，进行可靠性分配前，必须了解和掌握以下情况。

——产品所要求的可靠性指标。

——产品可靠性与组成单元可靠性之间的关系。

——组成单元现有可靠性水平。

——产品及其组成单元的工作时间。

——各组成单元对于产品的重要程度。

——各组成单元的复杂程度。

——各组成单元的工艺水平。

——进一步提高各组成单元可靠性的难易程度和成本。

——对产品性能、费用、重量、体积等方面的要求。

9.1.2 可靠性分配与可靠性预计的关系

如果说可靠性预计是按元器件→部件→产品自下而上进行的话，那么可靠性分配则是按产品→部件→元器件自上而下地落实可靠性指标的过程。一般总是先进行可靠性预计，再进行可靠性分配。在分配过程中，若发现了薄弱环节，就要改进设计或调换元器件和部件。这样又得重新预计，重新分配，两者结合起来就形成了一个自下而上，又自上而下的反复过程，直到主观要求与客观现实达到统一为止。所以说，可靠性分配的结果是可靠性预计的依据和目标，可靠性预计的相对结果是可靠性分配与指标调整的基础。两者是相辅相成的，它们在产品设计的各阶段均要相互交替，反复进行多次，其工作流程如图9–1所示。

9.1.3 可靠性分配程序

1. 明确产品目的、预定用途或任务

弹药产品是为特定的军事目的而使用的，不管其类型多么繁多，都必须明确装载对象及

打击目标，这是确定弹药产品战术技术指标的前提和出发点，也是进行可靠性论证分配的基本依据。

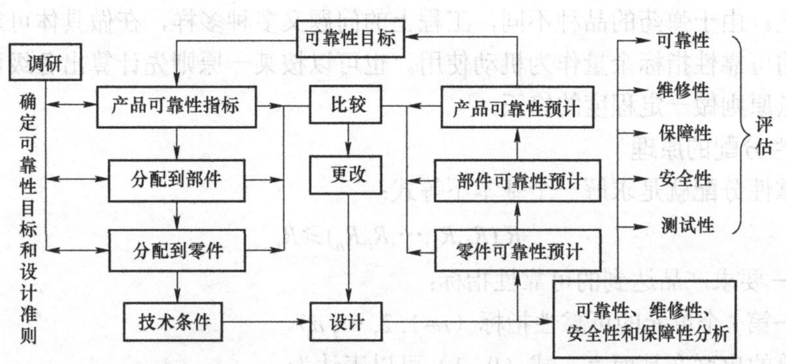

图 9-1　可靠性预计和分配工作流程

2. 明确产品可靠性参数指标要求

这一步应该建立和规定整个弹药产品及各个部件的性能参数及其允许极限。应编制一个清单或图表，参数清单应该是全面的，并且要规定上、下限。对于弹药来说，性能参数很多，如射程、精度、威力等。

3. 分析产品特点及结构和功能界限

整个弹药产品及其部件所包含的各个组成部分及其功能必须十分清楚。结构界限一般包括最大尺寸、最大重量、安全规定、人的因素限制、材料等。功能界限要考虑只要产品包括或依赖另一产品，产品的相互关系在兼容性方面就必须协调一致。

4. 选取分配方法（同一产品可选多种方法）

在各种分配方法中，每种分配方法都有其侧重面，在具体的弹药设计工程中应用并没有严格的界限。有些弹药产品在进行可靠度分配时，要考虑的因素很多，并且哪一个因素也不能忽视。既要考虑研制费用最少，又要考虑限制产品的重量和体积、部件的复杂程度、环境因子等。这时，用一种可靠度分配方法就难以做到，在这种情况下，可以同时应用几种方法进行分配。因此，在弹药设计工程中，应根据必须考虑的因素和可忽略的因素来选择合适的分配方法，切忌主观臆断。采用什么分配方法，由各项目组根据所积累的经验及所了解的可靠性数据来确定。

5. 进行可靠性分配

根据可靠性指标、产品的组成、类似产品的可靠性数据、所积累的经验进行可靠性分配，一般来说，自上往下地分配，由产品的可靠性指标分配给部件，然后由部件分配给整机。

6. 验算可靠性指标要求，进行可靠性的再分配

经过可靠性设计后，看各部件或产品的可靠性分配指标能否达到。若难以达到，则要重新进行可靠性设计，采用措施，提高可靠性。若经过修改设计，分配的可靠性指标仍然达不到，则要重新进行可靠性分配。当然，这要受到时间和资金的限制。

9.1.4　提高可靠性分配合理性和可行性的准则

可靠性分配的方法很多，但要做到既根据实际情况，又在当前技术水平允许的条件下，既快又好地分配可靠性指标，也不是一件容易的事情。一个产品的设计，往往采用了以前成功产品的部件，如果这些部件的可靠性数据已经收集得比较完整，可靠性分配就容易得多。可靠性分配都是按一定的原则进行的，但实际上不论采用哪一种方法，都不可能完全反映产品的实际情况。由于弹药的品种不同，工程上的问题又多种多样，在做具体可靠性分配时，应留有一定的可靠性指标余量作为机动使用。也可以按某一原则先计算出各级可靠性指标，然后根据几点原则做一定程度的修正。

1. 可靠性分配的原理

产品可靠性分配就是求解一个基本不等式：

$$R_s(R_1,R_2,\cdots,R_i,R_n)\geqslant R_s^{※} \tag{9-1}$$

式中 $R_s^{※}$——要求产品达到的可靠性指标；

R_i ——第 i 个单元的可靠性指标（$i=1, 2, \cdots, n$）。

对于简单的串联产品而言，式（9–1）可以表达为：

$$R_1(t)\cdot R_2(t)\cdots R_i(t)\cdots R_n(t)\geqslant R_s^{※} \tag{9-2}$$

如果对分配没有任何约束条件，则式（9–1）可以有无数个解；有约束条件时，也可能有多个解。因此，可靠性分配的关键在于要确定一种方法，通过它能得到合理的可靠性分配值的优化解（唯一解或有限数量解）。考虑到可靠性的特点，为提高分配结果的合理性和可行性，可以选择故障率、可靠度等参数进行可靠性分配。

2. 可靠性分配遵循的准则

可靠性分配是一个产品优化过程，其合理性是相对的。从设计角度来说，所有的设计总是希望达到产品的性能最好、可靠性最高、成本最低、研制周期最短。实际上，设计者总是力求在诸多矛盾的方面达到某种平衡。这不仅需要一定的经验，更重要的是遵循一些设计准则。

① 对于重要度高的部件，应分配较高的可靠性指标，因为重要度高的部件一旦发生故障，会影响人身安全或任务的完成，只有保证这些关键部件不出故障，整个产品才能比较可靠地工作，所以应千方百计地保证这些部件能可靠地工作。

② 由于产品中关键件发生故障将会导致整个产品的功能受到严重影响，因此，关键件的可靠性指标应分配得高一些。

③ 在恶劣环境条件下工作的部件，可靠性指标要分配得低一些。因为恶劣的环境会增加产品的故障率。

④ 需长期工作的部件，应分配较低的可靠性指标。因为部件的可靠性随着工作时间的增加而降低。

⑤ 对于技术上不成熟的部件，应分配较低的可靠性指标。对于这种部件，提出高可靠性要求会延长研制周期，增加研制费用。

⑥ 新研制的部件，采用新工艺、新材料的部件，可靠性指标也应分配得低一些。

⑦ 复杂的部件，可靠性指标可以分配得低一些。因为部件越复杂，其组成单元就越多，要达到高可靠性就越困难，并且费用也越高。

⑧ 易于维修的部件，可靠性指标可以分配得低一些。因为这些产品即使出了故障，也容易维修，所以产品的可靠性能得到保证。

⑨ 对于改进潜力大的部件，分配的指标可以高一些。因为对于这样的单元，提高其可靠

性要容易些。

以上原则不是绝对的，对于具体产品而言，在分配时要根据具体情况具体分析。

9.1.5 可靠性分配应考虑的因素

在进行可靠性分配时，应结合实际考虑一些因素对产品可靠性分配的影响。

1. 重要性因素

重要性即该部件、部件及元器件发生的失效对产品及部件的可靠性影响程度的大小，用重要度因子 π_{ij} 表示：

$$\pi_{ij}=\frac{\text{由第}j\text{个部件失效引起的产品失效数}}{\text{第}j\text{个部件失效数}}$$

对于串联模型，各个部件失效均将引起产品的失效，因而 $\pi_{ij}=1$。但在某些情况下，部件失效并不一定影响到产品失效，因此 $\pi_{ij}<1$。重要性因子大的部件，其可靠度指标应分配高些，反之，则低些。

上述这种根据部件或部件发生故障时对产品的影响有多大来确定重要度因子的方法，精度比较差，数据来源不足，并且缺乏可比性。另一种方法是采用评价计分法，就是通过专家投票的办法，来确定产品的重要度因子。这种方法掺入了很多人为因素，往往因人而异，而且数值范围可以从 1 到 100，缺乏客观标准。

为了能够比较精确、客观、全面地确定重要度因子，采用故障树分析法中的结构重要度的计算方法比较适宜。它既体现了重要度本身的物理意义，又反映了部件与产品之间、部件与部件之间的有机联系，达到了科学性、精确性、重复性的目的，排除了人为因素的影响。而结构重要度可通过概率重要度来计算。

2. 复杂性因素

根据各部件复杂程度及包括的元器件或零件多少进行分配。复杂的部件比较容易出故障，实现其可靠度指标也比较困难，因而分配的可靠度指标要低些。在弹药设计工程中，可根据经验，概略知道各部件的复杂程度。

3. 关键性因素

由多个部件组成的产品，在分配可靠度时，一定要考虑部件在整个产品中的地位。一般根据部件所担负功能的重要程度分成三类：第一类为关键件，它的失效很可能造成人员的伤亡；第二类为重要件，它的失效可能使任务不能完成；第三类为一般件，它的失效不影响人员的安全和任务的完成，但本身的功能可能丧失。例如：由弹丸疵病引起的完全性早炸，早炸地点大多发生在膛内，膛内的完全性早炸最危险，尤其对于大口径弹丸，在这种情况下，大多会发生炮身的炸裂与炮手的伤亡，故弹丸属于关键件，它工作不正常（爆炸）对射手的生命安全有威胁。为了把关键性问题考虑到可靠性分配中去，一般采用加权的办法来分配。当其他因素相同时，用关键件、重要件和一般件失效概率指标之比来表示，如 1:3:10 或 1:5:10 等。关于具体的比值，则根据具体的产品在什么样的环境中工作、时间多长等因素来具体确定。

4. 环境因素

环境条件不同，对部件的可靠性影响也就不同，分配给部件的可靠度指标也就不同。处在恶劣环境下的产品，分配的可靠度指标应低一些。环境条件包括其所处的自然环境条件和力学环境条件，诸如振动、碰撞、冲击等。

5. 标准化因素

大量采用成熟标准件的弹药产品，其可靠性高，而采用非标准件和新研制的不成熟的零部件多的弹药产品，其可靠性就低。在分配时，应降低对后者的可靠性要求。

6. 维修性因素

一个部件，若能周期性地、方便地进行维护，能方便地、有规律地进行监视和检查，或者当出现故障时，能方便地排除，则分配给该部件的可靠性指标可以低一些。

7. 元器件质量因素

在进行可靠性分配时，应了解各部件所采用的元器件的质量水平。有的部件采用较多的低可靠性的元器件，则应分配其较低的可靠性指标。

在分配可靠性指标时，不仅仅上述因素需要加以考虑，根据产品的特点和情况，可能还有其他因素需要考虑，如信号质量因素、干扰因素、操作因素等。

一般来说，在可靠性分配方法中，考虑的因素越多，越能充分反映客观现实。但是，事无巨细，都在可靠性分配方法中考虑，必定使可靠性分配方法变得极其烦琐，甚至无法得到精确解。另外，在可靠性分配中，影响可靠性的一切因素均加以考虑，会使各个部件毫无回旋的余地，对产品的研制工作也不利。因此，在可靠性分配方法中，应只考虑一些主要因素，而不应事无巨细都加以考虑。

要进行可靠性分配，首先要明确设计目标、约束条件、产品下属各级产品定义的清晰程度及有关类似产品可靠性数据等信息。随着研制的进展，产品定义越来越清晰，可靠性分配方法也有所不同。表 9–1 给出了弹药产品不同研制阶段常用的可靠性分配方法。

表 9–1　弹药产品不同研制阶段常用的可靠性分配方法

研制阶段	可靠性分配方法
方案论证	等同分配法
初步设计	比例组合法、评分分配法、层次分析法
详细设计	考虑重要度和复杂度分配法、可靠性再分配方法（最小工作量算法）

9.1.6　可靠性分配的注意事项

1. 可靠性分配应在研制阶段早期即开始进行

① 使设计人员尽早明确其设计要求，研究实现这个要求的可能性和设计措施。

② 为确定外购件及外协件的可靠性指标提供初步依据。

③ 根据所分配的可靠性要求估算所需人力和资源等管理信息。

2. 应明确分配的指标

可靠性指标有设计指标和验证指标。可靠性设计指标是产品进行可靠性设计的依据，无置信水平要求。可靠性验证指标必须是通过可靠性试验进行评估的指标，有置信水平要求。一般情况下，可靠性分配是对设计指标进行分配，不涉及置信水平问题，其分配方法较成熟。特殊情况下，有时也需要对验证指标进行分配，这就涉及置信水平问题。

3. 掌握产品和零部件的可靠性预计数据

即使预计的数据不十分精确，相对的预计值也是有很大用处的。

4. 应明确约束条件

约束条件包括尺寸、重量、成本、进度、维修要求等。在进行可靠性分配时，不但需要明确产品的约束条件，而且需要明确部件所属产品的约束条件。

5. 必须考虑当前的技术水平

要按现有的技术水平在费用、生产、功能、研制时间等的限制条件下，考虑所能达到的可靠性水平，单纯提高部件或元器件的可靠度是不现实的，也是没有意义的。

6. 进行可靠性分配时应具备的基本条件

① 建立部件及所属产品的可靠性模型。

② 对部件及所属产品的可靠性进行预计。

③ 对部件及所属产品的故障模式、影响及危害度进行分析。

7. 可靠性分配应反复多次进行

① 在方案论证和初步设计工作中，分配是较粗略的，分配后应与经验数据进行比较、权衡。

② 和不依赖于最初分配的可靠性预计结果相比较，来确定分配的合理性，并根据需要重新进行分配。

③ 随着设计工作深入，可靠性模型细化，分配需随之反复进行。

8. 为减少可靠性分配重复次数，在规定的可靠性指标的基础上，考虑留出一定余量

这种做法为在设计过程中增加新的功能单元留下考虑的余地，因而可以避免为适应附加的设计而必须进行的反复分配。

9. 可靠性分配的主要目的是使各级设计人员明确其可靠性设计目标，因此，必须按照成熟期规定值（或目标值）进行分配

9.2　可靠性分配常用的方法

本节将根据弹药产品不同研制阶段常用的可靠性分配方法，分别介绍等同分配法、比例分配法、评分分配法、考虑重要度和复杂度的分配法、最小工作量算法、层次分析法。

9.2.1　等同分配法

等同分配法又称平均分配法，它不考虑各个组成单元的特殊性，而是把产品总的可靠度平均分摊给各个组成单元。这是在设计初期，即方案论证阶段，当产品没有继承性，而且产品定义并不十分清晰时所采用的最简单的分配方法，可用于基本可靠性和任务可靠性的分配。

当各个组成单元的可靠度大致相同，复杂程度相差无几时，用此方法最简单。由于串联产品的可靠性取决于产品中最弱单元的可靠性，因此，除最弱单元外的其他单元如有较高的可靠性，将被认为是意义不大的。

等同分配法的原理：对于简单的串联产品，认为其各组成单元的可靠性水平相同。

设产品由 n 个部件串联组成，各部件的可靠度为 R_i，要求每个部件都分配以相等的可靠

度，$R_i=R$，$i=1, 2, \cdots, n$，则产品的可靠度为

$$R_s=\prod_{i=1}^{n} R_i=R^n \tag{9-3}$$

若给定产品可靠度指标为 R_s^*，则等同分配法分配给各部件的可靠度指标为 R_i^*，有

$$R_i^*=\sqrt[n]{R_s^*} \tag{9-4}$$

显然这种分配方法是不合理的，首先它没有考虑原有各部件的可靠度，也没有考虑各部件的工作时间、重要性与复杂程度。因此，可能会出现有的部件分配的可靠度过高而根本不能达到，有的部件分配的可靠度过低，甚至低于部件原有的可靠度。这种方法只能用在完全得不到可靠度预计数据的情况下。

9.2.2 比例分配法

该分配法是借鉴某一老产品在实际使用中获得的实际失效率，将其作为新产品设计时可靠性指标分配的依据而进行指标分配的一种方法。

如果一个新设计的产品与老的产品非常相似，也就是组成产品的各部件类型相同，那么对于这个新产品，只是根据新情况提出了新的可靠性要求。考虑到一般情况下设计都具有继承性，即根据新的设计要求，在原来老产品的基础上进行改进。这样新、老产品的基本组成部分非常相似，此时若有老产品的故障统计数据（如某个部件的故障数占产品的故障数的比例），那么就可应用比例组合法，由老产品中各部件的失效率，按新产品可靠性要求，给新产品各部件分配失效率。其数字表达式为：

$$\lambda_{i新}=\lambda_{i老}\times\lambda_{s新}/\lambda_{s老} \tag{9-5}$$

式中 $\lambda_{i新}$——分配给第 i 个新的部件的失效率；

$\lambda_{s新}$——规定的新产品失效率；

$\lambda_{i老}$——老产品中第 i 个部件的失效率；

$\lambda_{s老}$——老产品的失效率。

如果有老产品中各部件故障占产品故障数百分比 K_i 的统计资料，而且新老产品又极相似，那么可以按式（9-5）进行分配。

$$\lambda_{i新}=\lambda_{s新}\times K_i \tag{9-6}$$

式中 K_i——第 i 个部件故障数占产品故障数的百分比。

采用比例组合法进行可靠性指标分配的步骤是：

① 选择相似老产品。

② 对新、老产品的相似程度进行分析、比较，并进行修正。

③ 收集核实老产品失效率数据，确定老产品及其所属单元件的实际失效率。

④ 按式（9-5）对新产品所属各单元件进行可靠性指标分配。

⑤ 评定分配结果是否满足新产品的可靠性指标要求。

采用比例组合法进行可靠性指标分配应注意的事项：

① 新、老产品相似程度的比较应包括性能、构成、寿命剖面（工作模式和工作条件）及使用环境等方面。

② 老产品的失效率数据应有充分依据，并已得到证实。

这种方法的本质是：认为原有产品基本上反映了一定时期内产品能实现的可靠性，新产品没有个别单元在技术上有什么重大的突破，那么按照现实水平，可把新的可靠性指标按其原有能力成比例地进行调整。

这种方法只适用于新、老产品结构相似，而且有老产品统计数据或是在已有各组成单元预计数据基础上进行分配的情况。

9.2.3　评分分配法

该分配法是通过对产品所属各部件的结构复杂度、技术成熟度、工作环境条件及部件在产品中的重要程度、工作时间等因素的比较，确定各部件的分配系数，进行产品可靠性指标分配的一种方法。在可靠性数据非常缺乏的情况下，通过有经验的设计人员或专家对影响可靠性的几种因素进行评分，并对评分值进行综合分析而获得各单元产品之间的可靠性相对比值，再根据相对比值给每个部件分配可靠性指标。

在进行可靠度分配时，首先由专业技术人员对被设计产品中的各个部件从某几个方面给出一个数量评价，然后将每个部件的各个方面的评定数值相乘，即得每个部件的综合评定值，而整个产品的综合评定值是把各个部件的综合评定值相加。每个部件的综合评定值是影响这个产品可靠度的各种因素的总数量。同时，它又反映了这个部件各个因素对产品可靠性的影响程度。为了使评定时不致漫无边际并有一个统一的尺度和范围，可以根据被设计产品的具体情况事先做一些评定的具体规定。

1. 评定原则

根据弹药产品的实际情况，主要考虑五种因素，即复杂度、技术发展水平、环境条件、重要度及功能要求。为了在评定时有一个比较一致的尺度，对每个项目的评定也应事先规定一个赋值原则。其原则是每种因素的分数为 1～10。

（1）复杂度

根据组成部件的零部件数量以及它们组装的难易程度来评分，最复杂的评 10 分，最简单的评 1 分。

（2）技术水平

根据部件目前的技术水平和成熟程度来评分，水平最低的评 10 分，水平最高的评 1 分。

（3）环境条件

根据部件所处的环境条件来评分，部件经受极其恶劣而严酷的环境条件的评 10 分，环境条件最好的评 1 分。

（4）重要度

根据部件重要度来评分，部件重要度最低的评 10 分，部件重要度最高的评 1 分。

（5）功能要求

根据部件功能要求和任务时间评分，功能要求多、任务时间长的评 10 分，单一功能、短时工作的评 1 分。

2. 部件可靠性指标的计算

（1）部件分配因子的计算

$$C_i=\omega_i/\omega \tag{9-7}$$

式中　ω_i——第 i 个部件的评分数；

ω——产品的总评分数。

（2）部件评分数的计算

$$\omega_i = \prod_{j=1}^{5} r_{ij} \tag{9-8}$$

式中　r_{ij}——第 i 个部件第 j 个因素的评分数。

j=1 代表复杂度；j=2 代表技术发展水平；j=3 代表环境条件；j=4 代表重要度；j=5 代表功能要求。

（3）产品总评分数的计算

$$\omega = \sum_{i=1}^{n} \omega_i \tag{9-9}$$

式中　i——部件数，$i=1, 2, \cdots, n$。

（4）部件可靠性指标的计算

$$\lambda_i^* = C_i \cdot \lambda_s^* \tag{9-10}$$

式中　C_i——第 i 个部件的评分系数；

λ_s^*——产品总的失效率；

λ_i^*——部件的失效率。

9.2.4　考虑重要度和复杂度的分配法

1. 重要度的概念

一般情况下，产品是由各部件串联组成的，而部件则由各机构以串联、并联等组成混联模型。例如，某一产品的组成及其可靠性框图如图 9-2 所示。

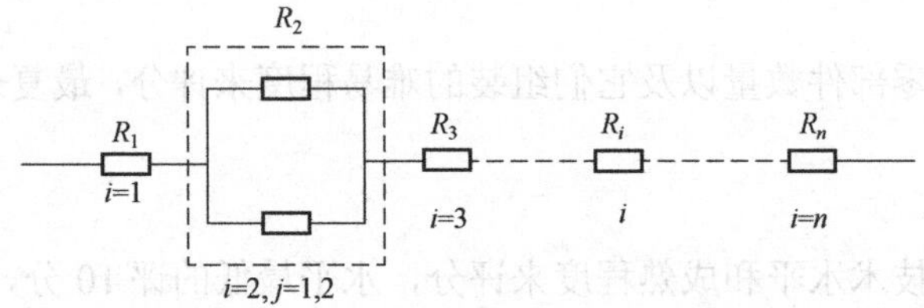

图 9-2　某一产品的组成及其可靠性框图

当串联部分一个部件发生故障时，产品就会发生故障，而部件中某一冗余机构（第二部分）发生故障，产品不一定会发生故障。我们用一个定量的指标来表示各部件的故障对产品故障的影响，这就是重要度 $\omega_{i(j)}$。

$$\omega_{i(j)} = \frac{N_{i(j)}}{r_{i(j)}} \tag{9-11}$$

式中　$\omega_{i(j)}$——第 i 个部件（第 j 个机构）的重要度；

$N_{i(j)}$——第 i 个部件（第 j 个机构）的故障引起产品故障的次数；

$r_{i(j)}$——第 i 个部件（第 j 个机构）的故障次数。

注意：当部件没有冗余时，下标 $i(j)$ 指的是第 i 个部件，图 9-2 中，$\omega_{1(j)}=\omega_1$，$\omega_{3(j)}=\omega_3$，$r_{1(j)}=r_1$，$r_{3(j)}=r_3$；当产品有冗余时，下标 $i(j)$ 指的是第 i 个部件第 j 个机构，图 9-2 中，$\omega_{2(j)}=\omega_{21}$、$\omega_{22}$。

重要度就是第 i 个部件（第 j 个机构）的故障引起产品故障的概率，$0\leqslant\omega_{i(j)}\leqslant 1$，其数值根据实际经验或统计数据来确定。

从重要度的定义可知，如果 $\omega_{i(j)}=1$，即只要第 i 个部件（第 j 个机构）发生故障，产品就发生故障。这就意味着从可靠性角度来看，第 i 个部件（第 j 个机构）在产品中的地位极为重要，它的可靠程度将对产品产生百分之百影响（称它对产品可靠性贡献为 1）。显然，由部件串联组成的产品，其各部件的 $\omega_{i(j)}=\omega_i=1$。如果一个部件中有冗余的机构，则每个机构有 $0\leqslant\omega_{i(j)}\leqslant 1$。

2. 复杂度的概念

复杂度 C_i 可以简单地用部件的基本构成部件数来表示。其定义为：

$$C_i=\frac{n_i}{N}=\frac{n_i}{\sum_{i=1}^{n}n_i} \tag{9-12}$$

式中　C_i——第 i 个部件的复杂度；

n_i——第 i 个部件的基本构成部件数；

N——产品的基本构成部件总数；

n——部件数。

在部件中，基本构成部件数所占的百分比越大则越复杂，即 C_i 越大，就越复杂。

在分配时，假设这些基本构成部件对整个串联产品可靠度的贡献是相同的，因此部件的可靠度 R_i^* 为：

$$R_i^*=\left[(R_s^*)^{\frac{1}{N}}\right]^{n_i}=(R_s^*)^{\frac{n_i}{N}} \tag{9-13}$$

这种分配方法的实质是：复杂的部件比较容易出故障，因此可靠度就分配得低一些。

3. 产品可靠度的分配方法

综合考虑部件重要度和复杂度时，产品可靠性的分配公式为：

$$\theta_{i(j)}=\frac{N\cdot\omega_{i(j)}\cdot t_{i(j)}}{n_i(-\ln R_s^*)} \tag{9-14}$$

式中　$\theta_{i(j)}$——第 i 个部件（第 j 个机构）的平均故障间隔时间；

N——产品的基本构成部件总数；

$\omega_{i(j)}$——第 i 个部件（第 j 个机构）的重要度；

$t_{i(j)}$——第 i 个部件（第 j 个机构）的工作时间；

n_i——第 i 个部件的基本构成部件数；

R_s^*——规定的产品可靠度指标。

对于弹药等成败型产品，由于它的工作时间很短，其工作寿命问题不是主要问题，我们最关心的是产品或部件以至部件的失效率，将式（9-14）做一些改变，以失效率形式来表达产品可靠性的分配公式，见式（9-15）。

$$\lambda_i=\frac{n_i}{N}\times\frac{1}{\omega_i}\times\lambda_s \tag{9-15}$$

由式（9-15）可以明显看出，分配给第 i 个部件的可靠性指标 λ_i（失效率）与该产品的重要度成反比，与它的复杂度成正比。

对于指数分布

$$R_s=\mathrm{e}^{-\lambda_s t}$$

则

$$\ln R_s=-\lambda_s t，\ \lambda_s=-\ln R_s/t$$

故

$$\lambda_i=-\frac{n_i}{N}\times\frac{1}{\omega_i}\times\frac{\ln R_s}{t} \tag{9-16}$$

例：某产品服从指数分布，由三个单元串联组成，要求产品在工作时间内具有 0.90 的可靠度，假设单元 1 由 10 个零件组成，单元 2 由 20 个零件组成，单元 3 由 40 个零件组成，单元重要度为 $\omega_1=\omega_2=\omega_3=1$，工作时间 $t_1=50$ h，$t_2=30$ h，$t_3=50$ h，试对各部件进行可靠度分配。

解：产品的基本构成零件总数为

$$N=N_1+N_2+N_3=10+20+40=70$$

由 $\lambda_i=-\frac{n_i}{N}\times\frac{1}{\omega_i}\times\frac{\ln R_s}{t}$ 求各单元的失效率，得：

$$\lambda_1=-\frac{10}{70}\times\frac{1}{1}\times\frac{\ln 0.9}{50}=0.000\,30\ \mathrm{h}^{-1}$$

$$\lambda_2=-\frac{20}{70}\times\frac{1}{1}\times\frac{\ln 0.9}{30}=0.001\,00\ \mathrm{h}^{-1}$$

$$\lambda_3=-\frac{40}{70}\times\frac{1}{1}\times\frac{\ln 0.9}{50}=0.001\,20\ \mathrm{h}^{-1}$$

由 $R_i=\mathrm{e}^{-\lambda_i t_i}$，得：

$$R_1=\mathrm{e}^{-0.000\,30\times 50}=\mathrm{e}^{-0.015}=0.985$$

$$R_2=\mathrm{e}^{-0.001\,00\times 30}=\mathrm{e}^{-0.030}=0.970$$

$$R_3=\mathrm{e}^{-0.001\,20\times 50}=\mathrm{e}^{-0.060}=0.942$$

分配后，产品可靠度 $R_s^0=R_1R_2R_3=0.900\,3$，$R_s^0>R_s^*=0.9$，故满足要求。

9.2.5 最小工作量算法

最小工作量算法也叫可靠度的再分配法。

一个部件（或单元）可能有不止一种提高可靠性的方案，多个部件组成一个产品时，提高可靠性的方案可能有多种组合。应根据各种约束和各部件的实际进行调整、平衡，直至选出一种最优的组合。

当串联产品的可靠性指标大于产品可靠性预计值时，$R_s<R_s^*$（规定的可靠度指标），即所设计的产品不能满足规定的可靠度指标的要求时，必须提高产品可靠度，以满足所给的指标，

需要进一步改进原设计，以提高其可靠度，也就是要对各部件的可靠性指标进行再分配。采取平均提高各部件可靠度指标的办法，对每一个部件都要做改善可靠性的工作，这是不现实的，也是不合理的。根据以往的经验，可靠性越低的部件（或元部件），改进起来越容易；反之，则越困难。因此，最少工作量算法的基本思路是：当产品可靠度预计值小于产品可靠性指标时，需要重新分配可靠性指标，把所花费的总工作量减到最少。在提高整个产品的可靠度时，可靠度越低的部件，其可靠度改善起来就越容易，并且通常所需费用也比较少；而可靠度高的部件，再要进一步地提高可靠度，困难就更大一些，即使经过很大的努力，其数值也不会有很大提高。为此，应设法提高可靠度较低的部件的可靠度。这种方法可使在满足产品可靠性指标时，所花费的总工作量或费用减到最少程度。

具体的步骤如下：

① 根据各部件（单元）可靠度大小，由低到高将它们依次排序，即

$$R_1<R_2<\cdots<R_k<R_{k+1}<\cdots<R_n$$

② 按可靠度再分配法的基本思想，把可靠度较低的 $R_1, R_2, \cdots, R_k$，都提高到某个值 R_0，而原可靠度较高的 $R_{k+1}, R_{k+2}, \cdots, R_n$ 保持不变，其中 $k=1, 2, \cdots, n-1$，如图 9-3 所示。

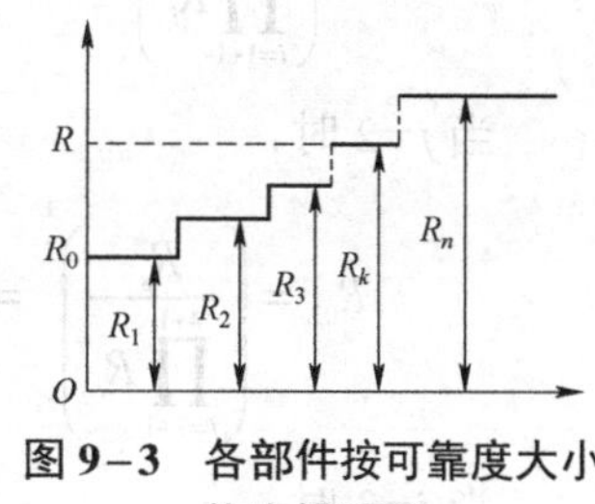

图 9-3　各部件按可靠度大小依次排列图

则产品可靠度 R_s 为：

$$R_s = R_0^k \cdot \prod_{i=k+1}^{n} R_i \tag{9-17}$$

使 R_s 满足规定的产品可靠度指标要求，即

$$R_s = R_s^* = R_0^k \cdot \prod_{i=k+1}^{n} R_i \tag{9-18}$$

③ 确定 k 及 R_0，即确定哪些部件（单元）的可靠度需要提高，提高到什么程度。可由下列不等式给出。

$$r_j = \left(\frac{R_s^*}{\prod\limits_{i=j+1}^{n+1} R_i}\right)^{\frac{1}{j}} > R_j \tag{9-19}$$

令 $R_{n+1}=1$，k 就是满足此不等式的 j 的最大值。k 值已知后，即可求出 R_0，即

$$R_0 = \left(\frac{R_s^*}{\prod\limits_{j=k+1}^{n+1} R_j}\right)^{\frac{1}{k}} \tag{9-20}$$

例：某产品由四个单元串联，总可靠度为 0.7，第一次分配的结果是 0.95、0.94、0.88、0.85，问第一次的分配是否满足产品的可靠度指标要求？如不满足，请对各单元可靠度指标重新分配。

解：① 已知 $R_s^*=0.7$，$n=4$，则

$$R_s=R_1R_2R_3R_4=0.95\times0.94\times0.88\times0.85=0.668<0.7\text{（总可靠度）}$$

需要再分配。

② 把原产品的可靠度由小到大排列为

$$R_1^*=0.85，R_2^*=0.88，R_3^*=0.94，R_4^*=0.95$$

③ 求 j 的最大值（确定 k）。

由已知可确定：

$$R_{n+1}=R_5=1$$

当 $j=1$ 时，

$$R_{01}=\left(\frac{R_s^*}{\prod_{i=1+1}^{4+1}R_i}\right)^{\frac{1}{1}}=\left(\frac{R_s^*}{R_2^*\times R_3^*\times R_4^*\times R_5}\right)^1=\frac{0.7}{0.88\times0.94\times0.95\times1}=0.890\,8>0.85=R_1^*$$

当 $j=2$ 时，

$$R_{02}=\left(\frac{R_s^*}{\prod_{i=2+1}^{4+1}R_i}\right)^{\frac{1}{2}}=\left(\frac{R_s^*}{R_3^*\times R_4^*\times R_5}\right)^{\frac{1}{2}}=\left(\frac{0.7}{0.94\times0.95\times1}\right)^{\frac{1}{2}}=0.885\,4>0.88=R_2^*$$

当 $j=3$ 时，

$$R_{03}=\left(\frac{R_s^*}{\prod_{i=3+1}^{4+1}R_i}\right)^{\frac{1}{3}}=\left(\frac{R_s^*}{R_4^*\times R_5}\right)^{\frac{1}{3}}=\left(\frac{0.7}{0.95\times1}\right)^{\frac{1}{3}}=0.903\,2<0.94=R_3^*$$

满足不等式的 j 的最大值 $k=2$。

④ 求出 R_0。

$$R_0=\left(\frac{R_s^*}{\prod_{j=k+1}^{n+1}R_j}\right)^{\frac{1}{k}}=\left(\frac{R_s^*}{\prod_{j=2+1}^{n+1}R_j}\right)^{\frac{1}{2}}=\left(\frac{R_s^*}{R_3^*\times R_4^*\times R_5}\right)^{\frac{1}{2}}=\left(\frac{0.7}{0.95\times0.95\times1}\right)^{\frac{1}{2}}=0.885\,4$$

⑤ 得到 $R_1^*=0.885\,4$，$R_2^*=0.885\,4$，$R_3^*=0.94$，$R_4^*=0.95$，即原产品可靠度由小到大排列后的第1个部件和第2个部件的可靠度都提高到0.885 4，而第3个部件和第4个部件的可靠度保持不变。

⑥ 验算。

$$R_S=R_0^k\cdot\prod_{i=k+1}^{n}R_i=R_0^2\cdot\prod_{i=2+1}^{4}R_i=0.885\,4^2\times0.94\times0.95=0.700\,05>0.7$$

⑦ 结论：经过可靠度再分配后，产品满足了规定的可靠度指标。

这种分配方法多用于串联产品，并联产品也可以用，但求 k 值比较复杂。这种方法比平均提高部件可靠度分配方法有了很大改进，但它是以低可靠度的部件具有较大改进潜力为基础的，如果情况不像我们预想的那样，比如，有的部件虽然可靠度较低，但在当前的技术水平条件下，要提高它的可靠度是很困难的，还不如提高其他可靠度较高的部件要省力得多，这时在分配可靠度时，就要把这些特殊的部件抽掉，把它们与高可靠度的部件放在一起，然后按上述方法提高那些可靠度相对来讲比较低的部件，以满足产品的可靠性指标。有时也可根据改进可能性的大小把部件（或元件）分成三类：第一类为可立即改进的单元；第二类为改进可能性比较小的单元；第三类为不改进的单元。可靠度的提高，主要由第一类单元来完成。

9.2.6　层次分析法

进行可靠性分配时，必须明白目标函数和约束条件。随着目标函数和约束条件的不同，可靠度的分配方法也会有所不同。由于弹药产品可靠性数据较少，影响失效发生的准确数据难以得到，是一个典型的多准则多目标的决策问题。

1. 层次分析法基本原理

层次分析法（Analytic Hierarchy Process，AHP）是一种定性和定量相结合的系统层次分析方法，也是人们对主观判断做客观描述的一种有效方法。它是由美国运筹学专家 T.L.Saaty 在 20 世纪 70 年代提出的。它把复杂的决策系统层次化，通过逐层比较各种关联因素的重要性来进行分析、决策，提供定量的依据，特别适用于那些难以完全定量化的场合。层次分析法尤其适用于人的定性判断起重要作用的、对决策结果难以直接准确计量的场合。

层次分析法把人的思维层次化、数量化，并用数学为分析、决策、预报或控制提供定量的依据。这一方法的特点是在对复杂决策问题的本质、影响因素以及内在关系等进行深入分析之后，构建一个层次结构模型，然后利用较少的定量信息把决策的思维过程数学化，从而为求解多目标、多准则或无结构特性的复杂决策问题提供一种简便的决策方法。用 AHP 做系统分析，首先要把问题层次化，根据问题的性质和要达到的总目标将问题分解为不同的组成元素，并按照元素的相互关联影响以及隶属关系将它按不同层次聚集组合，形成一个多层次的分析结构模型。最终把系统分析归结为最低层（供决策的方案、措施），相对于最高层（总价标）的相对重要性权值的确定或相对优劣次序的排序问题。

在排序计算中，每一层的元素对上一层元素的单排序问题又可简化为一系列成对元素的判断比较。为了将比较判断定量化，层次分析法引入 1～9 比率标度方法，并写成矩阵形式，构成判断矩阵。通过计算判断矩阵的最大特征根及其对应的特征向量，计算出某一元素相对于上一层某一元素的相对重要性权值。在计算出某一层相对于各个元素的单排序权值后，用上一层元素本身的权值加权综合，即可计算出某元素相对于上一层整个层次的相对重要性权值，即层次总排序权值。这样，依次由上而下即可计算出最低层元素相对于最高层的相对重要性权值或相对优劣次序的排序值。在一般的决策问题中，决策者不可能给出精确的比较判断，这种判断的不一致性可以由判断矩阵的特征根的变化反映出来。因此，可以用判断矩阵最大特征根以外的其余特征根的负平均值作为一致性指标，检查决策者判断思维过程的一致性。AHP 作为一种决策方法，提供了一种表示决策元素测度的基本方法。这种方法采用相对标度的形式，并充分利用了人的经验和判断能力。它不仅可以作为决策的依据，而且还是解决许多社会经济问题和多目标决策的重要手段。

AHP 方法的技术路线：在创建层次结构模型，即目标层、准则层和方案层的基础上，构造表达因素之间关系的判断矩阵，在满足了一致性条件后，进行因素权重向量的计算和可靠性指标的分配。

2. 层次分析法的步骤和方法

（1）建立递阶层次结构

应用 AHP 解决实际问题，首先要对问题有明确的认识、弄清问题的范围、所包含的因素、因素之间的相互关联、隶属关系、最终所要解决的问题等，并把它条理化、层次化，理出递阶层次结构。AHP 要求的递阶层次结构一般由三个层次组成。

目标层（最高层）：表示解决问题的目的，即层次分析要实现的预定总目标。

准则层（中间层）：表示采取某种措施、政策、方案等来实现预定总目标所涉及的中间环节，是影响目标实现的准则。

措施层（最低层）：表示要选用的解决问题的各种措施、政策、方案等，是促使目标实现的措施。

通过对复杂问题的分析，首先明确决策的目标，将该目标作为目标层（最高层）的元素，这个目标要求是唯一的，即目标层只有一个元素。

然后找出影响目标实现的准则，作为目标层下的准则层因素，在复杂问题中，影响目标实现的准则可能有很多，这时要详细分析各准则因素间的相互关系，即有些是主要的准则，有些是隶属于主要准则的次准则，然后根据这些关系将准则元素分成不同的层次和组，不同层次元素间一般存在隶属关系，即上一层元素由下一层元素构成并对下一层元素起支配作用，同一层元素形成若干组，同组元素性质相近，一般隶属于同一个上一层元素（受上一层元素支配），不同组元素性质不同，一般隶属于不同的上一层元素。

在关系复杂的递阶层次结构中，有时组的关系不明显，即上一层的若干元素同时对下一层的若干元素起支配作用，形成相互交叉的层次关系，但无论怎样，上下层的隶属关系应该是明显的。最后分析为了解决决策问题（实现决策目标），在上述准则下，有哪些最终解决方案（措施），并将它们作为措施层因素，放在递阶层次结构的最下面（最低层）。明确各个层次的因素及其位置，并将它们之间的关系用线连接起来，就构成了递阶层次结构。图 9–4 是常见的一种层次分析结构模型。

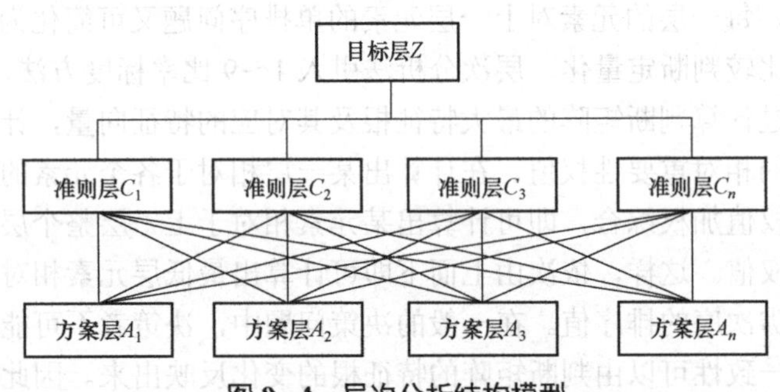

图 9–4 层次分析结构模型

构造一个好的层次结构模型对于问题的解决极为重要，它决定了分析结果的有效程度。层次结构模型建立在决策者（或分析者）对问题全面、认识深入的基础之上。如果在层次的划分和确定层次的支配关系上举棋不定，最好的办法是重新分析问题，打乱原来的结构，重新定义要素并建立新的结构。

（2）构造判断矩阵

建立递阶层次以后，上下层之间元素的隶属关系就被确定了。假定上一层次的元素 C_k 作为准则，对下一层次的元素 $A_1, A_2, \cdots, A_n$ 有支配关系，在此，要在准则 C_k 下，按其相对重要性对 $A_1, A_2, \cdots, A_n$ 赋予相应的权重。对于大多数问题，特别是那些没有统一指标表示，仅靠人的经验判断和估计的问题，往往要通过适当的方法来导出其权重，以给出某种量化指标或直接判断元素之间的重要性。AHP 中采取的是两两比较的方法。

根据递阶层次结构就能很容易地构造判断矩阵。

构造判断矩阵的方法是：每一个具有向下隶属关系的元素（被称作准则）作为判断矩阵的第一个元素（位于左上角），隶属于它的各个元素依次排列在其后的第一行和第一列。重要的是填写判断矩阵。

填写判断矩阵的方法，大多采取的是：决策者或专家系统要反复问答，针对判断矩阵的准则 C_k，确定下层元素 A_i 和 A_j 哪一个更为重要，重要多少，并且对重要多少赋予 1～9 比率标度。所谓 1～9 比率标度，就是将元素 A 与其他元素相比，所感觉的相对重要程度，用 1、3、5、7、9 等数字加以量化表示。比率标度的意义见表 9-2。

表 9-2 判断矩阵重要性标度及含义

标度值	含义
1	表示两个元素相比，具有同样重要性
3	表示两个元素相比，一个元素比另一个元素稍微重要
5	表示两个元素相比，一个元素比另一个元素明显重要
7	表示两个元素相比，一个元素比另一个元素强烈重要
9	表示两个元素相比，一个元素比另一个元素极端重要
2，4，6，8	上述两相邻判断的中值
倒数	若元素 i 与 j 比较的判断为 a_{ij}，则元素 j 与 i 比较的判断为 $a_{ji}=1/a_{ij}$

选择 1～9 的整数及其倒数作为比例标度值的主要原因，是它符合人们判断的心理习惯。AHP 的测度是通过两两比较给出的。在做出这种判断时，参与比较的对象对于它们所从属的性质或准则有较为接近的强度，否则就没有比较的意义了。如果被比较对象的强度在数量级上相差悬殊，可将数量级小的那些对象合并，或将大数量级的对象分解，再实施两两比较。

由此，可以得到准则 C_k 下的判断矩阵 $\boldsymbol{A}(a_{ij})$：

$$\boldsymbol{A}=(a_{ij})_{n\times n} \tag{9-21}$$

判断矩阵有如下性质：

① $a_{ij}>0$；

② $a_{ij}=1/a_{ji}$，$i,j=1,2,\cdots,n$；

③ $a_{ij}=1$，$i=j$。

由上述 3 个性质可以看出，矩阵 $\boldsymbol{A}$ 为正的互反矩阵，或称对三角矩阵，即它的对角线元素为 1，主对角线把矩阵分成上、下两个三角矩阵，并且这两个对角线的对应元素互为倒数。由性质②和③，对 n 阶判断矩阵仅需对其上（或下）三角元素共 $n\times(n-1)/2$ 个做出判断。

$\boldsymbol{A}$ 的元素不一定具有传递性，即未必有

$$a_{ij}\times a_{ik}=a_{ik},\ i,j,k=1,2,\cdots,n \tag{9-22}$$

但上式成立时，称 $\boldsymbol{A}$ 为一致性矩阵。在说明由判断矩阵导出元素排序权值时，一致性矩阵具有重要意义。

（3）层次单排序及其一致性检验

这一步先将解决 n 个元素 $A_1, A_2, \cdots, A_n$ 权重的计算问题。

要计算在准则 C_k 下，n 个元素 $A_1, A_2, \cdots, A_n$ 的排序权重，并进行一致性检验，则将 $A_1, A_2, \cdots, A_n$ 按上述比较法则，通过两两比较，填写表 9–3，得到判断矩阵 $\boldsymbol{A}$。

表 9–3　判断矩阵

C_k	A_1	A_2	…	A_n
A_1	1	a_{12}	…	a_{1n}
A_2	a_{21}	1	…	a_{2n}
…	…	…	…	…
A_n	a_{n1}	a_{n2}	…	1

在排序计算中，通过计算判断矩阵的最大特征值和它的特征向量，即可计算出某层次元素相对于上一层次某一元素的相对重要性权值。

为说明计算排序的特征向量方法的原理，简单定性说明如下。假定 n 个物体，它们的重量分别 $W_1, W_2, \cdots, W_n$，并假定它们的重量和为单位 1。比较它们之间的重量，很容易得到它们之间逐对比较的判断矩阵：

$$\boldsymbol{A}=\begin{bmatrix}\dfrac{W_1}{W_1} & \dfrac{W_1}{W_2} & \cdots & \dfrac{W_1}{W_n}\\ \dfrac{W_2}{W_1} & \dfrac{W_2}{W_2} & \cdots & \dfrac{W_2}{W_n}\\ \vdots & \vdots & \ddots & \vdots\\ \dfrac{W_n}{W_1} & \dfrac{W_n}{W_2} & \cdots & \dfrac{W_n}{W_n}\end{bmatrix}$$

显然，$a_{ij}=1/a_{ji}$；

$a_{ii}=1$；

$a_{ij}=a_{ik}/a_{jk}$，$i, j, k=1, 2, \cdots, n$。

用重量向量 $\boldsymbol{W}=[W_1, W_2, \cdots, W_n]^{\mathrm{T}}$ 右乘 $\boldsymbol{A}$ 矩阵，其结果为

$$\boldsymbol{AW}=\begin{bmatrix}\dfrac{W_1}{W_1} & \dfrac{W_1}{W_2} & \cdots & \dfrac{W_1}{W_n}\\ \dfrac{W_2}{W_1} & \dfrac{W_2}{W_2} & \cdots & \dfrac{W_2}{W_n}\\ \vdots & \vdots & \ddots & \vdots\\ \dfrac{W_n}{W_1} & \dfrac{W_n}{W_2} & \cdots & \dfrac{W_n}{W_n}\end{bmatrix}\begin{bmatrix}W_1\\ W_2\\ \vdots\\ W_n\end{bmatrix}=\begin{bmatrix}nW_1\\ nW_2\\ \vdots\\ nW_n\end{bmatrix}=n\boldsymbol{W}$$

从上式不难看出，以 n 个物体重量为分量的向量 $\boldsymbol{W}$ 是比较判断矩阵 $\boldsymbol{A}$ 的对应于 n 的特征向量。根据矩阵理论可知，上述矩阵 $\boldsymbol{A}$ 是唯一非零的，也是最大特征根，$\boldsymbol{W}$ 则为其所对应的特征向量。但是，在一般决策问题中，决策者只能对它们进行估计判断。这样，实际给出的 a_{ij} 判断与理想的 W_i/W_j 有偏差，不能保证判断矩阵具有完全的一致性。根据矩阵理论，$\boldsymbol{A}$ 的特征根也将发生变化，新的问题归结为

$$A'W' = \lambda_{\max} W' \tag{9-23}$$

式中　$\lambda_{\max}$——判断矩阵的最大特征根，相应的 W' 就是对应于 $\lambda_{\max}$ 的特征向量。

计算矩阵特征根的幂法使我们有可能利用计算机得到任意精度最大特征根及其对应的特征向量。

一般来说，计算判断矩阵的最大特征根及其对应特征向量时，并不需要追求较高的精确度。这是因为判断矩阵本身有一定的误差范围，应用层次分析法给出的层次中，各种元素优先排序权值从本质上来说是表达某种定性的概念，尽管幂法在计算判断矩阵最大特征根及其对应的特征向量上很容易在计算机上实现，但是人们还是希望寻找更简单的近似算法，所以，下面重点介绍“和积法”近似算法。

“和积法”计算步骤如下：

1）将判断矩阵 $\boldsymbol{A}$ 每一列正规化

$$M_{ij} = \frac{a_{ij}}{\sum_{k=1}^{n} a_{kj}} \quad (i,j=1,2,\cdots,n) \tag{9-24}$$

2）将每一列正规化后的判断矩阵按行进行相加

$$u_i = \sum_{j=1}^{n} M_{ij} \quad (i=1,2,\cdots,n) \tag{9-25}$$

3）将第 2）步计算得到的行和向量正规化，计算排序权重向量 $\boldsymbol{W}$

$$W_i = \frac{u_i}{\sum_{i=1}^{n} u_i} \quad (i=1,2,\cdots,n) \tag{9-26}$$

4）计算判断矩阵最大特征根 $\lambda_{\max}$ 值

$$\lambda_{\max} = \sum_{i=1}^{n} \frac{(\boldsymbol{AW})_i}{nW_i} \tag{9-27}$$

5）检验判断矩阵的一致性

一个混乱的、经不起推敲的判断矩阵有可能引起决策的失误，而且当判断矩阵偏离一致性过大时，任何一种排序向量估算方法，其结果的可靠性都是值得怀疑的。因此，需要对判断矩阵一致性进行检验，其检验步骤如下。

① 计算一致性指标 CI。

$$\mathrm{CI} = \frac{\lambda_{\max} - n}{n-1} \tag{9-28}$$

当判断矩阵具有满意的一致性时，λ_{max} 稍大于 n，其余特征值接近于零，此时应用特征根方法所得的权重向量 $\boldsymbol{W}$ 才基本符合实际。这就是一致性指标 CI 的依据。

② 查找相应的平均随机一致性指标 RI。

RI 是多次（>500 次）重复进行随机判断矩阵特征值的计算后取算术平均值得到的。表 9-4 给出了 1～9 阶正互反矩阵的平均随机一致性指标。

表 9-4 平均随机一致性指标 RI

矩阵阶段	1	2	3	4	5	6	7	8	9
RI	0	0	0.52	0.89	1.12	1.26	1.36	1.41	1.46

③ 计算一致性比率 CR。

$$CR=CI/RI \tag{9-29}$$

当 CR<0.1 时，认为判断矩阵的一致性是可以接受的，否则，应对该判断矩阵做适当修正。

（4）计算组合权重

为了得到递阶层次结构中每层次中所有元素相对于总目标的相对权重，需把前一步计算的结果进行适当组合，以计算出总排序的相对权重，并进行层次和结构的一次性检验。在此，要由上而下逐层进行，最终得出最低层次元素，即决策方案优先顺序的相对权重和整个递阶层次模型的判断一致性。

1）组合权重计算

单层排序权重值和层次总排序见表 9-5。

表 9-5 单层排序权重值和层次总排序

下层元素 A	上层元素 C			下层组合权值
	C_1	…	C_m	
	a_1	…	a_m	
A_1	W_{12}	…	W_{1m}	$\sum_{j=1}^{m} a_j W_{11}$
A_2	W_{21}	…	W_{2m}	$\sum_{j=1}^{m} a_j W_{21}$
⋮	⋮	⋮	⋮	⋮
A_n	W_{n1}	…	W_{nm}	$\sum_{j=1}^{m} a_j W_{m1}$

假设准则层 C 中各元素相对于目标层 Z 的排序权值分别为 $a_1, a_2, \cdots, a_n$，而方案层 A 中的各元素相对于对上一层（准则层）某元素 A_i 的排序权值分别为 $W_{11}, W_{12}, \cdots, W_{ki}$ 并将排序权值列成表，根据表中所示的排列权值，便可求得方案层 A 中的某一方案对目标层 Z 的总排序

权值，即

$$a_i=\sum_{j=1}^{m}a_jW_{ij}\quad (i=1, 2, \cdots, k) \tag{9-30}$$

2）组合判断的一致性检验

设第 k 层一致性检验的结果分别为 CI_k、RI_k、CR_k，则第 $k+1$ 层的相应指标为

$$CI_{k+1}=(CI_k^1, CI_k^2, \cdots, CI_k^m)\,a^{k-1} \tag{9-31}$$

$$RI_{k+1}=(RI_k^1, RI_k^2, \cdots, RI_k^m)\,a^{k} \tag{9-32}$$

$$CR_{k+1}=CR_k+CI_{k+1}/RI_{k+1} \tag{9-33}$$

在此，CI_k^i、RI_k^i 分别为在 k 层第 i 个准则下判断矩阵的一致性指标和平均随机一致性指标。当 $CR_{k+1}<0.1$ 时，认为递阶层次在 $k+1$ 层水平上的整个判断有满意的一致性。当 $k=h-1$（h 为层次数）时，则 CR_{k+1} 称为结构的一致性比率。在一般情况下，只须检验各个判断矩阵的一致性比率即可。

AHP 的最终结果是得到相对总目标各决策方案的优先顺序权重，并可给出这一组合权重所依据的整个递阶层次结构所有判断的总的一致性指标，据此可做出分析决策。

3. 层次分析法的特点

层次分析法具有条理清楚、结构明晰、计算严谨的特征。对于层次结构明朗的方案，利用层次分析法可以简单、清楚地计算各组合层及各元素的相对权重，为方案的优选和排序打好决策基础。

（1）系统性

层次分析法把研究对象作为一个系统，按照分解、比较判断、综合的思维方式进行决策，成为继机理分析、统计分析之后发展起来的系统分析的重要工具。

（2）实用性

层次分析法把定性和定量方法结合起来，能处理许多用传统的最优化技术无法着手的实际问题，应用范围很广，同时，这种方法使决策者与决策分析者能够相互沟通，决策者甚至可以直接应用它就增加了决策的有效性。

（3）简洁性

具有中等文化程度的人即可了解层次分析法的基本原理并掌握该法的基本步骤，计算也非常方便，并且所得的结果简单明确，容易被决策者了解和掌握。

（4）局限性

只能从原有的方案中优选一个出来，没有办法得到更好的新方案；该法的比较、判断以及结果的计算过程都是粗糙的，不适用于精度较高的问题；从建立层次模型到给出成对比较矩阵，人主观因素对整个过程的影响很大，这就使得结果难以让所有的决策者接受。

思考练习题

1. 简述可靠性分配与可靠性预计的关系。
2. 简述可靠性分配的准则。
3. 简述等同分配法的原理。

4. 比例分配法的本质是什么？

5. 采用比例分配法进行可靠性指标分配时，应注意的事项是什么？

6. 简述评分分配法。

7. 评分分配法评分通常考虑的因素包括哪些？

8. 评分分配法评分的原则是什么？

9. 简述重要度的概念。

10. 简述复杂度的概念。

11. 可靠度再分配法的基本思想是什么？

12. 三个部件组成串联产品。采用等同分配法，当产品可靠度 $R_s^*=0.9$ 时，各部件的可靠度应如何分配？

13. 某一产品，其故障率 $\lambda_{老}=265\times10^{-6}\,\mathrm{h}^{-1}$，各部件故障率见表 9-6。现设计一个新的产品，其组成与老的产品相似，只是部件 B 和 F 仍沿用老产品。要求新产品故障率为 $\lambda_{新}=265\times10^{-6}\,\mathrm{h}^{-1}$，试将指标分配给各部件。

表 9-6　某一产品各部件故障率

序号	部件名称	$\lambda_{老}/(\times10^{-6}\mathrm{h}^{-1})$
1	A	4.0
2	B	70.0
3	C	40.0
4	D	30.0
5	E	25.0
6	F	8.0
7	G	60.0

14. 某飞行器由 A、B、C、D、E、F 六个部件组成。已由专家进行了评分（表 9-7），产品的可靠性指标 $R_s^*=0.95$，工作时间为 150 h，试给各部件分配可靠性指标。

表 9-7　某飞行器专家评分表

部件名称	复杂程度 r_{i1}	技术水平 r_{i2}	工作时间 r_{i3}	环境条件 r_{i4}
A	5	6	5	5
B	7	6	10	2
C	10	10	5	5
D	8	8	5	7
E	4	2	10	9
F	6	5	5	5

15. 某产品由三部分串联组成，每一部分工作是相互独立的，寿命分布为指数分布，每

一部分在 10 h 的可靠度分别为 $R_1=0.95$，$R_2=0.93$，$R_3=0.98$，如果要求产品的 10^3 h 的可靠度为 0.9，试按不可靠度和故障率进行按比例分配。

16. 某产品由五个部件串联组成，产品工作 12 h 的可靠度为 0.923，各部件的数据见表 9-8，求各部件的可靠度。

表 9-8　某产品各部件的数据

部件名称	部件数	工作时间/h	重要度
A	102	12	1.0
B	91	12	1.0
C	242	12	1.0
D	95	3	0.3
E	40	12	1.0

第 10 章

可靠性评估

可靠性研究对于国家经济和科技发展意义重大，我国过去因国产设备可靠性不高而需要大量进口机电设备，1986 年我国进口的机电设备费用为 190 亿美元，耗费大量的外汇。而日本将可靠性技术应用在民用产品上，大大提高了民用产品的可靠性，使汽车、复印机、洗衣机、电冰箱等畅销全球。可见，推动系统可靠性研究才能让中国的产品在国际市场上有竞争力，才能让中国在国际上拥有科技话语权。

10.1 概述

产品虽然经过精心设计、详细计算、认真生产，但最后还是要由试验的数据来评定产品的可靠性。也就是说，“精心设计、详细计算、认真生产”都不可能预先知道产品真正的可靠性。

对产品的可靠性评估是对产品的可靠性进行定量控制的必要手段，它贯穿于产品的整个寿命周期，是衡量产品的可靠性是否达到预期设计的目标和促进产品可靠性增长的重要途径，因此对产品的可靠性评估方法的研究是相当必要和关键的。

可靠性评估就是根据产品的可靠性结构（即产品与单元间的可靠性关系）、产品的寿命分布模型以及现有的与产品可靠性有关的所有信息（包括试验数据和验前信息），利用概率统计方法，针对产品可靠性的特征量进行统计推断和决策，包括点估计、区间估计等。它可以在产品研制的任一阶段进行，既可以是设计阶段的可靠性预计，也可以是定型阶段的可靠性评估。在产品的研制、生产等各阶段直到交付使用单位之前，都可以利用数理统计方法，根据单元、部件和产品级的试验数据对整个产品的可靠度做出初步的评估，并在得到产品的定型试验数据之后，再对产品进行最终的可靠性评估。

从实际情况看，通常构成产品的单元或部件都有较多的试验数据，并且在产品的研制和更新的过程中常常积累了大量的经验知识，至于复杂产品本身，往往由于价格高昂、可靠性高，如导弹、卫星和载人飞船等，因此产品级的试验数据很少甚至极少。这样，要对产品进行可靠性评估，就必须充分利用组成产品的各部件、各单元的试验信息以及各种经验知识。

产品可靠性评估的意义可总结如下：

① 科学而先进的可靠性综合评估方法为充分利用各种试验信息奠定了理论基础，这对减少试验经费、缩短研制周期、合理安排试验项目有重要的作用。

② 通过评估，可以检验产品是否达到了可靠性要求，并验证可靠性设计的合理性。

③ 评估工作会促进可靠性与环境工作的结合。在可靠性评估中，要定量地计算不同环境对可靠性的影响，要验证产品的耐环境设计的合理性。

④ 通过评估，可指出产品或部件的薄弱环节，为改进设计和制造工艺指明方向，从而加速产品研制的可靠性增长过程。

⑤ 通过评估，可了解有关原材料、元器件、部件乃至产品的可靠性水平，为制定新产品的可靠性计划提供依据。

另外，需要强调的是，可靠性评估的目的是反映当前产品的真实的可靠性水平，从而促进在产品的研制、生产及使用过程中的可靠性管理工作。因此，从广义上讲，可靠性评估不仅是得到可靠性参数的一个估值，而且是全面、深入地审查和分析产品设计的全部数据、资料和图纸以及制造工艺水平和管理水平，最终综合利用各种信息，给出可靠性特征量的定性评判和定量估计，特别注意评估的过程不应受人为因素的影响。高可靠性的产品不是评估出来的，而是设计出来的、生产出来的、管理出来的。

对于弹药产品，不可能对产品的总体进行全数的试验，只能由部分样品所做的试验及其统计数据来推断产品总体的可靠性的取值范围。可以直接运用统计学中的参数估计、数值估计等理论来解决可靠性评定问题。

测定产品的可靠性指标，除了用于确定产品是否符合定量的可靠性要求之外，还应满足管理工作中对各种信息的要求。可靠性指标的点估计和区间估计是生产方和使用方在寿命周期费用方面做出决策的重要信息。这些信息必须以适当的可靠性特征和适当的统计参数来表示，并且以真实的独立试验结果为依据。在做点估计和区间估计时，能利用的信息越多，所得的结果的精确度越高。

可靠性估计就是根据一定的数据，估算出产品的可靠性特征值。在不同的阶段，可靠性估计有不同的内容，其差异在于数据来源。在新产品研制之前，数据主要源于手册或同类型产品，这就是设计阶段的可靠性预计；在研制阶段，从研制试验（可靠性增长试验）得到数据可能是可靠性估计的唯一来源。

虽然产品的可靠性真值理论上是存在的，但实际上受到试件数量的限制，只能对产品的可靠性真值进行估计。习惯上将进行可靠性试验的对象称为单元，它可以是一个复杂的产品，也可以是部件，甚至是零件。根据试件（样品）的观测数据，通过一定的统计计算，对单元的可靠性真值进行估计，这就是单元可靠性评估的任务。可靠性估计方法分为两类，即参数的点估计和区间估计，它们有着各自的特点和用途。

1. 点估计

根据试件的观测数据，评估出一个接近产品可靠性真值的近似值，则称这种估计为点估计。点估计不能回答估计的精确性和把握性问题，在实际中用得比较多的是区间估计。

2. 区间估计

根据试件的观测数据，给出产品可靠性真值以某一把握性存在于某一区间的估计方法称为区间估计。通常将区间称为置信区间，把握性称为置信水平。显然，置信区间越窄，估计的精确性越高；置信水平越高，估计的把握性就越大。如果要提高估计的精确性和把握性，就必须增加试验的子样数。在子样数不变的情况下，提高置信水平，置信区间就会增宽；反之，降低置信水平，置信区间就会变窄。

在具体应用时，置信水平的大小应根据可靠性要求、产品成熟程度、试验费用等因素，由使用方与研制方协商解决。

（1）单侧区间估计

单侧区间可以是大于单侧置信下限的区间，也可以是小于单侧置信上限的区间。

（2）双侧区间估计

双侧区间估计由双侧置信下限和双侧置信上限组成。

10.2 可靠性评定

10.2.1 二项分布的可靠度估计

产品试验数据的结果属于两种对立状态，如打靶的中与不中、通话的通与不通、产品的合格与不合格、质量的好与坏以及事件中的成功与失败等，试验结果是彼此对立的，这样的产品称为成败型产品，该事件是成败型事件，二项分布规律就是描述上述事件的。

1. 可靠性点估计

n 表示试验数次，s 表示成功数，r 表示失败数，则可靠度点估计公式为：

$$\hat{R}=s/n \tag{10-1}$$

或

$$\hat{R}=(n-r)/n \tag{10-2}$$

既然是点估计，则不可避免地有偏差。当 $s=n$ 时，$\hat{R}$ 为 1，其结果是只能有上偏差，而不能有下偏差，这个偏差随 n 值增大（一直保持 $s=n$）而减小。当 $s<n$ 时，不能保证 $\hat{R}$ 不出偏差，只是其偏差既可能是上偏差，也可能是下偏差。

2. 可靠度的区间估计

点估计只能给出一个值，并不能给出可靠度的精确性与把握性的说明，区间估计则可以给出点估计的范围。如果寻找一个随机区间(R_1, R_2)，使式 $P(R_1 \leqslant R \leqslant R_2) \geqslant \gamma$ 成立，则式中(R_1, R_2)为置信区间，反映了估计值的精确性，而 γ 为置信度，表示估计结果的把握性。

（1）单侧置信下限 R_L 的评估

可靠性的上、下限都是很重要的，但是下限是人们最关心的，下限是保证可靠性的关键指标。通常上限用 R_U、下限用 R_L 表示。可靠性下限估计就是根据试验结果寻求一个区间（R_L，1），使式 $P(R_L \leqslant R \leqslant 1) \geqslant \gamma$ 成立。对于二项分布情况，上式进一步可以表示为：

$$\sum_{x=0}^{r} \mathrm{C}_n^x R_L^{n-x}(1-R_L)^x = 1-\gamma \tag{10-3}$$

式中 x——随机变量，n 次试验中失败的次数；

n——试验总数；

r——失败数；

γ——置信水平（置信度）。

若 $r=0$，即

$$R_L=(1-\gamma)^{1/n} \tag{10-4}$$

式（10−3）中，已知数为 n、r 与 γ，未知数为 R_L，可以通过解析法来求解，但是求解非常困难，在工程实用方法中，由 n、r、γ 查相关参考资料可得 R_L。

例：某一批产品，抽取 100 发做试验，有 2 发失败，假设置信度 $\gamma=0.8$，求单侧置信下限 R_L。

解：对 $\gamma=0.8$，由 $(n,r)=(100,2)$，查相关表得 $R_L=0.957\,7$。

（2）双侧置信区间估计

为了更全面地掌握产品可靠性状态，应该给出可靠性的上、下限。对二项分布情况，由以下两个方程来确定 R 的下限和上限。

可靠度 R 的置信上限 R_U 的评估公式：

$$\sum_{x=r}^{n} C_n^x R_U^{n-x}(1-R_U)^x = \frac{1-\gamma}{2} \tag{10-5}$$

$$1-\sum_{x=r}^{n} C_n^x R_U^{n-x}(1-R_U)^x = 1-\frac{1-\gamma}{2}=\frac{1+\gamma}{2}$$

$$\sum_{x=0}^{r-1} C_n^x R_U^{n-x}(1-R_U)^x = \frac{1+\gamma}{2} \tag{10-5a}$$

可靠度 R 的置信下限 R_L 的评估公式：

$$\sum_{x=0}^{r} C_n^x R_L^{n-x}(1-R_L)^x = \frac{1-\gamma}{2}=1-\frac{1+\gamma}{2} \tag{10-6}$$

例：试求当例 1 中产品置信度为 0.8 时的可靠度双侧置信区间。

解：对应 $(1+\gamma)/2=(1+0.8)/2=0.9$，$(n,r)=(100,2)$，查表得 $R_L=0.947\,7$。

$(n,r-1)=(100,1)$，查表得 $R_U=0.998\,9$。

结论：在置信度为 0.8 时，产品可靠度双侧置信区间为 $(0.947\,7,0.998\,9)$。

10.2.2　产品可靠性综合评定

1. 金字塔式评估方法

对产品可靠性，可以根据产品的试验信息来对产品可靠性进行评定。但是我们知道，产品试验一般符合金字塔程序，如图 10−1 所示。由图可见，一般“级”越高，产品试验数量越少，要评定产品可靠性，则必然存在着信息量不足的问题。这就需要在评定产品可靠性时，充分利用以下各级的可靠性信息，节省产品的研制经费与研制周期。为了解决这样的问题，提出了产品可靠性的综合评定。它实质上是根据已知的产品的结构函数（如串联、并联、混联以及既非串联也非并联的复杂网络等产品），利用产品以下各级的试验信息（如成败型试验、指数寿命试验、其他类型试验等），自下而上直到全产品，逐级确定可靠性置信下限。由于这种方法具有金字塔式逐级综合的特点，因此又称金字塔式可靠性综合评定。

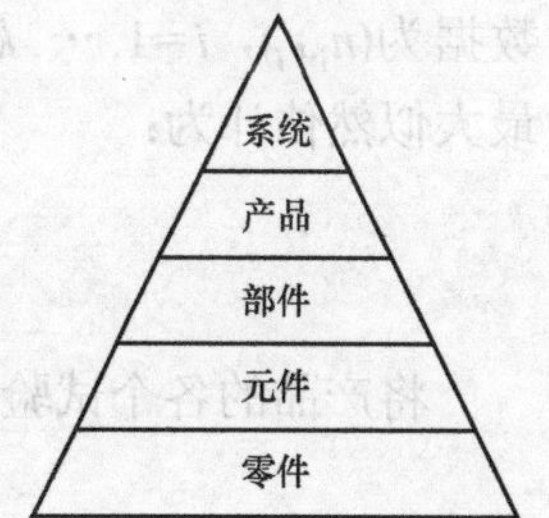

图 10−1　金字塔程序模型

由于不同单元组成产品的方式不同，单元的失效分布类型也不同，它们直接影响计算结果。由于在评估中的置信下限也存在着随机性，采用一般的算法不可能得到满意的结果。评估产品的可靠性时，在认识单元的失效分布类型的基础上计算产品的可靠性。通常单元失效分布类型主要有 3 种：成败型、寿命型与应力强度型或性能型，见表 10-1。从表中可以看出，即使各单元可靠性认识值分布已知，产品认识值的分布也是很难确定的，尤其是小子样的情况更为困难。按照经典估计理论很难得到产品可靠性综合的严格方法，因此，统计工作者对不同途径的近似方法做了大量研究，给出了不少求产品可靠性置信限的近似方法。

表 10-1 单元失效分布类型

类型	试验结果或特征量分布	对可靠性规律的认识
成败型	二项分布	评价密度函数
寿命型	多为指数分布	评价密度函数
应力强度型或性能型	多为正态分布	可靠性的评价函数

2. 产品可靠性近似置信限估计

若 m 个成败型试验的单元产品彼此独立且串联，则产品可靠性为

$$R = \prod_{i=1}^{m} R_i$$

假设试验 n_i 次，成功 x_i，则 R_i 的点估计为

$$\hat{R}_i = \frac{x_i}{n_i}$$

如果将产品看作单元产品，试验 n 次，成功 x 次，则点估计为

$$\hat{R} = \frac{x}{n} = \prod_{i=1}^{m} \hat{R}_i = \prod_{i=1}^{m} \frac{x_i}{n_i} \tag{10-7}$$

3. 等效分析法

按照经典理论很难得到产品可靠性综合评定的严格方法，下面介绍一种实用的、仅就串联产品适用的方法。

由于串联产品的可靠性取决于组成产品的最薄弱环节，从这一点出发，利用各组成单元试验数据折合成的产品等效数据，再进行产品评定。设产品由 k 个单元组成，试验数据为(n_i,r_i)，$i=1,\cdots,k$，n_i 为第 i 个单元的试验数，r_i 为第 i 个单元的失效数，则产品可靠性最大似然估计为：

$$\hat{R} = \prod_{i=1}^{k} \frac{n_i - r_i}{n_i} \tag{10-8}$$

将产品的各个试验数从小到大排列为$(n_{(1)},n_{(2)},\cdots,n_{(k)})$，并取产品等效试验数为

$$n_{(1)} = \{n_{(1)},n_{(2)},\cdots,n_{(k)}\}$$

则产品等效失效数为：

$$r = n_{(1)}\left(1 - \prod_{i=1}^{k} \frac{n_i - r_i}{n_i}\right) \tag{10-9}$$

记$[r]$为不超过 r 的整数部分，取定置信度 γ，由

$$\sum_{x=0}^{[r]+1} C_{n_{(1)}}^{x} R_1^{n_{(1)}-x}(1-R_1)^x = 1-\gamma \tag{10-10}$$

可解得 R_1。由

$$\sum_{0}^{[r]} C_{n_{(1)}}^{x} R_2^{n_{(1)}-x}(1-R_2)^x = 1-\gamma \tag{10-11}$$

又可解得 R_2。最后按 r 在(R_1, R_2)中进行线性内插，内插值即为产品可靠度置信下限的近似值 R_L。该方法仅适用于成败型试验数据单元串联产品可靠性综合评定。

10.2.3 产品可靠性综合评定的一般步骤

可靠性评定是一种定量化的可靠性分析，它要在设计、试验、生产、贮存直到使用的各个阶段中进行。对于一个复杂产品可靠性评定而言，必须具备以下基本环节，评定工作流程如图 10-2 所示。

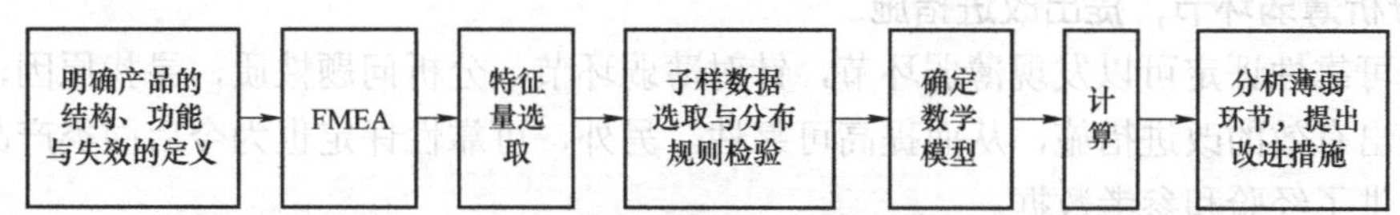

图 10-2 可靠性评定工作流程

1. 明确产品的结构、功能与失效的定义

产品可靠性评定的第一步是按照产品的技术状态（结构状态）、产品工作模式、工作阶段、产品功能框图和可靠性框图，根据产品的功能要求，明确规定失效的定义。一般地说，产品不能完成规定的功能时称为失效。有两种类型或两种程度的失效：一种是性能失效或参数失效，在设计要求上，性能偏差不允许超出一定的极限；另一种失效模式，那就是产品根本不工作，例如，没有输出，这是性能超差的极限情况。例如，检查其原因，可能是某一元件损坏，这就是第二类失效，或者叫结构失效（一般性能超差的原因也可能是某一元件性能超差或损坏）。失效又可分为渐变的和突变的两类，电气设备的性能漂移或机械运动部件的磨损等是渐变的，电子元器件的随机失效或机械零件破坏等往往是突然发生的。产品根本不工作这类明显的失效或突然发生的失效，要规定其定义比较容易，而性能超差到什么程度作为失效或渐变的失效，这需要事先经过分析研究，才能明确规定其定义。

2. FMEA 与特征量选取

分析产品内部各个部件可能有的各种失效模式，每种失效模式可能造成的后果、发生概率及严重程度，这一系列分析即 FMEA。产品可靠性评定一般应在 FMEA 的基础上进行。

所谓特征量，就是能够反映产品可靠性的随机变量。发生失效的情况是多种多样的，基本查明失效模式不一定就能找到反映产品可靠性恰当的特征量，还需要深入地分析。从工程、物理意义上提出问题，分析故障模式，寻找特征量，为建立数学模型提供物理基础，这样才能使可靠性评定结论更加符合实际。

3. 子样数据选取与分布规则检验

为了评定产品可靠性，希望取得足够多的数据。试验数据可以来自现场使用，也可以来自实验室，有多种来源。判别哪些数据是否能用是一个重要问题，其准则是如果产品技术状态、生产状态、试验环境条件和工作条件都符合规定，这样取得的试验数据或测量数据可以使用，否则不能使用。

例如，在试验中发生失效以后，对产品设计做过某种更改，因而试验时的技术状态不符合修改后供交付使用的产品技术状态，这样的试验数据就不能使用。

关于检验的规则，如果在工程分析基础上确认串联产品中该单元可靠性远高于其他单元，则该单元可不参加综合评定，使串联环节减少。

4. 确定数学模型

根据不同的特征量分布类型，可以对单元产品的可靠性评估方法进行不同的评定。对于互相独立的不同单元产品组成的串联产品，可以采用金字塔式可靠性综合模型。在应用金字塔式综合方法时，应当明确基本观点，即本方法是扩大信息量的补充手段，其根本目的不在于提高评定结果，而在于更接近实际情况。一般情况下，越接近金字塔的塔底的级，可利用的试验信息越多，这是进行综合评估确定数学模型应考虑的原则。

5. 分析薄弱环节，提出改进措施

通过可靠性评定可以发现薄弱环节，针对薄弱环节，分析问题性质，寻找原因，在可能范围内提出有效的改进措施，从而提高可靠性。另外，可靠性评定也为今后同类产品的研制积累并提供了经验和参考数据。

10.3 弹药可靠性评估

弹药可靠性评估，就是对弹药固有可靠性进行估算。它的数据来源可以是对相似产品的数据进行的修正，也可以是手册中查到的相关数据。在做过鉴定试验之后，可以利用被测弹药在靶场试验中收集到的数据进行计算。在设计定型时，设计方的可靠性管理部门受设计定型单位的委托，在使用方代表参加或认可下，对弹药技术文件、可靠性设计及试制过程的可靠性工作进行评审，对弹药可靠性试验数据进行分析计算，确定弹药是否达到技术条件所规定的可靠性水平。

10.3.1 弹药可靠性评估程序

弹药可靠性评估，就是根据弹药成败型试验数据，按规定要求计算弹药发射可靠性、弹丸（战斗部）飞行可靠性、弹丸（战斗部）作用可靠性和弹药可靠性估计值的过程。弹药可靠性评估程序如下。

1. 确定样本和样本量

（1）样本要求

用于弹药可靠性评估的样本应取自具有相同技术状态的总体。凡经历环境试验的弹药，不得作为弹药可靠性验证试验的样本。

（2）样本量的确定

凡合同规定的可靠性统计试验，其样本量应按合同规定执行；凡合同中未规定的可靠性统计试验，应尽可能与弹药性能试验同时进行，其样本量按弹药性能试验需要而定；凡根据研制需要而单独进行的可靠性统计试验，其样本量应考虑试验时间、费用和其他限制条件等因素或参照其他同类试验的样本量而定。

2. 确定置信水平要求

合同中对置信水平有规定时，置信水平按合同规定执行；合同中对置信水平未规定时，置信水平的选取应考虑样本量大小、决策信息等要求综合分析确定。置信水平的选取值为 0.5、0.6、0.7、0.8、0.9，一般样本量大时，可选取较高的置信水平；样本量小时，置信水平不宜选取过高。

3. 建立失效判据

① 应在弹药可靠性试验方案中建立单发弹药的失效判据，以作为判断弹药成功或失效的准则，失效判据应具有可观测性。

② 失效判据的建立可根据产品特点和失效分析结果进行。

③ 失效判据中，应将失效划分为关联失效与非关联失效，再将关联失效进一步分为责任失效与非责任失效。

4. 统计失效数

每发弹药试验后，按失效判据对每发弹药成功或失效做出判别，并按发射、飞行、作用三个单元分别统计失效数，填写表 10-2。

表 10-2 可靠性数据统计表

单元	试验项目	试验方法	样本量	成功数	失效数	备注
发射单元						
飞行单元						
作用单元						

5. 计算弹药可靠性

当需要对弹药使用时的可靠性进行评估时，采用关联失效数据；当需要对弹药可靠性的固有能力进行评估时，采用责任失效数据。

（1）计算弹药发射可靠性、飞行可靠性和作用可靠性置信下限

弹药发射可靠性、飞行可靠性和作用可靠性置信下限的计算采用二项分布的估计公式，具体计算可根据样本量 n、置信水平 γ 和失效数 r 由手册中查出可靠性置信下限 R_L。当样本量 n 或失效数 r 超出手册中给出的数值时，可按计算机程序计算。

（2）计算弹药可靠性置信下限

弹药可靠性置信下限的计算可采用贝叶斯方法。具体可根据弹药发射、飞行和作用三个单元统计到的失效数与成功数，按相关的计算机程序进行计算。

6. 填写弹药可靠性评估报告

弹药可靠性评估报告是弹药可靠性评审文件之一，并为弹药研制提供决策信息。弹药可靠性评估报告由参与可靠性评估的人员填写。弹药可靠性评估报告至少应包含的内容：

①目的。

② 失效判据。

③ 可靠性试验数据统计。

④ 可靠性计算过程。

⑤ 需说明的问题。

10.3.2 弹药贮存可靠性评估

贮存指标是弹药产品可靠性的重要指标之一，它是弹药产品寿命的一部分。因为弹药产品的绝大部分时间是在休眠状态下度过的，这个休眠状态就是贮存过程。弹药贮存可靠性指标是以贮存寿命的形式来表示的，它的意义在于表明产品经过贮存若干年后其安全性及作用可靠性仍能满足战术技术指标要求。弹药的贮存寿命是通过对产品进行贮存寿命试验来确定的。

贮存寿命试验分为自然贮存寿命试验和加速贮存寿命试验两种。自然贮存寿命试验是在正常应力条件下进行贮存，以一定的时间间隔抽取一定数量的样品进行试验，考察弹药是否失效，即可获得一系列的试验数据，通过对试验数据的分析处理，计算出弹药的贮存可靠寿命。这种试验方法需要较长的试验时间，因此，不能用于产品的鉴定试验。加速贮存寿命试验是通过提高环境应力（温度、湿度）的方法使受试样品在不改变失效机理的条件下，在较短的时间内产生失效，以缩短试验时间，从而在较短的时间内获得产品的失效数据并确定产品的贮存寿命。

对于产品性能贮存可靠性，可以将其分成两部分来考虑：一是产品固有的可靠性，即库存前的可靠性；二是条件贮存可靠性。所谓条件贮存可靠性，就是在假定贮存前产品完好无损的情况下，其性能因库存影响而发生变化，最终影响产品的可靠性。因此，产品性能库存可靠度的计算公式为：

$$R_s(t)=R_0 R_1(t) \tag{10-12}$$

式中 $R_s(t)$——贮存可靠度；

R_0——固有可靠度；

$R_1(t)$——条件贮存可靠度。

R_0 由产品出厂验收的试验数据得到，$R_1(t)$真正反映了贮存环境条件对产品性能的影响。

贮存可靠性的评估不只是为了获得各个可靠性试验时刻的可靠度及其置信下限，更重要的是，预测未来某一时刻的贮存可靠性及贮存产品的寿命，这一点对一次性产品尤为重要。

10.3.3 弹药综合作用可靠度计算

对于炮弹、火箭弹等产品的作用可靠性指标，根据产品性能试验要求，在靶场分组打出射程、密集度、威力等试验数据，通过靶场试验数据按成败型产品以二项分布来处理，即可得到该产品在某一置信度条件下的可靠度。

由各部件的可靠性评估结果求产品的可靠性问题，也就是要由组成产品的部件的试验数据来对整机产品做出可靠性评定的问题，这种方法也称作产品的可靠性综合。

有关产品可靠性综合及置信度选取方法，现分析三种简便综合方法。

1. 点估计法

在计算产品可靠度时，各单元的可靠度均采用点估计结果，从而得到产品可靠度的点估计。点估计往往是最大可能的结果，并且不保守，但没有置信度。

2. 低置信度综合法

第一步，以置信度为 50%或 60%的单元可靠度下限值作产品可靠度的计算；第二步，将第一步的结果换算成置信度为 90%的可靠度。换算可靠度的置信度采用哪种数表，要由产品中大多数串联单元的模型决定，成败型的采用成败型数据可靠度置信下限数表，指数型的采用指数型可靠度置信下限数表，正态型的则采用正态型数据可靠度置信下限数表。

采取低置信度综合法有确定的置信度，但评定结果较保守，然而比单元高置信度一次评定法要好得多。

3. 折中法

这是对前两种方法的折中。第一步，单元可靠度采用点估计结果进行产品可靠度的计算；第二步，把点估计结果折算成置信度为 90%的可靠度，这一方法将得出既有置信度而又不很保守的结果。

现举一例说明三种方法的使用及比较，并说明换算置信度的方法。

例： 某产品由 A、B 两单元串联组成，A 单元经 20 次试验失败一次，其余全成功，B 单元经 20 次试验失败两次，其余全成功。求产品可靠度评定结果。

解：（1）第一种方法：点估计法

$$R_{A1}=1-\frac{1}{20}=0.95$$

$$R_{B1}=1-\frac{2}{20}=0.90$$

$$R_{s1}=R_{A1}\bullet R_{B1}=0.885\,0$$

（2）第二种方法：低置信度综合法

① 低置信度下限值的计算。

取置信度 $\gamma=50\%$，查成败型数表并计算，由 $\gamma=50\%$，$n_A=20$，$r_A=1$，查得 $R_{A2}=0.917\,5$，由 $\gamma=50\%$，$n_B=20$，$r_B=2$，查得 $R_{B2}=0.868\,5$，则产品可靠度为：

$$R_{s2}=R_{A2}\times R_{B2}=0.917\,5\times 0.868\,5=0.796\,8$$

② 换算置信度。

以单元试验数最小者作为产品的试验数，本例中，$n=20$，置信度为 50%，反查可靠度 $R'_s=0.796\,8$ 对应的等效失效数 f_s。这样确定的产品等效失效数往往不是整数，这可通过线性内插法确定。查成败型数表，当 $C=50\%$，$n=20$ 时，失效数为 3 时，对应的可靠度为 0.819 4；失效数为 4 时，对应的可靠度为 0.770 3。这样，可靠度 R'_s 对应的失效数 f_s 可由下式求出：

$$f_s=3+\frac{0.819\,4-0.796\,8}{0.819\,4-0.770\,3}=3.460\,3$$

由产品试验数 $n=20$，等效失效数 $f_s=3.460\,3$，在置信度 $C=90\%$时，查成败型数表得产品可靠度 R_s，因为 f_s 不为整数，也要由线性内插法求得结果，$R_s=0.669\,8$，这就是第二种方法的综合结果。

（3）第三种方法：折中法

① 点估计结果。

由单元可靠度点估计计算产品可靠度的点估计结果，$\hat{R}_s=0.855\,0$。

② 确定产品等效失效数。

仍以单元最小试验数为产品试验数，本例中，$n=20$，按 $f_s=n(1-\hat{R}_s)$计算 f_s。

$$f_s=20\times(1-0.855\,0)=2.9$$

③ 查可靠度 R_s。

以置信度为 90%，产品试验数 n=20，f_s=2.9，查成败型数表，得 R_s=0.701 7。

这里观察三种方法估计产品可靠度的结果：

点估计法：R_s=0.855 0，产品可靠度的点估计往往是最大可能的结果，不保守，但没有置信度。

低置信度综合法：R_s=0.669 8，有确定的置信度，但评定结果较保守，比单元高置信度一次评定法要好得多。

折中法：R_s=0.701 7，既有置信度而又不很保守的结果。

示例：本示例以假设的××炮弹为对象，给出了评估发射可靠性、飞行可靠性、作用可靠性和炮弹可靠性固有能力的方法。本示例假设炮弹承制合同书中有可靠性要求，并假设合同书中对可靠性试验项目、样本量和置信水平已做出了规定。现按 10.3.1 节中介绍的弹药可靠性评估程序来进行评估。

1. 确定样本和样本量

执行合同规定。

2. 确定置信水平

执行合同规定，置信水平 γ=0.9。

3. 建立失效判据

（1）确定发射失效判据

有下列情况之一者，应视为发射失效，并且为责任失效：

① 膛炸。

② 单发膛压不满足技术条件的规定。

③ 单发初速不满足技术条件的规定。

④ 底火瞎火。

（2）确定飞行失效判据

有下列情况之一者，应视为飞行失效，并且为责任失效：

① 早炸。

② 离群弹。

③ 射程不满足战术技术要求。

④ 外弹道上掉落不应脱落的零（部）件。

⑤ 飞行姿态或飞行声音不正常。

（3）确定作用失效判据

有下列情况之一者，应视为作用失效，并且为责任失效：

① 威力未达到规定的战术技术指标。

② 哑弹。

③ 爆炸不完全。

4. 统计失效数

填写可靠性数据统计表，见表 10-3。

表 10-3 可靠性数据统计表

单元	试验项目	试验方法	样本量	成功数	失效数	备注
发射单元	弹丸飞行正确性	（略）	45	45	0	
	弹体及零（部）件强度	（略）	30	30	0	
	射击安全性	（略）	40	40	0	
	地面密集度	（略）	63	63	0	
飞行单元	弹丸飞行正确性	（略）	45	44	1	
	地面密集度	（略）	63	63	0	
作用单元	爆炸完全性	（略）	63	62	1	

5. 计算可靠性

发射成功数为 178 和失效数为 0，在合同规定的置信水平 $\gamma=0.9$ 的条件下，有：

（1）第一种方法：点估计法

$$R_{s1}=R_{A1}\times R_{B1}\times R_{C1}=(1-0/178)\times(1-1/108)\times(1-1/63)=0.975\,0$$

（2）第二种方法：低置信度综合法（略）

（3）第三种方法：折中法

① 点估计结果：$R_{s1}=0.975\,0$。

② 确定产品等效失效数。

单元最小试验数为产品试验数，$n=63$，有

$$r_{s3}=n_{(1)}\left(1-\prod_{i=1}^{k}\frac{n_i-r_i}{n_i}\right)=n\left(1-R_{s1}\right)=63\times(1-0.975\,0)=1.575$$

③ 计算可靠度 R_{s3}。

置信水平 $\gamma=0.9$，产品试验数 $n=63$，产品等效失效数 $r_{s3}=1.575$，则

$$\begin{cases} n=60，r_{s3}=1，R_{s3}=0.936\,7（\text{查成败型数表}）\\ n=63，r_{s3}=1，R_{s3}=0.937\,6（\text{通过线性内插法确定}）\\ n=70，r_{s3}=1，R_{s3}=0.945\,6（\text{查成败型数表}）\end{cases}$$

$$\begin{cases} n=60，r_{s3}=2，R_{s3}=0.913\,7（\text{查成败型数表}）\\ n=63，r_{s3}=2，R_{s3}=0.914\,9（\text{通过线性内插法确定}）\\ n=70，r_{s3}=2，R_{s3}=0.925\,7（\text{查成败型数表}）\end{cases}$$

$$\begin{cases} n=63，r_{s3}=1，R_{s3}=0.937\,6（\text{查成败型数表}）\\ n=63，r_{s3}=1.575，R_{s3}=0.924\,5（\text{通过线性内插法确定}）\\ n=63，r_{s3}=2，R_{s3}=0.914\,9（\text{查成败型数表}）\end{cases}$$

④ 计算炮弹产品可靠性：

$$R_{s3(90)}=0.924\,5$$

思考练习题

1. 什么是可靠性评估？
2. 简述进行产品可靠性评估的目的。
3. 简述单元可靠性评估的任务。
4. 什么是点估计？
5. 什么是区间估计？
6. 产品可靠性综合评定的实质是什么？
7. 等效分析法仅适用于什么产品可靠性综合评定？
8. 弹药可靠性评估的数据来源是什么？
9. 弹药可靠性评估程序分哪六步？
10. 弹药综合作用可靠度计算的三种简便方法是什么？
11. 弹药综合作用可靠度计算的三种简便方法的特点分别是什么？

第 11 章
可靠性设计技术

《周礼·考工记》中记载，“天有时，地有气，材有美，工有巧。合此四者，然后可以为良”，与现代质量管理五大要素（材料、设备、工艺、环境和人员）不谋而合。《吕氏春秋》记载，“物勒工名，以考其诚，功有不当，必行其罪，以究其情”，例如秦代兵马俑、南京明城墙等古建筑遗址上都刻有生产者姓名等，这与现代规定设计图上必须有相关责任人签字相一致。我国在大型工程项目的运行维护上也形成了相对完善的制度，如诸葛亮颁布了都江堰运行维护的政令，宋代设有大型水利工程的岁修和抢修制度，清代设定了皇家宫殿岁修、质量问题追责等制度，体现中国人民的工匠精神和民族文化精神。

11.1 概述

可靠性设计是可靠性工程的一大支柱，大量的工程实践证明，产品或产品故障原因的30%以上来自可靠性设计上的错误。要提高产品的可靠性，必须在可靠性设计上下功夫。

从广义角度来讲，弹药产品的可靠性设计包括产品的可靠性论证和可靠性设计技术两部分。产品的可靠性论证包括可靠性指标的确定、可靠性指标的分配和可靠性指标预计，这些内容已在前面的章节中叙述。可靠性设计技术包括提高固有可靠性的设计和防止可靠性退化的设计。

提高弹药产品固有可靠性的设计目的在于从设计上提高产品出厂时的可靠性水平；防止弹药产品可靠性退化的设计目的在于提高产品的使用可靠性（即产品维修性和有效性）。弹药产品的使用特点是平时待命时间很长，战时工作时间很短，一旦投入使用，就不能或难以维修。对固有可靠性而言，是由设计和生产确定并保证的。在弹药产品的可靠性设计中，就生产方面而言，可靠性设计的基本指导思想是在弹药产品性能、成本 C 和研制生产周期 T 的约束条件下实现可靠性指标，如满足产品的重量、体积、强度等要求；在满足成本指标下，尽量降低成本；在限定研制、生产周期情况下，完成生产任务。即要实现性能、可靠性、成本、周期等的综合。这就是所谓的D.T.C.（设计–周期–成本）法。就军方（使用方）而言，从其利益出发，可靠性设计的基本指导思想是，不仅要降低弹药产品的生产成本，还要降低产品维修使用成本，同时达到高的使用可靠性。这就是全面考虑产品的寿命期成本的L.C.C.设计指导思想。因此，实现弹药产品性能、可靠性和成本的综合平衡，以期获得良好的可靠性与效益，是可靠性设计总的指导思想。

可靠性设计是为了在设计过程中确定和消除故障隐患与薄弱环节，并采取预防和改进措施有效地消除设计隐患与薄弱环节。定量计算和定性分析（例如 FMECA、FTA 等）主要是评价产品的现有可靠性水平或找出薄弱环节。而要提高产品的固有可靠性，只有通过各种具体的可靠性设计方法。提高产品固有可靠性的可靠性设计方法有很多，本章仅介绍一些常用的方法。

随着弹药产品的发展，产品的自动化、智能化、电子化水平不断提高，产品工作环境更趋复杂和恶劣，因而带来一系列新的问题，例如，产品的工作环境的优劣对可靠性起关键作用，高科技、高性能弹药的使用使产品所处的环境更为恶劣，这就需要进行环境防护设计；随着弹药产品越来越复杂，弹药产品的机械零部件和电子元器件的可靠性问题越来越突出，根据机械零部件和电子元器件的特点，需对其可靠性设计方法进行深入研究。

11.1.1 可靠性设计的基本任务

从传统的观念来看，只要设计正确，产品就能完成其预定的功能。如果没有特殊的外在原因，在理想的情况下，产品不会发生什么故障。在第二次世界大战以前，电子技术还没有广泛地被采用，可靠性问题还不突出。在新的武器不断出现的同时，新的问题也在不断地暴露，远不是“完成预定功能，不会发生什么故障”。为了解决可靠性问题，人们开始了可靠性理论的研究，并在产品设计上应用。经过多年的发展，可靠性设计已发展得比较成熟，并形成了一套比较系统的定量设计方法。从可靠性设计的任务来讲，可以归纳为以下内容。

① 合理地确定弹药产品的可靠性技术指标和技术条件。了解与产品可靠性有关的主要因素，如产品的战术性能、用途，作战环境和贮存环境，作战方式，产品工作时间，研制周期，预计投资经费等，进而明确产品的故障构成。根据具体装备和发展的具体要求与可能，考虑可靠度和故障率等定量指标。

② 在分析产品可靠性与其他性能参数之间的相互关系和相互影响的基础上，根据上述情况对产品可靠性进行确切的数学描述，即建立合适的数学模型，以便对产品可靠性设计的各种方案进行定量分析和比较。

③ 对弹药产品的可靠度进行预测。即按要求的可靠性指标和数学模型计算出产品潜在的可靠度。

④ 可靠性分配。它和可靠度预测交叉进行，多次反复。它要求把产品的可靠度要求具体分配到每个部件，使产品的可靠度落到实处，其间要反复多次调整、估算和提高薄弱环节的可靠度，直至满足产品要求的可靠度为止。

⑤ 从可靠性角度出发，提出和制定满足产品可靠性要求的电子元器件、材料或特殊零件（多为关重件）的技术条件与工艺要求。例如，当有些特殊零件难以获得可靠性数据时，就需要进行必要的试验。这一任务一般由可靠性设计师和总设计师共同研究，反复商量确定，可靠性设计师着重从产品实用性方面（可靠性、维修性、测试性、保障性、安全性、环境适应性、使用性）考虑，而总师则通盘考虑，特别是功能、功耗、重量、体积、成本、研制周期、生产性、工艺性等方面，但共同点则是要求设计尽量简单而合理。

⑥ 电路和结构可靠性设计。

⑦ 耐环境设计。包括环境条件的分析和调查，各类应力的分析和估算，“三防”设计、热设计、耐振设计、耐湿设计、电磁兼容设计以及耐腐蚀、防微生物等技术措施等。

⑧ 可靠性设计分析。包括产品失效模式、影响和危害性分析（FMECA），以及故障树分析（FTA）等。通常是在书面设计完成，可靠性试验评价开始之前进行，它不但要求预测产品在投入使用后可能发生哪些故障模式，而且特别要求弄清楚在使用现场发生的难以对付的致命故障，从而及早采取相应措施，以便当某种致命故障在现场发生时，至少能缓和其致命程度。当然，它也希望分析出各种故障模式出现的概率，但偏重于定性的研究，不像可靠性定量预测那样，着重于预测出现场使用的可靠度。

⑨ 组件化、模块化、标准化、系列化、互换性与简化设计。

⑩ 寿命周期费用设计。包括寿命周期费用组成、有效性/成本的估算，以及研制周期、生产性考虑等。

⑪ 可靠性试验与评价。

⑫ 可靠性设计的审查。

⑬ 可靠性设计的信息反馈、设计的修改与提高。

11.1.2 可靠性设计的程序和方法

根据设计单位制订的可靠性计划，拟出在设计、制造各阶段为全面达到既定指标的各项工作顺序，称为可靠性设计程序。可靠性设计的基本程序和方法是：

① 进行初步方案的构思，建立整个产品的轮廓方案，各部件之间相互交联匹配，相互配合协调关系，进行定性、定量分析，预估整个产品可能达到的可靠度。

② 论证、分析、比较不同的方案，从中选择出一种最佳方案。确立各部件之间相互作用、相互依存时的参数关系。这项工作与总体设计方案的论证相当，其任务是与产品总体方案论证密切配合，确定产品的环境条件和可靠性指标。

③ 产品可靠性指标的分配和预计。产品可靠性设计首先必须进行反复多次的预计和分配，将可靠性指标分配下去。通过定性分析与预测，定性的设想变成定量的分析，按可靠性数学模型做出定量的预测。

④ 详细设计，包括各个零部件的具体设计计算。

⑤ 产品可靠性设计的补救与改善。产品研制工作基本完成并经过各种试验后，要注意分析其可靠性方面暴露出来的问题，针对其不足之处和弱点，采取必要的对策和措施，使产品的固有可靠性得到改善。

⑥ 产品可靠性设计定型。这项工作应与产品工程设计定型结合进行。

⑦ 进行产品可靠性设计评审。设计评审是组织有关专业的专家、学者、工程技术人员和各方面的可靠性工程师，以及参与产品研制的有关人员，从产品功能、可靠性、有效性、测试性、保障性、安全性、环境适应性、适用性、经济性等方面进行全面审查，总结成功经验，揭露潜在缺陷，提出克服缺陷的措施。设计评审工作应贯穿于产品可靠性设计的全过程。

可靠性设计的一般程序和方法可用图 11-1 来说明。

从可靠性要求出发，上述方法应包括如下具体程序和内容。

1. 战术任务和可靠性指标的确立

① 产品应具有的功能、应完成的任务。

② 产品的具体使用环境和条件的分析。

③ 产品的实际运用条件和操作方法。

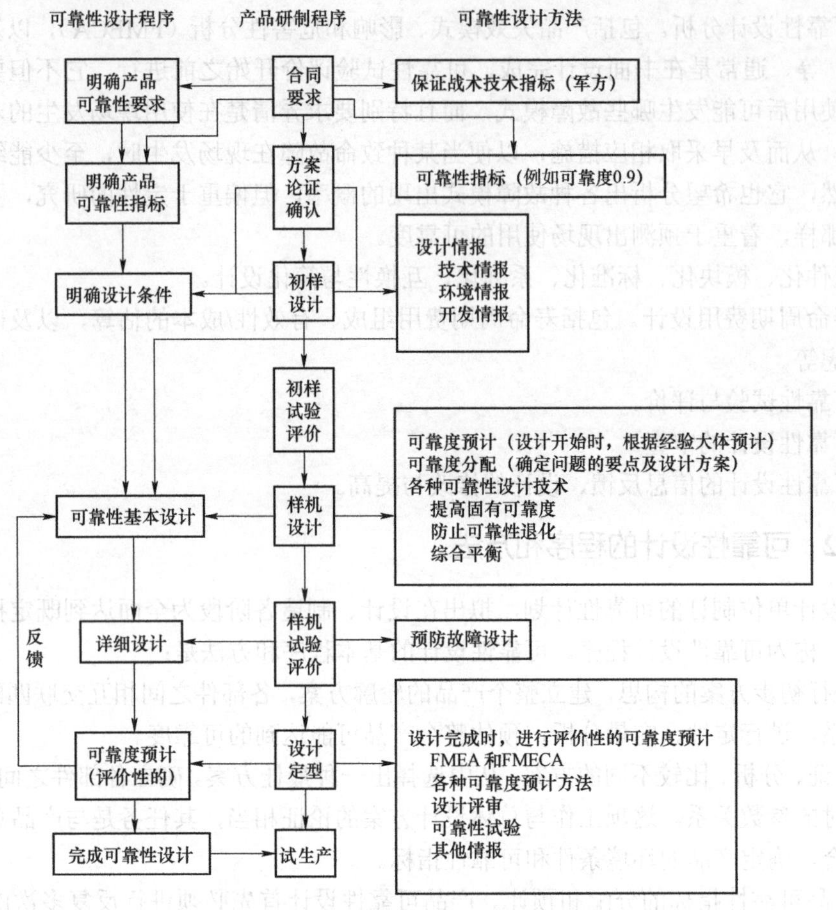

图 11-1　可靠性设计的一般程序和方法

④ 产品的可维修性能、维修力量与维修水平。

⑤ 产品与其他产品的交联关系、配合情况。

⑥ 产品设计条件的限制，如综合技术性能、可靠性、维修性、经济性、研制周期与进度、重量、体积、贮存、运输安全方式等。

⑦ 可靠性、维修性技术保障措施。

⑧ 产品的新颖性要求、更新换代情况、生产的批量等。

⑨ 国内现有元器件水平、工艺水平、基础材料现状等。

⑩ 性能和可靠性指标的相互关系。弹药产品性能指标定得恰当并且有一定的裕量，那么可靠性指标就容易实现并可能达到较高的水平；可靠性指标定得恰当，那么性能指标就能够有保证并可能达到较高的水平。如果弹药产品达不到可靠性指标的最低要求，那么性能指标再先进，实际使用价值也会大大降低。

2. 产品方案论证、分析及评价

① 各种不同方案优缺点的比较，确立最佳方案。

② 采用的新技术、新工艺、新材料、新器件的成熟性、稳定性的分析与研究等。

③ 各分产品功能及相互交连关系。

④ 经费预算及估算。对有效性成本，特别是全寿命周期费用进行分析。

3. 产品可靠性分析

可靠性分析是为了在经济效益、计划及总资金之间取得平衡。

可靠性分析包括建立可靠性模型，失效模式、影响及危害度分析（FMECA），故障树分析（FTA），电子元器件及电路的容差分析，环境对产品可靠性影响分析，功能试验等。

（1）建立可靠性模型

对于整个产品来说，可靠性模型是产品和组成产品的各单元之间可靠性关系的表示形式。它可认为是网络图，也可以是数学公式或其他形式，甚至可从产品的功能框图推导出来。对于可靠性的各种分析，例如，分析产品可能产生的各种失效，以及可靠性分配、可靠性评估等工作，建立可靠性模型是最基本的工作。

（2）失效模式、影响及危害度分析

根据产品可靠性模型，研究产品与元件的相互关系，确定可能失效的部位、失效模式和失效机理，以便确定每一种失效模式对产品及其部件产生的影响。认识危害程度并提出可能采取的预防改进措施，以提高产品的可靠性。

（3）故障树分析

在产品设计过程中，通过对可能造成产品失效的各种因素（包括硬件、软件、环境、人为因素等）进行分析，绘出相应的故障树图，从而确定产品失效原因的各种可能组合方式及其发生的概率，以便计算产品失效的概率，采取相应的纠正措施，提高产品的可靠性。

（4）电子元器件及电路容差分析

由于电子元器件在产品中使用越来越广泛，需要分析由于组成电路元器件误差而造成电路参数超差的现象。

（5）性能试验和环境试验

通过性能试验和环境试验，分析产品性能和环境对产品可靠性的影响，确定产品性能及产品对环境的适应性，如温度、湿度、振动、运输以及各种性能对产品可靠性的影响。

4. 产品可靠性设计

可靠性设计包括可靠性分配、可靠性预计、耐环境设计、考虑安全裕度的设计、漂移设计、储备设计等。

（1）可靠性分配

在确定产品方案之后，把产品总的可靠性指标合理地分配给下一级，直至元器件或零部件，使总的工作可靠度大于等于规定的工作可靠度。

（2）可靠性预计

按要求的失效率、可靠寿命等指标对可靠度进行预测，使预测的失效率、可靠寿命等指标大于要求的指标。

（3）耐环境设计

耐环境设计是对于气候、生化、机械和电磁环境造成产品失效的一种对策性设计。

（4）考虑安全裕度的设计

产品的失效是由于产品受到的应力，包括电应力（电压、电流、功率等）和机械应力（力、力矩等）超过其强度极限造成的。因为应力和强度都是有一定变化范围的随机变量，因此，安全裕度的设计就是从统计角度出发来考虑元器件或零部件如何不易失效的一种方法。由于电子元器件和机械零部件的失效机理是不同的，所以有两种考虑安全裕度的设计方法。

① 减额使用：为了减少电子元器件使用中的额定应力而使元器件获得较高可靠性的设计方法。

② 机械概率设计：应用应力和强度相干理论而导出的机械可靠性设计方法。

5. 可靠性估计与审查

可靠性估计就是根据一定的数据，估算出产品的可靠特征值。在不同的阶段，可靠性估计有不同的内容，其差异在于数据来源。在新产品研制之前，数据主要来源于手册或同类型产品，这就是设计阶段的可靠性预计；在研制阶段，从研制试验（可靠性增长试验）得到的数据可能是可靠性估计的唯一来源，随后生产产品的试验数据将相继可以利用；投入使用后，数据来自现场试验。此外，若通过可靠性数学模型来进行可靠性估计，就称为可靠性评定。

各阶段的可靠性审查就是要求判断上述各阶段的可靠性估计值（特征量的估计值）是否满足既定要求，或达到什么程度，并推断潜在的不可靠因素，提出对策。只有可靠性审查通过后，才能进入下一工作程序。

6. 试制与试验

① 初样试制，考虑易生产性。

② 确定试验方法与试验程序。

③ 确定试验条件、试验设备与仪器。

④ 确定各部件的交联配合情况，验证可靠性，了解稳定性和可维修性。

⑤ 通过可靠性研制试验后，就可进入试生产（小批生产）阶段。为了达到并保持可靠性，应对零部件和加工过程实行质量控制。为了确保可靠性，使质量控制充分有效，应采取计数和计量接收抽样程序来检查产品质量，这就是质量一致性检验。此外，为了减少产品的早期失效，筛选工作可靠性验收试验是极为重要的。

7. 可靠性数据的积累

可靠性数据是设计过程中各种可靠性活动的重要的基本资料。无论是在最初的制定可靠性指标和可靠性分析中，还是在以后的设计、估计、生产和评定中，都依靠数据来进行工作。在产品的使用和维修中，也广泛地应用到各种可靠性数据。

8. 产品可靠性评价

产品可靠性评价是根据现场试验、实验室试验或生产现场试验收集到的验证数据，通过可靠性数学模型，用统计计算方法评估产品已达到的可靠性水平。

① 产品性能的验证与测定。

② 产品有效度的分析、可靠性的验证。

③ 给出完善的设计图样资料及验收规范和鉴定条件。

④ 对产品使用人员的技术要求和训练要求。

⑤ 判断产品实用性（适用性）。

9. 产品可靠性设计总结报告

产品可靠性设计总结报告应反映产品研制过程中可靠性活动的主要事件及其“固化”了的可靠性效果，一般应包括以下内容：

① 可靠性指标要求。

② 可靠性保证大纲、计划大纲和元器件大纲实施情况。

③ 可靠性模型、分配和预计。

④ 可靠性设计规范。

⑤ 故障模式、影响及危害度分析。

⑥ 可靠性关键件和重要件的确定与控制。

⑦ 可靠性与费用的权衡。

⑧ 故障报告、分析及纠正措施落实情况，包括可靠性关键问题解决情况。

⑨ 可靠性增长试验结果和可靠性鉴定试验方案与结果等。

10. 可靠性管理

经验表明，对于复杂的产品，在研制阶段所取得的可靠性水平并不能保证在现场使用时达到同一可靠性水平。一般情况是生产之后的使用阶段，可靠性会降低到原来的 1/3～1/10，减少或消除这种退化现象的主要手段是进行可靠性管理。一般认为，产品在计划阶段提出的质量称为计划质量。在研制和设计阶段，运用常规设计技术设计出来的技术文件和图样所表示的产品质量，就是设计质量。设计质量一般低于计划质量，使两者相一致的技术就是可靠性活动。根据设计文件和图样生产出来的产品的质量称为生产质量。生产质量低于设计质量。使生产质量与设计质量相一致的活动便是质量管理。可靠性管理是为实现产品可靠性要求的活动。它从方案论证阶段开始直到产品报废为止，贯穿在产品的整个寿命循环期之中。

由可靠性设计的任务和方法可以看出，可靠性设计是一门内容广泛的综合性学科，它涉及多种技术领域，包括许多环节，融技术与管理于一体。作为可靠性工作者，必须了解和熟悉可靠性设计的一般原理和方法，可靠性设计和制造中的可靠性保证措施都要通过试验来验证，通过可靠性试验找到影响产品可靠性的薄弱环节，有针对性地采取改进措施，从而提高产品的可靠性。

11.2　可靠性设计准则

弹药产品的研制往往具有很大的继承性。在研制过程中，尽可能充分挖掘研制单位已有的工程经验，把设计人员多年积累的设计经验与教训加以总结提高，从而形成可靠性设计标准和指令性文件——可靠性设计准则，供其他设计人员使用。这对继承以往产品宝贵的可靠性设计经验，贯彻规范化可靠性设计，切实提高产品的可靠性设计水平有很大的工程实用价值。

在产品的研制中，可靠性设计准则作为所依据的标准或强制的指令性文件，指导工程设计人员把产品的可靠性设计到产品中，并在设计评审时应用可靠性设计准则逐条审查设计的符合性，如果设计方案与可靠性设计准则每条都相符，说明可靠性设计已基本满足定性要求；如果设计方案由于种种原因不能满足可靠性设计准则中某些条款的要求，则需对此方案提出疑问，并做进一步的研究和改进。

（1）可靠性设计准则是进行可靠性定性设计的重要依据

在可靠性设计工作中，应规定定性的可靠性设计要求。为了满足定性要求，必须进行一系列的可靠性设计工作，而制定和贯彻可靠性设计准则是其中一项重要内容。

（2）贯彻可靠性设计准则可以提高产品的固有可靠性

产品的固有可靠性是设计和制造所赋予产品的内在可靠性，是产品的固有属性。设计人员在设计中遵循可靠性设计准则，就可避免一些不该发生的故障，从而提高产品的可靠性。

（3）可靠性设计准则是把可靠性设计和性能设计有机结合的有效方法

设计人员只要在设计中贯彻可靠性设计准则，就可以把可靠性设计到产品中去，使产品的性能设计和可靠性设计相互有机地结合。

（4）可靠性设计准则的工程使用价值高且费效比低

可靠性设计准则的用途就是指导并审查产品的可靠性设计，并作为设计评审的依据。迄今为止，可靠性设计准则已成为产品研制中所依据的标准和规范中的重要组成部分，是进行产品可靠性设计非常实用的、可操作性强的方法之一。

11.2.1 可靠性设计准则的结构和内涵

可靠性设计准则是把已有产品的工程经验总结起来，使其条理化、系统化、科学化，成为设计人员进行可靠性设计时所遵循的原则和应满足的要求。

可靠性设计准则一般都是针对某个型号或产品制定的，也可以把相似型号或产品的可靠性设计准则的共性内容综合成某类型产品的可靠性设计准则。共性的可靠性设计准则经剪裁、增补，又可成为各个型号或产品专用的可靠性设计准则。可靠性设计准则针对产品的不同层次，在结构上可划分为对产品的各部件都适用的一般要求和仅适用于某产品专用的详细要求。

产品可靠性设计准则编制的内容包括概述、目的、适用范围、依据、可靠性设计准则等部分。

1. 概述

说明产品名称、型号、功能和配套关系；产品合同规定的可靠性定性、定量要求等。

2. 目的

说明编制可靠性设计准则的目的。一般是为了保证实现产品规定的可靠性要求。可靠性设计准则用于指导设计人员进行可靠性设计，也是评价产品可靠性设计的一种依据。

3. 适用范围

应说明编制的可靠性设计准则所适用的型号、产品或系列产品。

4. 依据

应说明编制可靠性设计准则的主要依据。一般有：

① 合同规定的可靠性定性、定量要求。

② 合同规定引用的有关规范、标准、手册等提出的可靠性设计准则。

③ 同类型产品的可靠性设计经验以及可供参考采用的通用可靠性设计准则。

④ 产品的类型、重要程度及使用特点等。

5. 可靠性设计准则

将产品的可靠性设计准则以“××产品可靠性设计准则”条款形式输出。可靠性设计准则的主要内涵见表11-1。

表 11－1　可靠性设计准则的主要内涵

准则	说明
元器件的选用与控制	具体规定元器件的优选顺序、不允许选用的元器件种类以及元器件控制方法
简化设计	在满足战术技术要求的前提下尽量简化设计方案，尽量减少零部件、元器件等的规格、品种和数量
耐环境设计	当产品在冲击、振动、潮湿、高低温、盐雾、霉菌、核辐射等恶劣环境下工作时，其中部分单元难以承受这种环境应力的影响而产生故障所需采取的环境防护设计
电磁兼容设计	产品或设备在电磁环境中能正常工作且不对该环境中任何事物构成不能承受的电磁骚扰的能力
机械结构的可靠性设计	将载荷、材料性能及零件加工的质量等设计参量视为随机变量，根据机械零部件结构及其材料的失效应力和强度分布，按强度应力干涉理论进行设计，使所设计的零部件尺寸小、重量小，保证所设计的零部件具有给定的可靠性指标

11.2.2　可靠性设计注意事项

1. 可靠性设计中必须考虑的主要因素

在弹药产品的可靠性设计中，必须认识到，产品的实际工作环境与可靠性设计时所假设的工作条件有很大的差别。因此，在进行可靠性设计时，必须考虑弹药产品的负荷、所处的工作环境、材料的性能以及人的使用和操作能力、人的生理和心理状态等主要因素。例如，火箭弹在飞行中的负荷随着飞行速度等的影响而变化；火箭弹所处的工作环境随地域的不同而不同；材料的性能随时间、温度等的影响而变化；人的操作能力、心理状态也随环境的温度、噪声等不同而不同。

① 弹药产品的部件或元器件的负荷可以是外加的，也可以是其内部产生的。在可靠性设计中，必须考虑其所受的最大负荷、负荷的变化速率及出现的频率，同时，还应考虑其可能产生的疲劳问题。

② 在考虑弹药产品的环境因素时，不仅要考虑产品所处的工作环境，还要考虑加工与装配环境、内部环境及运输和贮存环境。在可靠性设计中，必须考虑各种环境的强度、持续时间、变化率及相互作用、环境的时间特性及其平均值或最大值对可靠性设计的影响。

③ 在弹药产品的可靠性设计中，必须仔细考虑和解决材料性能的变化问题。材料性能对许多环境变量，如时间、温度、湿度及化学环境等非常敏感。例如，火箭弹在高速飞行时产生的高温会使金属材料蠕变，海防用弹的金属材料因盐雾、霉菌而腐蚀等。

④ 在弹药产品可靠性设计中，必须研究人的因素对产品可靠性的影响。例如，人–机的最佳匹配、人的操作、人的生理/心理因素等。

2. 可靠性设计中应注意的要点

在弹药产品的可靠性设计中，应当重视实践和经验的积累。在设计过程中，应十分注意以下几点。

① 对同类或以前曾设计的弹药产品的可靠性设计及其性能进行深入、细致的研究，从中尽可能地吸取经验和教训。

② 特别注意产品新设计和改进的方面，以及接口的整体设计。

③ 在产品设计初始时，设计规范要保守一些，积累经验后，再对额定值及规范值进行适当的修改。

11.3 可靠性设计方法

弹药产品可靠性设计的方法有很多，一般采用的方法有元器件的选择与控制、简化设计、耐环境设计、电磁兼容设计、机械结构件的可靠性设计等。

11.3.1 元器件的选用与控制

弹药产品是由各种元器件和零部件组成的，它们的可靠性或失效概率直接影响或决定弹药的可靠性。弹药本身的体积、重量一般都较小，而应用的原理和技术又日益广泛和复杂，机、电、光、磁、声、化等及各种复合作用的原理都有应用，同时，承受的环境应力及使用条件也相当严酷。所以，电子元器件和零部件一般都要求体积小、重量小、可靠性高、承受能力大，特别是对弹药的安全性和作用可靠性起重要作用的关键件与重要件，对其要求更高更严。要满足对元器件、零部件及关键件、重要件的高可靠性要求，并在整个寿命周期内能保持其一定的稳定性，必须从开始设计时就对它们进行正确选择、认定或设计，并在整个研制、生产过程中加以控制。否则，要达到并保持弹药的可靠性指标要求是不可能的。

1. 元器件选择与控制的原则

① 选择元器件时，应从性能、体积、环境适应性和失效率水平等多方面加以考虑。不同类型的元器件有其各自的选用标准。优先选用国家鉴定和颁布的标准元器件。

② 不要片面追求高性能元器件。在设计中，如果滥用高性能元器件，不仅增加费用，而且不一定能改善产品的性能。例如，产品中的关键部位已使用低速电路，则其他部位再用高速电路是无济于事的，而且使用高性能的元器件有时会适得其反，因为性能较高的元器件，其失效率也会相应增加。

③ 少用高失效率元器件。在设计产品和选择元器件时，应尽量少用或不用高失效率的元件，如工艺未成熟的试制品等。

④ 尽可能压缩元器件的品种、规格，提高元器件的复用率。在对所使用的元器件的品种、规格、型号和生产厂家进行比较的基础上，确定优先使用元器件的清单，对所用元器件择优选用。

⑤ 必要时，制定准确的及明确的元器件采购规范，这些规范应包括特定的筛选条款，以保证要求的可靠性。

2. 元器件选择与控制的内容

元器件选择与控制的内容和范围需要通过制定元器件大纲来实现。一个全面的元器件大纲应包括以下内容：

（1）元器件控制大纲

① 建立元器件选用的控制机构。

② 制订元器件控制方案。

③ 编制元器件优选清单。

④ 对分供方元器件选用要求。

（2）元器件的标准化

要控制对标准件和非标准件的选择与应用。标准的使用是很重要的，可避免过多的元器件变成新设计和制造项目；在产品寿命期内可保证元器件的供应，提高产品的可靠性和互换性等。

（3）元器件应用指南

这是承制方规定的产品设计人员必须遵循的设计指南。如规定元器件的降额准则及关键材料的选取准则等。

（4）元器件的筛选

筛选的目的是缩短产品的早期故障期和有效地将其故障率降低到可接收水平。元器件筛选一般是百分之百地进行，对受试硬件施加应力，以暴露固有的以及工艺过程引入的缺陷，而不降低产品性能或损坏产品。施加应力的目的是暴露那些一般在正常的质量检验和试验过程中不会发现的缺陷。

在制定元器件大纲时，从深度和广度方面，应考虑以下因素：

① 任务的关键性。若某产品对完成某项任务是非常关键的，即若该产品发生故障，就会使任务无法完成，则应制定较严格和细致的元器件大纲。

② 元器件的重要性。若元器件对成功地完成任务或减少维修次数来说是非常重要的，则应对该元器件进行全面的控制。

③ 生产的数量。生产的数量越多，则有关控制应越严。

④ 应充分考虑产品维修方案的特点和要求。在维修活动中，对元器件、零部件的标准化、互换性等方面均应有不同的要求。

⑤ 元器件的供应。若元器件的货源不很充足，则从实际情况考虑可适当放宽要求。

⑥ 新元器件所占百分比。新元器件所占百分比越大，则控制应越严。

⑦ 元器件的标准化状况。若元器件的标准化状况低，则应加严控制。

⑧ 元器件大纲中的各项工作与其他分析有关。如与安全性、质量控制、维修性和耐久性等分析有关。

上述任何一种分析都可能提出对不同元器件的要求。在某些情况下，为了满足产品的要求，需要质量更高的新设计的元器件。而在另一些情况下，为了减少产品寿命周期费用和保证供应能力，则需要采用标准件，因而元器件大纲的制定和执行必须充分体现权衡分析的精神。

3. 弹药产品中元器件的选择与控制

（1）制定元器件大纲

制定元器件大纲的目的是控制标准元器件和非标准元器件的选择与使用。

弹药元器件大纲的主要内容一般应有以下几个方面：

① 元器件清单，包括质量认定与定点供应要求、质量等级要求等。

② 元器件的标准化要求，首先要尽量采用标准件，当标准件不能满足要求时，才用非标准件。

③ 确定元器件的应用指南或准则，包括降额准则和安全系数。

④ 元器件的试验和筛选，包括其项目、方法、规范和要求等。

（2）元器件的环境应力筛选

筛选的环境应力、筛选的程序和方法等，应根据具体使用环境条件和其他要求来选择，也可参考其他专业的筛选标准来确定。标准中没有规定的元器件，则应根据弹药的具体要求，参考其他专业的筛选标准来确定。弹药的机械零部件也有要筛选的，如抗力弹簧、某些解除保险机构等，能复位的离心保险机构在离心机上进行解除保险试验，不能解除的，就被剔除掉了，这就是一种部件的环境应力筛选试验，施加的应力则根据具体弹药的使用环境条件而定。

4. 弹药产品中关键件、重要件的确定与控制

可靠性关键件、重要件是指其失效会严重影响弹药安全性和可靠性的零部件。其由故障模式、影响及危害度分析或故障树的定性、定量分析所得的危害度、重要度的大小确定。可靠性关键件、重要件是进行详细设计分析、可靠性增长试验、可靠性鉴定试验、可靠性分析计算等的主要对象，应对它们进行重点控制。

（1）影响弹药产品安全性关键件的确定与控制

可靠性关键件的数量一般不超过弹药产品总零件数的10%。对安全性关键件的控制，除了设计时应确保其性能要求外，在生产中应加强质量控制和管理，设置加工、检测的重点质量控制点，明确关键尺寸、关键工序的控制要求等。还应根据关键件的特点确定是否进行环境应力筛选和可靠性增长试验。

（2）影响弹药作用可靠性重要件的确定与控制

对作用可靠性重要件的控制基本上与安全性关键件相同，不同之处是对火工元器件要特别注意安全。可靠性重要件的数量一般不超过弹药产品总零件数的20%。

以上所述影响弹药产品的安全性关键件和作用可靠性重要件，是指一般的情况。对于具体的弹药产品，根据可靠性分析和其他分析的综合考虑，也可能有影响其作用可靠性的关键件和影响其安全性的重要件，或者影响其安全性和作用可靠性的关键件或重要件。

5. 外协件的可靠性控制

弹药产品总体设计、研制与生产单位必须对其外协件进行必要的可靠性控制，以确保对外协件的可靠性要求。这里外协件指购买的元器件和标准件以及协作加工的零部件。

弹药产品总体单位（包括设计、研制单位）对外协件的承制方或供应方的可靠性工作执行情况应进行适当的监督与控制，其主要内容有以下几方面：

① 是否达到分配给外协件的可靠性定量要求，如可靠度或失效概率的分配值，为此，应对其可靠性设计计算和可靠性分析、试验等进行必要的审查。

② 对外协件的质量保证体系及可靠性工作进行必要的检查和评价。

③ 参加外协件的可靠性评审工作，包括可靠性设计评审和可靠性工作评审。

④ 对转承制方进行内容基本相同的可靠性监督与控制。

⑤ 必要时参加外协件的可靠性鉴定试验和可靠性验收试验，并对试验结果进行评审。

11.3.2 简化设计

产品的复杂化是产品可靠性下降的一个重要原因，因此，简化产品设计、降低产品的复杂程度是产品可靠性设计的重要任务。所谓产品的简化设计，就是在不牺牲产品性能和可靠性指标的基础上，尽可能地对产品进行简化。这是提高产品固有可靠度的设计方法之一。但是必须注意两点：一是不应给其他部件施加更大的应力或超常的性能要求；二是如果用一个元器件或零部件来完成多个功能，不应用未被验证的来代替已被验证的可靠的元器件或零部件。

根据产品的失效机理分析，组成产品的元器件数目越多，在工作过程中发生失效的元器件也越多，或者外界瞬变作用造成的元器件失效越多。另外，还需考虑元器件的老化特性影响加大，未老化元器件的早期失效作用加剧。因此，在产品可靠性设计中，首先应考虑简化设计。

1. 简化设计的基本原则

① 尽可能减少产品组成部分的数量及其相互间的连接。

例如，可利用先进的数控加工及精密铸造工艺，把过去要求很多零部件或组件装配成的复杂部件实行整体加工或整体铸造，成为一个部件。

② 尽可能实现零件、组件、部件的标准化、系列化与通用化，控制非标零件、组件、部件的比率。尽可能减少标准件的规格、品种数，争取用较少的零件、组件、部件实现多种功能。

③ 尽可能采用经过考验的可靠性有保证的零件、组件、部件以至整机。

④ 尽可能采用模块化设计。

⑤ 简化设计后的部件所加负载不能超出其允许的范围。

⑥ 设计的简化不得有损于保留下来的部件的工作性能，即简化必须服从可靠性的提高。

⑦ 将关键、重要的部件失效影响降至最低限度。

⑧ 在产品电气电路设计中，尽量采用集成化电路和模块。

2. 简化设计的作用

设计人员在设计中都必须重视产品的简化设计，即在保证性能要求的前提下，尽可能使产品设计简单化。

（1）简化设计可以提高产品的固有可靠性

设一个产品由 k 个单元串联组成，第 i 个单元的可靠度为 R_i、不可靠度为 F_i，则

$$R_s = \prod_{i=1}^{k} R_i \quad (11-1)$$

$$F_i = 1 - R_s = 1 - \prod_{i=1}^{k}(1 - F_i) \quad (11-2)$$

当 F_i 都很小时，有

$$F_s = \sum_{i=1}^{k} F_i \quad (11-3)$$

可见，产品越复杂，组成的单元越多（即 k 越大），则产品的可靠度 R_s 就越低。采用简化设计的方法，在保证满足性能要求前提下，减少产品组成单元数，从而提高其可靠性。

（2）简化设计可降低维修工作量和成本

基本可靠性反映产品对维修人力的要求，确定基本可靠性指标时，应统计产品所有寿命单位和所有故障，式（11−1）及式（11−2）也可看成基本可靠性的表达式，产品越复杂，故障越容易发生，任何一部分发生故障都要进行维修，也就是其基本可靠性越低，引起的维修和保障要求越高。因此，简化设计不仅可以获得产品可靠性的提高和易于维修的效果，还会由于产品结构简化而降低其生产成本。

3. 简化设计的方法

简化设计的方法有很多，其中有最小化技术、依靠软件功能减少硬件设备、应用新技术

和新器件等。

（1）最小化技术

产品经过试验鉴定，若发现某种失效模式是由某一种部件或元器件引起的，则在设计中应对该部件或元器件进行简化，使其可靠性影响最小。最小化技术的约束条件是产品必需的功能要求。采用最小化设计技术不仅可以提高产品的可靠性，而且可以延长产品的偶然失效期，推迟耗损失效期，即延长产品的经济寿命和使用寿命。

（2）依靠软件功能减少硬件设备

依靠时间分割和时间冗余的软件功能来减少硬件设备，是有可能大幅度减少设备量的一种产品简化设计方法。这种设计思想的要点就是：允许设备在不同时间间隔内，按顺序执行多种功能条件下，利用软件（或硬布线控制电路）功能使一种硬件设备在不同的时间间隔内发挥多功能作用。软件功能一般是由计算机来实现的，如果时间允许，也可以由人控制。

（3）应用新技术和新器件

应用新技术和新器件能够降低产品的复杂性，改善设备的性能，提高产品的可靠性。

11.3.3 耐环境设计

在进行可靠性设计时，调查和了解环境条件对产品可靠性的影响，以便研究对策，采取有效措施，设计和制造出耐环境的产品是一项重要任务。

各种产品由于其所处地域、使用条件的不同，因而所经受的外部环境也是不同的，其敏感的环境因素也会出现差异，耐环境设计措施因产品对象不同而出现差异。

环境条件是指产品在贮存、运输和工作过程中可能遇到的一切外界影响因素。环境条件极大地影响着产品的可靠性，设计人员必须首先研究各种环境的特性，分析环境对产品可靠性的各种影响，以便进行产品的耐环境设计。由于各种环境因素是共同作用于产品的，因此，对环境的防护也要采取综合治理的原则。环境条件种类繁多，分类各异，按对产品影响的机理分类，有气候、机械、辐射、生物、电、人为环境条件等，如图 11-2 所示。

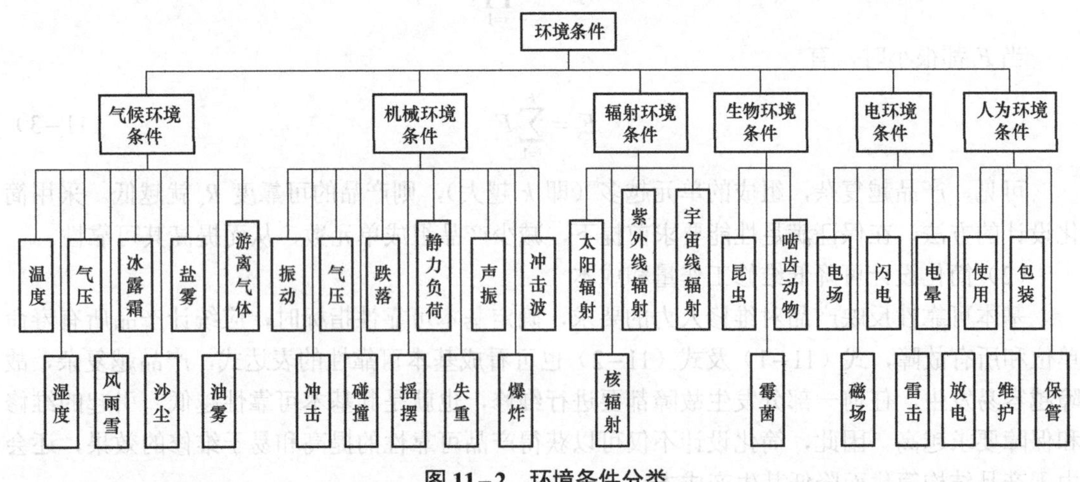

图 11-2　环境条件分类

1. 耐高温设计

耐高温设计主要是讨论高温对弹药产品影响的设计问题。一般情况下，弹药的使用环境温度是−40～+50 ℃，这是根据我国武器作战条件确定的温度范围。另外，还需考虑弹药内部发热器件造成的温升，如飞行时弹药外表面与空气摩擦产生大量的热，以及连发时的留膛温度等。改变产品的环境温度，必定影响弹药的性能，从而导致弹药产品可靠性下降，因此，在产品可靠性设计中，必须采取耐高温设计技术，进行高温防护。

耐高温设计是热力学和流体力学原理在工程设计中的应用。其目的：一方面，通过元器件的选择、结构设计和电路设计来减小温度及其变化对弹药产品性能的影响；另一方面，控制弹药产品内部元器件（主要是电子元器件和电源）的温度，以及采取绝热措施使外部热的输入降低到最小程度。总的目的是使弹药能在较宽的内、外温度范围内可靠地工作。

（1）高温对弹药产品可靠性的影响分析

高温对弹药产品可靠性的影响，按发射前与发射开始两个阶段进行分析。

1）发射前高温的影响

发射前包括从弹药出厂到发射周期开始的整个时期，在运输、室内存放和仓库贮存、野外堆放和阵地使用时可能遇到的各种温度及其变化，以及弹药装填后可能留膛暂不发射的膛内温度，也就是要经受高温、低温及热循环。它们的长期作用对弹药产品及其零部件的影响主要表现在以下几点：

① 热胀冷缩将引起不同材料的零件之间配合尺寸的变化，对运动件来说，则影响相互间的运动及运动规律。

② 温度不均则产生收缩不均，造成局部的应力集中，形成内应力，从而产生裂纹、弯曲等。

③ 高低温热循环使不同金属的连接点发生电偶效应，热电偶产生的电流会引起电解腐蚀、金属与塑料件的连接点可能脱开等。

④ 非金属材料对温度特别敏感，可导致发脆、老化等现象，以致失去其功能。

⑤ 对于电子元器件，高温可使其参数发生漂移，甚至不能完成其规定的功能。

⑥ 弹药连发后，膛内温度可能达几百摄氏度，弹药留膛时间过长，可能使弹药产品中火工品（如传爆管）发热而软化。

2）发射过程中高温的影响

发射过程包括发射周期内与发射周期后的弹道飞行阶段。发射周期内，弹丸与发射器的摩擦将使温度升高，在弹道中与空气的摩擦使升温较大。此外，有些弹药产品的化学电源在发射时产生大量的热能，可能导致内部温升。

高温的主要影响及引起的典型故障（失效）见表 11−2。

表 11−2　高温的主要影响及引起的典型故障（失效）

环境因素	主要影响	诱发的典型故障
高温	热老化	绝缘失效
	金属氧化	电性能改变，金属材料表面电阻增大
	物理膨胀（结构变化）	结构损坏，橡胶、塑料等非金属件裂纹和膨胀
	化学变化	润滑性能损失
	软化、熔化和升华	结构损坏并增加机械应力
	黏度降低和挥发	丧失密封和润滑特性

高温与其他主要环境的综合影响见表 11–3。

表 11–3 高温与其他主要环境的综合影响

环境因素	综合影响
高温+湿度	高温将提高湿气浸透速度和锈蚀影响，加剧机械损坏
高温+低压	这两种因素起相互强化的作用，加剧机械损坏
高温+盐雾	高温将增大盐雾所造成锈蚀的速度，加剧机械损坏
高温+霉菌	霉菌和微生物生长需要一定的高温
高温+沙尘	沙尘的磨蚀作用由于高温而加速，加剧机械损坏
高温+冲击振动	这两种因素相互强化对方的影响，加剧机械损坏

（2）耐高温设计应遵循的基本原则

① 把产品的温度限制在某一范围内，同时，要尽量使产品内部各点之间的温差最小。

② 对密封设备，必须同时考虑内部和外部两种耐高温设计方案，使其从内部传热的热阻减至最小。

③ 高温防护设计要有良好的适应性，必须留有充分的可调整余地。

④ 高温防护设计要有良好的经济性，使其成本只占整个产品成本的一定比例。

⑤ 设计部件时，应充分考虑到周围部件辐射出来的热，以使每一部件的温度都不超过其最大工作温度。

⑥ 对于一些高温部位，如发动机喷管，应采用导热系数大的材料。

⑦ 对于易被高温烧蚀的部位，应采用耐高温衬垫，如喉衬等。

（3）弹药产品的耐高温设计方法

产品一方面由于环境的影响要产生热量，使温度升高；另一方面受到材料和元器件耐热性的限制，又不允许温升超过一定的范围。可靠性设计人员要充分分析研究两者关系，以保证产品能够正常工作。一般地，耐高温设计的方法有：

① 提高元器件、材料的允许工作温度。为了满足这一条件，应当选用耐热性和热稳定性好的元器件和材料。对于机械零件来说，主要采用优质导热材料，以利于散热；采用绝热材料，以利于隔热。

② 减少产品的发热量。如改变弹药的外部形状、控制发动机内燃料的燃烧速度等。

③ 采用冷却的方法改变环境温度并加快散热速度。如用内外冷却相结合的方法保护发动机燃烧室壁发热。

2. 耐低温设计

在温度发生变化时，几乎所有的材料都会出现膨胀或收缩。这种膨胀或收缩引起了元器件、零部件之间的配合、密封及内部应力发生变化。由于温度不均匀，使元器件、零部件的收缩不均匀，这样会引起零部件的局部应力集中。金属结构在加热和冷却循环作用下最终也会由于应力和弯曲引起的疲劳而毁坏。在低温时，发脆的现象已得到证实。

保证产品可靠性的低温防护的基本措施见表 11–4。

表11-4 低温防护的基本措施

低温影响	防护措施
材料收缩不均	谨慎地选用材料
	在活动零件之间提供适当的间隙
	壳体采用相对密度大的材料
润滑剂变稠	选用适当的润滑剂
	尽可能排除使用液体润滑剂
材料特性降解和部件可靠性退化	仔细选择具有良好低温性能的材料和部件

3. 防冲击和防振设计

（1）弹药产品冲击和振动分析

1）发射前冲击和振动环境分析

发射前冲击和振动环境，主要源于包括陆路、空中与水上运输，即火车、汽车、飞机与舰船等运输，以及装卸、贮存和发射前装填上膛等的冲击。发射前装填上膛时，受到一定的装填力，主要是直接碰撞力和冲击惯性力，侧向力有时也不应忽视，对于这些力的影响，设计时应考虑。装填时还有一个问题是，可能由于某种原因，弹药装填后不发射了，要及时退出来，退的时候同样会产生类似上述的几种力。同时，退时可能还会掉到地上（装填时也可能掉到地上），掉下的高度和方向基本上有一定范围。装填时的另一个问题是重装问题，如发射迫击炮弹前一发装入后，还未发射又装第二发，这时，弹尾碰弹头，均要受到较大冲击。

2）发射开始后的振动和冲击环境分析

发射周期内，弹丸主要受后坐惯性力和离心力作用，作用时间短，实际上是一种冲击。发射周期后，在弹道上可能碰到障碍物，如雨滴、树枝和庄稼等，也要受到一定的冲击。

（2）防冲击和振动设计时应遵循的基本原则

① 在易产生激振的部件上，应增强结构的刚性，使产品和元器件的固有频率远离共振区。

② 尽量提高产品的固有振动频率。

③ 电子元器件应夹定或用其他方法固定在底盘上或板上，以防止过于疲劳或冲击振动而引起的断裂。

④ 机械连接处应设有支撑物。机械配合零件须十分严密，以免冲击振动时互相冲击。

⑤ 电路导线或电缆应分段加以固定，并应尽量使用软性导线。通过金属孔或靠近金属零件的导线必须套上金属套管。

⑥ 在定时机构、引爆机构以及指令机构等机械部件上应安装锁定装置，以免冲击或振动时打开。

⑦ 避免悬臂式安装器件。如采用时，必须经过仔细计算，使其强度能在使用的最恶劣环境下满足要求。沉重的部件应尽量靠近支架，并尽可能安装在较长的位置上。

⑧ 弹翼和弹舱等薄壁金属构件，应加折皱、弯曲或支撑架，以满足最恶劣环境条件下的强度要求。

⑨ 对于插接式的元器件，其纵轴方向应与振动方向一致。同时，应加设盖帽或管罩。

⑩ 对于较脆弱的元器件和金属件连接时，它们之间最好垫上橡皮、塑胶、纤维及毛毡等衬垫。

（3）防冲击和振动设计

对于冲击和振动这类力学环境，一般采用四种类型的防护设计。

1）消源设计

即消除或减弱冲击源、振源、声源，使它们的烈度下降到工程设计可以接受的程度。例如固体火箭发动机的振动就是一种主要的振源，发动机设计师通过研究、设计和试验首先致力于消除不稳定燃烧，其次改变推力，减小其振源，降低发动机振动的等级等。

2）隔离设计

分为主动隔离和被动隔离。

主动隔离——本身是振源零部件，为了降低它对周围其他零部件的影响，将它与支承隔离开来，减少它传给支承的力。

被动隔离——需要防振的零部件，为降低振源对它的影响，将零部件与支承隔离开来。

选择冲击隔离的原则是使冲击隔离零部件的自然频率高于它所承受的任何振动频率，因此，隔离装置具有较硬的弹簧，并要求弹性件具有较高的自然频率。

选择振动隔离的原则是使振动隔离零部件的自然频率低于干扰振动频率，因此，隔离装置具有较软的弹簧，并要求弹性件具有较低的自然频率。

隔振措施是我们常用的技术，但必须充分了解真实环境和组件结构的特性，以便选用合适的隔离器。

3）减振设计

减振装置有四类形式：

① 阻尼减振。利用减振装置的阻尼，消耗振动能量。

② 动力减振。利用装置中的辅助质量的动力作用，消耗振动能量。

③ 摩擦减振。利用相对运动元器件之间的摩擦力（液体、固体），消耗振动能量。

④ 冲击减振。利用装置中的自由质量反复冲击振动体，消耗振动能量。

选用减振器不仅要考虑减振效果，还要考虑减振器的体积、重量、结构、使用维护和可靠性等因素。除了采用减振器外，吸振材料的合理采用也是一条重要的减振措施。

4）抗振设计

工程中，刚性化抗振日趋普遍。刚性化抗振就是零部件不用减振装置或隔振装置，而采用整体壁板式结构刚性固定在支架上。

（4）弹药产品中的防冲击和振动设计

1）机械零部件及元器件防冲击和振动设计

对于弹药产品中的机械零部件的防冲击和振动设计，首先在零部件本身的结构上提高耐振能力，这与其重量、刚度和安装布局有关。设计时，尽量使较重的零部件置于整体质心附近，以保证弹药产品的质心与几何轴心重合。零部件、元器件安装应紧固，螺钉应加装弹簧垫圈，对于易松动的零件（如火工品），可采取胶粘等防松动措施。

2）电子线路防冲击和振动设计

对电子线路的防冲击和振动设计，应注意以下几点：

① 为防止断线、断脚或拉脱焊点等故障，对较重元器件及印刷电路板，应采取固定结构；

将导线线束及电缆绑扎，并分段固定。

② 采取局部或整体灌封结构是提高耐振能力的有效措施。

③ 结构和布局应有利于耐振。质量分布应均匀，质心位置最好位于中心。

④ 选用的电子器件应有足够的抗冲击和振动特性。

3）整体包装的防冲击和振动设计

对整体包装的弹药，发射周期前防冲击和振动的主要方法是进行良好的包装设计，以提供多种保护。

弹药产品的包装一般均有内包装和外包装，内包装主要是提供物理保护，如密封以防潮防腐等。外包装（即装箱）主要是提供装卸和运输过程中的保护。两者均对贮存提供保护，以延长弹药产品的贮存寿命。

内包装的密封材料与弹药产品壳体直接接触，其材料在长期贮存中可能与壳体外表面产生物理化学作用，影响其可靠性。因此，设计时必须考虑其材料的物理稳定性和相容性，必要时应进行相容性试验。内包装防潮防水，必须密封好，可设计两种或几种材料的多层包装，以达到密封要求。弹药在内包装中不应产生位移，否则，在运输碰撞中会影响可靠性，因此，应设计纸垫、卡板等进行定位和起缓冲作用。

在装卸与运输过程中，外包装箱所受到的外力是冲击力，在运输过程的启动、加速或减速，以及装卸中突然坠落时，包装箱都会受到加速度的作用，冲击力就是由加速度引起的惯性力。包装箱需要足够的机械防护能力，在经过发射周期前不得损坏，以确保内包装的完整性。其结构要便于搬运堆放和贮存，否则，在装卸和运输过程中或发生跌落时，由于包装的强度不够或不合理而使弹药受到过大的冲击，对弹药的安全性和可靠性均有很大影响。因此，包装箱的结构与材料设计要考虑各种运输条件中的偶然跌落和粗暴装卸，以及不适当装载时的强度和牢固性。

4. 防潮湿设计

（1）潮湿的影响分析

湿气是一种化合物，几乎在所有的环境中都可能遇到它。它可能是引起产品变质的所有因素中最重要的一个化学因素。湿气并非是纯水，而通常是许多杂质的水溶液，这些杂质会引起许多化学问题。虽然存在着湿气可能引起性能退化，但是缺少湿气也可能引起可靠性问题。潮湿气候实际上是湿度和温度的综合环境，因此，防潮设计本质上是湿热防护设计。湿热环境作用下，主要引起材料的物理、化学、光电等劣化效应。

① 非金属材料性能劣化。吸湿性较大的材料如纸张木材等，吸湿后发生溶胀，强度降低甚至损坏；油漆覆盖层吸湿后起泡、脱落，失去保护作用；绝缘材料吸湿后，表面电阻率降低，漏电流增加，介质损耗增大，抗电强度降低，甚至失去电介质的效用。同时，极度缺少湿气又将引起脆裂，许多非金属材料的有用特性就取决于湿气的最佳值；当皮革和纸太干时，它们就变脆，并产生裂纹；同样，随着湿度降低，纤维制品就会加速磨损，纤维变得干脆；如果缺少湿气，环境中就会有灰尘，灰尘会使磨损加剧、摩擦加大以及堵塞过滤器。

② 金属材料腐蚀。湿气渗透多孔的物质，在导体之间形成漏电通道，引起氧化，导致腐蚀、材料膨胀，特别是密封用的橡皮垫膨胀等。当湿气溶进硫化物、氯化物或其他盐类时，水膜实际上是电解质溶液，它将引起金属的电化学腐蚀，使微电路、电气接头发生故障。湿气引起的金属腐蚀速度与空气相对湿度、水膜厚度以及温度有关，温度越高，湿度越大，腐

蚀就越严重。因此，潮湿引起的典型故障主要有零件膨胀、破裂、丧失机械强度；损害电气特性，使绝缘性下降；降低火工品的感度，以致瞎火等。

③ 元器件和电路参数漂移。水是极性介质，当水分渗入元器件时，将引起电参数的变化。

④ 水分综合环境效应。水分是气候环境要素之一，是霉菌生长的必要条件，也是材料腐蚀中电解质电离的必要条件，又是盐雾胶体的组成部分。所以，水分的危害是多方面的。

（2）防潮湿设计的基本原则

根据产品的失效机理，可从结构设计、元器件、材料选择和加工工艺等方面采取适当措施，以获得良好的防潮效果。

① 选择与设计良好的气候环境防护结构，选用防潮性能良好的非金属材料。

② 弹体密封时，应使其内部尽量真空或充入一定量的惰性气体。外壳应有足够的机械强度，以防止气压大幅变化时，造成壳体破裂或变形。

③ 采用密封设计来防止潮湿侵蚀产品。选用密封件时，应选用防潮性能较好的弹性材料。密封结构的外表面应光滑，避免存在凹陷、棱角或锐边等，以免因积水贮尘而导致腐蚀。

④ 设计时，加强弹体内部绝缘结构零件的防潮能力，选用吸湿性小的元器件、材料和在湿热环境中性能稳定的元器件。

⑤ 所用润滑、充填等油脂应具有良好的抗潮、防霉性能，不应发生潮解、变质、生霉、结块、硬化等现象，以保证产品工作性能。

⑥ 弹体外表面应尽量光滑平整，使其具有良好的防潮性能。

⑦ 对元器件的防潮处理，可采用浸漆、喷涂等方法，在需要防潮的构件表面涂覆防潮涂料。如元器件、电路板的硅凝胶无壳灌封，非金属材料加工表面的绝缘、胶木化处理，以及用硅有机化合物蒸气对某些防潮性能差的材料表面进行防潮憎水处理等。

5. 防霉菌设计

（1）霉菌的影响分析

霉菌对弹药产品的危害分为直接侵蚀污染和间接影响两种。前者指霉菌生长直接破坏培养基的材料，这类材料含有霉菌生长需要的养料，并且吸收或吸附一定的湿气，如天然材料中的纤维素，动植物胶、油脂，天然橡胶和皮革，合成材料中的脂肪酸酯，某些涂料、清漆以及部分塑料都可能因霉菌生长而变质、腐烂，使性能恶化。塑料和合成树脂中的大多数本身不是培养基，不易感染霉菌的孢子，但它们的配合剂如增塑剂、颜料、有机填料等都是霉菌的养料，可被霉菌分解和吸收，因而先从材料表面破坏，进而向材料内部纵深发展，造成材料性能劣化。霉菌大多数是蛋白质湿润体，由于菌丝横跨材料表面繁殖，会造成表面漏电、绝缘电阻下降。当绝缘材料长霉达三级时，绝缘电阻约下降为 1/100，抗电强度降低 65%，介质损耗增大 3 倍左右。

霉菌的间接影响是由其代谢物对材料作用引起的。代谢物中的酸性物质及其离子物质破坏了金属表面的电解平衡，从而损坏了防腐蚀的钝化膜，而且由于酶的氧化和分解，加剧了金属腐蚀，降低了接点的可靠性。此外，霉菌的孢子构成了扩展性的物质堆积，使有机防护层产生龟裂、起泡等现象，细菌群体的增长还能阻塞零件间的间隙等。而且微生物堆集可能形成半透性胶囊，从而产生原电池，加速金属腐蚀。霉菌的另一种间接影响是通过人作用的，霉菌令人生厌，从而影响操作人员的情绪，导致烦躁和疲劳。

（2）防霉设计的基本原则

根据产品使用的环境条件、霉菌生长及造成污染的可能程度，以及产品的使用技术要求和防霉等级（霉菌生长分为 0～3 级，3 级为最严重），从结构设计、原材料的选择和表面处理技术等方面采取措施做好产品的防霉处理。

① 防护结构设计采用密封结构，充以干燥、洁净空气或惰性气体，或内置加热器，或放置干燥剂，使内部相对湿度低于 65%，以阻止霉菌生长。

② 设计时，加强弹体内部绝缘结构零件的抗霉能力。选用防霉性能良好的非金属材料。

③ 选用耐霉性良好的绝缘材料、涂料及其他有机材料，以延缓霉菌的生长；避免使用润滑油及其他有助于霉菌生长的材料。应尽量避免使用含有天然有机物质的材料，如皮革、木材、棉丝织品、纸制品等，而使用石英粉、云母等不易长霉的无机物质材料。黏结剂及密封胶宜采用以环氧、环氧酚醛、有机环氧等合成树脂为基本成分的黏结剂。绝缘浸渍宜用改性环氧树脂漆和以有机硅为基本成分的绝缘漆。

④ 在湿热环境条件下贮存和使用的弹药产品，在产品试制定型试验中，应进行霉菌试验，以确定设备的抗霉能力和长霉部位，预测长霉造成的工作故障，并采取适当的防霉措施。

⑤ 在必须使用不耐霉和耐霉性差的材料时，必须使用防霉剂进行防霉处理。防霉剂的使用方法有：

混合法：把防霉剂和原料混合，制成具有抗霉能力的材料，如将防霉剂加入漆中配成防霉漆。

喷涂法：把防霉剂和清漆混合后喷涂于零部件、材料或产品表面。

浸渍法：制成防霉剂稀释溶液，对材料进行浸渍处理，如对棉纱、纸张等可用此法。

⑥ 改善产品使用环境，控制温度、湿度，保持空气流通，减少灰尘积聚，喷射杀菌剂，用紫外线进行消毒或在使用环境中保持适当浓度的臭氧。

⑦ 防霉设计应与湿热环境及其他环境因素综合考虑，以确定防护设计整体方案。

6. 防盐雾设计

（1）盐雾的影响分析

盐雾是一种气溶胶。在海上，由于浪花飞溅，致使水沫雾化并随气流传播而成盐雾。盐雾的主要成分是 NaCl，NaCl 是一种强电解质，在水中完全电离后，易于吸附在金属表面并取代金属氧化膜中的氧，破坏氧化膜的稳定状态，从而使氧化膜失去保护作用，引起金属腐蚀。氯离子还能穿过金属表面的氧化层进入金属内部，引起极化作用，促使阳极溶解，加速腐蚀进程。同时，NaCl 等具有一定的吸湿性，使材料长期处于高湿状态。它会加速材料和元件的腐蚀进程，降低接触点的可靠性。另外，NaCl 等盐类的水溶液具有导电性，会大大降低材料的绝缘电阻和抗电强度。因此，盐雾的主要影响有：含盐的水是良导体，因而使绝缘材料的绝缘电阻下降，引起金属电解而损坏表面，降低结构强度，增加导电性能；引起化学反应导致腐蚀，降低机械强度并增加表面粗糙度；改变电气特性，改变火工元件的特性等。

（2）防盐雾设计的基本原则

① 可采用密封机壳、机罩等，使产品与盐雾环境相隔离。对关键元器件和对环境敏感的器件可加密封罩或进行灌封处理。

② 盐雾和湿热环境共同作用，使金属材料腐蚀，非金属材料力学性能和电性能降低。因此，选择材料时，应同时考虑防潮和防腐能力。

③ 使用环境能有效地取得防盐雾的效果，其中包括使用产品的位置、与自然盐雾沉降区的距离及风向选择等。

7. 三防设计的方法和措施

任何产品都是在一定的气候环境条件下贮存、运输和工作的。气候环境的各种因素都将对产品产生一定应力，使产品加速失效。在气候环境的诸因素中，潮湿、霉菌和盐雾是最常见的破坏性因素。由于潮湿、霉菌和盐雾对产品的影响很大，因此通常将它们的化学防护方法专称为“三防”。三防设计的方法和措施，主要是通过结构设计和正确选用材料与工艺来实现的。

（1）密封结构设计

弹药产品的密封结构设计应考虑细致、全面，以保证长期贮存的要求。一般应考虑以下几个方面：

① 弹药产品所有外部与内部相通的部分均要密封，固定连接部位和需转动或调整的部位均要密封。非螺纹连接部分的辊口密封是弹药产品常用的一种密封方法。为保证密封可靠，除设计合理外，工艺上也要严格要求。辊口后接缝处还应涂漆。螺纹连接部分的密封，常采用涂密封材料、缠丝线、加密封垫等一种或几种综合的方法。为保证能长期贮存，所用材料应不易老化且相容性好，如密封垫多用铝和软聚氧乙烯塑料制作，少用橡胶封垫。需转动和调整的部位，无法用胶固定封死一类的方法密封时，可采用外加防护罩的办法密封。

② 内部密封与外部密封相结合。不仅要考虑弹药外部各连接部位的密封，还要考虑对其内部易于受潮变质的部件采取密封措施。如对火工品集中的部位进行局部结构密封，使其与其他部件隔绝。一些电子部件也用局部密封的办法，如用塑料密封圈等将其密封，与其他部件隔绝。

③ 单层密封与多层密封相结合。如果单层密封不能达到满意的效果，可以对同一部位用多层密封方法，每层密封的材料与结构不一定相同。

④ 各种密封结构和形式，其材料的老化变质率均要满足长期贮存要求，贮存寿命要大于弹药的贮存年限要求。

⑤ 采用包装密封。容器内充氮气或其他惰性气体，外壳常用锡焊进行密封。

（2）灌封结构设计

弹药产品电子线路部件为了使性能稳定，增加强度，以及不受外部潮气等环境因素的影响，常采用灌封结构。

（3）三防处理材料选择

三防设计中的材料选择依据是在满足功能要求的前提下具有防护特性。其中，金属材料主要是抗腐蚀性能，根据腐蚀机理，金属腐蚀可以分为四类，即电化学腐蚀、化学腐蚀、生物腐蚀及机械作用与腐蚀介质并存的腐蚀。在选择材料时，应根据使用环境及其相应的腐蚀类型进行选择，其中主要考虑电化学腐蚀和化学腐蚀。对于有机材料的选择，三防中的防潮是最重要的。因为潮湿不仅使材料性能劣化，而且能促使霉菌生长和盐雾腐蚀。所以，在选用有机材料时，应与防潮性能综合考虑。选择材料时，应根据自然环境和诱发环境条件以及用途来选择相应的耐用材料。

对弹药产品的零部件，常需采用表面涂覆来增加防潮、防霉、防盐雾腐蚀性能，这些三防涂料应具有良好的防潮、防霉、防盐雾性能和电气绝缘性能，并应对被涂覆部件无腐蚀作用。

（4）三防处理工艺

1）憎水处理

憎水处理用来降低亲水材料的吸湿和吸水性，使其表面对水的浸润角为钝角，从而提高防潮能力。憎水处理除能提高抗湿能力外，还可大大提高材料的绝缘强度。

2）浸渍

浸渍是用高强度和绝缘、耐热、耐霉及其他特性好的涂料对材料或电气元件进行浸渍处理，用于填充结构间隙和材料微孔，从而提高其防潮、耐霉能力和绝缘性能。

浸渍用料应根据不同要求选用，对抗电强度要求高，但同时必须具有热稳定性、导热性和提高结构强度的零部件，常用环氧绝缘清漆浸渍；无溶剂漆聚丁二烯丙烯酸聚酯是理想的绝缘浸渍漆，它的流动性和干透性好，漆膜耐热、防潮，介电性能良好。

3）灌封

灌封是将元器件放入特定容器内，用液态树脂灌注固化封装，也可做无壳灌封。常用的灌封材料有石蜡、环氧树脂、特种聚氨酯泡沫塑料、硅凝胶和硅橡胶等。石蜡收缩率太大，力学性能不理想，一般少用。

11.3.4　电磁兼容设计

当电子设备在规定的电磁环境中不能正常工作时，就要从技术性能或经济性等方面考虑进行消除磁性，这个过程就叫电磁兼容性设计。当电磁的存在使电子设备不能正常工作时，则说明电子设备受到电磁干扰。

要构成电磁干扰，必须同时具备三个基本条件，即有电磁干扰源、有相应的传输介质、有敏感的接收单元。只要去除其中一个条件，电磁干扰就可以消除，这也是电磁兼容设计的基本出发点。在进行电磁兼容性设计时，如何消除这三个基本条件中的任一条，就是设计人员的设计准则。电磁兼容性实施的技术措施就是从分析干扰源、耦合途径和敏感单元入手，采取有效手段来抑制干扰源，减小或消除干扰耦合，提高敏感单元的抗干扰能力。

1. 电磁兼容性设计的一般程序

电磁兼容性设计过程中三个必不可少的阶段：

① 根据已知的产品设备性能和测量结果、外界环境以及传播频率数据进行预测。

② 为获得与电磁环境最佳兼容进行工程设计。

③ 对以上分析遗漏的产品进行调整。

在进行电子设备的电磁兼容性设计之前，首先要预测该电子设备所处的电磁环境。这种电磁环境包括：其他各类设备，特别是电磁干扰源类的设备的布局位置；各类设备的正常工作频率；各设备的标称数据，如发射机的功率输出、发送信号类型、发射信号带宽。根据电子设备处的电磁环境选择设计指标，或采取措施消除电磁环境中的干扰。

2. 电磁兼容性设计原则

① 电磁兼容性是一个系统的概念。应将电磁兼容性要求作为设计指标，纳入弹药产品的研制任务书之中。按研制程序，在设计开始阶段，就要进行电磁兼容性指标论证及分配，随即全面开展电磁兼容性设计，在最后阶段要进行电磁兼容性鉴定及验收。

② 要综合处理满足产品主要性能及可靠性、可维护性、安全性、经济性等要求，与满足产品电磁兼容性要求的关系。例如，在设计上一味追求高的能量转换效率，则往往会增加干

扰输出量；追求高灵敏度，就会降低抗干扰能力等。

③ 制定产品电磁兼容性要求时，要从整个产品的全局着眼，照顾到各部件及零件的特点与困难，以求得产品电磁兼容性设计最佳。各部件及零件的设计，也必须从全局出发，力求满足产品所提出的电磁兼容性要求。

④ 在电磁兼容性设计上，要注意防止只重视零部件而忽视产品，或者只重视产品而忽视零部件的两种倾向。一般应该是从产品着眼，从零部件入手，产品与零部件兼顾。

⑤ 解决产品的电磁兼容性问题，在设计上可以从三个方面采取措施：减少或消除干扰；提高抗干扰能力；破坏干扰传输条件。一般来说，侧重点应放在减少或消除干扰方面。

⑥ 既要重视对产品电磁兼容性问题进行分析、预报，又要重视进行电磁兼容性试验验证。二者不可偏废。需要注意的是，由于某些干扰交融连通的数学模型不能真实地反映实际，预报往往会出现差错：第一类差错是预报有干扰，而实测并无干扰；第二类差错是预报无干扰，而实测有干扰。后者比较危险，是设计中更应注意解决的问题。

⑦ 严格机械加工和装配工艺，防止漏磁现象产生。

3. 电磁兼容性设计的实施

电磁兼容性设计的方法有许多种，大致可分为两类：第一类方法是原设计本身尽可能选用相互干扰最小的部件或电路，并予以合理的布局；第二类方法是通过采用屏蔽、滤波、接地、布线等技术将干扰予以隔离和抑制，也就是进行屏蔽。在实践中，应将两类方法综合使用。在进行电磁兼容性设计之前，首先，应确定电子产品的电磁兼容性指标。它包括该产品在规定电磁环境中正常工作的指标，以及该产品干扰其他产品的允许指标。其次，要了解构成干扰的三个组成部分：该产品所处的电磁环境，即存在什么样的干扰源；该产品包含哪些电路，即被干扰的电路是什么；干扰源和产品间将存在哪些耦合，即干扰传递的路径是什么。最后，根据实际情况进行电磁兼容性设计，并通过试验检查设计达到的指标。

电磁干扰源对电子设备的干扰有两种基本耦合方式：一种是种传导耦合，简称“路”的耦合；另一种是辐射耦合，简称“场”的耦合。只要切断“路”和“场”的传输路径，干扰影响即被消除。提高电磁兼容性的措施可以从以下几个方面考虑。

① 消除或抑制电磁干扰源。

② 抑制电磁干扰耦合通道。

③ 提高敏感电路的抗干扰能力。

通过电磁兼容性设计的“接地、屏蔽和滤波”三大技术，对电磁干扰进行消除或抑制。接地、屏蔽和滤波各有其独特作用，但有时又是相互关联的。例如，设备接地良好，便可降低对屏蔽和滤波的要求，而良好的屏蔽又可降低对滤波的要求。因此，在对产品实施电磁兼容性设计时，一般是按接地、屏蔽和滤波的顺序来考虑这三大技术。此外，接地和屏蔽在结构实施上比较方便，而滤波方法则要复杂得多。另外，这三大技术还与其他一些技术相联系，例如接地与搭接、屏蔽与结构、滤波与限幅等。

接地——在产品的某个选定点与某个电平基准面（即接地面）之间建立导电的通路。

屏蔽——利用导电或导磁材料制成的屏蔽体将电磁场限制在一定的空间，阻挡或衰减电磁能量的传播。

搭接——把两金属部件的表面实现机械连接，以建立低电阻通路。

电磁兼容的实施通常有三种方法：一是问题解决法，即针对研制出来的设备所暴露出的电磁干扰问题，采取措施解决。这是一种迫不得已的方法。二是规范法，即按照电磁兼容标准和要求进行设计制造。由于规范和标准的通用性，对特定产品或设备往往导致过多的冗余储备。三是产品法，即对某特定产品的电磁兼容性进行预测和分析，并反复修改设计方案直至满足要求，然后进行硬件生产。这是一种比较实用的方法，可基本避免一般的电磁干扰问题和过量的电磁兼容性设计，实现设备或产品的低费效比。

4. 结构电磁兼容性设计

机械结构设计与电设计能否密切结合，是产品能否达到电磁兼容的关键之一。这一点易被人们所忽视。结构电磁兼容性设计中应遵循的设计准则和需注意的问题如下：

① 要熟悉各种结构材料及结构件的电性能，如电阻率、介电系数、分层材料的电容量、谐振频率以及电磁屏蔽效果等，并能根据电磁兼容性要求选用最佳的材料，设计各种结构件。

② 金属结构件均应良好搭接，从而使整个产品壳体形成完整、连续的导电体，并保证其导电性能均匀而对称。

③ 易爆炸部位的结构件应选用低电阻率的材料，以降低电压差、减少危险。

④ 结构件的安装与搭接均应符合电磁兼容性军用标准。对不同金属结构件的搭接问题，尤其应当注意。

5. 弹药防静电

静电对于弹药的装配、测试、操作、发射及飞行，常常会带来严重的危害。对这个问题的严重性，过去认识不足，近年来由于多次发生由静电而造成的重大事故，才逐渐为人们所重视。

大量的研究和实验结果表明，对弹药造成危害的静电荷可以产生于弹药的内部和外部，或者产生于弹药与周围环境的相互作用。弹药在大气电场中，由于接地及搭接不佳，而会产生大量的感应静电荷；弹药发动机在工作过程中由于电子漫射、热电子放射、光电放射、摩擦起电以及接触电离等作用，也会产生静电荷充电；弹药飞行过程中，如遇到大气中的尘埃或冰粒质点，则会产生摩擦起电。当由这些静电荷积累而形成的强电场突然造成击穿，即发生电晕放电、电弧放电及表面电流放电等现象时，便会有很大的破坏作用。它将产生上升时间极短、幅值很高的窄电流脉冲，能造成电爆器件引爆、绝缘破坏以及灵敏仪器受干扰而无法正常工作等严重故障。

为消除或减小静电的危害，需要针对静电充电和放电对弹药及其各分产品的各种影响，从弹药的设计、制造、装配、测试、试验以及发射操作等各个方面采取相应的防护措施。

① 电搭接：搭接就是指在两个金属表面之间建立低阻通道。搭接的目的是在结构上设法使射频电流的通路均匀，避免在金属件之间出现电位差而造成干扰。弹药外壳的各段之间应有良好的电接触，搭接电阻应小于 25 mΩ，并保证大量电荷能通过搭接线均布于壳体上，以避免外表面各段之间的火花放电。

搭接有两种形式：直接搭接（如焊接、铆接、螺栓连接等）和间接搭接（如跳线等）。无论是直接搭接还是间接搭接，均要求裸面的金属接触。为实现满意的搭接，应去除金属面上的保护涂层，使金属表面紧密贴合。另外，还应注意接触金属的电化学性能差异，做好防潮、防腐蚀处理。

② 接地：接地就是两点之间建立导电通道，其中一点通常是产品的电气元件，另一点则

是参考点。一个良好的参考点或接地板是产品可靠地抗干扰运行的基础，理想的接地板应是零电位、零阻抗的。然而，由于接地材料的特性所限，不存在理想的接地板，因而产品中的接地点之间总是存在一定的电位差。接地的有效性取决于接地产品的电位差和地电流的大小。接地不好的产品往往会使杂散寄生的电压、电流耦合到电路、产品中去，从而使产品的屏蔽有效度下降，并在一定程度上抵消了滤波的作用。

③ 屏蔽：屏蔽的机理是吸收、反射电磁波，以阻断辐射干扰。通过屏蔽可以实现干扰源与敏感设备之间的隔离。弹药内部出现的静电感应，一般可采用将各部件适当接地的办法来消除，特别应注意机械装置也要接地。弹药上的敏感仪器设备、电爆管和引线，以及引信等，均应特别予以屏蔽。

④ 弹药外壳上尽量少用大面积的介质材料，如果要用，也应采用电阻率低（$\leqslant 10^9\ \Omega\cdot\text{m}$）、时间常数小（≤10 ms）的材料，或在其表面上敷以导电涂层。弹药上用作高压绝缘的介质材料，其绝缘强度应比一般正常值要高 2~5 倍。

⑤ 各项操作，均应注意避免或减少摩擦起电效应的发生。

11.3.5 机械结构的可靠性设计

在弹药产品中，弹药的总体结构中多数关重件是金属机械结构件。本节的讨论只限于弹药产品机械结构的强度，而不分析运动的功能。弹药产品机械部件的可靠性设计就是根据机械零部件结构及其材料的失效应力和强度分布，完成机械产品的可靠性设计。

1. 机械结构传统设计方法及其局限性

现行机械结构设计方法，对于静载荷，是按工作状态下危险断面上的载荷做静强度计算，然后按非工作状态下的最大载荷及特殊载荷（如安装载荷、运输载荷等）做静强度验算；而对于承受变载荷的结构，则按工作状态下的正常载荷做疲劳强度计算。

两种情况下的强度条件式均为：

$$\sigma \leqslant [\sigma] = \sigma_{\lim}/n \tag{11-4}$$

式中 σ——结构所受应力；

$[\sigma]$——结构材料的许用应力；

$\sigma_{\lim}$——结构材料极限应力（对静载荷，塑性材料取屈服极限σ_s，脆性材料取强度极限σ_b；对循环动载荷，取疲劳极限σ_{rk}）；

n——安全系数。

在按式（11-4）计算σ时，认为作用于结构上的载荷及结构的几何尺寸为一个确定量，而$\sigma_{\lim}$也取一个确定值用于设计中。换句话说，在设计时，它们都被认准是固定的，本身值并不波动。保证安全可靠的准则是使结构危险断面上的确定的最大计算应力σ小于或等于材料的许用应力$[\sigma]$，而$[\sigma]$中，$\sigma_{\lim}$又是确定值，一切其他因素的影响全靠安全系数 n 来概括。用安全系数 n 来解决保证安全可靠与费用合理的矛盾。

这种设计理论称为定值设计法，已有几十年的历史，经过多年研究，日益精细。精在使 n 不断下降，细在 n 中考虑的因素越来越多。

这种设计理论的特点是忽略影响设计参数变化的随机因素，把载荷、材料性能指标，以及零件加工的尺寸等设计参数均视为确定值，设计的强度储备和环境的适应能力通过安全系数来实现，这种设计只能对机械部件尺寸、重量和性能做不精确的经验估计，因而导致尺寸、重量和性能不太合理的缺陷，并且缺乏科学的理论依据。另外，也不能稳定地得到足够的可靠性，常常出现可靠性方面的某种薄弱环节，例如，所谓易损零件，就是一种薄弱环节。传统结构设计方法的缺点首先在于设计出来的产品往往过重，浪费了各种资源，社会经济效益低。这种计算方法也不能回答机械结构的可靠性究竟是多少。

2. 载荷、材料性能及零件加工质量的随机性

为什么说把载荷、材料性能及零件加工的质量等设计参量视为随机变量，用概率法进行机械设计更加科学呢？主要原因是这种方法使设计更符合客观实际。机械构件所用的材料，由于加工工艺的不同，工艺中受各种因素的影响，实际的强度极限不可能是一个定值，也只能是服从某种分布的随机变量。零件加工存在误差，实际零件的几何尺寸也是随机变量。由于材料性能、热处理硬度及加工装配误差等均为随机变量，使实际零部件的机械综合性能也为随机变量。在工程实际中，机械构件的负荷、应力和材料的强度均为服从或近似服从某种统计分布的随机变量，只有用概率论和数理统计学的方法才能较好地描述这些设计变量的变化规律，只有用概率设计方法进行机械设计，才能使设计更精确，更符合实际需要。

在进行机械产品的可靠性设计之前，首先必须弄清楚所选用材料的强度分布以及应力分布。据有关文献提供的材料可知，一般认为机械部件及其结构强度和应力分布服从正态分布，少部分为对数正态分布或威布尔分布。如弹药产品中的弹体、发动机载荷都近似地服从正态分布。因此，在设计时，一般以正态分布函数作为机械部件的强度和应力随机函数。当然，对于具体的机械部件，可选择具体的分布函数。

从影响失效的强度和应力的观点出发，机械部件的可靠度定义为影响失效的强度超过影响失效的概率，即

$$R=P(S>L)=P(S<L) \tag{11-5}$$

或者

$$Q=Q(S<L)=Q(S>L) \tag{11-6}$$

式中　L——影响失效的应力；

S——影响失效的强度。

3. 材料失效模式

材料特性可概括为两类：

① 应力强度特性，包括可逆反应和不可逆反应两部分。当应力低于失效应力时，应力只产生可逆反应。当应力消失后，材料恢复原状，看不到曾经有应力存在的痕迹。应力超过失效应力后，材料不能恢复原状，在应力消失后，材料已发生变化或破坏。

② 损伤耐力特性（累积损伤模型）。把一种腐蚀性液体加在一个产品上，它就在这个产品上产生不可逆的累积损伤。把腐蚀性液体除去（清洗）之后，损伤仍然存在。如果再一次把腐蚀性液体加上去，损伤进一步扩大。当损伤超过材料耐力时，产品便发生失效。

材料的机械性失效可分为四大类：

① 断裂：应力超过极限应力（拉伸应力或剪切应力）时，材料纤维或晶粒发生物理性分离。

② 屈服：在拉伸、压缩或剪切过程中，材料内应力超过屈服应力时，出现永久变形。

③ 屈曲：当应力超过临界应力时，承力构件发生弯曲，这个现象又名失稳。临界应力取决于材料的弹性模量及几何形状。

④ 挠曲：结构件在受到负载应力时发生挠曲是一个普遍现象。在某些情况下，特别是在与振动环境相关的问题中，把挠度作为一种失效判据。

4. 结构失效模式

结构失效模式要根据结构的功能和环境条件进行分析，同时考虑不同的工作阶段和工作模式。结构的基本功能一般是包装或装载（有保护内部的作用）、承力、保持产品外形等。环境条件一般有静载荷、过载、温度、湿度、振动、冲击等。根据环境条件，对结构可有隔热、防振、防腐蚀、防尘、防霉菌等功能要求。结构的基本功能决定了结构的基本形状和大小，结构不能完成规定功能时构成失效。

结构失效模式取决于应力的分布，或者说，结构失效模式是具有一定应力分布的材料失效模式。这种分布随具体的结构而异，因此有无数种。结构薄弱环节或应力最大的部位，在应力超过强度时构成失效。一个构件在不同的工作阶段或不同的工作模式下承受不同的工作应力，因而可能有两种或更多的失效模式。

5. 安全系数和可靠性

传统的安全系数是人们在应力和强度两个方面不做深入分析的情况下，为了得到可靠的结构而引入的一个设计系数。安全系数不是从理论分析得来的，而是从长期的工程经验得来的，是一个经验系数。随着设计要求和失效标准的不同，安全系数可以有不同的定义。如以材料的塑性或脆性破坏为失效标准，则可表示为“设计载荷/使用载荷”，或“极限载荷/工作载荷”，或“强度极限/工作应力”等。如以丧失弹性为失效标准，则安全系数的定义为“屈服极限/工作应力”。在其他情况下，还可以有其他的定义。例如，在承受交变应力的情况下，以疲劳为失效判据，可能以相应于疲劳极限的振幅或振动时间与允许的振幅或振动时间之比为安全系数等。

用传统的安全系数 n 来解决安全可靠与费用合理这对矛盾，虽经多年的试验并积累了许多实践经验，有一定的合理性，但这种设计理论仍然有较大的不足之处。

① 安全系数具有经验性，只有当材料、结构及所承受的载荷都相同时，安全系数大小才能从相对概念而言，表示安全的大小，否则就连相对概念的价值也没有了。安全系数实际上并不能明确表明设计的安全程度，比如，$n=1.5$，形式上设计具有 50% 的安全裕度，即“可以”承受 50% 的过载；实际工作中，可能超载 100% 也不会破坏，也可能仅承受额定载荷的 90% 就发生破坏。

② 由于安全系数的确定没有经过理论分析，而只是根据经验确定，这就难免在选择安全系数时具有很大的主观性，全凭设计者的主观意愿和经验，以及当时的精神状态，没有客观的统一标准。不同的设计者对同样条件下工作结构的安全系数值的选择常常有较大的差异。为了“保险”起见，人们往往会选取较大的安全系数，从而不必要地增加了结构的体积和重量，增加了各种资源的浪费。

③ 由于设计中涉及的各种参数都作为定值，从而没有考虑各种条件随机变化的影响，没有考虑各种参数的随机特性。从可靠性角度来看，传统安全系数偏大偏小的可能性都存在。

④ 没有与定量的可靠性相联系。由于把设计参数视为定值，没有分析参数的散布度对可靠性的影响，使结构的安全程度具有不确定性。安全系数不能代表可靠性。

表 11−5 中列举了 11 个（应力强度都为正态分布时）与不同的均值、标准差对应的安全系数及可靠性。

表 11-5　安全系数与可靠性

序号	强度均值 μ_S	应力均值 μ_L	强度标准差 σ_S	应力标准差 σ_L	安全系数 μ_S/μ_L	可靠性 R
1	500	200	20	25	2.5	约 1.0
2	500	200	80	30	2.5	0.999 7
3	500	200	100	30	2.5	0.997 9
4	500	200	80	75	2.5	0.996 5
5	500	200	120	60	2.5	0.987
6	250	100	20	25	2.5	0.964
7	250	100	10	15	2.5	0.916 6
8	250	100	250	255	2.5	0.662 8
9	500	100	200	50	5.0	0.973 8
10	500	400	20	25	1.25	0.999 1
11	500	100	50	50	5.0	约 1.0

从表 11-5 中可以看出，在同样的安全系数下，结构的可靠性可能相差很大。表 11-5 中前 8 个例子中，安全系数都是 2.5，但可靠性却是从 0.662 8 一直到近于 1，第 9 例安全系数是 5.0，可靠性为 0.973 8，第10 例安全系数是 1.25，可靠性却是 0.999 1。

在产品日益复杂，精度要求越来越高，结构设计的安全可靠与尽量降低投资费用的矛盾日渐尖锐的今天，这种理论就越来越显出其弊端，应该用新的更为科学的设计理论来取代它进行结构设计才行。

6. 概率设计法

在任何机械部件设计中，设计变量和参数实际上都是随机的，因此，决定机械零部件应力和强度的因素也是随机的。所以，我们必须用概率论和数理统计学的方法分析机械的可靠性，使机械的可靠性设计建立在一定的理论基础上，得到比较合理的设计效果。

传统设计方法的主要问题是将载荷和结构尺寸（即应力条件）作为确定量，进而将材料的强度也取为确定量。但是实际上它们并不是确定值，而是服从一定的分布规律，甚至是无确定规律的随机变量，如载荷、材料强度还可能是随机过程。它们受很多因素的影响，数值本身有波动，随时间而变化，具有离散性，因而不能预言其确定值，但是这些量在统计上却呈现一定的规律性。研究这些规律性，把变化的各种因素引入设计中，全面考虑它们的影响，就是新的结构设计的理论和方法的特点。

这种方法的理论基础是广义概率论（概率论、数理统计和随机过程论），因而称它为以概率论为基础的可靠性设计理论与方法。在这种方法中引入可靠度（R）或可靠指标作为结构件设计的统一安全可靠标准。它对应于一定的失效概率，定量地描述了安全可靠的程度，因而较精确，更接近实际地解决了有关强度设计的问题，保证结构设计满足一定的可靠性要求。概率设计法提供了解决安全可靠与费用合理这对矛盾的新途径。

将影响结构可靠性的诸因素分类，一类是将其看作随机变量处理，称为随机变量数学模型，简称随机变量模型；另一类是将其作为随机过程处理，简称为随机过程模型。工程中常用随机变量数学模型。

机械结构设计离不开应力与强度概念。从可靠性的角度考虑，影响机械产品故障的各种因素可分为“应力”与“强度”两类，当“应力”大于“强度”时，故障发生。

传统概念的应力是结构单位面积上所承受的外力，在传统设计中往往将机械结构的应力当作一个常数值，如要求机械应力时，则认为其所受载荷及有关结构尺寸是不变的。实际上，机械结构的应力很难控制为一个常数值。从可靠性出发，凡是趋向于引起结构失效的因素都称为应力。从可靠性的角度考虑，“应力”不仅指外力在微元面积上产生的内力与微元面积比值的极限，而且包括各种环境因素。诸如温度、湿度的变化，腐蚀作用，粒子辐射等，赋予了应力更为广泛的含义。

传统概念的强度是机械结构承受应力的能力，因此，凡是能阻止结构或零件故障的因素，统称为强度，如材料力学性能、加工精度、表面粗糙度等。在传统设计中，往往将某种材料的强度等当作一个常数值。由于金属材料在冶炼、锻造、焊接、热处理等加工过程中有差异，试样的取样位置、试验加载方式、试验环境的不同以及存在尺寸公差等，材料的机械性能不是一个常数值，而是一组离散数值，只不过其离散程度一般没有应力大而已。从可靠性的角度考虑，强度是机械结构承受应力的能力，凡是能阻止结构或零件失效的因素，统称为强度，强度是抵抗破坏的能力，又称为抗力。

总而言之，在工程实际中，机械结构所承受的应力及所具有的强度都是一组离散性的随机变量。传统设计的应力和强度，只是不考虑其他因素影响时，离散性应力及强度随机变量的均值。概率设计不仅要考虑应力及强度随机变量的均值影响，还要考虑应力及强度随机变量的离散性影响。因此，概率设计必须了解其概率分布规律。

结构可靠性设计的基本目标应是在一定可靠度下，保证结构在所有截面上的最小抗力不低于最大应力，否则结构将由于未满足可靠度要求而导致失效。从可靠性角度看，结构所承受的应力及具有的强度都是随机变量，通常可以用均值和方差来描述一个随机变量。考虑强度与应力的不同分布情况，强度与应力的分布曲线可能有交叉，虽然强度的均值大于应力的均值，但是仍然存在强度小于应力的可能性。应力分布与强度分布的干涉部分实质上表示零件的失效概率（不可靠度），即可靠度就是强度大于应力的概率。

外载荷、温度、湿度等都是具有一定散布的，因而应力是一个受多种因素影响的随机变量，具有一定的分布规律。同样，受各种工艺环节波动性的影响，材料的力学性能、加工精度等也是有一定散布的，强度也是一个有一定分布规律的随机变量，也是具有一定分布的统计量，这就决定了结构的故障也具有统计性质。在这种情况下研究产品的可靠性问题就是概率设计方法所做的工作。

用概率设计方法就能克服以上的缺点。实践经验证明：静载荷、静强度以及结构的几何尺寸公差都能较好地服从正态分布。现介绍应力和强度均服从正态分布的可靠度计算。

对于静载荷和静强度都服从正态分布的结构，其应力和强度概率密度函数 $f(L)$ 和 $g(S)$ 为：

$$f(L)=\frac{1}{\sigma_x\sqrt{2\pi}}\mathrm{e}^{-\frac{1}{2}\left(\frac{x-\mu_x}{\sigma_x}\right)^2} \tag{11-7}$$

$$g(S)=\frac{1}{\sigma_y\sqrt{2\pi}}\mathrm{e}^{-\frac{1}{2}\left(\frac{y-\mu_y}{\sigma_y}\right)^2} \tag{11-8}$$

式中 μ_x、μ_y——随机变量 L、S 的均值；

σ_x、σ_y——随机变量 L、S 的标准差。

令 L 为应力随机变量，S 为强度随机变量，且

$$Z=S-L \tag{11-9}$$

并假设 L、S 是互相独立的。

由概率论知道，当随机变量 L、S 均服从正态分布时，其差也服从正态分布，也就是说，随机变量 Z（可靠系数）也服从正态分布，其概率密度函数为

$$q(Z)=\frac{1}{\sigma_z\sqrt{2\pi}}\mathrm{e}^{-\frac{1}{2}\left(\frac{z-\mu_z}{\sigma_z}\right)^2} \tag{11-10}$$

式中 μ_z——随机变量 Z 的均值；

σ_z——随机变量 Z 的标准差。

由概率论知道

$$\mu_z=\mu_S-\mu_L \tag{11-11}$$

$$\sigma_z=\sqrt{\sigma_L^2+\sigma_S^2} \tag{11-12}$$

当 μ_L、μ_S、σ_L、σ_z 已知时，μ_z、σ_z 就可按式（11-11）和式（11-12）算出，则 $q(Z)$ 也是已知的。

如果 $S<L$，结构将出现强度破坏。按照式（11-9），即 $Z<0$。

要预计结构发生强度破坏的概率（即结构的不可靠度 F），就是要求得 $P(Z<0)$。

$$F=P(Z<0)=\int_{-\infty}^{0}q(Z)\mathrm{d}z$$

$$=\int_{-\infty}^{0}\frac{1}{\sigma_z\sqrt{2\pi}}\mathrm{e}^{-\frac{1}{2}\left(\frac{z-\mu_z}{\sigma_z}\right)^2}\mathrm{d}z \tag{11-13}$$

令 $t=\frac{z-\mu_z}{\sigma_z}$，则式（11-13）变为

$$F=P(Z<0)=\int_{-\infty}^{-\frac{\mu_z}{\sigma_z}}\frac{1}{\sqrt{2\pi}}\mathrm{e}^{-\frac{1}{2}t^2}\mathrm{d}t$$

令 $Z_R=\frac{\mu_z}{\sigma_z}$，则

$$F=P(Z<0)=\int_{-\infty}^{-Z_R}\frac{1}{\sqrt{2\pi}}\mathrm{e}^{-\frac{1}{2}t^2}\mathrm{d}t \tag{11-14}$$

$$Z_R=\frac{\mu_z}{\sigma_z}=\frac{\mu_S-\mu_L}{\sqrt{\sigma_L^2+\sigma_S^2}} \tag{11-15}$$

按式（11-15）计算 Z_R，根据 Z_R 查标准正态分布表，即可得到 F。因为 $R=1-F$，所以可

以预计结构的可靠度。

概率设计方法将可靠性定量指标引入设计之中，保证设计出来的零件具有一定的可靠性。概率设计方法具有如下特点：

① 把设计变量视为随机变量，按强度应力干涉理论进行设计。

② 保证所设计的零件具有给定的可靠性指标。

③ 在保证满足可靠性指标的前提下，使所设计的零件尺寸小、重量小。

④ 赋予零件一定的可靠性指标，为产品可靠性预计提供了条件。

⑤ 力学模型和设计模型与传统设计基本相同，与传统设计具有较好的继承性。

例：某火箭弹的固体发动机零件在正态分布的应力条件下工作，其强度也为正态分布。综合应力均值为 μ_L=241 MPa，标准差为σ_L=27.5 MPa，零件综合强度均值为 μ_S=565 MPa，标准差为σ_S=55 MPa，求零件的可靠度大小。

解：用式（11–15）求出系数 Z_R：

$$Z_R=\frac{\mu_S-\mu_L}{\sqrt{\sigma_S^2+\sigma_L^2}}=\frac{565-241}{\sqrt{55^2+27.5^2}}=5.27$$

由正态分布表查得可靠性值 R=0.999 999 9。

现假定该零件因热处理或工作环境温度变化，使综合强度标准差σ_S增大到 104 MPa，而 μ_S、μ_L、σ_L 未变。重新计算 Z_R 值。

$$Z_R=\frac{\mu_S-\mu_L}{\sqrt{\sigma_S^2+\sigma_L^2}}=\frac{565-241}{\sqrt{104^2+27.5^2}}=3.01$$

由正态分布表，可查得此时可靠性下降到 R=0.998 7。

所以，当零件工作应力或材料性能等有关系数发生波动后，可从式（11–15）看出可靠性变化的情况。目前，机械结构可靠性工作尚不完全成熟，它涉及载荷和强度的分布、故障模式和故障判据、评定标准等的选择。由于缺乏足够有效的实验数据，离实际应用还有一定距离。

7. 一般设计程序和方法

机械结构产品可靠性设计基本程序和方法可分为下列步骤：

（1）定义设计的项目，进行设计任务分析

首先以明确规定的使用要求为依据，逐项列出产品所应具有的一切功能。

（2）验证设计变量和参数的关系

（3）故障模式、影响与致命度分析（FMECA）

对产品功能要求进行分析研究，列出每一种可能的结构失效模式。考虑协调性、寿命要求、互换性、功能、安全性等各方面可能产生的问题，确定每一种失效模式的严重性级别。完成故障模式与影响分析以后，要对整个故障模式与影响分析进行仔细复审。

① 定义产品或产品中的所有零部件。

② 列出造成产品失效的每个部件的失效模式。

③ 分析出现这些失效模式的原因。

④ 定义影响这些原因的全部参数。

⑤ 确定影响产品成功的失效模式的临界值。

⑥ 为了确定分析的先后，列出主次危险失效模式。

（4）部件可靠性分配

给各部件分配可靠性，使整个结构满足可靠性指标要求。进行分配时，必须考虑技术发展水平、可生产性、历史资料、部件复杂性或关键性等因素。应该把较高的可靠性要求分配给最关键而提高其可靠性所需费用最低的部件。如果在分配中仔细考虑了所有这些因素，就能较经济地达到所要求的可靠性。

从每个结构部件的故障模式与影响分析中可以得到一系列设想到的失效模式。对所有的失效模式都进行同样详细的分析，一般是不实际也不必要的。根据工程经验，判断故障模式与影响分析中的后果和严重性级别，对结构整体性能和可靠性有强烈影响的模式属于主要失效模式。对于这些主要失效模式，需要做详细的可靠性分析，然后在各主要模式之间分配可靠性指标。

（5）应力分析

应力分析方法即一般的方法，但是为了便于下一步估计可靠性概率，不取尺寸的“最低值”，而首先用各种参数的名义值（均值）进行应力分析。

① 核实选择的设计有效参数。

② 建立临界参数和影响失效标准的关系。

③ 确定影响失效的应力函数。

④ 确定影响失效的应力分布。

⑤ 确定影响失效的强度函数。

⑥ 确定影响失效的强度分布。

（6）可靠性计算与设计迭代

用应力分析数学模型和已知或假设的设计参数概率分布求出失效模式参数（设计参数的从属变量，即某种应力）的概率分布。根据此概率分布和强度的概率分布计算可靠性估计值。如估计值满足可靠性指标要求，设计即可定案。如不满足可靠性指标要求，则需修改设计。

① 对于每一失效模式，计算与这些影响失效的应力、强度分布有关的可靠度。

② 如果没有达到可靠性要求，则要进行重新设计和计算，直到满足或超过要求。

③ 更换产品中危险的零部件。

④ 重复以上设计步骤，直到产品可靠性满足规定的要求为止。

11.4　弹药零件可靠性设计

弹药零件可靠性是保证弹药产品可靠性的基础。目前，弹药零件设计仍以传统设计方法为主，较少采用概率设计方法。按传统安全系数设计方法设计出来的零件，一方面，为了“保险”，设计偏“安全”，使结构大而重，不仅浪费，而且给弹药产品性能带来不利影响；另一方面，不理解应力和强度分布对可靠性的影响，尽管安全系数大于1，但缺乏对应力和强度分布的有效控制，使结构名义上是“安全”的，但实际上并不“安全”。推广弹药零件可靠性设计方法，对弹药行业具有非常重要的意义。

在弹药零件设计中，运用概率设计方法，可以为提高零件可靠性探索技术途径。当应力和强度都服从正态分布时，由式（11-15）可知，提高结构可靠性的主要措施有增大均值差（$\mu_L-\mu_S$），即增大安全系数，或者减小标准差（σ_L和σ_S），即减小应力和强度分布。增大均值差的途径是提高强度或减小应力。

提高强度是主要方法，如采用高强度材料、采取强化工艺措施、增大结构尺寸等，这些往往都会大幅增加费用。减小应力往往很困难，因为应力一般取决于工作条件和环境，必须采取先进设计手段和方法才有可能。减小应力和强度分布的主要途径：

① 通过实验和理论计算等技术途径精确掌握应力情况和数值(包括载荷、环境、条件等)。

② 严格控制材料及热处理质量。

③ 尽量消除和减小应力集中等有害内应力等。

④ 尽量准确确定相关设计参数。

⑤ 提高加工精度。

弹药零件可靠性设计，并不是所有零件都要求相同的可靠性，应根据零件在产品中的作用、重要性、复杂程度等具体情况，确定可靠性目标值。从经济角度看，显然没有必要也不可能使可靠度达到100%，只是尽可能提高弹药零件可靠度。一味提高弹药零件可靠性也是不可取的，尽管这种情况下可靠性很高，但是会使结构质量加大，浪费材料。在工程中，根据对弹药零件可靠性的不同要求，主要是通过设计控制应力的分布，设计出满足可靠性要求的结构。

由于概率设计方法相对而言比传统安全系数设计方法复杂，加上强度和应力分布不是十分清楚，相关参数的统计特征量不完备，因此对所有弹药零件都要求按概率设计方法来设计是不可能的，也是没必要的。

一般来说，在弹药零件设计中，对不是很复杂的情况，可以应用概率设计方法进行正面设计，即针对静载条件，根据给定载荷和分配给该重要零件的可靠性指标，按照静强度来设计确定零件的主要尺寸。通常情况下，概率设计方法在弹药零件设计中主要以反面设计为主，即针对静载条件，根据给定载荷和初步设计的结构尺寸，来计算结构可靠性，看是否满足规定的可靠性要求。对较复杂的情况，通过简化处理，求得初步结构尺寸之后，运用概率设计方法进行可靠性校核。

我们结合弹药产品机械零部件的设计，介绍“弹丸强度可靠性设计”，说明弹药产品中机械零部件的可靠性设计方法。

1. 要求

（1）对每一载荷极限状态的危险断面的危险点都应计算其强度可靠度

（2）校核方法

应明确采用哪一类校核方法：

① 限制应力。

② 限制变形或残余变形。

（3）强度条件

应明确规定强度条件：

① 明确强度计算选用的强度理论。

② 明确许用应力。

2. 弹丸强度可靠性的概率极限状态设计的一次二阶矩方法

（1）弹丸结构功能的极限状态

应采用下列极限状态方程式描述：

$$g(L, S)=0 \tag{11-16}$$

式中　$g(L, S)$——弹丸结构功能函数；

L——弹丸在载荷作用下产生的应力或变形；

S——弹丸材料许用应力或限制变形。

弹丸在载荷作用下产生的应力或变形采用下式表示：

$$L=L(X_1, X_2, \cdots, X_n) \tag{11-17}$$

式中　$L(X_1, X_2, \cdots, X_n)$——计算弹丸应力或变形的数学模型；

$X_i(i=1, 2, \cdots, n)$——与弹丸结构功能状态有关的基本变量，如弹丸载荷、材料性能、几何参数等。

（2）弹丸强度按极限状态设计

应符合下列方程式要求：

$$g(L,S)=S-L>0 \tag{11-18}$$

（3）基本变量的概率特性

在计算弹丸强度可靠度时，假设各基本变量互相独立且服从正态分布。当基本变量的均值与标准差未知时，按下列公式计算：

$$\mu_{X_i}=\frac{\mu_{X_i\max}+\mu_{X_i\min}}{2} \tag{11-19}$$

$$\sigma_{X_i}=\frac{\mu_{X_i\max}-\mu_{X_i\min}}{6} \tag{11-20}$$

式中　μ_{X_i}、σ_{X_i} $(i=1,2,\cdots,n)$——与弹丸结构功能状态有关的基本变量的均值与标准差；

$\mu_{X_i\max}$、$\mu_{X_i\min}$ $(i=1,2,\cdots,n)$——与弹丸结构功能状态有关的基本变量的最大值与最小值，根据给定的 X 的误差或公差计算。

3. 应力（或变形）的均值与标准差的计算

（1）应力（或变形）的力学模型与数学模型

一般采用力学解析模型，必要时也可采用数学模型，但计算应力或变形的力学模型与数学模型应与强度校核所用的模型相同。当采用数学模型时，可用其他合理方法确定基本变量的均值与标准差。

（2）计算应力（或变形）的均值与标准差

由式（11-17）得知，用 $\bar{X}$ 表示$(\bar{X}_1,\bar{X}_2,\cdots,\bar{X}_n)$，则

$$\mu_L\approx\mu_{X_i}+\frac{1}{2}\sum_{i=1}^{n}\left.\frac{\partial^2 L(X)}{\partial X_i^2}\right|_{X=\bar{X}}\sigma_L(X_i) \tag{11-21}$$

式中　μ_L——弹丸应力或变形的均值；

μ_{X_i}——与弹丸结构功能状态有关的基本变量的均值；

$\sigma_L(X_i)$——与弹丸结构功能状态有关的基本变量的方差。

式中若基本变量的方差均很小，则 L 的一阶近似均值为：

$$\mu_L \approx L(X_1, X_2, \cdots, X_n) \tag{11-22}$$

$$\sigma_L(L) \approx \sum_{i=1}^{n} \left[\left. \frac{\partial L(X)}{\partial X_i} \right|_{X=\bar{X}} \right]^2 \sigma_L(X_i) \tag{11-23}$$

式中　$\sigma_L(L)$——弹丸应力或变形的方差。

$$\sigma_L = [\sigma_L(L)]^{1/2} \tag{11-24}$$

$$\sigma_L = \sqrt{\sum_{i=1}^{n} \left[\left. \frac{\partial L(X)}{\partial X_i} \right|_{X=\bar{X}} \right]^2 \sigma_L(X_i)} \tag{11-25}$$

4. 强度可靠度

强度可靠度计算：

$$R_S = P[g(L, S) = S - L] > 0$$

式中　R_S——强度可靠度。

强度可靠度应根据 L、S 的均值 μ_L、μ_S，标准差 σ_L、σ_S，以及其分布类型计算。当 L、S 互相独立且均服从正态分布时，按下列公式计算可靠度：

$$Z = \frac{\mu_S - \mu_L}{\sqrt{\sigma_S^2 + \sigma_L^2}} \tag{11-26}$$

式中　Z——可靠系数；

μ_L、μ_S——L、S 的均值；

σ_L、σ_S——L、S 的标准差。

$$R_S = \Phi(Z) = 1 - [1 - \Phi(Z)] \tag{11-27}$$

式中　$\Phi(Z)$——标准正态分布函数。

$[1-\Phi(Z)]$值可由正态分布的$[1-\Phi(Z)]$高可靠性表（见附录 F）查得，代入式（11-27），得 R_S。

思考练习题

1. 可靠性设计技术包括哪两个方面？
2. 提高弹药产品固有可靠性的设计目的是什么？
3. 防止弹药产品可靠性退化的设计目的是什么？
4. 简述可靠性设计的基本任务。
5. 什么是可靠性设计准则？
6. 可靠性设计准则的内涵是什么？
7. 可靠性设计中考虑的主要因素是什么？
8. 可靠性设计中应注意的要点是什么？
9. 简述元器件选用与控制的原则。
10. 简述元器件选择与控制的内容。
11. 什么零件属于可靠性关键件、重要件？

12. 简述简化设计的基本原则。
13. 弹药产品的耐高低温设计措施包括哪几方面？
14. 防冲击、振动设计措施包括哪几方面？
15. 弹药产品中的防冲击、振动设计措施包括哪几方面？
16. 湿热环境的影响主要有哪几方面？
17. 霉菌对弹药产品的危害分为哪两种？
18. 三防设计的方法和措施主要通过哪三个方面来实现？
19. 构成电磁干扰必须同时具备的三个基本条件是什么？
20. 电磁兼容性设计的基本原则是什么？
21. 电磁兼容的实施通常有哪三种方法？
22. 弹药防静电采取哪些相应的防护措施？
23. 结构电磁兼容性设计中，应注意的问题及遵循的准则是什么？
24. 机械设计的两种基本原理是什么？
25. 影响应力的主要因素是什么？
26. 影响强度的主要因素是什么？

第12章
弹药工程可靠性

用匠心追逐强军梦:“航天之父”钱学森为我国开辟了一条自主研发航天科技的道路，使我国不再仅仅是仰望星空的国家，而成为能够探索太空的航天大国，钱学森弹道更犹如一颗璀璨的星辰，在现代军事科技的天空中闪耀着独特的光芒;“氢弹之父”于敏让我国成为世界上少数拥有氢弹技术的国家，也让我国在国际核谈判中拥有了更强的话语权。他们的默默奉献和卓越才智，使我国的国防力量达到了新的高度，为实现中华民族伟大复兴的中国梦、强国梦、强军梦奠定了坚实的基础。

随着科学技术的不断进步和发展，武器产品也日新月异;新技术的发展，带来了新的军事变革;探测、控制、计算机、网络技术不断在弹药上应用，出现了以灵巧弹药、弹道修正弹药、末制导弹药、信息战弹药、智能弹药等为代表的高新技术弹药，这是不可逆转的必然发展趋势。

但是，常规弹药设计、生产、管理的基本形态并没有改变。弹药工程可靠性工作必须遵循以预防为主、早期投入的方针，将预防和纠正可靠性设计及元器件、材料和工艺等方面的缺陷作为工作重点，以保证和提高弹药产品的可靠性。

12.1 弹药可靠性工程设计分析的流程

大型工程（如弹药产品等）的研制过程可分为战术技术指标论证、方案论证及确认、工程研制（包括初步设计与详细设计阶段）、设计定型、生产定型五个阶段。

根据产品各研制阶段的主要研制任务，以及目前工程实际中开展可靠性设计分析工作的经验可知，各种可靠性设计分析工作，如可靠性要求制定、可靠性建模、故障模式影响及危害性分析（FMEA/CA）、故障树分析（FTA）、可靠性预计、可靠性分配等，主要集中在指标论证、方案论证和工程研制三个阶段。

由于各种可靠性设计分析工作开展的阶段不完全相同，同一项工作在不同的阶段开展的深度也不同，而且，不少工作之间存在着前后的依赖性，因此，为确保战备完好性和任务成功率，要在弹药产品研制工作中有效地组织开展可靠性设计分析工作，达到高效、全面地提高产品的可靠性水平的目标，必须对各研制阶段中可靠性设计分析工作的关系和流程有清楚的认识。

可靠性设计流程如图12-1所示。

现以弹药产品为例，对各研制阶段的可靠性设计分析流程简述如下。

1. 战术技术指标论证阶段（表12-1）

表12-1　战术技术指标论证阶段

研制任务	分析研制任务书或研制合同规定的各项战术技术要求，进行战术技术指标、总体技术方案的论证及研制经费、保障条件、研制周期的预测，可靠性总体方案论证，编制可靠性大纲计划
流程说明	根据弹药产品的使用需求和特征，制定可靠性定性要求与定量要求，确定可靠性工作项目，并把它们作为产品战术技术指标的一部分

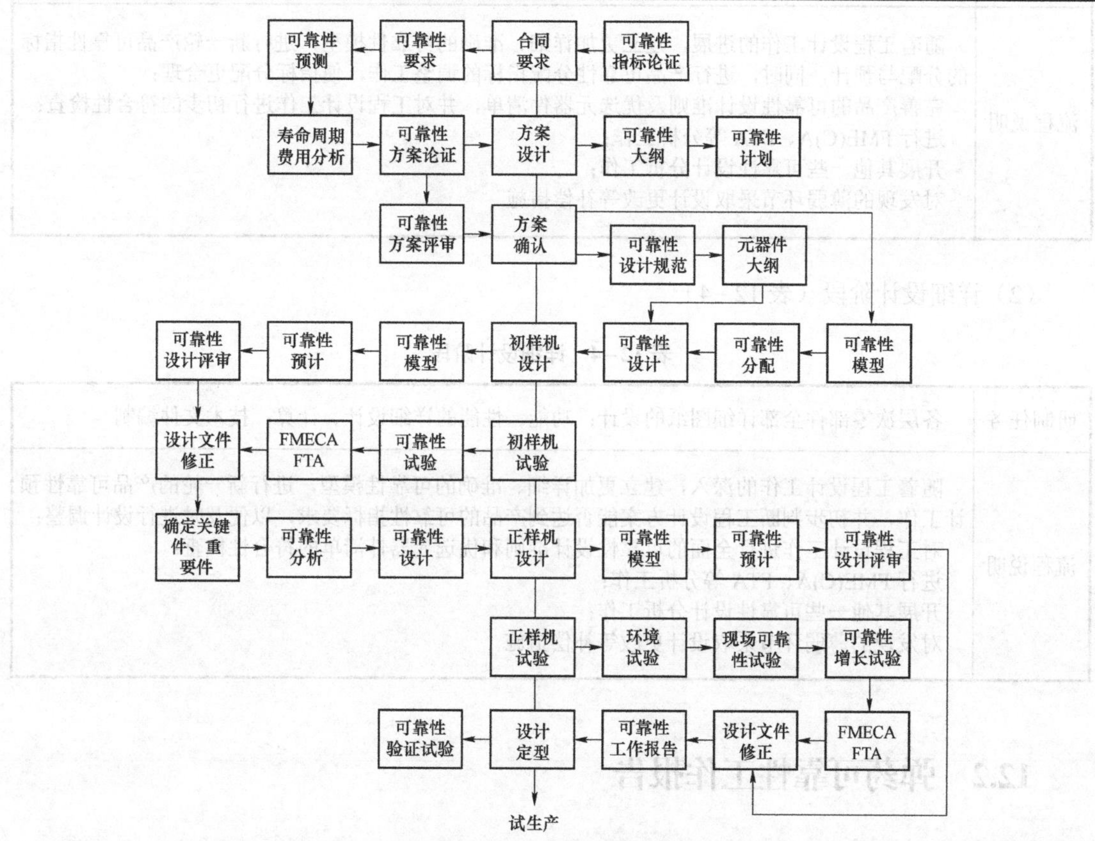

图12-1　可靠性设计流程

2. 方案论证及确认阶段（表12-2）

表12-2　方案论证及确认阶段

研制任务	依据战术技术要求，进行产品总体方案的优选及关键技术攻关，并确定总体技术方案； 根据总体技术方案，进行产品方案设计、总体协调和产品布局，确定产品方案和主要部件的结构形式； 进行模型样机或原理样机研制与试验
流程说明	按照已确定的可靠性定量要求，进行产品可靠性指标的分配，使产品各层次设计人员明确各自的设计目标； 按照设计方案建立产品可靠性模型，进行产品可靠性预计，发现薄弱环节，改进设计，并判断设计方案能否满足产品可靠性定量要求； 改进方案或调整可靠性分配指标，再次进行可靠性预计，可迭代多次； 如果需要，可按照工程设计的特点，与使用方协商，进行产品可靠性指标的调整； 按照已确定的可靠性定性要求，制定初步的可靠性设计准则及优选元器件清单； 按照已确定的可靠性定性要求，进行功能FMEA和FTA等分析工作，发现薄弱环节，改进设计

3. 工程研制阶段

（1）初步设计阶段（表 12–3）

表 12–3　初步设计阶段

研制任务	细化方案论证阶段确定的方案；各部件的功能、性能分析计算；产品的原理设计、组成和结构设计
流程说明	随着工程设计工作的进展，建立更加详细、准确的可靠性模型，进行新一轮产品可靠性指标的分配与预计，同时，进行产品可靠性分配指标的调整工作，使指标分配更合理； 完善产品的可靠性设计准则及优选元器件清单，并对工程设计工作进行初步的符合性检查； 进行 FME(C)A、FTA 等分析工作； 开展其他一些可靠性设计分析工作； 对发现的薄弱环节采取设计更改等补偿措施

（2）详细设计阶段（表 12–4）

表 12–4　详细设计阶段

研制任务	各层次零部件全部详细图纸的设计；功能、性能的详细设计、计算；技术文件编制
流程说明	随着工程设计工作的深入，建立更加详细、准确的可靠性模型，进行新一轮的产品可靠性预计工作，并初步判断工程设计方案能否达到产品的可靠性指标要求，以便及时进行设计调整； 对工程设计工作进行全面的可靠性设计准则和优选元器件清单的符合性检查； 进行 FME(C)A、FTA 等分析工作； 开展其他一些可靠性设计分析工作； 对发现的薄弱环节采取设计更改等补偿措施

12.2　弹药可靠性工作报告

弹药产品可靠性设计工作中，“可靠性工作报告”是设计文件中必不可少的文件之一，就如何撰写“可靠性工作报告”，从程序和内容上做简单介绍。

1. 概述

（1）产品概述

1）产品用途

×××（产品名称）主要用于×××××。其主要作战使用性能如下：

××××××××××；

××××××××××。

2）产品组成

×××（产品名称）主要由××××××××××等组成。

（2）工作概述

1）研制过程概述

根据×××××××××要求，×××（产品名称）自××××年××月开始研制，

××××年××月通过方案评审进入工程研制阶段，××××年××月完成正样鉴定，进入状态鉴定阶段。

2）可靠性工作组织机构及运行管理情况

×××（产品名称）总设计师对产品可靠性管理和技术全面负责，从计划、组织、协调和资源等方面保证产品可靠性工作计划的实施。

在设计师系统中建立可靠性工作系统，由总师主管可靠性设计工作，主持制定可靠性工作计划，组织落实工作计划中规定的可靠性工作项目；监督指导各部件、组件设计师开展可靠性设计工作；协调及分配各部件、组件的可靠性指标；收集相关产品的可靠性信息，并对相关的可靠性工作进行培训。

产品总质量师负责可靠性工作计划实施的监督和控制工作。

建立可靠性工作组与质量师系统相关人员参加的故障审查组织，负责对×××（产品名称）研制过程中出现的故障进行审查，确定责任，对审查结果报请总设计师，与相关的工程技术负责人员一同对提出的改进措施进行审定、验证，在总设计师批准后，对研制方案进行改进、提高和完善。对不能及时解决或悬而未决的问题，提出处理意见。故障审查的全部资料一并进行归档。

3）可靠性文件的制定与执行情况

×××（产品名称）在研制过程中制订了可靠性工作计划，并落实了工作计划中规定的可靠性工作项目。

2. 综合参数指标

（1）综合参数指标要求

根据×××××××××的有关规定，×××（产品名称）使用可用度要求如下：

使用可用度：不小于×××。

（2）综合参数指标评估

1）仿真评估

① 数据收集与分析。

基于保障效能仿真的使用可用度评估以产品构型、任务使用、保障资源、保障作业过程数据作为基础来开展。

② 仿真建模。

应用收集分析得到的产品和保障系统数据，在产品保障效能仿真平台中构建该型保障效能评估仿真模型。保障效能评估是对产品系统、任务系统以及保障系统相互作用的综合效能水平的评估，每个系统中的因素都会对整体水平产生影响，在保障效能仿真评估中需要综合考虑，因此，基于活动网络图构建产品保障效能仿真评估模型，主要内容包括：

产品模型：主要描述产品的功能和物理构型、特性参数指标，以及机群的数量配置等内容。

任务模型：主要描述产品的不同任务类型及其时间规划，以及各类型任务的产品构型和保障资源需求等内容。

保障资源模型：主要描述备件、保障设备、人力人员等保障资源配置的类型和数量，以及补给替换规则等内容。

保障过程模型：主要描述产品使用保障作业和维修保障作业的开展过程，包括作业过程中的活动节点及其逻辑关系，以及活动消耗的时间和保障资源等内容。

附“保障效能评估仿真建模的活动网络图模型”。

③ 仿真评估与评价。

基于上述构建的产品保障效能仿真模型，设定保障效能仿真评估方案，评估当前设计的产品系统及其保障系统是否能支撑该型产品达到规定的保障效能指标要求，如使用可用度等。

2）统计评估

① 评估方法。

根据 GJB 451A，统计能工作和不能工作时间，不能工作时间为修复性维修、预防性维修和延误事件时间等。

×××（产品名称）使用可用度按式（12-1）进行计算：

$$A_0 = \frac{T_f + T_{df} + T_s}{T_f + T_{df} + T_s + \sum_{i=1}^{n} T_{DWi}} \tag{12-1}$$

式中 T_f——工作时间；

T_{df}——等待时间；

T_s——无故障待命时间；

T_{DWi}——第 i 类不可工作时间。

② 数据统计。

结合状态鉴定性能试验，根据实际工作情况统计的能工作和不能工作时间，以表格的形式体现。

③ 评估结果。

经评估，×××（产品名称）使用可用度评估值为×××，满足指标要求。

3. 可靠性要求

（1）可靠性定性要求

主要包括应采用经试验或分析证明可靠性达到使用要求的零部件或装置。

（2）可靠性定量要求

根据×××××××××的有关规定，××可靠性指标要求如下：

×××××××××

×××××××××

（产品设计的具体可靠性指标）

4. 可靠性设计情况

（1）建立可靠性模型

×××（产品名称）主要由×××、×××、……及×××组成。

根据 GJB 813 规定的程序和方法建立以产品功能为基础的可靠性模型。可靠性模型包括可靠性框图和相应的数学模型，可靠性框图与产品功能框图、原理图、工程图等相协调。

×××（产品名称）可靠性模型如图××所示。

（2）可靠性分配与预计

×××（产品名称）可靠性预计采用××××分析法，具体预计过程如下：

（略）

预计结果见表××。

根据产品特点，为提高可靠性分配结果的合理性和可行性，选择××××法进行可靠性分配。具体分配过程如下：

（略）

根据统计计算，产品可靠性指标分配见表××（略）。

经验算，分配方案可行。

（3）可靠性分析

1）故障模式、影响及危害性分析

在研制过程中，按照GJB/Z 1391全面开展了失效模式、影响及危害性分析（FMECA），并随设计状态的变化不断更新。通过FMECA及时发现了设计的薄弱环节，均进行了改进，详细分析情况见附录××（略）。

2）故障树分析

研制过程中，在进行失效模式、影响及危害性分析（FMECA）的基础上，以灾难的或致命的故障事件为顶事件，参照GJB/Z 768进行了故障树分析（FTA）。详细分析情况见附录××（略）。

（4）可靠性设计采取的主要技术措施及效果

在×××（产品名称）研制过程中，严格贯彻了“可靠性工作计划”的相关要求，具体设计情况如下：

① 优先采用现产品使用的标准件和通用件。

② 主要零部件均采用成熟技术，并进行简化设计。

③ 设计中各种接口密切协调，以确保接口可靠性。

④ 零部件、元器件及电路均进行了电磁兼容性设计，解决它们与外界环境的兼容，以及产品内部各级电路间兼容。

⑤ 关键零部件×××采取×××设计，提高了环境适应能力。

以上设计措施提高了××××的可靠性。

5. 可靠性试验情况

（1）设计验证性能试验

××××年××月～××××年××月，被试品××发，技术状态为初样机。根据《××××产品设计验证性能试验大纲》，由×××组织在×××完成了初样机设计验证性能试验，试验项目包括×××等，试验数据包括×××，存在的问题主要有×××，解决情况如下：××××××。试验结论×××。

××××年××月～××××年××月，被试品××发，技术状态为正样机。根据《××××产品设计验证性能试验大纲》，由×××组织在×××完成了正样机设计验证性能试验，试验项目包括×××等，试验数据包括×××，存在的问题主要有×××，解决情况如下：××××××。试验结论×××。

（2）状态鉴定性能试验

××××年××月～××××年××月，被试品××发，技术状态为××××年××月研制的正样机。根据《××××产品状态鉴定性能试验大纲》，由×××试验训练基地在×××完成了状态鉴定性能试验，试验项目包括×××等，试验数据包括×××，存在的问题主要有×××，解决情况如下：××××××。试验结论：×××。

6. 可靠性评估情况

（1）可靠性定性评价

主要包括优先采用现役产品已使用的标准件和通用件。

（2）可靠性定量评估

1）数据处理原则

主要包括：

① 可证实是由于同一原因引起的间歇故障只计为1次故障。

② 当可证实多种故障模式由同一原因引起时，整个事件为1次故障。

③ 试验中出现多重故障（指同时发生2个或2个以上独立的故障），按发生故障次数进行统计。

④ 在试验中出现的重复性故障（指同一个故障出现2次或2次以上），如果采取了纠正措施，在以后的试验中不再发生，并且以后这段时间大于第一次出现故障的累计试验时间，则确认故障已经消除，可只计为1次故障。

⑤ 出现1次导致人员伤亡或产品毁坏的灾难故障，即提前做出拒收判决。

⑥ 在试验过程中，一旦出现故障，允许对出现的故障进行修复维修和更换维修，恢复正常工作后，继续进行试验。

2）评估方法

根据GJB 899A—2009，数据处理方法评估。

3）评估结果

可靠性数据来源：状态鉴定性能试验，累计试验时间×××h。责任故障×个，试验判决接收。

12.3 弹药可靠性技术应用示例

1. 应用层次分析法对某杀伤爆破火箭弹产品的可靠度进行分配

某杀伤爆破火箭弹主要由引信、战斗部、发动机、稳定装置四大部件组成，根据研制合同要求，产品可靠度不低于0.85，现需要将产品可靠度0.85合理分配给战斗部、发动机、稳定装置三大部件（鉴于专业方向，在此分配中，暂且不考虑引信）。

（1）建立杀爆火箭弹层次结构模型

建立层次结构模型需要明确的要素有决策层、准则层与方案层所包含的各项，本例中确定决策目标即为目标层：杀爆火箭弹产品可靠度，其下包含的准则层为战斗部、发动机、稳定装置，根据对杀爆火箭弹可靠性影响因素的分析，重点考虑复杂度、重要度、环境严酷度、技术成熟度四个方面为方案层。由上而下所建立的“杀爆火箭弹产品可靠度”阶梯层次结构模型如图12-2所示。

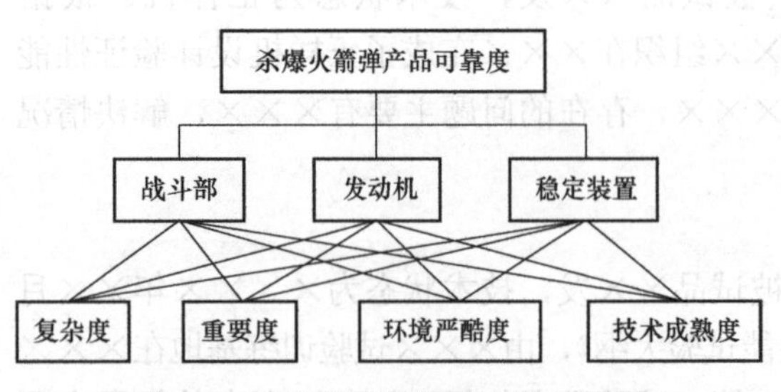

图12-2 杀爆火箭弹层次结构模型

（2）影响杀爆火箭弹可靠性因素的相对权重

1）计算被比较单元的相对权重

目标层（决策层）为杀爆火箭弹产品可靠度，用符号 A 表示。衡量目标的准则为准则层，用符号 B 表示。底层为方案层，用符号 C 表示。

① 求方案层 C 对准则层战斗部 B_1 的判断矩阵及相对权重。

影响战斗部可靠度分配的因素主要考虑复杂度、重要度、环境严酷度、技术成熟度，进行两两比较后，方案层 C 对准则层战斗部 B_1 的判断矩阵见表 12－5。

表 12－5　方案层对准则层战斗部 B_1 的判断矩阵

B_1	C_1	C_2	C_3	C_4
C_1	1	3	5	3
C_2	1/3	1	3	3
C_3	1/5	1/3	1	1
C_4	1/3	1/3	1	1

其中，C_1、C_2、C_3、C_4 分别表示为复杂度、重要度、环境严酷度、技术成熟度。

判断矩阵 $\boldsymbol{B}_1=\begin{bmatrix} 1 & 3 & 5 & 3 \\ 1/3 & 1 & 3 & 3 \\ 1/5 & 1/3 & 1 & 1 \\ 1/3 & 1/3 & 1 & 1 \end{bmatrix}$，根据判断矩阵中的数据，用和积法计算最大特征根 $\lambda_{\max}$。

- 将判断矩阵 $\boldsymbol{B}_1$ 每一列正规化

$$M_{ij}=\frac{a_{ij}}{\sum_{k=1}^{n}a_{kj}}$$

$$M_{11}=\frac{1}{1+1/3+1/5+1/3}=0.535\,7$$

$$M_{12}=\frac{3}{3+1+1/3+1/3}=0.642\,9$$

$$M_{13}=\frac{5}{5+3+1+1}=0.5$$

$$M_{14}=\frac{3}{3+3+1+1}=0.375$$

$$M_{21}=\frac{1/3}{1+1/3+1/5+1/3}=0.178\,6$$

$$M_{22}=\frac{1}{3+1+1/3+1/3}=0.214\,3$$

$$M_{23}=\frac{3}{5+3+1+1}=0.3$$

$$M_{24}=\frac{3}{3+3+1+1}=0.37$$

$$M_{31}=\frac{1/5}{1+1/3+1/5+1/3}=0.107\,1$$

$$M_{32}=\frac{1/3}{3+1+1/3+1/3}=0.071\,4$$

$$M_{33}=\frac{1}{1+5+3+1}=0.1$$

$$M_{34}=\frac{1}{1+3+3+1}=0.125$$

$$M_{41}=\frac{1/3}{1+1/3+1/5+1/3}=0.178\,6$$

$$M_{42}=\frac{1/3}{3+1+1/3+1/3}=0.071\,4$$

$$M_{43}=\frac{1}{1+5+3+1}=0.1$$

$$M_{44}=\frac{1}{3+3+1+1}=0.125$$

- 将每一列经正规化后的判断矩阵按行相加

按列正规化后的判断矩阵为：

$$\begin{bmatrix} 0.535\,7 & 0.642\,9 & 0.5 & 0.375 \\ 0.176\,8 & 0.213\,4 & 0.3 & 0.375 \\ 0.107\,1 & 0.071\,4 & 0.1 & 0.125 \\ 0.176\,8 & 0.071\,4 & 0.1 & 0.125 \end{bmatrix}$$

$$u_1=u_i=\sum_{i=1}^{n}M_{ij}=0.535\,7+0.642\,9+0.5+0.375=2.053\,6$$

$$u_2=0.178\,6+0.214\,3+0.3+0.375=1.067\,9$$

$$u_3=0.107\,1+0.071\,4+0.1+0.125=0.403\,5$$

$$u_4=0.176\,8+0.071\,4+0.1+0.125=0.475$$

- 将上一步所得到的行和向量正规化，得到排序权向量 W

$$\sum_{i=1}^{n}u_i=2.053\,6+1.067\,9+0.403\,5+0.475=4$$

$$W_1=W_i=\frac{u_i}{\sum_{i=1}^{n}u_i}=\frac{2.053\,6}{4}=0.513\,4$$

$$W_2=\frac{1.067\,9}{4}=0.266\,9$$

$$W_3=\frac{0.403\,5}{4}=0.100\,9$$

$$W_4=\frac{0.475}{4}=0.118\,8$$

求出的特征向量为：

$$W=[0.513\,4, 0.266\,9, 0.100\,9, 0.118\,8]^T$$

● 计算判断矩阵的最大特征根

根据公式 $\lambda_{\max}=\sum_{i=1}^{n}\frac{(AW)_i}{nW_i}$，求 $\lambda_{\max}$。

$$AW=\begin{bmatrix}1 & 3 & 5 & 3\\ 1/3 & 1 & 3 & 3\\ 1/5 & 1/3 & 1 & 1\\ 1/3 & 1/3 & 1 & 1\end{bmatrix}\times\begin{bmatrix}0.513\,4\\ 0.266\,9\\ 0.100\,9\\ 0.118\,8\end{bmatrix}$$

$$AW_1=1\times0.513\,4+3\times0.266\,9+5\times0.100\,9+3\times1\,188=2.175\,0$$

$$AW_2=1/3\times0.513\,4+1\times0.266\,9+3\times0.100\,9+3\times0.118\,8=1.097\,1$$

$$AW_3=1/5\times0.513\,4+1/3\times0.266\,9+1\times0.100\,9+1\times0.118\,8=0.411\,3$$

$$AW_4=1/3\times0.513\,4+1/3\times0.266\,9+1\times0.100\,9+1\times0.118\,8=0.479\,8$$

将计算结果代入求 $\lambda_{\max}$ 的公式，得

$$\lambda_{\max}=\sum_{i=1}^{n}\frac{(AW)_i}{nW_i}=\frac{2.175}{4\times0.513\,4}+\frac{1.097\,1}{4\times0.266\,9}+\frac{0.411\,3}{4\times0.100\,9}+\frac{0.479\,8}{4\times0.118\,8}=4.115\,5$$

$$\mathrm{CI}=\frac{|\lambda_{\max}-n|}{n-1}=\frac{0.115\,5}{4-1}=0.038\,5$$

从表 9-4 平均随机一致性指标 RI 表中查表得 4 阶判断矩阵 RI 值为 0.89，代入公式得

$$\mathrm{CR}=\frac{\mathrm{CI}}{\mathrm{RI}}=\frac{0.038\,5}{0.089}=0.043\,3<0.1$$

所以判断矩阵有满意的一致性。

单层排序权值（0.513 4，0.268 9，0.100 9，0.118 8）是可信的。

② 求方案层 C 对准则层发动机 B_2 的判断矩阵及相对权重。

影响发动机可靠度分配的因素主要考虑复杂度、重要度、环境严酷度、技术成熟度，进行两两比较后，方案层 C 对准则层发动机 B_2 的判断矩阵见表 12-6。

表 12-6　方案层 C 对准则层发动机 B_2 的判断矩阵

B_2	C_1	C_2	C_3	C_4
C_1	1	2	3	2
C_2	1/2	1	2	3
C_3	1/3	1/2	1	3
C_4	1/2	1/3	1/3	1

用同①的方法和步骤计算得到，方案层 C 对准则层发动机 B_2 的相对权重为单层排序权值（0.411 2，0.280 8，0.191 0，0.117 0）。

③ 求方案层 C 对准则层稳定装置 B_3 的判断矩阵及相对权重。

影响稳定装置可靠度分配的因素主要考虑复杂度、重要度、环境严酷度、技术成熟度，进行两两比较后，方案层 C 对准则层稳定装置 B_3 的判断矩阵见表 12-7。

表 12-7　方案层 C 对准则层稳定装置 B_3 的判断矩阵

B_3	C_1	C_2	C_3	C_4
C_1	1	4	5	3
C_2	1/4	1	3	3
C_3	1/5	1/3	1	1
C_4	1/3	1/3	1	1

用同①的方法和步骤计算得到，方案层 C 对准则层稳定装置 B_3 的相对权重为单层排序权值（0.535 3，0.248 1，0.099 0，0.117 7）。

④ 求准则层 B 对目标层 A 的判断矩阵及相对权重。

准则层 B 对目标层 A 的判断矩阵见表 12-8。

表 12-8　准则层 B 对目标层 A 的判断矩阵

A	B_1	B_2	B_3
B_1	1	1/3	1/2
B_2	3	1	3
B_3	2	1/3	1

用同①的方法和步骤计算得到，准则层 B 对目标层 A 的相对权重为单层排序权值（0.159 3，0.588 9，0.251 8）。

2）方案层 C 对目标层 A 的综合排序权值计算

用同①的方法和步骤计算得到了方案层 C 对目标层 A 的相对权重，并将以上计算的单层排序权值放入表 12-9 中。

表 12-9　综合排序权值

C	A_1	A_2	A_3	综合排序权值
	0.159 3	0.588 9	0.251 8	
C_1	0.513 4	0.411 2	0.535 3	0.458 7
C_2	0.266 9	0.280 8	0.248 1	0.270 4
C_3	0.100 9	0.191 0	0.099 0	0.153 5
C_4	0.118 8	0.117 0	0.117 7	0.117 5

（3）可靠度分配

根据可靠性定义，可靠度服从指数分布时，各部件的可靠度为 $R_i(t)=\mathrm{e}^{-\lambda_i t}$，产品的可靠度为 $R_s(t)=\mathrm{e}^{-\lambda_s t}$，根据串联系统可靠度的定义：

$$R_s(t)=\prod_{i=1}^{n}R_i(t)=\mathrm{e}^{-\lambda_s t}=\mathrm{e}^{-\sum_{i=1}^{n}\lambda_i t}$$

串联系统进行可靠度分配是以产品允许的故障率分配系数 K_i 分配给各部件。各部件的可靠度分配系数为：

$$K_i = \frac{\lambda_i}{\lambda_s} = \frac{\lambda_i}{\sum_{i=1}^{n} \lambda_i} \tag{12-2}$$

显然，失效率越大，可靠度越低；而权重越大，要求可靠度越高。结合以上各种关系，可以得到权重与可靠度分配系数之间的相互关系：

$$K_i = \frac{\frac{1}{W_i}}{\sum_{i=1}^{n} \frac{1}{W_i}} \quad i = 1, 2, \cdots, n \tag{12-3}$$

则各部件的可靠度为：

$$R_i = R_s^{Ki} \tag{12-4}$$

将上述计算得到影响产品可靠度因素的综合权重 $\boldsymbol{W}$=(0.458 7, 0.270 4, 0.153 5, 0.117 5)代入式（12-3），得到影响产品可靠度的 4 个因素（复杂度、重要度、环境严酷度、技术成熟度），影响系数为：

$$K_i = \frac{\frac{1}{W_i}}{\sum_{i=1}^{n} \frac{1}{W_i}} = (0.104\,3, 0.176\,9, 0.311\,7, 0.407\,1)$$

将上述计算得到产品部件的综合权重 $\boldsymbol{W}$=(0.159 3,0.588 9,0.251 8)代入式（12-3），得到部件的可靠度分配系数为：

$$K_i = \frac{\frac{1}{W_i}}{\sum_{i=1}^{n} \frac{1}{W_i}} = (0.525\,4, 0.142\,1, 0.332\,4)$$

根据式（12-4），分配给各部件的可靠度为：

战斗部：$B_1 = 0.85^{0.525\,4} = 0.918\,2$

发动机：$B_2 = 0.85^{0.142\,1} = 0.977\,2$

稳定装置：$B_3 = 0.85^{0.332\,4} = 0.947\,4$

必须说明，评价准则直接影响到层次分析法的结果，评价准则选择不同，分析结果就不一样，如果评价准则再增加一项可靠性准则，则分析结果又不一样了。上述分析及矩阵中的数据仅作为理论分析举例之用，具体数据不供引用，不能作为实际工作的依据。

2. 弹体强度可靠度计算示例

现以某“榴弹弹丸强度可靠度计算”为例，用弹药零件反面设计的方法，即针对静载荷条件，根据给定载荷和初步设计的结构尺寸，来计算结构可靠度，即运用概率设计方法进行可靠性校核。

本例中的产品与指标具体数据均为假设，只为举例分析，不供引用。

已知某榴弹弹体的材料为优质炮弹钢，在正态分布的应力条件下工作，其强度也为正态分布，许用应力：强度均值μ_S=654 MPa，强度标准差σ_S=24.8 MPa，相关数据见表 12−10。

表 12−10　某榴弹弹丸相关数据

参数	弹丸质量/kg	计算膛压/MPa	弹带截面以上弹体质量/kg	弹带截面以上炸药质量/kg	火炮内径	弹带处弹体外径	弹体内径
					mm		
均值	21.77	253	13.43	2.71	61	57.2	42.1
标准差	0.218	1.31	0.134	0.271	0.016 67	0.066 67	0.208 3

（1）榴弹弹丸结构

榴弹弹丸主要由引信、弹体、弹带和炸药装药组成。弹丸是最终完成各种战斗任务的战斗部，由弹体、炸药装药和弹带组成。其基本组成如图 12−3 所示。

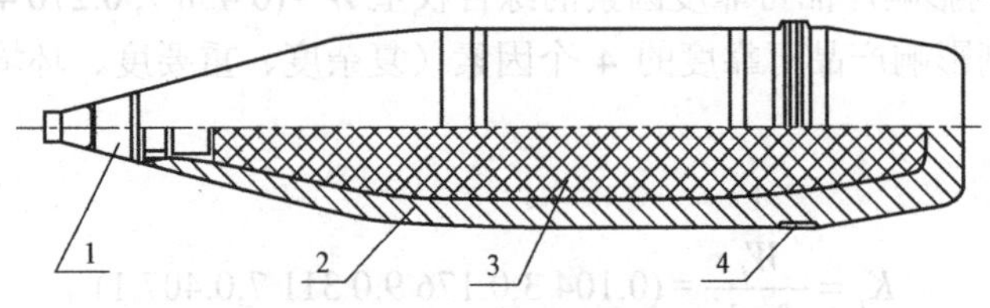

1—引信；2—弹体；3—炸药装药；4—弹带。

图 12−3　榴弹弹丸基本组成

（2）作用原理

榴弹弹丸经火炮发射后，被火药气体从炮膛中推出，利用所获得的动能飞向目标。当弹丸碰到目标时，引信开始作用，弹丸壳体内的炸药被瞬时引爆，产生高温、高压的爆轰产物。该爆轰产物猛烈地向四周膨胀，一方面，使弹丸壳体变形、破裂，形成破片，并赋予破片以一定的速度向外飞散；另一方面，高温、高压的爆轰产物作用于周围介质或目标本身，使目标遭受破坏。

（3）弹体可靠性要求

弹体是用于装填炸药完成作战任务的零件。弹体连接弹丸的各个部分，保证弹丸发射时的结构强度和安全性，赋予弹丸有利的气动外形，弹体上的前后定心部（又称导引部）确保弹丸正确飞向目标，并在炸药爆炸时产生大量破片来杀伤敌人，是保证弹丸发射安全、射程、密集度和威力等战技指标的主要零件。

（4）弹体强度分析

采用布林克公式，对弹体强度进行分析。布林克方法是基于无限长厚壁圆筒的力学模型，故对于弹体定心部、圆柱部等处的断面比较合理，而接近弹底区域不能简化为无限长圆筒，其误差就大得多。由于布林克方法的计算简单，对弹带区以前的弹体强度基本上与实际符合，所以对弹丸强度的计算一般采用布林克方法估算。

由于弹体结构和载荷条件的特殊性，可做以下假设：在弹体应力分析中，只考虑火药气体压力、惯性力、装填物压力和弹带压力，其余可不计。在结构方面，可将弹体简化为无限长厚壁圆筒，并将弹体分成若干断面。

发射时弹体强度的计算，实质上就是在求得弹体内各处应力的条件下，根据有关强度理论对弹体进行校核。弹丸在膛内应当校核第一临界状态（弹带压力最大）和第二临界状态（膛压最大）时的强度。根据布林克方法，对于旋转式弹丸，在不计其旋转的影响，其三向应力分别为：

$$\begin{cases} \sigma_z = -p \cdot \dfrac{r^2}{b^2 - a^2} \cdot \dfrac{m_n}{m} \\ \sigma_r = -p \cdot \dfrac{r^2}{a^2} \cdot \dfrac{w_n}{m} \\ \sigma_t = \dfrac{pr^2 w_n (a^2 + b^2)}{a^2 m (b^2 - a^2)} \end{cases} \tag{12-5}$$

式中　σ_z、σ_r、σ_t——分别为轴向、径向、切向应力；

r——弹丸半径；

b、a——分别为危险断面上弹体的外、内半径；

m_n——危险断面以上弹体质量（即包括与弹体连在一起的其他零件）；

w_n——危险断面上部的装填物（炸药）质量；

m——弹丸质量；

p——膛压。

根据第四强度理论求出相当应力：

$$\sigma_4 = \frac{1}{\sqrt{2}} \sqrt{(\sigma_z - \sigma_r)^2 + (\sigma_t - \sigma_r)^2 + (\sigma_z - \sigma_t)^2} \tag{12-6}$$

现分析寻找弹丸弹体危险面。

榴弹弹丸的最危险断面可能发生在弹尾区（因为这些断面上弹体质量 m_n、炸药质量 w_n 较大），也可能发生在弹带槽处（因为这些断面处面积较小）。

为了寻找榴弹弹丸最危险断面，在榴弹弹体上取三个相对比较危险的断面：1—1 断面在上定心部下沿，2—2 断面在下定心部下沿，3—3 断面在下弹带槽下沿，如图 12−4 所示。

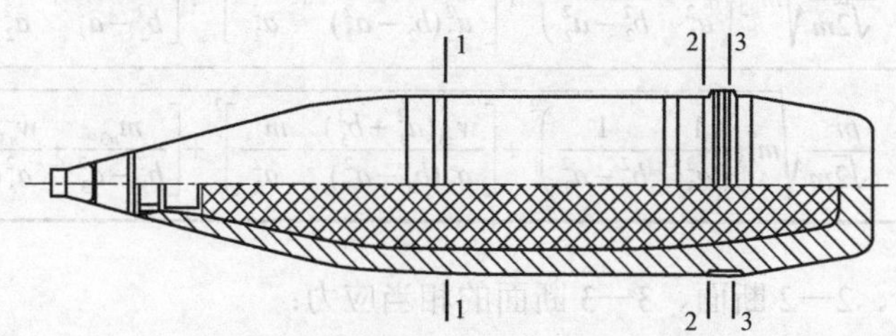

图 12−4　弹丸断面位置示意图

假设弹丸质量 m、弹丸长 l、最大膛压 p、弹体材料密度 ρ_m、弹体质量 m_1、炸药密度 ρ_w、炸药质量 m_2，三个断面的参数列于表 12−11 中。

表 12-11 三个断面的参数

断面号	b/cm	a/cm	m_n/kg	W_n/kg
1—1 断面	b_1	a_1	m_{n1}	W_{n1}
2—2 断面	b_2	a_2	m_{n2}	W_{n2}
3—3 断面	b_3	a_3	m_{n3}	W_{n3}

计算各断面内表面处的应力：在最大膛压时，由于弹丸转速较小，由旋转引起的应力比较小，此时可以忽略旋转的影响。

由布林克公式分别计算三个断面的三向应力，表达式列于表 12-12 中。

表 12-12 三个断面的三向应力

断面号	σ_z	σ_r	σ_t
1—1 断面	$-p\cdot\dfrac{r^2}{b_1^2-a_1^2}\cdot\dfrac{m_{n1}}{m}$	$-p\cdot\dfrac{r^2}{a_1^2}\cdot\dfrac{m_{n1}}{m}$	$\dfrac{pr^2w_{n1}(a_1^2+b_1^2)}{a_1^2m(b_1^2-a_1^2)}$
2—2 断面	$-p\cdot\dfrac{r^2}{b_2^2-a_2^2}\cdot\dfrac{m_{n2}}{m}$	$-p\cdot\dfrac{r^2}{a_2^2}\cdot\dfrac{m_{n2}}{m}$	$\dfrac{pr^2w_{n2}(a_2^2+b_2^2)}{a_2^2m(b_2^2-a_2^2)}$
3—3 断面	$-p\cdot\dfrac{r^2}{b_3^2-a_3^2}\cdot\dfrac{m_{n3}}{m}$	$-p\cdot\dfrac{r^2}{a_3^2}\cdot\dfrac{m_{n3}}{m}$	$\dfrac{pr^2w_{n3}(a_3^2+b_3^2)}{a_3^2m(b_3^2-a_3^2)}$

按第四强度理论分别计算 1—1 断面、2—2 断面、3—3 断面的相当应力，表达式列于表 12-13 中。

表 12-13 三个断面的相当应力

断面号	σ_4
1—1 断面	$\dfrac{pr^2}{\sqrt{2}m}\sqrt{m_{n1}^2\left(\dfrac{1}{a_1^2}-\dfrac{1}{b_1^2-a_1^2}\right)^2+\left[\dfrac{w_{n1}(a_1^2+b_1^2)}{a_1^2(b_1^2-a_1^2)}+\dfrac{m_{n1}}{a_1^2}\right]^2+\left[\dfrac{m_{n1}}{b_1^2-a_1^2}+\dfrac{w_{n1}(a_1^2+b_1^2)}{a_1^2(b_1^2-a_1^2)}\right]^2}$
2—2 断面	$\dfrac{pr^2}{\sqrt{2}m}\sqrt{m_{n2}^2\left(\dfrac{1}{a_2^2}-\dfrac{1}{b_2^2-a_2^2}\right)^2+\left[\dfrac{w_{n2}(a_2^2+b_2^2)}{a_2^2(b_2^2-a_2^2)}+\dfrac{m_{n2}}{a_2^2}\right]^2+\left[\dfrac{m_{n2}}{b_2^2-a_2^2}+\dfrac{w_{n2}(a_2^2+b_2^2)}{a_2^2(b_2^2-a_2^2)}\right]^2}$
3—3 断面	$\dfrac{pr^2}{\sqrt{2}m}\sqrt{m_{n3}^2\left(\dfrac{1}{a_3^2}-\dfrac{1}{b_3^2-a_3^2}\right)^2+\left[\dfrac{w_{n3}(a_3^2+b_3^2)}{a_3^2(b_3^2-a_3^2)}+\dfrac{m_{n3}}{a_3^2}\right]^2+\left[\dfrac{m_{n3}}{b_3^2-a_3^2}+\dfrac{w_{n3}(a_3^2+b_3^2)}{a_3^2(b_3^2-a_3^2)}\right]^2}$

比较 1—1 断面、2—2 断面、3—3 断面的相当应力：

从弹丸断面位置示意图可以看出，三个断面的内外半径都可以近似地看成相等的，也就是 $a_1\approx a_2\approx a_3$，$b_1\approx b_2\approx b_3$，危险断面以上的弹体质量大小比较为 $m_{n3}>m_{n2}>m_{n1}$，危险断面的装填物质量大小比较为 $w_{n3}>w_{n2}>w_{n1}$。

经分析，可以判断出：

$$m_{n3}^2\left(\frac{1}{a_3^2}-\frac{1}{b_3^2-a_3^2}\right)^2>m_{n2}^2\left(\frac{1}{a_2^2}-\frac{1}{b_2^2-a_2^2}\right)^2>m_{n1}^2\left(\frac{1}{a_1^2}-\frac{1}{b_1^2-a_1^2}\right)^2$$

$$\left[\frac{w_{n3}(a_3^2+b_3^2)}{a_3^2(b_3^2-a_3^2)}+\frac{m_{n3}}{a_3^2}\right]^2>\left[\frac{w_{n2}(a_2^2+b_2^2)}{a_2^2(b_2^2-a_2^2)}+\frac{m_{n2}}{a_2^2}\right]^2>\left[\frac{w_{n1}(a_1^2+b_1^2)}{a_1^2(b_1^2-a_1^2)}+\frac{m_{n1}}{a_1^2}\right]^2$$

$$\left[\frac{m_{n3}}{b_3^2-a_3^2}+\frac{w_{n3}(a_3^2+b_3^2)}{a_3^2(b_3^2-a_3^2)}\right]^2>\left[\frac{m_{n2}}{b_2^2-a_2^2}+\frac{w_{n2}(a_2^2+b_2^2)}{a_2^2(b_2^2-a_2^2)}\right]^2>\left[\frac{m_{n1}}{b_1^2-a_1^2}+\frac{w_{n1}(a_1^2+b_1^2)}{a_1^2(b_1^2-a_1^2)}\right]^2$$

由此可以断定 1—1 断面、2—2 断面、3—3 断面中 3—3 断面的相当应力最大，也就是说，3—3 断面是该榴弹弹丸中最危险的断面，要想保证此榴弹弹丸的可靠性，首先要满足最危险断面的可靠性。因此，下面计算 3—3 危险断面的弹体强度可靠度。

（5）弹丸弹体强度可靠度计算

1）σ_z、σ_r、σ_t 计算公式及基本变量

根据已知相关数据，应用布林克公式（12−5）计算应力。在布林克公式中，m、p、m_n、w_n、r、b、a 均为随机变量，为简捷方便起见，上述各量以随机向量 X（X_1，X_2，X_3，X_4，X_5，X_6，X_7）表示。上述随机变量的均值分别为：

$$\begin{cases}\bar{m}=X_1=21.77\ \text{kg}（弹丸质量）\\ \bar{p}=X_2=253\ \text{MPa}（膛压）\\ \bar{m}_n=X_3=13.43\ \text{kg}（危险断面以上弹体质量）\\ \bar{\omega}_n=X_4=2.71\ \text{kg}（危险断面以上炸药质量）\\ \bar{r}=X_5=0.061\ \text{m}（火炮内径）\\ \bar{b}=X_6=0.057\,2\ \text{m}（危险断面弹体外径）\\ \bar{a}=X_7=0.042\,1\ \text{m}（危险断面弹体内径）\end{cases} \tag{12-7}$$

标准差为：

$$\begin{cases}\sigma_{X_1}=0.218\ \text{kg}\\ \sigma_{X_2}=1.31\ \text{MPa}\\ \sigma_{X_3}=0.134\ \text{kg}\\ \sigma_{X4}=0.027\,1\ \text{kg}\\ \sigma_{X5}=1.667\times10^{-5}\ \text{m}\\ \sigma_{X6}=6.667\times10^{-5}\ \text{m}\\ \sigma_{X7}=2.083\times10^{-4}\ \text{m}\end{cases} \tag{12-8}$$

3—3 危险断面即弹带槽下沿，靠近弹丸底部，因此该断面弹体的质量和炸药质量可近似地取该弹丸弹体的质量和炸药的质量，以便于计算。

2）按第四强度理论计算相当应力的均值与标准差

为计算σ_4 的均值 μ_{X_4} 和标准差σ_{X_4}，先计算σ_4 对 X_1、X_2、X_3、X_4、X_5、X_6、X_7 的一阶偏导数和二阶偏导数，为此，先导出下列各式：

$$\frac{\partial\sigma_4}{\partial X_i}=\left[(\sigma_z-\sigma_r)\left(\frac{\partial\sigma_z}{\partial X_i}-\frac{\partial\sigma_r}{\partial X_i}\right)+(\sigma_t-\sigma_r)\left(\frac{\partial\sigma_t}{\partial X_i}-\frac{\partial\sigma_r}{\partial X_i}\right)+(\sigma_z-\sigma_t)\left(\frac{\partial\sigma_z}{\partial X_i}-\frac{\partial\sigma_t}{\partial X_i}\right)\right]\Big/(2\sigma_4) \quad (12-9)$$

$$\frac{\partial^2\sigma_4}{\partial X_i^2}=\left[\left(\frac{\partial\sigma_z}{\partial X_i}-\frac{\partial\sigma_r}{\partial X_i}\right)^2+(\sigma_z-\sigma_r)\left(\frac{\partial^2\sigma_z}{\partial X_i^2}-\frac{\partial^2\sigma_r}{\partial X_i^2}\right)+\left(\frac{\partial\sigma_t}{\partial X_i}-\frac{\partial\sigma_r}{\partial X_i}\right)^2+(\sigma_t-\sigma_r)\left(\frac{\partial^2\sigma_t}{\partial X_i^2}-\frac{\partial^2\sigma_r}{\partial X_i^2}\right)+\left(\frac{\partial\sigma_z}{\partial X_i}-\frac{\partial\sigma_t}{\partial X_i}\right)^2+(\sigma_z-\sigma_t)\left(\frac{\partial^2\sigma_z}{\partial X_i^2}-\frac{\partial^2\sigma_t}{\partial X_i^2}\right)\right]\Big/(2\sigma_4)-\left(\frac{\partial\sigma_4}{\partial X_i}\right)^2\Big/\sigma_4 \quad (12-10)$$

根据布林克式（12-5）导出的$\frac{\partial\sigma_z}{\partial X_i}$、$\frac{\partial\sigma_r}{\partial X_i}$、$\frac{\partial\sigma_t}{\partial X_i}$、$\frac{\partial^2\sigma_z}{\partial X_i^2}$、$\frac{\partial^2\sigma_r}{\partial X_i^2}$、$\frac{\partial^2\sigma_t}{\partial X_i^2}$（$i$=1，2，3，4，5，6，7），计算得到的值列于表12-14中。

表12-14　导出的计算数据

$\frac{\partial\sigma_z}{\partial X_1}=17.79$ MPa/kg	$\frac{\partial\sigma_r}{\partial X_1}=3.039$ MPa/kg	$\frac{\partial\sigma_t}{\partial X_1}=-10.22$ MPa/kg
$\frac{\partial\sigma_z}{\partial X_2}=-1.53$	$\frac{\partial\sigma_r}{\partial X_2}=-0.2615$	$\frac{\partial\sigma_t}{\partial X_2}=0.88$
$\frac{\partial\sigma_z}{\partial X_3}=-28.83$ MPa/kg	$\frac{\partial\sigma_r}{\partial X3}=0$ MPa/kg	$\frac{\partial\sigma_t}{\partial X_3}=0$ MPa/kg
$\frac{\partial\sigma_z}{\partial X_4}=0$ MPa/kg	$\frac{\partial\sigma_r}{\partial X_4}=-24.4$ MPa/kg	$\frac{\partial\sigma_t}{\partial X_4}=82.06$ MPa/kg
$\frac{\partial\sigma_z}{\partial X_5}=1.27\times10^4$ MPa/m	$\frac{\partial\sigma_r}{\partial X_5}=-2\,169$ MPa/m	$\frac{\partial\sigma_t}{\partial X_5}=7\,299$ MPa/m
$\frac{\partial\sigma_z}{\partial X_6}=2.955\times10^4$ MPa/m	$\frac{\partial\sigma_r}{\partial X_6}=0$ MPa/m	$\frac{\partial\sigma_t}{\partial X_6}=-1.194\times10^4$ MPa/m
$\frac{\partial\sigma_z}{\partial X_7}=-2.175\times10^4$ MPa/m	$\frac{\partial\sigma_r}{\partial X_7}=3\,143$ MPa/m	$\frac{\partial\sigma_t}{\partial X_7}=5\,641$ MPa/m
$\frac{\partial^2\sigma_z}{\partial X_1^2}=-1.633$ MPa/kg^2	$\frac{\partial^2\sigma_r}{\partial X_1^2}=-0.279\,1$ MPa/kg^2	$\frac{\partial^2\sigma_t}{\partial X_1^2}=0.939$ MPa/kg^2
$\frac{\partial^2\sigma_z}{\partial X_2^2}=0$	$\frac{\partial^2\sigma_r}{\partial X_2^2}=0$	$\frac{\partial^2\sigma_t}{\partial X_2^2}=0$
$\frac{\partial^2\sigma_z}{\partial X_3^2}=0$ MPa/kg^2	$\frac{\partial^2\sigma_r}{\partial X_3^2}=0$ MPa/kg^2	$\frac{\partial^2\sigma_t}{\partial X_3^2}=0$ MPa/kg^2
$\frac{\partial^2\sigma_z}{\partial X_4^2}=0$ MPa/kg^2	$\frac{\partial^2\sigma_r}{\partial X_4^2}=0$ MPa/kg^2	$\frac{\partial^2\sigma_t}{\partial X_4^2}=0$ MPa/kg^2
$\frac{\partial^2\sigma_z}{\partial X_5^2}=-2.082\times10^5$ MPa/m^2	$\frac{\partial^2\sigma_r}{\partial X_5^2}=3.557\times10^4$ MPa/m^2	$\frac{\partial^2\sigma_t}{\partial X_5^2}=1.197\times10^5$ MPa/m^2
$\frac{\partial^2\sigma_z}{\partial X_6^2}=-3.992\times10^6$ MPa/m^2	$\frac{\partial^2\sigma_r}{\partial X_6^2}=0$ MPa/m^2	$\frac{\partial^2\sigma_t}{\partial X_6^2}=1.613\times10^6$ MPa/m^2
$\frac{\partial^2\sigma_z}{\partial X_7^2}=-2.959\times10^6$ MPa/m^2	$\frac{\partial^2\sigma_r}{\partial X_7^2}=2.24\times10^5$ MPa/m^2	$\frac{\partial^2\sigma_t}{\partial X_7^2}=1.419\times10^6$ MPa/m^2

将式（12−7）和式（12−8）的值代入布林克公式中计算出σ_z、σ_r、σ_t的值，结果为：

$$\sigma_z = -3.87.32\ \text{MPa}$$

$$\sigma_r = -66.12\ \text{MPa}$$

$$\sigma_t = 222.43\ \text{MPa}$$

将σ_z、σ_r、σ_t的值代入式（12−6）中，计算得到：

$$\sigma_4 = \frac{1}{\sqrt{2}}\sqrt{(\sigma_z-\sigma_r)^2+(\sigma_t-\sigma_r)^2+(\sigma_z-\sigma_t)^2} = 528.31\ \text{MPa}$$

同时，计算出的数据：

$$\sigma_z - \sigma_r = -321.2\ \text{MPa}$$

$$\sigma_t - \sigma_r = 288.55\ \text{MPa}$$

$$\sigma_z - \sigma_t = -609.75\ \text{MPa}$$

将$\sigma_z-\sigma_r$、$\sigma_t-\sigma_r$、$\sigma_z-\sigma_t$的值与σ_4的值，以及表 12−10 中的值代入式（12−9）和式（12−10）中，得：

$$\frac{\partial\sigma_4}{\partial X_1} = -24.27\ \text{MPa/kg} \qquad \frac{\partial^2\sigma_4}{\partial X_1^2} = 2.23\ \text{MPa/kg}^2$$

$$\frac{\partial\sigma_4}{\partial X_2} = 2.09 \qquad \frac{\partial^2\sigma_4}{\partial X_2^2} = 0.013\,7\ \text{MPa/kg}^2$$

$$\frac{\partial\sigma_4}{\partial X_3} = 25.4\ \text{MPa/kg} \qquad \frac{\partial^2\sigma_4}{\partial X_3^2} = 0.352\ \text{MPa/kg}^2$$

$$\frac{\partial\sigma_4}{\partial X_4} = 69\ \text{MPa/kg} \qquad \frac{\partial^2\sigma_4}{\partial X_4^2} = 8.33\ \text{MPa/kg}^2$$

$$\frac{\partial\sigma_4}{\partial X_5} = 17\,328\ \text{MPa/m} \qquad \frac{\partial^2\sigma_4}{\partial X_5^2} = 2.084\times10^5\ \text{MPa/m}^2$$

$$\frac{\partial\sigma_4}{\partial X_6} = -35\,609\ \text{MPa/m} \qquad \frac{\partial^2\sigma_4}{\partial X_6^2} = 5.079\times10^6\ \text{MPa/m}^2$$

$$\frac{\partial\sigma_4}{\partial X_7} = 24\,056\ \text{MPa/m} \qquad \frac{\partial^2\sigma_4}{\partial X_7^2} = 5.945\times10^6\ \text{MPa/m}^2$$

将以上所求的各个数值代入本书第 10 章的式（11−19）～式（11−21），可计算得到：

$$\mu_{L4} = \mu_i(\mu_{X_1},\mu_{X_2},\cdots,\mu_{X_7}) + \frac{1}{2}\sum_{i=1}^{7}\frac{\partial^2\mu_i}{\partial X_i^2}\sigma_i^2 = 528.642\ \text{MPa}$$

$$\sigma_{L4} = \sqrt{\sum_{i=1}^{7}\left(\frac{\partial\sigma_4}{\partial X_i}\right)^2\sigma_i^2} = 9.59\ \text{MPa}$$

3）计算可靠度

将已知的μ_S=654 MPa，σ_S=24.8 MPa 和已计算出的μ_{L4}、σ_{L4}代入式（11−26）计算：

$$Z = \frac{\mu_S - \mu_L}{\sqrt{\sigma_S^2 + \sigma_L^2}} = 4.716$$

查附录 F 表知：$1-\Phi(4.716)=1.205\,0\times 10^{6}$，计算得：

$$R_S=\Phi(Z)=1-[1-\Phi(Z)]=0.999\,998\,759$$

从计算结果可以看出，弹丸弹体的强度能够满足产品可靠性要求。

附录A

在50%置信度下由试验数和故障数确定的可靠度

故障数	试验数									
	1	2	3	4	5	6	7	8	9	10
0	0.500 0	0.707 1	0.793 7	0.840 9	0.870 6	0.890 9	0.905 7	0.917 0	0.925 9	0.933 0
1	0.500 0	0.292 9	0.500 0	0.614 3	0.686 2	0.735 6	0.771 5	0.798 9	0.820 4	0.837 7
2	0.500 0	0.292 9	0.206 3	0.385 7	0.500 0	0.578 6	0.635 9	0.679 5	0.731 8	0.741 4
3	0.500 0	0.292 9	0.206 3	0.159 1	0.313 8	0.421 4	0.500 0	0.559 8	0.606 9	0.644 9
4	0.500 0	0.292 9	0.206 3	0.159 1	0.129 4	0.264 4	0.364 1	0.440 2	0.500 0	0.548 3
5	0.500 0	0.292 9	0.206 3	0.159 1	0.129 4	0.109 1	0.228 5	0.320 5	0.393 1	0.451 7
	15	20	25	30	35	40	45	50	60	70
0	0.954 8	0.965 9	0.972 7	0.977 2	0.980 4	0.982 8	0.984 7	0.986 2	0.988 5	0.990 1
1	0.890 6	0.917 5	0.933 8	0.944 7	0.952 5	0.958 4	0.963 0	0.966 7	0.972 2	0.976 1
2	0.825 7	0.868 5	0.894 5	0.911 9	0.924 3	0.933 7	0.941 0	0.946 9	0.955 7	0.962 0
3	0.760 6	0.819 4	0.855 1	0.879 0	0.896 1	0.909 0	0.919 0	0.927 0	0.939 1	0.947 8
4	0.695 5	0.770 3	0.815 6	0.846 0	0.867 8	0.884 2	0.897 0	0.907 2	0.922 6	0.933 6
5	0.630 3	0.721 2	0.776 2	0.813 1	0.839 5	0.859 4	0.874 9	0.887 4	0.906 0	0.919 4
6	0.565 2	0.672 0	0.736 8	0.780 1	0.811 3	0.834 6	0.852 9	0.867 5	0.889 5	0.905 2
7	0.500 0	0.622 9	0.697 3	0.747 2	0.783 0	0.809 9	0.830 8	0.847 6	0.872 9	0.891 0
8	0.434 8	0.573 7	0.657 8	0.714 2	0.754 7	0.785 1	0.808 8	0.827 8	0.856 3	0.876 7
9	0.369 7	0.524 6	0.618 4	0.681 3	0.726 4	0.760 3	0.786 7	0.807 9	0.839 8	0.862 5
10	0.304 5	0.475 4	0.578 9	0.648 3	0.698 1	0.735 5	0.764 7	0.788 0	0.823 2	0.848 3
11	0.239 4	0.426 3	0.539 5	0.615 4	0.669 8	0.710 7	0.742 6	0.768 2	0.806 6	0.834 1
12	0.174 3	0.377 1	0.500 0	0.582 4	0.641 5	0.689 5	0.720 6	0.748 3	0.790 0	0.819 9
13	0.109 4	0.328 0	0.460 5	0.549 4	0.613 2	0.661 1	0.698 5	0.728 5	0.773 5	0.805 7
14	0.045 2	0.278 8	0.421 1	0.516 5	0.584 9	0.636 3	0.676 5	0.708 6	0.756 9	0.791 5
15	0.045 2	0.229 7	0.381 6	0.483 5	0.556 6	0.611 6	0.654 4	0.688 7	0.740 3	0.777 2
	80	90	100	150	200	300	400	500	750	1 000
0	0.991 4	0.992 3	0.993 1	0.995 4	0.996 5	0.997 7	0.998 3	0.998 6	0.999 1	0.999 3
1	0.979 1	0.981 4	0.983 3	0.988 8	0.991 6	0.994 4	0.995 8	0.996 6	0.997 8	0.998 3
2	0.966 7	0.970 4	0.973 3	0.982 2	0.986 7	0.991 1	0.993 3	0.994 7	0.996 4	0.997 3
3	0.954 3	0.959 4	0.963 4	0.975 6	0.981 7	0.987 8	0.990 8	0.992 7	0.995 1	0.996 3
4	0.941 9	0.948 3	0.953 4	0.968 9	0.976 7	0.984 4	0.988 3	0.990 7	0.993 8	0.995 3
5	0.929 4	0.937 2	0.943 5	0.962 3	0.971 7	0.981 1	0.985 8	0.988 7	0.992 4	0.994 3
6	0.917 0	0.926 2	0.933 5	0.955 6	0.966 7	0.977 8	0.983 3	0.986 7	0.991 1	0.993 3
7	0.904 5	0.915 1	0.923 6	0.949 0	0.961 7	0.974 5	0.980 8	0.984 7	0.989 8	0.992 3
8	0.892 1	0.904 0	0.913 6	0.942 3	0.956 7	0.971 1	0.978 3	0.982 7	0.988 4	0.991 3
9	0.879 6	0.893 0	0.903 6	0.935 7	0.951 7	0.967 8	0.975 8	0.980 7	0.987 1	0.990 3
10	0.867 2	0.881 9	0.893 7	0.929 0	0.946 7	0.964 5	0.973 4	0.978 7	0.985 8	0.989 3
11	0.854 8	0.870 8	0.883 7	0.922 4	0.941 8	0.961 1	0.970 9	0.976 7	0.984 4	0.988 3
12	0.842 3	0.859 8	0.873 7	0.915 7	0.936 8	0.957 8	0.968 4	0.974 7	0.983 1	0.987 3
13	0.829 9	0.848 7	0.863 8	0.909 1	0.931 8	0.954 5	0.965 9	0.972 7	0.981 8	0.986 3
14	0.817 4	0.837 6	0.853 8	0.902 4	0.926 8	0.951 2	0.963 4	0.970 7	0.980 5	0.985 3
15	0.805 0	0.826 6	0.843 8	0.895 8	0.921 8	0.947 8	0.960 9	0.968 7	0.979 1	0.984 3
16	0.792 5	0.815 5	0.833 9	0.889 1	0.916 8	0.944 5	0.958 4	0.966 7	0.977 8	0.983 3
17	0.780 1	0.804 4	0.823 9	0.882 5	0.911 8	0.941 2	0.955 9	0.964 7	0.976 5	0.982 3
18	0.767 6	0.793 3	0.813 9	0.875 8	0.906 8	0.937 8	0.953 4	0.962 7	0.975 1	0.981 3
19	0.755 2	0.782 3	0.804 0	0.869 2	0.901 8	0.934 5	0.950 9	0.960 7	0.973 8	0.980 3
20	0.742 7	0.771 2	0.794 0	0.862 5	0.896 8	0.931 2	0.948 4	0.958 7	0.972 5	0.979 3
21	0.730 3	0.760 1	0.784 0	0.855 9	0.891 8	0.927 9	0.945 9	0.956 7	0.971 1	0.978 3
22	0.717 8	0.749 1	0.774 1	0.849 2	0.886 9	0.924 5	0.943 4	0.954 7	0.969 8	0.977 3
23	0.705 4	0.738 0	0.764 1	0.842 6	0.881 9	0.921 2	0.940 9	0.952 7	0.968 5	0.976 3
24	0.692 9	0.726 9	0.754 1	0.835 9	0.876 9	0.917 9	0.938 4	0.950 7	0.967 1	0.975 3
25	0.680 5	0.715 9	0.744 2	0.829 3	0.871 9	0.914 5	0.935 9	0.948 7	0.965 8	0.974 3

附录B

在75%置信度下由试验数和故障数确定的可靠度

故障数	试验数									
	1	2	3	4	5	6	7	8	9	10
0	0.250 0	0.500 0	0.630 0	0.707 1	0.757 9	0.793 7	0.820 3	0.840 9	0.857 2	0.870 6
1	0.250 0	0.134 0	0.326 4	0.456 3	0.545 8	0.610 5	0.659 3	0.697 3	0.727 7	0.752 6
2	0.250 0	0.134 0	0.091 4	0.243 0	0.359 4	0.446 8	0.513 9	0.566 8	0.609 5	0.644 6
3	0.250 0	0.134 0	0.091 4	0.069 4	0.193 8	0.296 9	0.378 8	0.444 5	0.498 0	0.542 3
4	0.250 0	0.134 0	0.091 4	0.069 4	0.055 9	0.161 2	0.253 1	0.329 1	0.392 0	0.444 5
5	0.250 0	0.134 0	0.091 4	0.069 4	0.055 9	0.046 8	0.138 0	0.220 6	0.291 0	0.350 7
	15	20	25	30	35	40	45	50	60	70
0	0.911 7	0.933 0	0.946 1	0.954 8	0.961 2	0.965 9	0.969 7	0.972 7	0.977 2	0.980 4
1	0.830 4	0.871 0	0.895 9	0.912 7	0.924 9	0.934 1	0.941 3	0.947 1	0.955 8	0.962 0
2	0.755 1	0.813 3	0.849 1	0.873 5	0.891 0	0.904 3	0.914 7	0.923 1	0.935 7	0.944 8
3	0.683 1	0.757 9	0.804 2	0.835 6	0.858 4	0.875 6	0.889 1	0.900 0	0.916 3	0.928 1
4	0.613 5	0.704 1	0.760 4	0.798 8	0.826 6	0.847 6	0.864 1	0.877 4	0.897 4	0.911 8
5	0.545 9	0.651 6	0.717 6	0.762 6	0.795 3	0.820 1	0.839 5	0.855 2	0.878 8	0.895 8
6	0.479 6	0.600 0	0.675 5	0.727 0	0.764 5	0.792 9	0.815 3	0.833 2	0.860 4	0.880 0
7	0.415 0	0.549 4	0.634 0	0.691 9	0.734 1	0.766 1	0.791 3	0.811 6	0.842 2	0.864 3
8	0.351 8	0.499 4	0.592 9	0.657 2	0.704 0	0.739 6	0.767 5	0.790 1	0.824 2	0.848 8
9	0.290 2	0.450 2	0.552 4	0.622 9	0.674 2	0.713 3	0.744 0	0.768 8	0.806 3	0.833 4
10	0.230 1	0.401 8	0.512 3	0.588 8	0.644 7	0.687 2	0.720 6	0.747 7	0.788 6	0.818 1
11	0.172 0	0.354 1	0.472 7	0.555 1	0.615 3	0.661 3	0.697 4	0.726 7	0.770 9	0.802 9
12	0.116 3	0.307 1	0.433 5	0.521 7	0.586 2	0.625 5	0.674 4	0.705 8	0.753 4	0.787 7
13	0.064 2	0.261 0	0.394 7	0.488 1	0.557 3	0.609 9	0.651 5	0.685 0	0.735 9	0.772 6
14	0.019 0	0.215 7	0.356 4	0.455 6	0.528 6	0.584 5	0.628 7	0.664 4	0.718 5	0.757 6
15	0.019 0	0.171 4	0.318 4	0.422 9	0.500 1	0.559 3	0.606 0	0.643 8	0.701 2	0.742 7
	80	90	100	150	200	300	400	500	750	1 000
0	0.982 8	0.984 7	0.986 2	0.990 8	0.993 1	0.995 4	0.996 5	0.997 2	0.998 2	0.998 6
1	0.967 0	0.970 4	0.973 3	0.982 2	0.986 6	0.991 0	0.993 3	0.994 6	0.996 4	0.997 3
2	0.951 6	0.956 9	0.961 2	0.974 0	0.980 5	0.987 0	0.990 2	0.992 2	0.994 8	0.996 1
3	0.937 0	0.943 9	0.949 4	0.966 2	0.974 6	0.983 0	0.987 3	0.989 8	0.993 2	0.994 9
4	0.922 7	0.931 7	0.938 0	0.958 5	0.968 8	0.979 2	0.984 4	0.987 5	0.991 6	0.993 7
5	0.908 6	0.918 6	0.926 7	0.950 9	0.963 1	0.975 4	0.981 5	0.985 2	0.990 1	0.992 6
6	0.894 7	0.906 3	0.915 5	0.943 4	0.957 5	0.971 6	0.978 7	0.982 9	0.988 6	0.991 5
7	0.881 0	0.894 0	0.904 5	0.936 0	0.951 9	0.967 9	0.975 9	0.980 7	0.987 1	0.990 3
8	0.867 4	0.881 9	0.893 5	0.928 7	0.946 4	0.964 2	0.973 1	0.978 5	0.985 6	0.989 2
9	0.853 8	0.869 8	0.882 6	0.921 4	0.940 9	0.960 5	0.970 3	0.976 2	0.984 1	0.988 1
10	0.840 4	0.858 0	0.871 8	0.914 1	0.935 4	0.956 8	0.967 6	0.974 0	0.982 7	0.987 0
11	0.827 0	0.845 9	0.861 0	0.906 9	0.930 0	0.953 2	0.964 8	0.971 8	0.981 2	0.985 9
12	0.813 7	0.834 0	0.850 3	0.899 7	0.924 5	0.949 6	0.962 1	0.969 7	0.979 8	0.984 8
13	0.800 4	0.822 2	0.839 6	0.892 5	0.919 1	0.945 9	0.959 4	0.967 5	0.978 3	0.983 7
14	0.787 2	0.810 4	0.829 0	0.885 3	0.913 7	0.942 3	0.956 7	0.965 3	0.976 9	0.982 6
15	0.774 1	0.798 7	0.818 4	0.878 2	0.908 4	0.938 7	0.954 0	0.963 2	0.975 4	0.981 5
16	0.761 0	0.787 0	0.807 9	0.871 1	0.903 0	0.935 2	0.951 3	0.961 0	0.974 0	0.980 5
17	0.747 9	0.775 3	0.797 4	0.864 0	0.897 7	0.931 6	0.948 6	0.958 8	0.972 5	0.979 4
18	0.734 9	0.763 7	0.786 9	0.857 0	0.892 4	0.928 0	0.945 9	0.956 7	0.971 1	0.978 3
19	0.722 0	0.752 1	0.776 4	0.849 9	0.887 1	0.924 5	0.943 3	0.954 6	0.969 7	0.977 2
20	0.709 0	0.740 6	0.766 0	0.842 9	0.881 8	0.920 9	0.940 6	0.952 4	0.968 2	0.976 2
21	0.696 1	0.729 1	0.755 6	0.835 9	0.876 5	0.917 4	0.937 9	0.950 3	0.966 8	0.975 1
22	0.683 3	0.717 6	0.745 2	0.828 9	0.871 2	0.913 8	0.935 3	0.948 2	0.965 4	0.974 0
23	0.670 5	0.706 1	0.734 8	0.821 9	0.865 9	0.910 3	0.932 6	0.946 0	0.964 0	0.973 0
24	0.657 7	0.694 7	0.724 5	0.814 9	0.860 7	0.906 8	0.930 0	0.943 9	0.962 5	0.971 9
25	0.644 9	0.683 3	0.714 2	0.807 9	0.855 4	0.903 3	0.927 3	0.941 8	0.961 1	0.970 8

附录C

在90%置信度下由试验数和故障数确定的可靠度

故障数	试验数									
	1	2	3	4	5	6	7	8	9	10
0	0.100 0	0.361 2	0.464 2	0.562 3	0.631 0	0.681 3	0.719 7	0.749 9	0.774 3	0.794 3
1	…	0.051 3	0.195 8	0.320 5	0.416 1	0.489 7	0.547 4	0.593 8	0.631 6	0.663 1
2	…	…	0.034 5	0.142 6	0.246 6	0.333 2	0.403 8	0.461 8	0.509 9	0.550 4
3	…	…	…	0.026 0	0.112 2	0.200 9	0.278 6	0.344 6	0.400 6	0.448 3
4	…	…	…	…	0.020 9	0.092 6	0.169 6	0.239 7	0.301 0	0.354 2
5	…	…	…	…	…	0.017 4	0.078 8	0.146 9	0.210 4	0.267 3
	15	20	25	30	35	40	45	50	60	70
0	0.857 7	0.891 2	0.912 0	0.926 1	0.936 2	0.944 1	0.950 1	0.955 0	0.962 4	0.967 6
1	0.764 4	0.819 0	0.853 1	0.876 4	0.893 3	0.906 2	0.916 3	0.924 4	0.936 7	0.945 6
2	0.682 7	0.755 2	0.800 9	0.832 1	0.855 0	0.872 3	0.886 0	0.897 0	0.913 7	0.925 7
3	0.607 2	0.695 8	0.752 0	0.790 7	0.819 0	0.840 5	0.857 5	0.871 2	0.892 0	0.907 0
4	0.536 0	0.639 3	0.705 3	0.751 0	0.784 4	0.810 0	0.830 2	0.846 4	0.871 1	0.889 0
5	0.468 3	0.585 1	0.660 3	0.712 6	0.751 0	0.780 4	0.803 6	0.822 4	0.850 9	0.871 5
6	0.403 5	0.532 7	0.616 7	0.675 3	0.718 5	0.751 5	0.777 7	0.798 9	0.831 1	0.854 3
7	0.341 5	0.482 0	0.574 2	0.638 9	0.686 6	0.723 3	0.752 3	0.775 8	0.811 6	0.837 6
8	0.282 2	0.432 7	0.532 6	0.603 2	0.655 3	0.695 5	0.727 3	0.753 1	0.792 5	0.829 0
9	0.225 6	0.384 7	0.492 0	0.568 1	0.624 6	0.668 2	0.702 8	0.730 8	0.773 5	0.804 6
10	0.172 0	0.338 1	0.452 2	0.533 7	0.594 4	0.641 2	0.678 4	0.708 7	0.754 9	0.788 5
11	0.121 8	0.292 9	0.413 3	0.499 9	0.564 6	0.614 6	0.654 5	0.686 9	0.736 4	0.772 4
12	0.075 8	0.249 1	0.375 1	0.466 6	0.535 2	0.588 4	0.630 8	0.665 3	0.718 1	0.756 6
13	0.036 0	0.206 7	0.336 7	0.433 8	0.506 2	0.562 4	0.607 3	0.644 0	0.700 0	0.740 9
14	0.007 0	0.165 9	0.301 1	0.401 5	0.477 5	0.536 8	0.584 1	0.622 8	0.682 0	0.725 3
15	…	0.126 9	0.265 3	0.369 7	0.449 2	0.511 4	0.561 1	0.601 8	0.664 2	0.709 8
	80	90	100	150	200	300	400	500	750	1 000
0	0.971 6	0.974 7	0.977 2	0.984 8	0.988 6	0.992 4	0.994 3	0.995 4	0.996 9	0.997 7
1	0.952 2	0.957 5	0.961 7	0.974 3	0.980 7	0.987 1	0.990 3	0.992 2	0.994 8	0.996 1
2	0.934 8	0.941 9	0.947 6	0.964 9	0.973 6	0.982 4	0.986 7	0.989 4	0.992 9	0.994 7
3	0.918 3	0.927 3	0.934 4	0.956 0	0.966 9	0.977 9	0.983 4	0.986 7	0.991 1	0.993 3
4	0.902 5	0.913 1	0.921 6	0.947 4	0.960 4	0.973 5	0.980 1	0.984 1	0.989 4	0.992 0
5	0.887 1	0.899 4	0.909 2	0.939 0	0.954 1	0.969 3	0.976 9	0.981 5	0.987 7	0.990 7
6	0.872 0	0.885 9	0.897 1	0.930 8	0.947 9	0.965 2	0.973 8	0.979 0	0.986 0	0.989 5
7	0.857 2	0.872 7	0.885 1	0.922 8	0.941 8	0.961 1	0.970 7	0.976 6	0.984 4	0.988 2
8	0.842 6	0.859 6	0.873 3	0.914 8	0.935 8	0.957 0	0.967 7	0.974 1	0.982 7	0.987 0
9	0.828 2	0.846 7	0.861 6	0.906 9	0.929 9	0.953 1	0.964 7	0.971 7	0.981 1	0.985 8
10	0.814 0	0.834 0	0.850 1	0.899 1	0.924 0	0.949 1	0.961 7	0.969 4	0.979 5	0.984 6
11	0.799 8	0.821 4	0.838 7	0.891 4	0.918 2	0.945 2	0.958 8	0.967 0	0.978 0	0.983 4
12	0.785 8	0.808 8	0.827 4	0.883 7	0.912 4	0.941 3	0.955 9	0.964 6	0.976 4	0.982 3
13	0.772 0	0.796 4	0.816 1	0.876 1	0.906 6	0.937 4	0.953 0	0.962 3	0.974 8	0.981 1
14	0.758 2	0.784 1	0.805 0	0.868 6	0.900 9	0.933 6	0.950 1	0.960 0	0.973 3	0.979 9
15	0.744 5	0.771 8	0.793 9	0.861 0	0.895 2	0.929 8	0.947 2	0.957 7	0.971 7	0.978 8
16	0.730 9	0.759 6	0.782 8	0.853 6	0.889 6	0.926 0	0.944 3	0.955 4	0.970 2	0.977 6
17	0.717 4	0.747 5	0.771 9	0.846 1	0.883 9	0.922 2	0.941 5	0.953 1	0.968 7	0.976 5
18	0.704 0	0.735 5	0.761 0	0.838 7	0.878 3	0.918 4	0.938 6	0.950 8	0.967 1	0.975 3
19	0.690 6	0.723 5	0.750 1	0.831 3	0.872 7	0.914 7	0.935 8	0.948 6	0.965 6	0.974 2
20	0.677 3	0.711 6	0.739 3	0.824 0	0.867 2	0.911 0	0.933 0	0.946 3	0.964 1	0.973 0
21	0.664 1	0.699 7	0.728 6	0.816 7	0.861 8	0.907 2	0.930 2	0.944 0	0.962 6	0.971 9
22	0.650 9	0.687 9	0.717 8	0.809 4	0.856 1	0.903 5	0.927 4	0.941 8	0.961 1	0.970 8
23	0.637 8	0.676 1	0.707 2	0.802 1	0.850 6	0.899 8	0.924 6	0.939 6	0.959 6	0.969 7
24	0.624 8	0.664 4	0.696 6	0.794 9	0.845 1	0.896 1	0.921 8	0.937 3	0.958 1	0.968 5
25	0.611 8	0.652 8	0.686 0	0.787 7	0.839 7	0.892 4	0.919 0	0.935 1	0.956 6	0.967 4

附录D

在95%置信度下由试验数和故障数确定的可靠度

故障数	试验数									
	1	2	3	4	5	6	7	8	9	10
0	0.500 0	0.223 6	0.368 4	0.472 9	0.549 3	0.607 0	0.651 8	0.687 7	0.716 9	0.741 1
1	…	0.025 3	0.135 4	0.248 6	0.342 6	0.418 2	0.479 3	0.529 3	0.570 9	0.605 8
2	…	…	0.017 0	0.097 6	0.189 3	0.271 3	0.341 3	0.400 3	0.450 4	0.493 1
3	…	…	…	0.012 7	0.076 4	0.153 2	0.225 3	0.289 2	0.344 9	0.393 4
4	…	…	…	…	0.010 2	0.062 8	0.128 8	0.192 9	0.251 4	0.303 5
5	…	…	…	…	…	0.008 5	0.053 4	0.111 1	0.168 8	0.222 4
	15	20	25	30	35	40	45	50	60	70
0	0.819 0	0.860 9	0.887 1	0.905 0	0.918 0	0.927 8	0.935 6	0.941 8	0.951 3	0.958 1
1	0.720 6	0.783 9	0.823 9	0.851 4	0.871 5	0.886 8	0.898 9	0.908 6	0.923 4	0.934 0
2	0.636 6	0.717 4	0.769 0	0.804 7	0.830 8	0.850 8	0.866 6	0.879 4	0.898 8	0.912 8
3	0.560 3	0.656 3	0.718 3	0.761 4	0.793 1	0.817 4	0.836 6	0.852 2	0.875 8	0.892 9
4	0.489 2	0.599 0	0.670 4	0.720 4	0.757 3	0.785 6	0.808 0	0.826 5	0.853 9	0.874 0
5	0.422 6	0.544 5	0.624 6	0.681 0	0.722 8	0.755 0	0.780 5	0.801 2	0.832 7	0.855 7
6	0.359 6	0.492 2	0.580 5	0.643 0	0.689 4	0.725 3	0.753 7	0.776 8	0.812 1	0.837 8
7	0.300 0	0.442 0	0.537 8	0.606 1	0.657 0	0.696 3	0.727 6	0.753 1	0.792 0	0.820 4
8	0.243 7	0.393 6	0.496 4	0.570 1	0.625 3	0.668 0	0.702 0	0.729 8	0.772 3	0.803 2
9	0.190 9	0.346 9	0.456 1	0.534 9	0.594 2	0.640 2	0.677 0	0.706 9	0.752 8	0.786 4
10	0.141 7	0.302 0	0.416 8	0.500 5	0.563 8	0.613 0	0.652 3	0.684 4	0.733 7	0.769 7
11	0.096 7	0.258 7	0.378 6	0.466 9	0.533 9	0.586 2	0.628 0	0.662 3	0.714 8	0.753 3
12	0.056 8	0.217 1	0.341 4	0.433 9	0.504 5	0.559 7	0.604 1	0.640 4	0.696 2	0.737 1
13	0.024 2	0.177 3	0.305 1	0.401 6	0.475 6	0.533 7	0.580 5	0.618 8	0.677 8	0.721 0
14	0.003 4	0.139 5	0.269 9	0.369 9	0.447 2	0.508 0	0.557 1	0.597 5	0.659 5	0.705 2
15	…	0.104 1	0.235 6	0.338 9	0.419 2	0.482 8	0.534 0	0.576 4	0.641 5	0.689 4
	80	90	100	150	200	300	400	500	750	1 000
0	0.963 2	0.967 3	0.970 5	0.980 2	0.985 1	0.990 1	0.992 5	0.994 0	0.996 0	0.997 0
1	0.942 1	0.948 4	0.953 4	0.968 8	0.976 5	0.984 3	0.988 2	0.990 5	0.993 7	0.995 3
2	0.923 4	0.931 7	0.938 4	0.958 6	0.968 9	0.979 2	0.984 3	0.987 5	0.991 6	0.993 7
3	0.905 9	0.916 1	0.924 3	0.949 1	0.961 7	0.974 4	0.980 7	0.984 6	0.989 7	0.992 3
4	0.889 2	0.901 2	0.918 0	0.940 0	0.954 8	0.969 8	0.977 3	0.981 8	0.987 8	0.990 9
5	0.873 1	0.886 7	0.897 7	0.931 2	0.948 2	0.965 3	0.973 9	0.979 1	0.986 0	0.989 5
6	0.857 3	0.872 7	0.885 0	0.922 6	0.941 7	0.960 9	0.970 6	0.976 5	0.984 3	0.988 2
7	0.841 9	0.858 9	0.872 5	0.914 1	0.935 3	0.956 6	0.967 4	0.973 9	0.982 5	0.986 9
8	0.826 8	0.845 3	0.860 3	0.905 8	0.929 0	0.952 4	0.964 2	0.971 3	0.980 8	0.985 6
9	0.811 9	0.832 0	0.848 2	0.897 6	0.922 8	0.948 2	0.961 1	0.968 8	0.979 2	0.984 3
10	0.797 2	0.818 8	0.836 3	0.889 5	0.916 7	0.944 1	0.958 0	0.966 3	0.977 5	0.983 1
11	0.782 7	0.805 8	0.824 5	0.881 5	0.910 6	0.940 0	0.954 9	0.963 8	0.975 8	0.981 9
12	0.768 3	0.792 9	0.812 8	0.873 6	0.904 6	0.936 0	0.951 8	0.961 4	0.974 2	0.980 6
13	0.754 1	0.780 2	0.801 3	0.865 7	0.898 6	0.932 0	0.948 8	0.959 0	0.972 6	0.979 4
14	0.740 0	0.767 6	0.789 8	0.857 9	0.892 7	0.928 0	0.945 8	0.956 6	0.971 0	0.978 2
15	0.726 1	0.755 0	0.778 5	0.850 2	0.886 9	0.924 1	0.942 8	0.954 2	0.969 4	0.977 0
16	0.712 2	0.742 6	0.767 2	0.842 5	0.881 0	0.920 1	0.939 9	0.951 8	0.967 8	0.975 8
17	0.698 5	0.730 3	0.756 0	0.834 9	0.875 2	0.916 2	0.936 9	0.949 4	0.966 2	0.974 6
18	0.684 9	0.718 0	0.744 9	0.827 3	0.869 5	0.912 3	0.934 0	0.947 1	0.964 6	0.973 4
19	0.671 3	0.705 8	0.733 8	0.819 7	0.863 7	0.908 5	0.931 1	0.944 7	0.963 0	0.972 2
20	0.657 9	0.693 7	0.722 8	0.812 2	0.858 0	0.904 6	0.928 2	0.942 4	0.961 5	0.971 1
21	0.644 5	0.681 7	0.711 9	0.804 7	0.852 3	0.900 8	0.925 3	0.940 1	0.959 9	0.969 9
22	0.631 2	0.669 7	0.701 0	0.797 2	0.846 7	0.896 9	0.922 4	0.937 8	0.958 4	0.968 7
23	0.618 0	0.657 8	0.690 2	0.789 8	0.841 0	0.893 1	0.919 5	0.935 5	0.956 8	0.967 6
24	0.604 9	0.646 0	0.679 4	0.782 4	0.835 4	0.889 3	0.916 7	0.933 2	0.955 3	0.966 4
25	0.591 8	0.634 2	0.668 7	0.775 1	0.829 8	0.885 6	0.913 8	0.930 9	0.953 8	0.965 3

附录E

在99%置信度下由试验数和故障数确定的可靠度

故障数	试验数									
	1	2	3	4	5	6	7	8	9	10
0	0.010 0	0.100 0	0.215 4	0.316 2	0.398 1	0.464 2	0.517 9	0.562 3	0.599 5	0.631 0
1	0. 0100	0.005 0	0.058 9	0.140 9	0.222 1	0.294 3	0.356 6	0.410 1	0.456 0	0.495 7
2	0. 0100	0.005 0	0.003 3	0.042 0	0.105 6	0.173 1	0.236 3	0.293 2	0.343 7	0.388 3
3	0. 0100	0.005 0	0.003 3	0.002 5	0.032 7	0.084 7	0.142 3	0.198 2	0.250 0	0.297 1
4	0. 0100	0.005 0	0.003 3	0.002 5	0.002 0	0.026 8	0.070 8	0.121 0	0.171 0	0.218 3
5	0. 0100	0.005 0	0.003 3	0.002 5	0.002 0	0.001 7	0.022 7	0.060 8	0.105 3	0.150 4
	15	20	25	30	35	40	45	50	60	70
0	0.735 6	0.794 3	0.831 8	0.857 7	0.876 7	0.891 3	0.902 7	0.912 0	0.926 1	0.936 3
1	0.632 1	0.711 2	0.762 5	0.798 4	0.824 9	0.845 3	0.861 4	0.874 5	0.894 4	0.908 9
2	0.546 8	0.641 7	0.704 1	0.748 1	0.780 8	0.806 0	0.826 0	0.842 3	0.867 2	0.885 3
3	0.471 5	0.579 3	0.651 2	0.702 4	0.740 6	0.770 1	0.793 6	0.812 8	0.842 1	0.863 6
4	0.403 1	0.521 8	0.601 2	0.659 7	0.702 9	0.736 4	0.763 1	0.785 0	0.818 5	0.843 0
5	0.340 3	0.468 0	0.555 8	0.619 2	0.667 0	0.704 3	0.734 1	0.758 4	0.795 9	0.823 3
6	0.283 3	0.417 1	0.511 7	0.580 5	0.632 6	0.673 4	0.706 1	0.732 9	0.774 1	0.804 3
7	0.228 7	0.369 1	0.469 4	0.543 3	0.599 5	0.643 6	0.679 0	0.708 0	0.752 9	0.785 8
8	0.179 5	0.323 4	0.428 9	0.507 4	0.567 4	0.614 6	0.652 6	0.683 9	0.732 2	0.767 8
9	0.134 6	0.280 1	0.390 0	0.472 6	0.536 2	0.586 4	0.626 9	0.660 3	0.712 0	0.750 1
10	0.094 4	0.239 0	0.352 4	0.438 8	0.505 9	0.558 9	0.601 8	0.637 2	0.692 2	0.732 8
11	0.059 4	0.200 1	0.316 3	0.406 1	0.476 1	0.532 0	0.577 2	0.614 6	0.672 7	0.715 7
12	0.030 7	0.163 4	0.281 4	0.374 2	0.447 2	0.505 6	0.553 1	0.592 4	0.653 6	0.698 9
13	0.010 2	0.129 2	0.247 9	0.343 3	0.418 9	0.479 7	0.529 4	0.570 6	0.634 7	0.682 4
14	0.000 7	0.097 5	0.215 6	0.313 2	0.391 3	0.454 4	0.506 0	0.549 1	0.616 2	0.666 1
15	0.000 7	0.068 8	0.184 8	0.283 9	0.364 3	0.429 5	0.483 1	0.527 9	0.597 8	0.649 9
	80	90	100	150	200	300	400	500	750	1 000
0	0.944 1	0.950 1	0.955 0	0.969 8	0.977 2	0.984 8	0.988 6	0.990 8	0.993 9	0.995 4
1	0.919 9	0.928 5	0.935 5	0.956 6	0.967 3	0.978 1	0.983 5	0.986 8	0.991 2	0.993 4
2	0.899 0	0.909 9	0.918 6	0.945 1	0.958 6	0.972 3	0.979 2	0.983 3	0.988 8	0.991 6
3	0.879 9	0.892 7	0.903 0	0.934 6	0.950 7	0.966 9	0.975 1	0.980 1	0.986 7	0.990 0
4	0.861 7	0.876 4	0.888 3	0.924 6	0.943 1	0.961 8	0.971 3	0.977 0	0.984 6	0.988 4
5	0.844 3	0.860 8	0.874 1	0.914 9	0.935 8	0.956 9	0.967 6	0.974 0	0.982 6	0.986 9
6	0.827 4	0.845 7	0.860 4	0.905 6	0.928 7	0.952 1	0.964 0	0.971 1	0.980 7	0.985 5
7	0.811 1	0.831 0	0.847 1	0.896 5	0.921 8	0.947 5	0.960 4	0.968 3	0.978 8	0.984 1
8	0.795 1	0.816 6	0.834 1	0.887 6	0.915 0	0.942 9	0.957 0	0.965 5	0.976 9	0.982 7
9	0.779 4	0.802 5	0.821 3	0.878 8	0.908 4	0.938 4	0.953 6	0.962 8	0.975 1	0.981 3
10	0.764 0	0.788 6	0.808 7	0.870 2	0.901 8	0.934 0	0.950 3	0.960 1	0.973 3	0.980 0
11	0.748 8	0.775 0	0.796 3	0.861 7	0.895 4	0.929 6	0.947 0	0.957 5	0.971 5	0.978 6
12	0.733 9	0.761 6	0.784 1	0.853 3	0.889 0	0.925 3	0.943 7	0.954 9	0.969 8	0.977 3
13	0.719 1	0.748 3	0.772 0	0.845 0	0.882 7	0.921 0	0.940 5	0.952 3	0.968 1	0.976 0
14	0.704 6	0.735 2	0.760 0	0.836 8	0.876 4	0.916 8	0.937 3	0.949 7	0.966 3	0.974 7
15	0.690 2	0.722 2	0.748 2	0.828 7	0.870 2	0.912 6	0.934 1	0.947 1	0.964 6	0.973 4
16	0.676 0	0.709 4	0.736 5	0.820 6	0.864 1	0.908 4	0.931 0	0.944 6	0.962 9	0.972 1
17	0.661 9	0.696 6	0.725 0	0.812 6	0.858 0	0.904 3	0.927 9	0.942 1	0.961 2	0.970 9
18	0.647 9	0.684 0	0.713 5	0.804 7	0.851 9	0.900 2	0.924 8	0.939 6	0.959 6	0.969 6
19	0.634 1	0.671 6	0.702 1	0.786 8	0.845 9	0.896 1	0.921 7	0.937 1	0.957 9	0.968 4
20	0.620 4	0.659 4	0.690 8	0.789 0	0.839 9	0.892 1	0.918 6	0.934 7	0.956 2	0.967 1
21	0.606 9	0.646 9	0.679 6	0.781 2	0.834 0	0.888 0	0.915 6	0.932 2	0.954 6	0.965 9
22	0.593 4	0.634 7	0.668 5	0.773 5	0.828 1	0.884 0	0.912 5	0.929 8	0.953 0	0.964 6
23	0.580 1	0.622 6	0.657 4	0.765 8	0.822 2	0.880 0	0.909 5	0.927 3	0.951 3	0.963 4
24	0.566 8	0.610 6	0.646 4	0.758 2	0.816 4	0.876 1	0.906 5	0.924 9	0.949 7	0.962 2
25	0.553 7	0.598 7	0.635 5	0.750 6	0.810 5	0.872 1	0.903 5	0.922 5	0.948 1	0.961 0

附录F

正态分布的[1−Φ(Z)]高可靠性表

Z	1−Φ(Z)	Z	1−Φ(Z)	Z	1−Φ(Z)	Z	1−Φ(Z)
3.20	6.871 4−4	3.60	1.591 1−4	4.00	3.167 1−5	4.40	5.412 5−6
3.21	6.636 7	3.61	1.531 0	4.01	3.035 9	4.41	5.168 5
3.22	6.409 5	3.62	1.473 0	4.02	2.909 9	4.42	4.935 0
3.23	6.189 5	3.63	1.417 1	4.03	2.788 8	4.43	4.711 7
3.24	5.976 5	3.64	1.363 2	4.04	2.672 6	4.44	4.497 9
3.25	5.770 3−4	3.65	1.311 2−4	4.05	2.560 9−5	4.45	4.293 5−6
3.26	5.570 6	3.66	1.261 1	4.06	2.453 6	4.46	4.098 0
3.27	5.377 4	3.67	1.212 8	4.07	2.350 7	4.47	3.911 0
3.28	5.190 4	3.68	1.166 2	4.08	2.251 8	4.48	3.732 2
3.29	5.009 4	3.69	1.121 3	4.09	2.156 9	4.49	3.561 2
3.30	4.834 2−4	3.70	1.078 0−4	4.10	2.065 8−5	4.50	3.397 7−6
3.31	4.446 8	3.71	1.036 3	4.11	1.978 3	4.51	3.241 4
3.32	4.500 9	3.72	9.661 1−5	4.12	1.894 4	4.52	3.092 0
3.33	4.342 3	3.73	9.574 0	4.13	1.813 8	4.53	2.949 2
3.34	4.188 9	3.74	9.201 0	4.14	1.736 5	4.54	2.812 7
3.35	4.040 6−4	3.75	8.841 7−5	4.15	1.662 4−5	4.55	2.682 3−6
3.36	3.897 1	3.76	8.495 7	4.16	1.591 2	4.56	2.557 7
3.37	3.758 4	3.77	8.162 4	4.17	1.523 0	4.57	2.438 5
3.38	3.624 3	3.78	7.841 4	4.18	1.457 5	4.58	2.324 9
3.39	3.494 6	3.79	7.532 4	4.19	1.394 8	4.59	2.216 2
3.40	3.369 3−4	3.80	7.234 8−5	4.20	1.334 6−5	4.60	2.112 5−6
3.41	3.248 1	3.81	6.948 3	4.21	1.276 9	4.61	2.013 3
3.42	3.131 1	3.82	6.672 6	4.22	1.221 5	4.62	1.918 7
3.43	3.017 9	3.83	6.407 2	4.23	1.168 5	4.63	1.828 3
3.44	2.908 6	3.84	6.151 7	4.24	1.117 6	4.64	1.742 0
3.45	2.802 9−4	3.85	5.905 9−5	4.25	1.068 9−5	4.65	1.659 7−6
3.46	2.700 9	3.86	5.669 4	4.26	1.022 1	4.66	1.581 0
3.47	2.602 3	3.87	5.441 8	4.27	9.773 6−6	4.67	1.506 0
3.48	2.507 1	3.88	5.222 8	4.28	9.344 7	4.68	1.434 4
3.49	2.415 1	3.89	5.012 2	4.29	8.933 7	4.69	1.366 0
3.50	2.326 3−4	3.90	4.809 6−5	4.30	8.539 9−6	4.70	1.300 8−6
3.51	2.240 5	3.91	4.614 8	4.31	8.162 7	4.71	1.238 6
3.52	2.157 7	3.92	4.437 4	4.32	7.801 5	4.72	1.179 2
3.53	2.077 8	3.93	4.247 3	4.33	7.455 5	4.73	1.122 6
3.54	2.000 6	3.94	4.074 1	4.34	7.124 1	4.74	1.068 6
3.55	1.926 2−4	3.95	3.007 6−5	4.35	6.806 9−6	4.75	1.017 1−6
3.56	1.854 3	3.96	3.747 5	4.36	6.503 1	4.76	9.679 6−7
3.57	1.784 9	3.97	3.593 6	4.37	6.212 3	4.77	9.211 3
3.58	1.718 0	3.98	3.445 8	4.38	5.934 0	4.78	8.764 8
3.59	1.653 4	3.99	3.303 7	4.39	5.667 5	4.79	8.339 1

续表

Z	1−Φ(Z)	Z	1−Φ(Z)	Z	1−Φ(Z)	Z	1−Φ(Z)
4.80	7.933 3−7	5.20	9.964 4−8	5.60	1.071 8−8	6.00	9.865 9−10
4.81	7.546 5	5.21	9.442 0	5.61	1.011 6	6.01	9.276 2
4.82	7.177 9	5.22	8.946 2	5.62	9.547 9−9	6.02	8.720 9
4.83	6.526 7	5.23	8.475 5	5.63	9.010 5	6.03	8.198 0
4.84	6.492 0	5.24	8.028 8	5.64	8.520 5	6.04	7.705 7
4.85	6.173 1−7	5.25	7.605 0−8	5.65	8.022 4−9	6.05	7.242 3−10
4.86	5.869 3	5.26	7.202 8	5.66	7.568 6	6.06	6.806 1
4.87	5.579 9	5.27	6.821 2	5.67	7.139 9	6.07	6.395 5
4.88	5.304 3	5.28	6.459 2	5.68	6.734 7	6.08	6.009 1
4.89	5.041 8	5.29	6.115 8	5.69	6.352 0	6.09	5.645 5
4.90	4.791 8−7	5.30	5.790 1−8	5.70	5.990 4−9	6.10	5.303 4−10
4.91	4.553 8	5.31	5.481 3	5.71	5.648 8	6.11	4.981 6
4.92	4.327 2	5.32	5.188 4	5.72	5.326 2	6.12	4.678 8
4.93	4.111 5	5.33	4.910 6	5.73	5.021 5	6.13	4.394 0
4.94	3.906 1	5.34	4.647 3	5.74	4.733 8	6.14	4.126 1
4.95	3.710 7−7	5.35	4.397 7−8	5.75	4.462 2−9	6.15	3.874 1−10
4.96	3.524 7	5.36	4.161 1	5.76	4.205 7	6.16	3.637 2
4.97	3.347 6	5.37	3.936 8	5.77	3.963 6	6.17	3.414 5
4.98	3.179 2	5.38	3.724 3	5.78	3.735 0	6.18	3.205 1
4.99	3.019 0	5.39	3.522 9	5.79	3.519 3	6.19	3.008 2
5.00	2.866 5−7	5.40	3.332 0−8	5.80	3.315 7−9	6.20	2.823 2−10
5.01	2.721 5	5.41	3.151 2	5.81	3.123 6	6.21	2.649 2
5.02	2.583 6	5.42	2.980 0	5.82	2.942 4	6.22	2.485 8
5.03	2.452 4	5.43	2.817 7	5.83	2.771 4	6.23	2.332 2
5.04	2.327 7	5.44	2.664 0	5.84	2.610 0	6.24	2.187 9
5.05	2.209 1−7	5.45	2.518 5−8	5.85	2.457 9−9	6.25	2.052 3−10
5.06	2.096 3	5.46	2.380 7	5.86	2.314 3	6.26	1.924 9
5.07	1.959 1	5.47	2.250 5	5.87	2.179 0	6.27	1.805 2
5.08	1.887 2	5.48	2.126 6	5.88	2.051 3	6.28	1.692 9
5.09	1.790 3	5.49	2.009 7	5.89	1.931 0	6.29	1.587 3
5.10	1.698 3−7	5.50	1.899 0−8	5.90	1.817 5−9	6.30	1.488 2−10
5.11	1.610 8	5.51	1.794 2	5.91	1.710 5	6.31	1.395 2
5.12	1.527 7	5.52	1.695 0	5.92	1.689 7	6.32	1.307 8
5.13	1.448 7	5.53	1.601 2	5.93	1.514 7	6.33	1.225 8
5.14	1.373 7	5.54	1.512 4	5.94	1.425 1	6.34	1.148 8
5.15	1.302 4−7	5.55	1.428 3−8	5.95	1.340 7−9	6.35	1.076 6−11
5.16	1.234 7	5.56	1.345 9	5.96	1.261 2	6.36	1.008 8
5.17	1.170 5	5.57	1.273 7	5.97	1.190 5	6.37	9.451 4
5.18	1.109 4	5.58	1.202 6	5.98	1.119 9	6.38	8.854 4
5.19	1.051 5	5.59	1.135 3	5.99	1.049 2	6.39	8.294 3

续表

Z	1−Φ(Z)	Z	1−Φ(Z)	Z	1−Φ(Z)	Z	1−Φ(Z)
6.40	7.768 9−11	6.75	7.392 3−12	7.10	6.237 8−13	7.45	4.667 0−14
6.41	7.276 0	6.76	6.899 6	7.11	5.802 2	7.46	4.326 1
6.42	6.813 7	6.77	6.439 1	7.12	5.306 4	7.47	4.009 7
6.43	6.380 2	6.78	6.008 8	7.13	5.018 4	7.48	3.716 1
6.44	5.973 7	6.79	5.606 7	7.14	4.666 5	7.49	3.443 7
6.45	5.592 5−11	6.80	5.231 0−12	7.15	4.338 9−13	7.50	3.190 9−14
6.46	5.235 2	6.81	4.879 9	7.16	4.033 9	7.51	2.956 4
6.47	4.900 1	6.82	4.552 0	7.17	3.749 9	7.52	2.738 8
6.48	4.586 1	6.83	4.245 7	7.18	3.485 6	7.53	2.537 0
6.49	4.291 8	6.84	3.959 7	7.19	3.239 6	7.54	2.349 9
6.50	4.016 0−11	6.85	3.692 5−12	7.20	3.010 6−13	7.55	2.176 3−14
6.51	3.757 5	6.86	3.443 0	7.21	2.707 6	7.56	2.015 3
6.52	3.515 4	6.87	3.210 1	7.22	2.599 4	7.57	1.866 1
6.53	3.288 5	6.88	2.992 6	7.23	2.415 0	7.58	1.727 8
6.54	3.075 9	6.89	2.789 6	7.24	2.243 4	7.59	1.599 5
6.55	2.876 9−11	6.90	2.600 1−12	7.25	2.083 9−13	7.60	1.480 7−14
6.56	2.690 4	6.91	2.423 3	7.26	1.935 5	7.61	1.370 5
6.57	2.515 8	6.92	2.258 2	7.27	1.797 4	7.62	1.268 4
6.58	2.352 2	6.93	2.104 2	7.28	1.669 1	7.63	1.173 8
6.59	2.199 1	6.94	1.960 5	7.29	1.549 8	7.64	1.086 1
6.60	2.055 8−11	6.95	1.826 4−12	7.30	1.438 8−13	7.65	1.004 9−14
6.61	1.921 6	6.96	1.701 4	7.31	1.335 7	7.66	9.296 7−15
6.62	1.796 0	6.97	1.584 7	7.32	1.239 9	7.67	8.599 8
6.63	1.678 4	6.98	1.475 9	7.33	1.150 8	7.68	7.954 4
6.64	1.568 4	6.99	1.374 4	7.34	1.068 0	7.69	7.356 8
6.65	1.465 5−11	7.00	1.279 8−12	7.35	9.910 3−14	7.70	6.803 3−15
6.66	1.369 1	7.01	1.191 6	7.36	9.195 5	7.71	6.290 9
6.67	1.279 0	7.02	1.109 3	7.37	8.531 4	7.72	5.816 5
6.68	1.194 7	7.03	1.032 7	7.38	7.914 5	7.73	5.377 3
6.69	1.115 9	7.04	9.612 0−13	7.39	7.341 4	7.74	4.970 8
6.70	1.042 1−11	7.05	8.945 9−13	7.40	6.809 2−14	7.75	4.594 6−15
6.71	9.731 2−12	7.06	8.325 1	7.41	6.315 0	7.76	4.246 5
6.72	9.086 2	7.07	7.746 7	7.42	5.856 0	7.77	3.924 3
6.73	8.483 2	7.08	7.207 7	7.43	5.429 9	7.78	3.626 2
6.74	7.919 3	7.09	6.705 6	7.44	5.034 3	7.79	3.350 5

参考文献

[1] 张亚，等. 弹药可靠性技术与管理 [M]. 北京：兵器工业出版社，2001.
[2] 邱有成. 可靠性试验技术 [M]. 北京：国防工业出版社，2003.
[3] 李良巧. 兵器可靠性技术与管理 [M]. 北京：兵器工业出版社，1991.
[4] 胡昌寿. 可靠性工程——设计、试验、分析、管理 [M]. 北京：宇航出版社，1989.
[5] 谢洪，等. 导弹武器系统可靠性设计 [M]. 北京：国防工业出版社，1992.
[6] 陆廷孝，等. 可靠性设计与分析 [M]. 北京：国防工业出版社，1995.
[7] 刘松，等. 武器系统可靠性工程手册 [M]. 北京：国防工业出版社，1992.
[8] 尹建平，五志军. 弹药学 [M]. 北京：北京理工大学出版社，2012.
[9] 田蔚风，金志华. 可靠性技术 [M]. 上海：上海交通大学出版社，1996.
[10] 唐雪梅，等. 武器装备小子样试验分析与评估 [M]. 北京：国防工业出版社，2001.
[11] 裴启维，等. 弹药贮存可靠性 [M]. 北京：国防工业出版社，2005.
[12] 李明伦，等. 危险压力波与弹药膛炸 [M]. 北京：国防工业出版社，1997.
[13] 王少萍. 工程可靠性 [M]. 北京：北京航空航天大学出版社，2000.
[14] 金碧辉. 系统可靠性工程 [M]. 北京：国防工业出版社，2004.
[15] 李明伦，等. 弹药贮存可靠性分析 [M]. 北京：国防工业出版社，1997.
[16] 张相炎. 火炮可靠性设计 [M]. 北京：兵器工业出版社，2010.
[17] 曾声奎，等. 系统可靠性设计分析教程 [M]. 北京：北京航空航天大学出版社，2001.
[18] 胡瑞萍，李皓. GJB 1391 在弹药故障模式与影响分析中的应用 [J]. 国防技术基础，2007（1）：14-17.
[19] 刘传模. 关于弹药贮存可靠性若干问题的讨论[J]. 兵工学报弹药分册，1992(1)：66-72.
[20] 李彦学，王军波，等. 从贮存可靠性谈弹药设计与生产的改进 [J]. 兵工学报弹药分册，1992（4）：66-68.
[21] 李彦学，王军波. 弹药可靠性贮存寿命预计方法 [J]. 兵工学报弹药分册，1992（4）：57-65.
[22] GJB 450A—2004 装备可靠性工作通用要求 [S].
[23] GJB 813—1990 可靠性模型的建立和可靠性预计 [S].
[24] GJB/Z 768A—1998 故障树分析指南 [S].
[25] GJB/Z 1391—2006 故障模式、影响及危害性分析指南 [S].
[26] GJB 1909 A—2009 装备可靠性维修性保障性要求论证 [S].
[27] GJB 2515—1995 弹药贮存可靠性要求 [S].
[28] GJB 3493—1998 军用物资运输环境条件 [S].
[29] GJB 3655—1999 火炮贮存可靠性要求 [S].

［30］WJ/Z 272—1991 炮弹可靠性评估方法［S］.
［31］WJ/Z 395—1997 弹丸强度可靠性设计［S］.
［32］WJ2267—1995 兵器火控系统可靠性预计与指标分配［S］.
［33］TE-ABB-012—2019 装备状态鉴定文件编制指南　第 9 部分：可靠性维修性测试性保障性安全性环境适应性工作报告［S］.